AF551812

EUL
VERLAG

MARKETING

Herausgegeben von Prof. Dr. Heribert Gierl, Augsburg, Prof. Dr. Roland Helm, Regensburg, Prof. Dr. Frank Huber, Mainz, und Prof. Dr. Henrik Sattler, Hamburg

Band 71
Frank Huber, Frederik Meyer, Julia Hamprecht und Jasmin Fabian
Adaption gesellschaftlicher Trends durch Markentransfers – Eine empirische Analyse zur Identifikation relevanter Stellhebel für die Imageaktualisierung
Lohmar – Köln 2016 ◆ 180 S. ◆ € 48,- (D) ◆ ISBN 978-3-8441-0449-3

Band 72
Frank Huber, Anita Eisele und Lea Maria Demmer
Der ambivalente Konsument – Eine empirische Analyse zur Entstehung gemischter Gefühle im Kaufprozess
Lohmar – Köln 2016 ◆ 132 S. ◆ € 43,- (D) ◆ ISBN 978-3-8441-0453-0

Band 73
Frank Huber, Cecile Kornmann und Elif Köksecen
Kulturbasierte Präferenzunterschiede im Kaufentscheidungsprozess – Eine vergleichende empirische Studie am Beispiel türkischstämmiger Migranten in Deutschland
Lohmar – Köln 2016 ◆ 120 S. ◆ € 42,- (D) ◆ ISBN 978-3-8441-0454-7

Band 74
Frank Huber, Frederik Meyer und Stefanie Muth
Privatsphäre-Besorgnis bei Retargeting-Anzeigen – Eine kausalanalytische Studie am Beispiel von Schuhmarken
Lohmar – Köln 2016 ◆ 128 S. ◆ € 42,- (D) ◆ ISBN 978-3-8441-0455-4

Band 75
Frank Huber, Johannes Becht und Kerstin Strieder
Corporate Hypocrisy – Eine empirische Gefahrenanalyse von inkonsistenter CSR-Politik für die Unternehmensbewertung
Lohmar – Köln 2016 ◆ 128 S. ◆ € 42,- (D) ◆ ISBN 978-3-8441-0464-6

Band 76
Marc Elsäßer
Rationale und emotionale Erfolgsfaktoren im B2B-Branding – Eine empirische Analyse
Lohmar – Köln 2016 ◆ 356 S. ◆ € 72,- (D) ◆ ISBN 978-3-8441-0468-4

JOSEF EUL VERLAG

Reihe: Marketing · Band 76

Herausgegeben von Prof. Dr. Heribert Gierl, Augsburg, Prof. Dr. Roland Helm, Regensburg, Prof. Dr. Frank Huber, Mainz, und Prof. Dr. Henrik Sattler, Hamburg

Dr. Marc Elsäßer

Rationale und emotionale Erfolgsfaktoren im B2B-Branding

Eine empirische Analyse

Mit einem Geleitwort von Prof. Dr. Bernd W. Wirtz,
Deutsche Universität für Verwaltungswissenschaften Speyer

Bibliografische Information der Deutschen Nationalbibliothek

Die Deutsche Nationalbibliothek verzeichnet diese Publikation in der Deutschen Nationalbibliografie; detaillierte bibliografische Daten sind im Internet über <http://dnb.d-nb.de> abrufbar.

Dissertation, Deutsche Universität für Verwaltungswissenschaften Speyer, 2016

ISBN 978-3-8441-0468-4
1. Auflage Juni 2016

JOSEF EUL VERLAG GmbH
Brandsberg 6
53797 Lohmar
Tel.: 0 22 05 / 90 10 6-6
Fax: 0 22 05 / 90 10 6-88
E-Mail: info@eul-verlag.de
http://www.eul-verlag.de

Bei der Herstellung unserer Bücher möchten wir die Umwelt schonen. Dieses Buch ist daher auf säurefreiem, 100% chlorfrei gebleichtem, alterungsbeständigem Papier nach DIN 6738 gedruckt.

Geleitwort

Das Marktumfeld für Unternehmen, die im B2B-Bereich angesiedelt sind, hat sich in den letzten Jahren deutlich gewandelt. So sehen sich industrielle Unternehmen aufgrund der fortschreitenden Globalisierung heute einem weltweiten Wettbewerbsdruck ausgesetzt. Darüber hinaus vereinfachen moderne Informations- und Kommunikationstechnologien Beschaffungsvorgänge und tragen somit zusätzlich zu einer Angleichung der B2B-Unternehmen auf internationalen Märkten bei.

Vor diesem Hintergrund haben viele Unternehmen das Potenzial starker und robuster Marken als eine Möglichkeit zur Abgrenzung gegenüber der Konkurrenz beziehungsweise zur Generierung einer Unique Selling Proposition erkannt. Neben den „harten" rationalen Treibern erfolgreicher Marken geraten zunehmend auch die lange Zeit vernachlässigten „weichen" emotionalen Treiber in den Fokus. Erst die Integration beider Aspekte und damit das aufeinander abgestimmte Management dieser Faktoren haben eine wesentliche Relevanz für den B2B-Brandingerfolg.

An dieser für die Wissenschaft als auch die Unternehmenspraxis gleichermaßen relevanten Problemstellung setzt die Dissertationsschrift von Herrn Marc Elsäßer an. Die zentrale Zielsetzung seiner Untersuchung ist die Konzeptionalisierung und Operationalisierung relevanter rationaler und emotionaler Erfolgsfaktoren des B2B-Brandings. In diesem Kontext praktiziert er in einem ersten Schritt eine strukturierte Bestandsaufnahme des aktuellen Schrifttums. Nachfolgend entwickelt er stringent einen theoretischen Bezugsrahmen, der die Basis für das konkrete Untersuchungsmodell darstellt. Dieses wird anschließend einer empirischen Überprüfung unterzogen, wobei Herr Elsäßer insbesondere das Verfahren der Strukturgleichungsmodellierung heranzieht. Seine Arbeit endet mit einer Zusammenfassung der wesentlichen Untersuchungsergebnisse und der Ableitung von Implikationen sowohl für die weitere Forschung als auch die unternehmerische Praxis.

Insgesamt ist es Herrn Elsäßer in besonderem Maße gelungen, mit seiner Untersuchung den Erkenntnisfortschritt im Forschungsgebiet B2B-Branding wesentlich voranzutreiben und darüber hinaus gehaltvolle Implikationen für die Unternehmenspraxis abzuleiten. Die Stringenz der Argumentation, die Strukturierung und die

Aufbereitung der Themenstellung sind ihm in sehr guter Art und Weise gelungen. Abschließend wünsche ich Herrn Elsäßer, dass seine Arbeit gebührendes Interesse und angemessene Verbreitung erfährt.

München, den 19.05.2016 Prof. Dr. Bernd W. Wirtz

Vorwort

Die mit der fortschreitenden Globalisierung einhergehende Angleichung vieler Produkte und Dienstleistungen und der durch den Bedeutungszuwachs des Internets resultierende Anstieg elektronischer Beschaffungsvorgänge betreffen nicht nur den Konsumgüterbereich. Vielmehr sehen sich auch im B2B-Umfeld operierende Unternehmen heutzutage zunehmend mit diesen sich veränderndern Rahmenbedingungen konfrontiert. Starke Marken bieten daher industriellen Unternehmen die Möglichkeit, sich von Konkurrenten abzugrenzen und Alleinstellungsmerkmale zu generieren.

Während innerhalb der wissenschaftlichen Community lange Zeit rationale Treiber als maßgebend für den Erfolg einer B2B-Marke angesehen wurden, werden heute vermehrt auch emotionale Erfolgsfaktoren in einem industriellen Zusammenhang untersucht, schließlich entscheiden im Rahmen von Beschaffungssituationen wie im Konsumgüterbereich Menschen. Hier setzt diese Arbeit an und untersucht den Einfluss rationaler und emotionaler Faktoren auf den B2B-Brandingerfolg.

Bereits während meines Studiums und insbesondere während meiner Marketing-Vertiefung bildete sich in mir ein besonderes Interesse an B2B-Marketing im Allgemeinen und brandingrelevanten Inhalten im Speziellen heraus, so dass mich die Idee, mich unter der Verwendung anspruchsvoller wissenschaftlicher Methoden mit den rationalen und emotionalen Erfolgsfaktoren des B2B-Brandings auseinanderzusetzen, von Beginn an faszinierte. Auf dem langen Weg von der ersten Idee bis hin zur Finalisierung des Dissertationsvorhabens wurde ich von vielen Personen begleitet und maßgeblich unterstützt. Deshalb möchte ich die folgenden Zeilen dazu nutzen, diesen meinen gebührenden Dank auszusprechen.

In erster Linie möchte ich mich bei meinem Doktorvater, Herrn Prof. Dr. Bernd W. Wirtz, bedanken, der mich über den gesamten Dissertationsprozess hinweg tatkräftig unterstützt hat und dabei nicht mit konstruktiver Kritik und wertvollen Hinweisen sparte. Darüber hinaus möchte ich mich bei Herrn Prof. Dr. Holger Mühlenkamp für die Übernahme der Zweitgutachtertätigkeit und Herrn Prof. Dr. Ulrich Stelkens für die Bereitschaft, während der Disputation als Drittprüfer zu fungieren, bedanken.

Des Weiteren bin ich auch meinen ehemaligen Lehrstuhlkollegen zu großem Dank verpflichtet. Nicht nur, dass ich im Rahmen des Dissertationsprozesses auf ihre wertvollen inhaltlichen und methodischen Anmerkungen zurückgreifen durfte. Vielmehr machten sie meine Zeit am Lehrstuhl zu einem besonderen Abschnitt in meinem Leben, auf den ich immer gerne zurückblicken werde. In alphabetischer Reihenfolge sind hier insbesondere zu nennen: Herr Dr. Matias Bronnenmayer, Herr Vincent Göttel, M. Sc., Frau Dr. Linda Mory, Herr Dr. Philipp Nitzsche, Herr Dr. Robert Piehler, Herr Dr. Adriano Pistoia und Herr Dipl.-Kfm. Marc-Julian Thomas. Schließlich danke ich meiner Schwester Nadine für ihre Unterstützung in den zurückliegenden Jahren und meiner Freundin Anna Bauer für ihre Unterstützung gerade in der letzten Phase der Niederschrift.

Zu guter Letzt möchte ich mich bei meinen Eltern, Jürgen und Susanne, bedanken, die auch in kritischen Phasen einen unendlich wertvollen Rückhalt darstellten und meine Ausbildung seit meinem Grundschulalter auf unglaubliche Art und Weise unterstützten und förderten. Hierfür danke ich ihnen von ganzem Herzen und widme ihnen diese Arbeit.

Leinfelden-Echterdingen, den 19.05.2016 Dr. Marc Elsäßer

Inhaltsübersicht

Inhaltsverzeichnis

Abbildungsverzeichnis

Tabellenverzeichnis

Abkürzungsverzeichnis

% .... Prozent
§ .... Paragraph
ABC .... Activating event - Belief - Consequence
ADF .... Asymptotic Distribution Free
AG .... Aktiengesellschaft
AGFI .... Adjusted-Goodness-of-Fit-Index
AMOS .... Analysis of Moment Structures
B2B .... Business-to-Business
B2C .... Business-to-Consumer
bzw. .... beziehungsweise
CFI .... Comparative-Fit-Index
C_{SV} .... Substantive Validity Coefficient
DEKRA .... Deutscher Kraftfahrzeug-Überwachungs-Verein
DEV .... Durchschnittlich erfasste Varianz
df .... Degrees of Freedom (Anzahl der Freiheitsgrade)
Dr. .... Doktor
E-Commerce .... Electronic Commerce
E-Mail .... Electronic Mail
engl. .... englisch
EQS .... Structural Equation Modeling Software
f. .... folgende
ff. .... fortfolgende
GFI .... Goodness-of-Fit-Index
GIGO .... Garbage in - Garbage out
GLS .... Generalized Least Squares
GmbH .... Gesellschaft mit beschränkter Haftung
H .... Hypothese
ICC .... Intracclass Correlation (Intra-Klassen-Korrelation)
IT .... Informationstechnologie
Jg. .... Jahrgang
KMO .... Kaiser-Meyer-Olkin

LISREL .... Linear Structural Relationship Model
ML .... Maximum Likelihood
n .... Stichprobenumfang
Nr. .... Nummer
PLS .... Partial-Least-Squares
Prof. .... Professor
p_{sa} .... Proportion of Substantive Agreement
R^2 .... Bestimmtheitsmaß
RMSEA .... Root-Mean-Square-Error-pf-Approximation
RWTH .... Rheinisch-Westfälische Technische Hochschule
S. .... Seite
SE .... Societas Europaea
SGA .... Strukturgleichungsanalyse
SLS .... Scale Free Least Squares
S-O-R .... Stimulus-Vorgänge im Organismus-Reaktion
S-R .... Stimulus-Response
St. .... Sankt
TLI .... Tucker-Lewis-Index
TÜV .... Technischer Überwachungsverein
US .... United States
USA .... United States of America
VDMA .... Verband Deutscher Maschinen- und Anlagenbauer
Vgl. .... Vergleiche
z. B. .... zum Beispiel
X^2 .... Chi-Quadrat
ITK .... Item-to-Total-Korrelation
α .... Cronbachs Alpha

1. Einleitung

1.1. Ausgangssituation der Untersuchung

Innerhalb des letzten Jahrzehnts ist im Kontext von Vermarktungsprozessen ein stetiger Anstieg der Bedeutung von starken Marken zu verzeichnen.[1] Unternehmen besitzen bei konsequenter Umsetzung eines zielorientierten Markenmanagements beziehungsweise Brandings die Möglichkeit, wesentliche Wettbewerbsvorteile zu erzielen.[2] Vor dem Hintergrund der mit der fortschreitenden Globalisierung einhergehenden Kommoditisierung von Produkten und Dienstleistungen, also der Angleichung unternehmerischer Leistungen, sowie einem Anstieg elektronischer Beschaffung durch den enormen Bedeutungszuwachs des Internets kann ein erfolgreiches Branding somit strategische Vorteile implizieren.[3]

Marken sind dabei eine Vielzahl spezifischer Charakteristika inhärent, die gerade in jüngerer Vergangenheit den großen Bedeutungszuwachs von Marken zu erklären vermögen.[4] Angesehene Marken können beispielsweise die Identifikation von Mitarbeitern mit ihrem Arbeitgeber und damit einhergehend direkt die Leistung sowie indirekt die Zufriedenheit der Kunden mit den Produkten oder Dienstleistungen des Unternehmens erhöhen. Außerdem können Marken mit ihren unverwechselbaren Charakteristika und den mit ihnen verknüpften Attributen dafür sorgen, dass in weitgehend homogenen Märkten mit qualitativ kaum unterscheidbaren Produkten die Kunden eine emotionale Unterscheidung der Anbieter vornehmen können. Dies kann sich wiederum positiv auf das Image sowie den Wert, der Marken beigemessen wird, auswirken.

Darüber hinaus wirken starke Marken positiv auf die Rentabilität von Unternehmen, steigern die wahrgenommene Kompetenz von Verkäufern der Marke und sorgen für eine verbesserte Stellung der Unternehmen im Kontext von Mergers and Acquisitions (Unternehmenszusammenschlüssen). Schließlich resultieren starke Marken in einer Steigerung sowohl der Effektivität als auch Effizienz der Unternehmens-

---

1 Vgl. Masciadri/Zupancic (2013), S. 16.

2 Im Folgenden soll der Begriff „Markenmanagement" als Synonym für die Begriffe „Markenführung" und „Markenpolitik" Anwendung erfahren.

3 Vgl. van Riel/Mortanges/Streukens (2005), S. 841 ff.

4 Vgl. auch im Folgenden Masciadri/Zupancic (2013), S. 16 ff.

kommunikation sowie einem im Vergleich zu schwächeren Marken längeren Lebenszyklus der unter einem bestimmten Markennamen firmierenden Produkte und Dienstleistungen.

Starke Marken ermöglichen es Unternehmen, ihren Nachfragern beziehungsweise den Kunden eine Zusatzleistung (Added Value) und damit ein „Mehr" gegenüber der originären Produkt- oder Serviceleistung zu offerieren.[5] Dieser emotionale Nutzen, den eine Marke den Nachfragern stiftet, wird insbesondere durch die Unternehmensreputation bestimmt.[6] In diesem Kontext stellt das Management von Marken einen wichtigen Bestandteil der Vermarktungsaktivitäten für Unternehmen dar.

Vor dem Hintergrund dieser Ausführungen haben Marken in der Vergangenheit zunehmend an Bedeutung gewonnen.[7] Heute stellt eine starke, am Markt etablierte Marke neben anderen Ressourcen wie beispielsweise der Internationalisierungsfähigkeit, der Innovationsfähigkeit beziehungsweise des technologischen Know-Hows, der Markt- sowie der Kundenorientierung und den Mitarbeitern eine bedeutende Ressource des unternehmerischen Markterfolgs dar.[8] Abbildung 1 illustriert die relative Bedeutung dieser Ressourcen und verdeutlicht den Stellenwert einer etablierten Marke für den unternehmerischen Erfolg im Wettbewerb.

Analog zu der zunehmenden Bedeutung von Marken für den unternehmerischen Erfolg hat auch das Markenmanagement an Relevanz gewonnen. Dabei handelt es sich um eine Disziplin, die sich in ihrer Entstehung primär auf den Einsatz in Konsumgütermärkten (Business-to-Consumer beziehungsweise B2C) konzentriert hat.[9] Heute allerdings ist das Markenmanagement darüber hinaus als einer der zentralen Bestandteile der Marketingaktivitäten von Unternehmen, die dem Business-to-Business (B2B)- beziehungsweise dem industriellen Umfeld zuzurechnen sind, verankert.[10] Prinzipiell weisen sowohl das Marketing von Konsumgütern als auch das Marketing von Industriegütern konzeptionelle Gemeinsamkeiten auf, denn in beiden Disziplinen steht das Management von Wettbewerbsvorteilen im Mittelpunkt des Interes-

5 Vgl. Meffert/Burmann/Kirchgeorg (2012), S. 357.
6 Vgl. Schwaiger (2004), S. 46 ff.; Wirtz (2012), S. 216.
7 Vgl. Baumgarth (2010), S. 40; Russell (2010), S. 80; Kuß (2013), S. 256.
8 Vgl. Wirtz/Klein-Bölting (2007), S. 46 f.
9 Vgl. Leek/Christodoulides (2011), S. 830; Baumgarth (2010), S. 40.
10 Vgl. Mudambi (2002), S. 525; Lynch/Chernatony (2004), S. 403; Webster/Keller (2004), S. 388; van Riel/Mortanges/Streukens (2005), S. 841; Jensen/Klastrup (2008), S. 122.

ses.[11] Wettbewerbsvorteile sollen bei den Nachfragern die Wahrnehmung auslösen, dass Unternehmen im Vergleich mit relevanten Konkurrenzunternehmen eine qualitativ höher einzustufende Leistung auf dem Markt offerieren. Wettbewerbsvorteile lassen sich dabei prinzipiell in Marken manifestieren.

Abbildung 1: *Ressourcen des unternehmerischen Markterfolgs*[12]

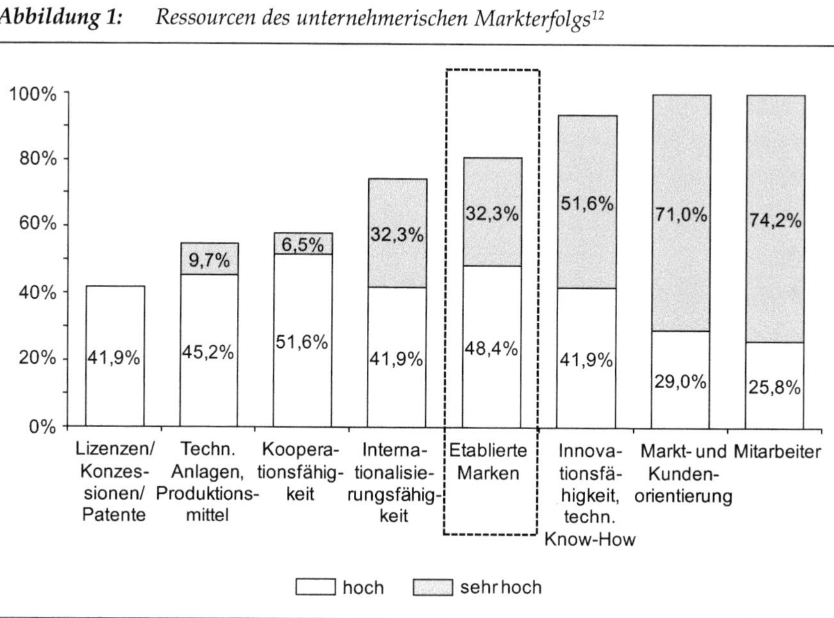

Im Rahmen des Managements von Wettbewerbsvorteilen begegnen Unternehmen auf Industriegütermärkten allerdings anderen spezifischen Herausforderungen als auf Konsumgütermärkten.[13] Dieser grundlegende Unterschied liegt in den jeweiligen Transaktionsprozessen begründet: Während auf Konsumgütermärkten eine Dominanz der Kaufentscheidungen durch (Einzel-)Personen zu konstatieren ist, werden auf Industriegütermärkten Kaufentscheidungen primär durch mehrere Personen als Mitglieder einer Organisation getroffen. In diesem Kontext spricht man häufig auch von sogenannten Buying Centern.[14] Desweiteren handelt es sich im Rahmen von or-

11 Vgl. auch im Folgenden Backhaus/Sabel (2004), S. 788.

12 In Anlehnung an Wirtz/Klein-Bölting (2007), S. 47.

13 Vgl. auch im Folgenden Backhaus/Sabel (2004), S. 788 f.

14 Vgl. Morris/Berthon/Pitt (1999), S. 263; Schneider (2002), S. 225; Hofbauer et al. (2009), S. 203; Mef-

ganisationalen Kaufentscheidungen um die Befriedigung einer derivativen beziehungsweise abgeleiteten Nachfrage, während bei der Nachfrage nach Konsumgütern diese als originär klassifiziert werden kann.[15] Schließlich erfolgt der Beschaffungsprozess im Kontrast zu Konsumgütermärkten auf Industriegütermärkten formalisiert, also über sogenannte Beschaffungsrichtlinien von den Organisationen selbst gesteuert.

Vor dem Hintergrund der zunehmenden Bedeutung des Markenmanagements in einem industriellen Umfeld ist bei der Betrachtung erfolgreicher Konsum- und Industriegütermarken nur auf den ersten Blick eine absolute Dominanz der Konsumgütermarken festzuhalten. Erfolgreiche deutsche Unternehmen wie beispielsweise der Softwarehersteller SAP AG, der Präzisionsmaschinenbauer Heidelberger Druckmaschinen AG, der Chemiekonzern BASF SE, das Antriebs- und Steuerungstechnikunternehmen Bosch Rexroth AG sowie die Frachtfluggesellschaft Lufthansa Cargo und der IT- und Beratungsdienstleister Lufthansa Systems können auf starke und bekannte Marken vertrauen, die im B2B-Umfeld zu verankern sind.

Schließlich belegen viele Studien die zunehmende Relevanz von Brandingaktivitäten in einem industriellen Umfeld. Einer Studie der cuecon GmbH (2013) zufolge sehen 74% der befragten B2B-Unternehmen in einer Marke insbesondere die Möglichkeit der Differenzierung von der Konkurrenz sowie der Stärkung der Identifikation zwischen Kunden und dem Unternehmen.[16] Insgesamt 96% der Unternehmen halten Marken im industriellen Umfeld für relevant, wobei erst 62% der befragten Unternehmen eine spezifische Positionierung der Marke vorgenommen haben.

In einer weiteren Studie des RTS Rieger Team/forum! Marktforschung (2011) merken 34% der befragten B2B-Unternehmen bezüglich ihres Beschaffungsverhaltens an, dass in ihrer Wahrnehmung häufig keine Qualitätsunterschiede bezüglich der zur

fert/Burmann/Kirchgeorg (2012), S. 25.

15 Vgl. auch im Folgenden Backhaus/Sabel (2004), S. 789 ff.

16 Vgl. auch im Folgenden cuecon GmbH (2013), S. 2 ff. Im Rahmen der Studie wurden insgesamt 308 Entscheider aus Unternehmensführung, Marketing und Vertrieb in mittelständischen B2B-Unternehmen befragt, die hauptsächlich den Branchen Maschinenbau (34%), Automobilindustrie (16%), Metallindustrie (19%), Elektrotechnik (11%) und IT (8%) zugerechnet werden können.

Auswahl stehenden Produkte existieren.[17] Im Ergebnis orientieren sich 13% der Befragten bei der Auswahl für einen Anbieter nicht am Preis, sondern an der Marke.

Insgesamt lässt sich festhalten, dass Marken und damit einhergehend auch das Branding beziehungsweise das Markenmanagement aufgrund der beschriebenen Entwicklungen in der unternehmerischen B2B-Praxis große Bedeutung erlangt haben. Diese Sichtweise wird auch von der Wissenschaft eingenommen und gleichzeitig ein Mangel an konkreten Handlungsempfehlungen erkannt. So konstatieren Prof. Dr. Torsten Tomczak, Prof. Dr. Andreas Herrmann (beide Universität St. Gallen) und Prof. Dr. Wolfgang Jennewein (RWTH Aachen):

> *„Die Globalisierung der Wirtschaft sowie der rasante technologische Fortschritt stellt B2B-Unternehmen vor erhebliche Herausforderungen. Intensiver Wettbewerb, heterogene Nachfrage und stetiger Wandel führen zu ständig steigender Komplexität. Aufgrund dieser Entwicklungen wird die Markenführung für B2B-Unternehmen zum zentralen Erfolgsfaktor. Trotz dieser Erkenntnis finden sich bisher keine Handlungsempfehlungen, die sich tatsächlich mit Markenführung im spezifischen B2B-Kontext auseinandersetzen und nicht nur Erkenntnisse aus dem B2C-Bereich unreflektiert auf das B2B-Umfeld übertragen."*[18]

Seit den 1990er Jahren rückt das B2B-Marketing im Allgemeinen und das B2B-Markenmanagement beziehungsweise das B2B-Branding im Speziellen zunehmend in den Fokus der wissenschaftlichen Community.[19] Trotzdem fassten noch im Jahr 2000 Reid/Plank (2000) in Bezug auf die wissenschaftlichen Aktivitäten in diesem Forschungsfeld zusammen:

> *„Industrial branding has been virtually ignored […]."*[20]

---

[17] Vgl. auch im Folgenden RTS Rieger Team/forum! Marktforschung (2011), S. 25. Im Rahmen der Studie wurden insgesamt 300 Entscheider, beispielsweise aus Einkauf, Produktion/Produktentwicklung, Controlling/Rechnungswesen/Finanzen und Marketing/Vertrieb in sowohl kleinen und mittelständischen, aber auch großen B2B-Unternehmen befragt. Diese stammten ausschließlich aus den Branchen Maschinenbau, Elektronik, Anlagenbau und Automatisierung.

[18] Universität St. Gallen - Forschungsstelle für Customer Insight (FCI-HSG) (2013).

[19] Vgl. Saeed (2011), S. 815.

[20] Reid/Plank (2000), S. 85.

Die seitdem zu beobachtende kontinuierlich ansteigende Relevanz des B2B-Brandings in der wissenschaftlichen Forschung lässt sich an diversen Special Issues in Fachzeitschriften in der jüngeren Vergangenheit ablesen. Als Beispiele können in diesem Kontext das Journal of Business & Industrial Marketing (Special Issue „Branding in industrial markets", 2007), das European Journal of Marketing (Special Issue „Branding and Marketing of Technological and Industrial Products", 2010) und das Industrial Marketing Management Journal (Special Issue "Building, Implementing, and Managing Brand Equity in Business Markets", 2010) angeführt werden.[21]

Innerhalb des B2B-Brandings wurde lange die Sichtweise verfolgt, dass es sich in einem industriellen Kontext vorwiegend um rationale Denk- und Entscheidungsprozesse handelt und daher ausschließlich rationale Faktoren den Erfolg des Brandings determinieren.[22] Die emotionale Wahrnehmung von Marken durch Entscheidungsträger beziehungsweise Käufer und damit emotionale Erfolgsfaktoren wurden dagegen weitestgehend nicht berücksichtigt. Im Jahr 2004 merkten Lynch/Chernatony (2004) diesbezüglich an, dass

> *„[...] the limited work on business branding has largely ignored the role of emotion and the extent to which organizational purchasers, like final consumers, may be influenced by emotional brand attributes."*[23]

Seit dem Jahr 2000 ist allerdings nicht nur ein Anstieg an wissenschaftlichen Publikationen im Forschungsfeld des B2B-Brandings zu verzeichnen, vielmehr stehen seit etwa zehn Jahren verstärkt auch emotionale Aspekte im Fokus der Forschungsanstrengungen. Viele der B2B-Branding-Arbeiten konzentrieren sich dabei allerdings entweder auf die rationalen oder die emotionalen Erfolgsfaktoren des Markenmanagements, während nur eine sehr geringe Anzahl an Arbeiten eine Kombination beider Aspekte praktiziert.[24] Dabei ist gerade die Unterscheidung zwischen rationalen und emotionalen Treibern eines erfolgreichen B2B-Brandings sowie deren Kenntnis

21 Vgl. Journal of Business & Industrial Marketing (2007), S. 357 ff.; European Journal of Marketing (2010), S. 547 ff.; Industrial Marketing Management (2010), S. 1219 ff. Vgl. auch Baumgarth (2010), S. 47.

22 Vgl. Rosenbröijer (2001), S. 7 ff.; Baumgarth/Binckebanck (2011), S. 487.

23 Lynch/Chernatony (2004), S. 403 f.

24 Vgl. auch Kapitel 2.3.1 und Kapitel 2.3.2.

und entsprechende Berücksichtigung durch die Unternehmen von steigender Relevanz.[25]

Die Unterscheidung zwischen der Rationalität und der Emotionalität im Kontext der Erfolgsfaktoren des B2B-Branding erscheint deshalb sinnvoll, da sich industrielle Kunden ebenso wie die Kunden im Konsumgüterbereich bei Kaufentscheidungen im Spannungsfeld zwischen Rationalität und Emotionalität bewegen und beide Dimensionen in unterschiedlichem Umfang existieren können.[26] Auf der einen Seite stellt die Rationalität dabei auf objektiv beurteilbare Kriterien einer Marke ab, auf der anderen Seite steht die Emotionalität für das subjektive Empfinden der Entscheider. Während somit der Rationalitätsbegriff auf die Vernunft des menschlichen Verhaltens und damit den Kopf fokussiert, ist der Begriff der Emotionalität eng mit Schlagworten wie Gefühl, Affekt und Stimmung und somit dem Herzen verknüpft.[27]

Das Spannungsfeld zwischen Rationalität beziehungsweise rationalen Erfolgsfaktoren und Emotionalität beziehungsweise emotionalen Erfolgsfaktoren wird sowohl im B2C-Branding-Schrifttum als auch im B2B-Branding-Schrifttum anerkannt. Nichtsdestotrotz wird nur in den wenigsten Fällen eine explizite Unterscheidung zwischen rationalen und emotionalen Erfolgsfaktoren vorgenommen. Darüber hinaus existieren nur sehr wenige Arbeiten, die neben der expliziten Unterscheidung zwischen rationalen und emotionalen Erfolgsfaktoren eine Konzeptionalisierung beider Arten von Erfolgsfaktoren innerhalb eines Untersuchungsmodells vornehmen.[28] Somit kann festgehalten werden, dass in diesem Forschungsgebiet vor dem Hintergrund der großen praktischen und wissenschaftlichen Relevanz großer Forschungsbedarf besteht. Hier setzt diese Arbeit an.

1.2. Eingrenzung und Zielsetzung der Untersuchung

Wie bereits vorhergehend erläutert, handelt es sich bei den rationalen und emotionalen Erfolgsfaktoren des B2B-Brandings um ein Thema von hoher Relevanz sowohl für die Theorie als auch die Praxis. Im Folgenden soll eine Konkretisierung der bishe-

---

[25] Vgl. Bausback (2007), S. 5; Leek/Christodoulides (2012), S. 106 ff.

[26] Vgl. Bhat/Reddy (1998), S. 32 ff.; Chaudhuri/Holbrook (2001), S. 85; Bausback (2007), S. 28.

[27] Vgl. Meuser (2010), S. 176; Scharfetter (2010), S. 163; Horn/Schrottenberg (2011), S. 11; LeMar (2014), S. 227. Vgl. zum Spannungsfeld zwischen Rationalität und Emotionalität auch Kapitel 2.2.2.

[28] Vgl. Kapitel 2.3.

rigen Erkenntnisse vorgenommen werden: Bevor innerhalb von Kapitel 1.2.2 die spezifische Zielsetzung der Untersuchung und die darauf basierenden Forschungsfragen abgeleitet werden sollen, bedarf es allerdings einer Eingrenzung des komplexen Untersuchungsbereichs. Diese soll Bestandteil des folgenden Kapitels 1.2.1 sein.

1.2.1. Eingrenzung der Untersuchung

Zur Gewährleistung der Umsetzbarkeit des Forschungsvorhabens bedarf es gewisser Eingrenzungen des Untersuchungsbereichs bezüglich des Gegenstands der Betrachtung, der Perspektive der Betrachtung sowie dem Fokus der Analyse. Hierbei handelt es sich um eine innerhalb der betriebswirtschaftlichen Forschung gängige Praxis zur Generierung spezifischer Untersuchungsergebnisse und gehaltvoller Implikationen sowohl für die Wissenschaft als auch für die Praxis.[29]

Das zentrale Erkenntnisinteresse dieser Arbeit liegt in der Untersuchung der rationalen und emotionalen Erfolgsfaktoren des B2B-Brandings. Es erfolgt also eine Beschränkung auf den Industriegüter- beziehungsweise B2B-Kontext, was gleichzeitig einen Ausschluss des Konsumgüter- beziehungsweise des B2C-Bereichs impliziert. Ferner soll auf die Untersuchung des industriellen Dienstleistungsbereichs verzichtet werden.

Innerhalb des B2B-Bereichs differenziert man zwischen Investitionsgütern und Produktionsgütern (inklusive der jeweils komplementären Serviceleistungen).[30] Bei Investitionsgütern handelt es sich um Produkte, die von Organisationen und Unternehmen zum Zweck der Leistungserstellung beschafft werden, dabei aber nicht mit in die erstellte Leistung eingehen. Ein Beispiel hierfür stellen (Produktions-)Maschinen dar. Dagegen handelt es sich bei Produktionsgütern um Güter, die während der Leistungserstellung verändert oder unverändert in die erstellte Leistung eingehen. Als Beispiele können in diesem Zusammenhang Rohstoffe, Teile oder Betriebsmittel angeführt werden. Gegenstand der Betrachtung sollen im Folgenden die Investitionsgüter sein, da diese im Gegensatz zu den Produktionsgütern aufgrund ihrer Komplexität und Hochpreisigkeit intensiverer Vermarktungs- und Brandingan-

29 Vgl. Fritz (1992), S. 10 ff.

30 Vgl. auch im Folgenden Pförtsch/Müller (2006), S. 15 f.; Bausback (2007), S. 48 f.; Backhaus/Voeth (2010), S. 4 ff.; Jäggi/Portmann (2010), S. 156.

strengungen bedürfen und deshalb verstärkt im Fokus der wissenschaftlichen Community stehen.[31]

Das nächste, im Kontext dieser Untersuchung relevante Eingrenzungskriterium ist die Wahl der Perspektive der Betrachtung. Generell kann hierbei entweder die Anbieterseite, also diejenigen Unternehmen, die Investitionsgüter produzieren und vermarkten, oder die Nachfragerseite, also diejenigen Unternehmen, die Investitionsgüter beschaffen, adressiert werden. Im Rahmen dieser Untersuchung soll die Sichtweise der Nachfrager fokussiert werden, da die Beurteilung der rationalen und emotionalen Erfolgsfaktoren des B2B-Brandings typischerweise nur durch die Adressaten der Brandingaktivitäten vorgenommen werden und gleichzeitig auch deren Wirkung auf das (zukünftige) organisationale Beschaffungsverhalten ermittelt werden kann. Damit befindet sich diese Untersuchung im Einklang mit der überwältigenden Mehrzahl an Arbeiten zu den Erfolgsfaktoren des B2B-Brandings, die bis auf wenige Ausnahmen ausschließlich die Perspektive der Nachfrager betrachten.[32]

Schließlich bedarf es der Wahl eines geeigneten Analysefokus. So soll sich das Sample dieser Untersuchung aus Mitarbeitern deutscher Unternehmen konstituieren, um potenzielle Verzerrungen, die beispielsweise durch unterschiedliche kulturelle Einflüsse entstehen können, auszuschließen. Abbildung 2 stellt die für diese Untersuchung gewählten Kriterien der Abgrenzung zusammenfassend dar.

[31] Vgl. Kapitel 2.3.1.

[32] Vgl. Kapitel 2.3.1.

Abbildung 2: *Kriterien der Eingrenzung*

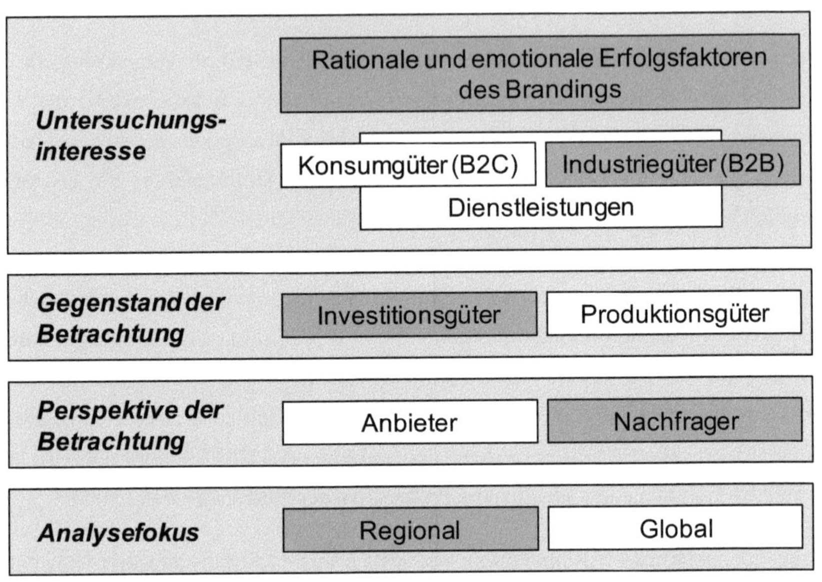

1.2.2. Zielsetzung der Untersuchung

Die aggregierte Untersuchung der rationalen und emotionalen Erfolgsfaktoren des B2B-Brandings auf der Basis einer geeigneten theoretischen Fundierung ist von hoher theoretischer und praktischer Relevanz.[33] Hier setzt diese Untersuchung an. Es wird dabei die Zielsetzung verfolgt, einen durch die Identifikation einer adäquaten Theorie geleiteten und Hypothesen testenden Beitrag zur Ermittlung relevanter rationaler und emotionaler Erfolgsfaktoren des B2B-Brandings und deren Wirkungen zu leisten. Auf der Basis dieser Zielsetzung kann die Formulierung folgender Forschungsfragen abgeleitet werden:

1. Wie können die rationalen und emotionalen Erfolgsfaktoren des B2B-Brandings konzeptionalisiert und operationalisiert werden?
2. Welche Wirkung haben die rationalen und emotionalen Erfolgsfaktoren auf die Einstellung und das Verhalten der industriellen Kunden?

[33] Vgl. Kapitel 1.1.

Das Ziel dieser Untersuchung liegt im Folgenden in der Beantwortung dieser Forschungsfragen. In diesem Kontext kann zwischen zwei Forschungsrichtungen differenziert werden:[34] Der sogenannte Substantive Stream bezieht sich auf die theoretische Beziehung zwischen unabhängigen (exogenen) und abhängigen (endogenen) Variablen, während der sogenannte Measurement Stream die theoretische Konzeptionalisierung und die Messung der Konstrukte auf Basis der Operationalisierung bezeichnet. Vor diesem Hintergrund wird festgehalten, dass Forschungsfrage 1 dem Measurement Stream zugeordnet werden kann, während Forschungsfrage 2 dem Substantive Stream zugewiesen werden muss.

Auf der Basis der vorangegangenen Ausführungen kann ein grundlegendes Untersuchungsmodell abgeleitet werden, das auf den definierten Forschungsfragen beruht. Dieses Untersuchungsmodell wird in Abbildung 3 skizziert.

Abbildung 3: *Grundlegendes Modell dieser Untersuchung*

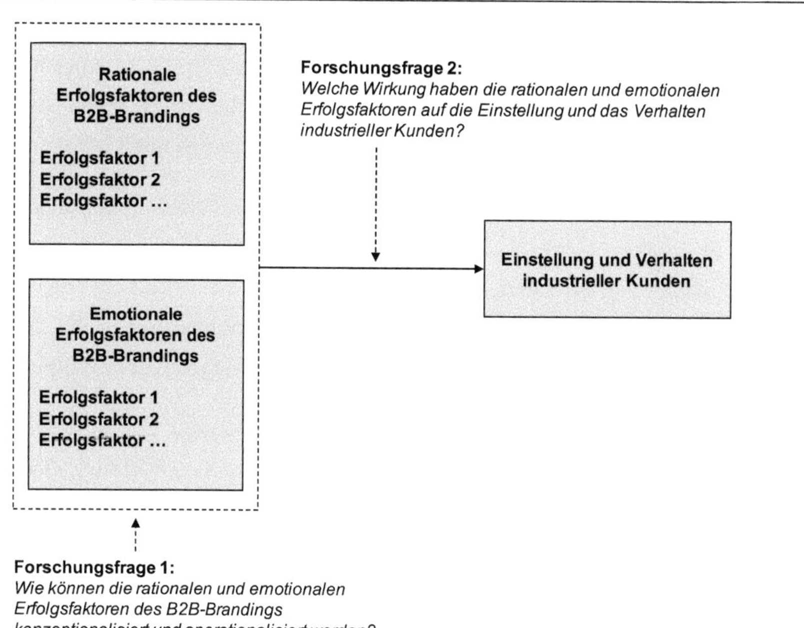

[34] Vgl. auch im Folgenden Venkatraman/Grant (1986), S. 71; Nitzsche (2014), S. 19 f.

1.3. Vorgehensweise und Aufbau der Untersuchung

Nach der Darstellung der Ausgangssituation dieser Untersuchung sowie der vorgenommenen Eingrenzung und der Zielsetzung dieser Arbeit soll die Definition der weiteren Vorgehensweise sowie die Beschreibung des Aufbaus dieser Untersuchung Inhalt des Kapitels 1.3 sein.

Das daran anschließende Kapitel 2 legt die Grundlagen für diese Arbeit. Neben den wissenschaftstheoretischen Grundlagen (Kapitel 2.1) werden auch die terminologischen Grundlagen (Kapitel 2.2) gelegt sowie der aktuelle Stand der Forschung (Kapitel 2.3) diskutiert. Im Rahmen von Kapitel 3 steht die Konzeptionalisierung und die Entwicklung des Untersuchungsmodells im Fokus der Betrachtung. In diesem Zusammenhang wird in einem ersten Schritt ein theoretischer Bezugsrahmen aufgespannt (Kapitel 3.1), auf dessen Basis die Konzeptionalisierung sowie die theoretische Begründung der einzelnen Konstrukte des Unter

suchungsmodells vorgenommen werden (Kapitel 3.4). In diesem Kontext fließen die Ergebnisse einer dezidierten Analyse des relevanten Branding-Schrifttums (Kapitel 3.2) sowie der Output exploratorischer Expertengespräche (Kapitel 3.3) mit ein. Kapitel 3 schließt mit einer Zusammenfassung des Gesamtmodells sowie einem Überblick über das abgeleitete Hypothesensystem dieser Untersuchung (Kapitel 3.5).

Kapitel 4 beinhaltet die Methodik und die Vorgehensweise dieser Untersuchung. So werden in Kapitel 4.1 die Grundlagen und die einzelnen Schritte der Strukturgleichungsmodellierung adressiert. Kapitel 4.2 stellt die verschiedenen Gütekriterien der ersten und zweiten Generation zur Beurteilung von Strukturgleichungsmodellen dar, bevor im abschließenden Kapitel 4.3 eine kurze Zusammenfassung der Prüfprozedur gegeben wird.

Kapitel 5 betrachtet ausführlich die Ergebnisse der empirischen Erhebung dieser Arbeit. So wird in Kapitel 5.1 eine Beschreibung beziehungsweise Zusammenfassung der Datenerhebung gegeben, bevor in Kapitel 5.2 die Operationalisierung der einzelnen Konstrukte des Untersuchungsmodells vorgenommen wird. Kapitel 5.3 widmet sich dem Einfluss der unabhängigen, exogenen Konstrukte auf die abhängigen, endogenen Konstrukte. Kapitel 5.4 fasst abschließend die Operationalisierung dieser Untersuchung zusammen.

Das finale Kapitel 6 gibt eine Zusammenfassung der zentralen Untersuchungsergebnisse (Kapitel 6.1) und stellt anschließend die gewonnenen Implikationen für die Forschung (Kapitel 6.2) und die Unternehmens- beziehungsweise Verwaltungspraxis (Kapitel 6.3) dar. Abbildung 4 illustriert den vollständigen Aufbau der Untersuchung im Überblick.

Abbildung 4: *Aufbau der Untersuchung*

Kapitel 1	Kapitel 2	Kapitel 3	Kapitel 4	Kapitel 5	Kapitel 6
Einleitung	**Grundlagen der Untersuchung**	**Konzeptionalisierung und Modellentwicklung**	**Methodik und Vorgehensweise der empirischen Untersuchung**	**Ergebnisse der empirischen Untersuchung**	**Zusammenfassung und Implikationen der Untersuchung**
Ausgangssituation der Untersuchung	Wissenschaftstheoretische Grundlagen	Theoretischer Bezugsrahmen	Grundlagen der Strukturgleichungsmodellierung	Datenerhebung	Zusammenfassung der zentralen Untersuchungsergebnisse
Eingrenzung und Zielsetzung der Untersuchung	Terminologische Grundlagen	Konzeptionalisierung der Konstrukte	Beurteilung von Messmodellen	Operationalisierung der Konstrukte	Implikationen für die Forschung
Vorgehensweise und Aufbau der Untersuchung	Stand der Forschung	Formulierung der Hypothesen	Beurteilung des Strukturmodells	Wirkungsbeziehungen	Implikationen für die Praxis
		Zusammenfassung des Untersuchungsmodells und der Hypothesen	Zusammenfassung der Vorgehensweise		
Theoretische Ebene			Empirische Ebene		

2. Grundlagen der Untersuchung

Im folgenden Kapitel werden die Grundlagen dieser Untersuchung gelegt. Neben den wissenschaftstheoretischen Grundlagen (Kapitel 2.1) sollen auch die terminologischen Grundlagen (Kapitel 2.2) fokussiert werden. Kapitel 2 schließt mit der Darstellung des Forschungsstands (Kapitel 2.3). Abbildung 5 ordnet Kapitel 2 in den Gesamtkontext der Untersuchung ein.

Abbildung 5: *Einordnung von Kapitel 2 in den Gesamtkontext der Untersuchung*

Kapitel 1	Kapitel 2	Kapitel 3	Kapitel 4	Kapitel 5	Kapitel 6
Einleitung	**Grundlagen der Untersuchung**	**Konzeptionalisierung und Modellentwicklung**	**Methodik und Vorgehensweise der empirischen Untersuchung**	**Ergebnisse der empirischen Untersuchung**	**Zusammenfassung und Implikationen der Untersuchung**
Ausgangssituation der Untersuchung	Wissenschaftstheoretische Grundlagen	Theoretischer Bezugsrahmen	Grundlagen der Strukturgleichungsmodellierung	Datenerhebung	Zusammenfassung der zentralen Untersuchungsergebnisse
Eingrenzung und Zielsetzung der Untersuchung	Terminologische Grundlagen	Konzeptionalisierung der Konstrukte	Beurteilung von Messmodellen	Operationalisierung der Konstrukte	Implikationen für die Forschung
		Formulierung der Hypothesen	Beurteilung des Strukturmodels		
Vorgehensweise und Aufbau der Untersuchung	Stand der Forschung	Zusammenfassung des Untersuchungsmodells und der Hypothesen	Zusammenfassung der Vorgehensweise	Wirkungsbeziehungen	Implikationen für die Praxis
Theoretische Ebene			Empirische Ebene		

2.1. Wissenschaftstheoretische Grundlagen

In den folgenden Teilkapiteln sollen die wissenschaftstheoretischen Grundlagen dieser Untersuchung gelegt werden. In diesem Zusammenhang erfolgt eine kurze Darstellung der methodologischen Leitideen (Kapitel 2.1.1) sowie des grundlegenden Forschungsdesigns (Kapitel 2.1.2), die dieser Arbeit zugrunde liegen.

2.1.1. Methodologische Leitideen

Eine der wichtigsten Herausforderungen der Methodologie besteht in der Beantwortung der Frage, welche Erkenntnisse und Ergebnisse einen wissenschaftlichen Fortschritt darstellen und welche nicht.[35] Ganz allgemein gilt dabei innerhalb der Wissenschaftstheorie die Auffassung, dass insbesondere bestimmte Leitideen methodologischer Natur dazu geeignet erscheinen, (neue) Hypothesen zu erzeugen und theoretische Zusammenhänge zu entwickeln.[36] Innerhalb dieser empirischen Untersuchung nimmt die Idee der Erklärung eine wichtige Position ein, da diese auf die Erklärung realer Phänomene abzielt, indem theoretisch hergeleitete Hypothesen einer empirischen Prüfung unterzogen werden sollen. Diesbezüglich fasst Popper (1973) zusammen:

> *„Ich nehme an, daß es das Ziel der empirischen Wissenschaft ist, befriedigende Erklärungen zu finden für alles, was uns einer Erklärung zu bedürfen erscheint."*[37]

Dieses Zitat impliziert die Existenz zweier grundlegender Bestandteile einer jeden Erklärung: das Explanans und das Explanandum.[38] Das Explanandum stellt hierbei das „zu Erklärende" dar und beschreibt ein Phänomen, das unter der Verwendung spezifischer kausaler Ursachen erklärt werden kann. Somit versteht man unter dem, was das Explanandum zu erklären vermag, das Explanans. Nach Fritz (1995) bedarf es im Rahmen wissenschaftlicher Untersuchungen ebenso eines angemessenen theoretischen Erklärungshintergrunds für erklärungsbedürftige Sachverhalte wie einer empirischen Überprüfung der abgeleiteten Erklärungshypothesen.[39] Dieser Einschätzung soll mit der Konzeptionalisierung der Konstrukte des Untersuchungsmodells sowie der Ableitung ihrer kausalen Beziehungen zueinander innerhalb der folgenden Kapitel entsprochen werden.

Allgemein basieren wissenschaftliche Untersuchungen dabei immer auf einer bestimmten Philosophie.[40] Bei diesen Philosophien handelt es sich um grundsätzliche

---

35 Vgl. Radnitzky/Andersson (1980), S. 3.

36 Vgl. Bohnen (1975), S. 4 ff; Fritz (1995), S. 17 ff.

37 Popper (1973), S. 213.

38 Vgl. auch im Folgenden Esser (1999), S. 40 ff.; Beckermann (2008), S. 466.

39 Vgl. Fritz (1995), S. 20.

40 Vgl. auch im Folgenden Bardmann (2014), S. 101 f.

erkenntnistheoretische Positionen. Insgesamt lassen sich vier dieser sogenannten Basisschulen differenzieren, die allerdings in einem geringen Umfang Interdependenzen aufweisen.[41] Tabelle 1 stellt diese Basisschulen beziehungsweise erkenntnistheoretischen Positionen im Überblick dar.

Tabelle 1: *Erkenntnistheoretische Positionen*[42]

Erkenntnistheoretische Positionen	Inhalt
Konstruktivismus	Die Wirklichkeit ist abhängig vom Subjekt beziehungsweise ein Konstrukt des Gehirns, welches über Sinneswahrnehmung unser gesamtes Wissen über die Realität konstruiert.
Rationalismus	Form und Inhalt jeglicher Erkenntnis basieren auf Vernunft und Verstand, niemals auf sinnlicher Erfahrung.
Empirismus	Die sinnliche Erfahrung/Wahrnehmung ist die alleinige, zumindest aber die wichtigste Quelle menschlicher Erkenntnis.
Realismus	Es gibt eine von „uns" unabhängige Realität, die man durch Denken beziehungsweise Wahrnehmung vollständig, zumindest aber in wesentlichen Teilen erkennen kann.

Eine erste grobe Einordnung dieser Untersuchung ergibt, dass diese den grundlegenden Prämissen des kritischen Rationalismus unterliegt. Der kritische Rationalismus wurde 1934 von Karl R. Popper begründet.[43] Ein wesentliches Kennzeichen des kritischen Rationalismus stellt das Falsifikationsprinzip dar. Das bis dahin vorherrschende Verifikationsprinzip implizierte die Bestätigung theoretisch postulierter Hypothesen. In diesem Kontext bedarf es allerdings nur einer konträren Beobachtung, um die vorab formulierte Hypothese zu widerlegen.

41 Vgl. Kornmeier (2007), S. 29 ff.

42 In Anlehnung an Kornmeier (2007), S. 31.

43 Vgl. auch im Folgenden Kriz/Lück/Heidbrink (1987), S. 140 ff.

Hier setzt das Falsifikationsprinzip an, nachdem es das originäre Ziel eines Forschers sein muss, theoretisch vermutete Zusammenhänge und abgeleitete Hypothesen zu widerlegen beziehungsweise an (neuen) Erfahrungen scheitern zu lassen.[44] Nach den Prämissen des kritischen Rationalismus erfahren Hypothesen und Theorien damit solange Geltung, bis diese widerlegt worden sind.

Somit folgt der kritische Rationalismus der deduktiven Forschungsmethode bei gleichzeitiger Ablehnung des induktiven Vorgehens. Die deduktive Methode zielt auf die Gewinnung allgemeingültiger Wirkungsmechanismen und übergeordneter Regelmäßigkeiten, basierend auf der Aggregation von Einzelfällen, ab.[45] Es werden also Rückschlüsse vom Allgemeinen auf den einzelnen Fall gezogen.[46]

Demgegenüber steht die induktive Forschungsmethode, die in entgegengesetzter Richtung verläuft: Im Rahmen der Induktion werden Schlüsse vom Einzelnen zum Ganzen beziehungsweise von besonderen, konkreten Ereignissen zum Allgemeinen beziehungsweise zum Abstrakten gezogen.[47] Das deduktive Vorgehen innerhalb des kritischen Rationalismus bedeutet also im Rahmen der Wissenschaft die Deduktion von Hypothesen aus der Theorie sowie deren anschließende Falsifikation. Abbildung 6 illustriert die Zusammenhänge zwischen der Theorie, dem deduktiven Vorgehen, der Empirie sowie dem induktiven Vorgehen innerhalb des Theorie-Empirie-Zirkels des Erkenntnisfortschritts.

Allerdings existiert eine Vielzahl an Kritikpunkten, die gegen die Anwendung des kritischen Rationalismus als methodologische Leitidee anzuführen sind.[48] So ist es aufgrund der innerhalb der Wirtschaftswissenschaften vorherrschenden Komplexität unmöglich, Theorien zu falsifizieren, da im Rahmen der Überprüfung eines abgeleiteten Hypothesensystems niemals alle potenziellen Einflussfaktoren erfasst werden können. Darüber hinaus ist eine Falsifikation von Hypothesen nicht möglich, da innerhalb wirtschaftswissenschaftlicher Untersuchungen Messfehler zu berücksichtigen sind, was aber mit den Prinzipien des kritischen Rationalismus nicht zu vereinbaren ist. Schließlich spricht das zu geringe theoretische Niveau innerhalb der Wirt-

---

44 Vgl. auch im Folgenden Vollmer (1999), S. 117.
45 Vgl. Töpfer (2012), S. 64.
46 Vgl. Jacob (2013), S. 77.
47 Vgl. auch im Folgenden Bortz/Döring (2006), S. 300.
48 Vgl. auch im Folgenden Homburg (1998), S. 60 ff.; Töpfer (2012), S. 128 f.

schaftswissenschaften gegen die Realisierung einer ausschließlich deduktiven Herangehensweise.

Abbildung 6: *Theorie-Empirie-Zirkel des Erkenntnisfortschritts*[49]

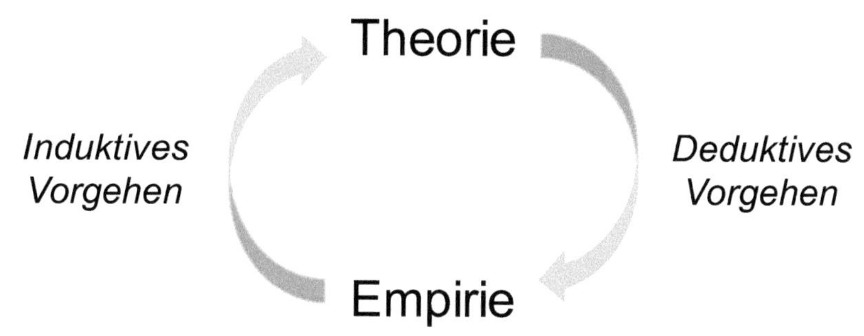

Diesen Kritikpunkten steht der wissenschaftliche Realismus entgegen, der eine adäquate Anpassung an die angeführten Kritikpunkte verspricht.[50] Vor diesem Hintergrund soll innerhalb dieser Arbeit der methodologischen Leitidee des wissenschaftlichen Realismus gefolgt werden. Der wissenschaftliche Realismus, der sich aus dem kritischen Rationalismus entwickelt hat, kombiniert die gleichzeitig vorhandene Realität, die auf einer subjektiven Einschätzung basiert, sowie die objektive Realität, die von den Menschen und deren Einschätzungen unabhängig ist.[51] Damit beinhaltet der wissenschaftliche Realismus zwar auf der einen Seite diverse grundlegende Prinzipien des kritischen Rationalismus, verbindet aber auf der anderen Seite die Falsifikation mit der Bestätigung beziehungsweise der Verifikation von Hypothesensystemen. Bezüglich dieser Weiterentwicklung der Wissenschaft konstatiert Töpfer (2012):

49 In Anlehnung an Mayer/van Hilten (2007), S. 23.
50 Vgl. Töpfer (2012), S. 129 f.
51 Vgl. auch im Folgenden Töpfer (2012), S. 128 ff.

> *„Die schrittweise Annäherung an die Wahrheit ist also durch die wiederholte Bestätigung einer Theorie in Konfrontation mit der empirischen Wirklichkeit möglich."*[52]

Weitere Unterschiede des wissenschaftlichen Realismus zum kritischen Rationalismus liegen in der Akzeptanz der Prinzipien der Induktion, die die Deduktion ergänzen, sowie der expliziten Berücksichtigung von Messfehlern, die auf der Unvollkommenheit der Messinstrumente beziehungsweise -skalen basieren.[53] Schließlich berücksichtigt der wissenschaftliche Realismus die vorherrschende Komplexität innerhalb der Wirtschafts- und Sozialwissenschaften, die tendenziell die vollständige Erfassung von zu untersuchenden Phänomenen verhindert.

Vor dem Hintergrund dieser Ausführungen wird dem wissenschaftlichen Realismus in der modernen Wissenschaftstheorie im Rahmen der Umsetzung konkreter Forschungsprojekte eine erhebliche Bedeutung zugesprochen, da der wissenschaftliche Realismus vier damit zusammenhängende, grundlegende Aufgaben zu erfüllen vermag:[54] Die Exploration neuer theoretischer Konstrukte, die Verbesserung der Konzeptionalisierung bereits bestehender theoretischer Konstrukte, die Verbesserung der Operationalisierung bereits existierender theoretischer Konstrukte sowie die Entdeckung kausaler Beziehungsgeflechte, also von Ursachen-Wirkungs-Beziehungen zwischen den theoretischen Konstrukten. Abbildung 7 stellt nochmals zusammenfassend die Verbindung der Prinzipien der Deduktion und Induktion innerhalb des wissenschaftlichen Realismus im Überblick dar.

Die Integration des Induktionsprinzips innerhalb des wissenschaftlichen Realismus stellt im Rahmen dieser Untersuchung ein zentrales Anwendungskriterium dar, da innerhalb der Konzeptionalisierung der theoretischen Konstrukte sowie deren kausaler Beziehungen zueinander exploratorische Expertengespräche einen wesentlichen Erkenntnisgewinn liefern.[55] Diese exploratorischen Expertengespräche stellen ein induktives Vorgehen dar.

---

52 Töpfer (2012), S. 130.

53 Vgl. auch im Folgenden Hunt (1990), S. 9; Töpfer (2012), S. 129.

54 Vgl. auch im Folgenden Töpfer (2012), S. 130 f.

55 Vgl. Kapitel 3.3.

Abbildung 7: *Verbindung von Deduktions- und Induktionsprinzipien innerhalb des wissenschaftlichen Realismus*[56]

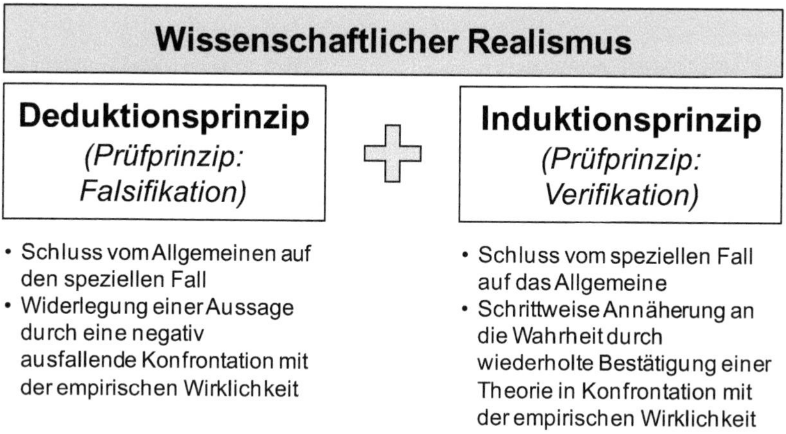

Wissenschaftlicher Realismus

Deduktionsprinzip
(Prüfprinzip: Falsifikation)

Induktionsprinzip
(Prüfprinzip: Verifikation)

- Schluss vom Allgemeinen auf den speziellen Fall
- Widerlegung einer Aussage durch eine negativ ausfallende Konfrontation mit der empirischen Wirklichkeit

- Schluss vom speziellen Fall auf das Allgemeine
- Schrittweise Annäherung an die Wahrheit durch wiederholte Bestätigung einer Theorie in Konfrontation mit der empirischen Wirklichkeit

Ein weiterer Bestandteil der forschungsprogrammatischen Basis dieser Arbeit ist die methodologische Leitidee des liberalen methodologischen Individualismus. Der liberale methodologische Individualismus erlaubt es Forschern, aggregierte Aussagen beziehungsweise Hypothesensysteme über Organisationen und Unternehmen abzuleiten, die auf dem individuellen Verhalten ihrer Mitglieder basieren.[57] Die Institutionen können als „korporative Akteure" oder „Quasi-Handlungsträger" bezeichnet werden, die ein bestimmtes „Quasi-Verhalten" aufweisen. Im Kontext dieser Untersuchung ermöglicht diese Überzeugung, dass die Analyse rationaler und emotionaler Erfolgsfaktoren des B2B-Brandings auf organisationaler Ebene durchgeführt werden kann, wobei die Ergebnisse auf dem individuellen Verhalten der Organisationsmitglieder beruhen. Vor dem Hintergrund dieser Ausführungen hat die Leitidee des liberalen methodologischen Individualismus in der verhaltenstheoretischen betriebswirtschaftlichen Forschung eine große Verbreitung erfahren.[58]

56 In Anlehnung an Töpfer (2012), S. 131.
57 Vgl. auch im Folgenden Fritz (1995), S. 28 f.
58 Vgl. Kirsch (1977), S. 96 f.; Fritz (1995), S. 27 ff.; Freiling (2001), S. 84.

2.1.2. Grundlegendes Forschungsdesign

Die Spezifizierung des dieser Untersuchung zugrundeliegenden Forschungsdesigns erfolgt in Anlehnung an Fritz (1995), der eine Differenzierung anhand des Untersuchungsziels sowie der Art der Aussage, auf die der Forscher abzielt, vornimmt.[59] Innerhalb des Untersuchungsziels kann allgemein zwischen zwei verschiedenen Klassen unterschieden werden:[60] Bei exploratorischen Untersuchungen liegt das Ziel in der Aufdeckung von Wirkungszusammenhängen, Strukturen und Inhalten (ex post), während konfirmatorische Untersuchungen hypothetische Kausalbeziehungen beziehungsweise theoretisch unterstellte Zusammenhänge überprüfen und validieren (ex ante).

Bezüglich der angestrebten Aussagenart einer Untersuchung wird zwischen der deskriptiven (beschreibenden), explikativen (erklärenden) und instrumentellen (umsetzenden) Aussage separiert.[61] Auf der Basis dieser beiden Spezifikationsmöglichkeiten lässt sich eine Matrix aufspannen, die sich aus insgesamt sechs verschiedenen grundlegenden Forschungsdesigns konstituiert. Diese Matrix wird in Abbildung 8 überblicksartig skizziert.

Insgesamt erfahren innerhalb dieser Untersuchung drei der insgesamt sechs möglichen grundlegenden empirischen Forschungsdesigns Anwendung. Die Konzeptionalisierung und Operationalisierung der relevanten Konstrukte (insbesondere der rationalen und emotionalen Erfolgsfaktoren) entsprechen dem konfirmatorisch-deskriptiven Forschungsdesign (KD-Design).[62] Darüber hinaus werden theoretisch deduzierte Kausalbeziehungen beziehungsweise Hypothesen (insbesondere der Einfluss rationaler und emotionaler Erfolgsfaktoren auf die Einstellung und das Verhalten industrieller Kunden) untersucht.[63] Dies entspricht den Prämissen des konfirmatorisch-explikativen Forschungsdesigns (KE-Design). Schließlich gelangt auch das konfirmatorisch-instrumentelle Forschungsdesign (KI-Design) zum Einsatz, indem auf der Basis der Ergebnisse der empirischen Untersuchung Empfehlungen bezie-

---

[59] Vgl. Fritz (1995), S. 60.

[60] Vgl. auch im Folgenden Töpfer (2012), S. 150.

[61] Vgl. Fritz (1995), S. 59 f.; Homburg (1998), S. 58; Töpfer (2012), S. 151.

[62] Vgl. Kapitel 3.5.

[63] Vgl. Kapitel 3.5.

hungsweise Implikationen für die Forschung sowie die (Unternehmens- und Verwaltungs-)Praxis gegeben werden.[64]

Abbildung 8: *Matrix der verschiedenen grundlegenden Forschungsdesigns*[65]

Untersuchungsziel / Aussagenart	**Exploratorisches** Untersuchungsziel: entdeckend	**Konfirmatorisches** Untersuchungsziel: bestätigend
Deskriptive Aussagenart: beschreibend	ED-Design *Beispiel: Kundensegmentierung mittels einer Clusteranalyse*	KD-Design *Beispiel: Empirische Überprüfung theoriegeleiteter Untersuchungsmodelle mittels der konfirmatorischen Faktorenanalyse*
Explikative Aussagenart: erklärend	EE-Design *Beispiel: Modifikation von Kausalmodellen zur Entdeckung neuer erklärungsrelevanter Aussagen*	KE-Design *Beispiel: Empirische Überprüfung eines Kausalmodells zur Messung von Kundeneinstellung und -verhalten*
Instrumentelle Aussagenart: umsetzend	EI-Design *Beispiel: Entwicklung neuer Analyseinstrumente und -techniken*	KI-Design *Beispiel: Systematische Überprüfung der Leistungsfähigkeit von Analyseinstrumenten und -techniken*

2.2. Terminologische Grundlagen

Um die zentralen Begrifflichkeiten und Aspekte dieser Untersuchung zu definieren, voneinander abzugrenzen sowie in Beziehung zueinander zu setzen, sollen innerhalb dieses Kapitels die terminologischen Grundlagen gelegt werden. Die Zielsetzung dieser Arbeit liegt in der Untersuchung der rationalen und emotionalen Erfolgsfaktoren des B2B-Brandings, wobei als Gegenstand der Betrachtung innerhalb des B2B-Bereichs auf Investitionsgüter fokussiert werden soll.[66]

---

[64] Vgl. Kapitel 6.2 und Kapitel 6.3.

[65] In Anlehnung an Fritz (1995), S. 60; Töpfer (2012), S. 151.

[66] Vgl. Kapitel 1.2.1 und Kapitel 1.2.2.

Vor diesem Hintergrund sollen in Kapitel 2.2.1 das Branding in den Kontext des Oberbegriffs des Marketings eingeordnet und anschließend der B2B-Bereich betrachtet werden. Kapitel 2.2.2 definiert die Begriffe der Rationalität und der Emotionalität und charakterisiert anschließend deren Spannungsfeld. Schließlich sollen die gewonnenen Erkenntnisse zusammengefasst und, bezogen auf den spezifischen Kontext dieser Arbeit, dargestellt werden (Kapitel 2.2.3).

2.2.1. B2B-Branding

Der Begriff des B2B-Brandings setzt sich aus den zwei Bestandteilen B2B und Branding zusammen. Beide werden im Folgenden näher erläutert. Innerhalb der marktorientierten Unternehmensführung handelt es sich bei dem Branding neben der Produkt- und Programmpolitik, der Preis- und Konditionenpolitik, der Kommunikationspolitik, dem Kundendienst/Service, dem Vertrieb, der integrierten Logistik und dem Verkaufsmanagement um einen eigenständigen Funktionsbereich, der für den Unternehmenserfolg von zentraler Bedeutung ist.[67]

Bevor allerdings der Term Branding definiert wird, soll in einem ersten Schritt näher auf die Begriffe Brand beziehungsweise Marke eingegangen werden. Bezüglich der Definition des Begriffs der Marke kann konstatiert werden, dass sich innerhalb des Schrifttums zwar keine einheitliche Definition durchgesetzt hat, die Vielzahl an Definitionen allerdings allesamt auf die Aufgabe einer Marke abstellen, eine Differenzierung von Unternehmen beziehungsweise deren Produkten und Dienstleistungen in der Wahrnehmung der Nachfrager zu leisten.[68] So enthält das deutsche Markengesetz (§ 3 Absatz 1) beispielsweise folgende rechtliche Definition der Marke:

> *„Als Marke können alle Zeichen, insbesondere Wörter einschließlich Personennamen, Abbildungen, Buchstaben, Zahlen, Hörzeichen, dreidimensionale Gestaltungen einschließlich der Form einer Ware oder ihrer Verpackung sowie sonstige Aufmachungen einschließlich Farben und Farbzusammenstellungen geschützt werden, die geeignet sind, Waren oder Dienstleistun-*

67 Vgl. Burmann/Meffert/Koers (2005), S. 4.

68 Vgl. Meffert/Burmann/Kirchgeorg (2012), S. 359.

> *gen eines Unternehmens von denjenigen anderer Unternehmen zu unterscheiden."*[69]

Diese rechtliche Definition der Marke stellt insbesondere auf die Differenzierungsfunktion der Marke ab. So dient diese vor allem als Möglichkeit der Unterscheidung zwischen Unternehmen und deren Produkten für die Adressaten des Markenmanagements. Um eine alternative Definition aus dem Marketing-Schrifttum handelt es sich bei der von Kotler/Armstrong (1999), die ebenfalls auf die Differenzierungsfunktion der Marke abzielt:

> *„A brand is a name, term, sign, symbol or design, or a combination of these, intended to identify the goods or services of one seller or group of sellers and to differentiate them from those of competitors."*[70]

Einen fast identischen Ansatz wählt die American Marketing Association (2015), die folgende Definition verwendet:

> *„A brand is a name, term, design, symbol, or any other feature that identifies one seller's good or service as distinct from those of other sellers."*[71]

Während also die Vielzahl an Marken-Definitionen die Differenzierungsfunktion betont und hierbei große Übereinstimmungen aufweist, soll im Folgenden der darauf aufbauende Begriff des Brandings definiert werden. Dabei dient das Branding als Oberbegriff für weitere Begriffe wie zum Beispiel Markenmanagement, Markenpolitik, Markenaufbau und Markenführung, wobei generell eine synonyme Verwendung dieser Terme zu konstatieren ist.[72] Alle Begriffe zielen auf den Prozess der Umsetzung beziehungsweise die Realisierung der Differenzierungsfunktion von Marken ab.[73] Vor diesem Hintergrund soll für den weiteren Verlauf dieser Untersuchung die Definition von Esch/Langner (2005) Geltung erfahren. Diese verstehen unter dem Term Branding

---

69 Bundesministerium der Justiz und für Verbraucherschutz (2015).

70 Kotler/Armstrong (1999), S. 260.

71 American Marketing Association (2015).

72 Vgl. Esch/Langner (2005), S. 578; Backhaus/Voeth (2010), S. 176 ff.; Baumgarth (2010), S. 41; Meffert/Burmann/Kirchgeorg (2012), S. 357 ff.

73 Vgl. Tai/Chew (2011), S. 63.

> *„alle Maßnahmen […], die dazu geeignet sind, ein Produkt aus der Masse gleichartiger Produkte herauszuheben und die eine eindeutige Zuordnung von Produkten zu einer bestimmten Marke ermöglichen.“*[74]

Generell können Marken allerdings als Nutzenbündel mit spezifischen Charakteristika, die der Differenzierung gegenüber Konkurrenzmarken dienen, verstanden werden.[75] Dabei gehen die Aufgaben des Brandings über die reine Markierung eines Produkts mittels Zeichen und Symbolen beziehungsweise eines Logos zur Differenzierung gegenüber anderen Marken hinaus: Nach Burmann/Blinda (2006) bauen Nachfrager, sowohl industrielle Käufer als auch Endkonsumenten, zu Marken nur dann eine enge Beziehung auf, wenn diese über eine sogenannte Identität verfügen, also ein bestimmtes Markenversprechen, das in großen Teilen mit den Nachfragererwartungen an die Marke übereinstimmt.[76] Die unter dem Term Branding subsumierten Maßnahmen zielen folglich auf das Erreichen dieser Differenzierung sowie die Stärkung von Marken auf der Seite der Nachfrager, in dem ein spezifisches Markenversprechen kreiert wird, ab.[77]

Nach der Erörterung des Branding-Begriffs soll im Folgenden auf den zweiten Teil des Terms B2B-Branding, den business-to-business-spezifischen Kontext des Brandings, eingegangen werden. Innerhalb des Marketings kann zwischen B2C- und B2B-Marketing unterschieden werden. Unter dem B2C-Marketing wird das Marketing im Konsumgüterbereich verstanden, während das B2B-Marketing das Marketing im Industriegüterbereich fokussiert:[78] Das B2C-Marketing beschäftigt sich ausschließlich mit der Vermarktung von Sachleistungen beziehungsweise Produkten an den Endkonsumenten, während das B2B-Marketing auf die Vermarktung von Sachleistungen beziehungsweise Industriegütern (Investitions- und Produktionsgüter) an organisationale Kunden beziehungsweise Unternehmen, Organisationen und Institutionen abstellt.[79] Deshalb erfahren für das B2B-Marketing im Schrifttum teilweise auch sy-

---

74 Esch/Langner (2005), S. 577.

75 Vgl. Keller (1993), S. 3; Burmann/Meffert/Koers (2005), S. 7.

76 Vgl. Burmann/Blinda (2006), S. 8 f.

77 Vgl. Burmann/Blinda (2006), S. 9; Baumgarth (2010), S. 42.

78 Vgl. auch im Folgenden Backhaus/Voeth (2010), S. 5 f.

79 Vgl. zum Unterschied zwischen Investitionsgütern und Produktionsgütern Kapitel 1.2.1 sowie Meffert/Burmann/Kirchgeorg (2012), S. 25; Nagtegaal (2013), S. 48.

nonyme Begriffe wie industrielles Marketing, Industriegütermarketing und Investitionsgütermarketing Anwendung.[80]

Schließlich bedarf es über die Abgrenzung des B2B-Marketings gegenüber dem B2C-Marketing hinaus einer weiteren Abgrenzung, nämlich gegenüber dem Dienstleistungsmarketing.[81] Während nach dem Schrifttum das Marketing von Dienstleistungen tendenziell enge Verbindungen zum B2C-Marketing aufweist, kommt es auch im Rahmen des B2B-Marketings zur Vermarktung immaterieller Leistungen an Institutionen und organisationale Kunden. Auf der Basis dieser Ausführungen soll innerhalb dieser Untersuchung, im Kontext des zuvor definierten Brandings, der B2B-Begriff Anwendung erfahren, da nach der im Rahmen von Kapitel 1.2.1 vorgenommenen Eingrenzungen ausschließlich Investitionsgüter, die an organisationale Kunden vermarktet werden, Gegenstand der Betrachtung sein werden.[82] Abbildung 9 stellt diesen Zusammenhang dar und ordnet das B2B-Marketing in den übergeordneten Begriff des Marketings ein.

Abbildung 9: *Einordnung des B2B-Marketings in den Gesamtkontext des allgemeinen Marketings*[83]

Angebotene Leistung / Nachfrager	Sachleistungen	Dienstleistungen
Letztkonsument	*B2C-Marketing*	*B2C-Marketing*
		Dienstleistungs-marketing
Unternehmen/ Organisation/Instutition	*B2B-Marketing*	*B2B-Marketing*

[80] Vgl. Backhaus/Voeth (2004), S. 6 f. Allerdings beinhaltet das B2B-Marketing in einer engen Auslegung, im Gegensatz zum Industriegütermarketing beziehungsweise dem Investitionsgütermarketing und dem industriellen Marketing, die Vermarktung von Produkten an den Groß- und Einzelhandel, der die bezogenen Produkte selber konsumiert. Vgl. auch Backhaus/Voeth (2004), S. 7; Backhaus/Voeth (2010), S. 5 f.

[81] Vgl. auch im Folgenden Backhaus/Voeth (2010), S. 6.

[82] Vgl. Kapitel 1.2.1.

[83] In Anlehnung an Backhaus/Voeth (2010), S. 6.

Die Integration der beiden Bestandteile des B2B-Brandings kann anhand der Übertragung der dargestellten Bestandteile beziehungsweise Aufgaben des Brandings auf die spezifischen Anforderungen des B2B-Umfelds mit Organisationen beziehungsweise Institutionen als Nachfrager der angebotenen Leistungen erfolgen. Allerdings muss in diesem Kontext angemerkt werden, dass selbst bekannte Lehrbücher wie die von Kotler/Pfoertsch (2006) (B2B Brand Management), Glynn/Woodside (2009) („Business-to-business Brand Management: Theory, Research and Executive Case Study Exercises") und Backhaus/Voeth (2010) („Industriegütermarketing") auf eine eigenständige Definition des Terms B2B-Brandings verzichten. Vielmehr werden der Begriff Branding sowie der B2B-Bereich individuell erläutert und keine Integration vorgenommen.

Eine Ausnahme stellt Baumgarth (2010) dar, der in seinem Herausgeberband „B-to-B-Markenführung. Grundlagen – Konzepte - Best-Practice" eine Definition für den Begriff B2B-Branding liefert, die für den weiteren Verlauf dieser Untersuchung Geltung erfahren soll. Er definiert B2B-Branding als

> *„alle Handlungen (Planung, Organisation und Kontrolle) […], die in den Köpfen der professionellen Nachfrager für ein Leistungsangebot einen hohen Bekanntheitsgrad, ein differenzierendes Image und eine Präferenz erzeugen."*[84]

2.2.2. Rationalität und Emotionalität

Unter Rationalität versteht man bildungssprachlich die Ausprägung der menschlichen Vernunft, während man darunter in der Psychologie auf das menschliche Verhalten abstellt, das auf der Einsicht in einen Sachverhalt gründet.[85] Ferner liegt ein rationales Handeln dann vor, wenn Konsistenz innerhalb der vorliegenden Ziele besteht sowie ein Maßstab zur Differenzierung zwischen schlechteren und besseren Handlungsoptionen besteht, wobei dieser Maßstab auf die Auswahl der optimalen Handlungsoption, die den größtmöglichen Nutzen zu stiften verspricht, abzielt.[86] Schließlich wird die Rationalität häufig mit dem Begriff der Objektivität bezie-

---

[84] Baumgarth (2010), S. 42.
[85] Vgl. Bibliographisches Institut GmbH (2015c).
[86] Vgl. Elster (1987), S. 8.

hungsweise der objektiven Beurteilbarkeit seitens des Betrachters in Verbindung gebracht.[87]

Somit weist der Begriff der Rationalität eine Vielzahl an Bezugspunkten zum Kognitionsbegriff auf. Kognitive Prozesse beinhalten alle psychisch-geistigen Prozesse von Personen zur Erlangung von Kenntnissen über die Umwelt sowie ihrer selbst.[88] Darin inkludiert sind Prozesse des Urteilens, des Lernens und Denkens sowie der Wahrnehmung beziehungsweise der Informationsaufnahme, der Informationsverarbeitung und der Informationsspeicherung. Da allerdings keine Wertung der Informationen auf der Basis der Vernunft und der Logik Bestandteil kognitiver Prozesse ist, geht der Rationalitätsbegriff über den Kognitionsbegriff hinaus.[89] Aufgrund dieser weiten Fassung der Rationalität soll dieser Begriff im Verlauf dieser Untersuchung Anwendung erfahren und wie folgt definiert werden:

> *„Unter Rationalität versteht man ein vernunftgemäßes, zweckvolles Handeln."*[90]

Während also der Begriff der Rationalität auf die Vernunft des menschlichen Verhaltens und damit den Kopf abstellt, ist der Begriff der Emotionalität eng mit Begriffen wie Gefühl, Affekt und Stimmung und somit dem Herzen verknüpft.[91] Allgemein werden unter dem Begriff Emotionen gegenwärtig vorherrschende geistige Ereignisse beziehungsweise Gemütszustände sowie die dazugehörige Veranlagung verstanden, während Emotionen innerhalb der Neurowissenschaften als stereotypische, komplexe Reaktionsmuster betrachtet werden.[92] Unter dem Term Emotionalität versteht man darauf aufbauend die Verhaltensweise beziehungsweise die Äußerungsform einer Person auf der Basis deren Emotionen.[93]

---

87 Vgl. Schreiber (1965), S. 24 ff.; Clement (2007), S. 1061; Egeberg (2012), S. 74 ff.; Großklaus (2015), S. 147.

88 Vgl. auch im Folgenden Meffert/Burmann/Kirchgeorg (2012), S. 739 ff.; Kroeber-Riel/Gröppel-Klein (2013), S. 304 ff.

89 Vgl. Bausback (2007), S. 30.

90 Petermann (2013), S. 51.

91 Vgl. Meuser (2010), S. 176; Scharfetter (2010), S. 163; Horn/Schrottenberg (2011), S. 11; LeMar (2014), S. 227.

92 Vgl. Elster (1996), S. 1387; Elster (1998), S. 48 f.; Meffert/Burmann/Kirchgeorg (2012), S. 740.

93 Vgl. Bibliographisches Institut GmbH (2015a).

Innerhalb der Forschung besteht kein Konsens bezüglich einer einheitlichen Definition von Emotionalität, allerdings treten Emotionen prinzipiell unbewusst auf und sind eng mit den Gefühlen einer Person verknüpft.[94] Emotionen sind im Großhirn gespeichert und Bestandteil unserer positiven und negativen Erinnerungen und Erfahrungen.[95] Darüber hinaus werden Emotionen beziehungsweise Emotionalität mit dem Begriff der Subjektivität beziehungsweise der subjektiven Beurteilungsmöglichkeit von Situationen und Gegebenheiten assoziiert.[96]

Innerhalb des Schrifttums existieren diverse Systematisierungen von Emotionen beziehungsweise der Emotionalität. Allerdings liegt bis heute weder eine einheitliche Systematisierung noch eine Auflistung der Gesamtheit aller Emotionen vor.[97] Ein Grund hierfür liegt in der partiell vorherrschenden mangelhaften Abgrenzung des Begriffs von anderen innerhalb der Verhaltenswissenschaften etablierten Terme wie Intuition, Stimmung und Affekt.[98]

Der Begriff Intuition kann als das unmittelbare Erfassen oder Erkennen eines komplexen Sachverhalts definiert und mit dem auf ein bestimmtes Ereignis folgenden Bauchgefühl in Verbindung gebracht werden.[99] Nach dieser Definition fehlt der Intuition im Vergleich zur Emotionalität allerdings die Reflektion beziehungsweise die Verarbeitung der Information, die über das reine Erfassen eines Ereignisses hinausgeht.

Ein zweiter, im Schrifttum teilweise synonym zu Emotion verwendeter Begriff ist der Affekt. Unter Affekt lassen sich Gefühlszustände fassen, die zwar abrupt und heftig als Reaktion auf ein bestimmtes Ereignis auftreten, aber nur kurze Zeit andauern.[100]

---

94 Vgl. Schlicht (2008), S. 348; Roth/Saiz (2014), S. 23.

95 Vgl. Bittner/Schwarz (2014), S. 24.

96 Vgl. Clement (2007), S. 1061; Egeberg (2012), S. 74 ff.; Großklaus (2015), S. 147.

97 Vgl. Schmidt-Atzert (2009), S. 571 ff. Ein Beispiel für eine Systematisierung der Emotionen liefert Elster (1998), der zwischen sechs verschiedenen Kategorien differenziert: Soziale Emotionen (zum Beispiel Schuld, Hass, Stolz und Bewunderung); Emotionen, die auf nicht eingetretenen Erwartungen basieren (zum Beispiel Reue und Enttäuschung); Emotionen, die auf potentiellen Entwicklungen basieren (zum Beispiel Furcht und Hoffnung); Emotionen, die auf gute oder schlechte Erfahrungen zurückgehen (Freude, Glück und Trauer); Emotionen, die auf dem Besitz anderer basieren (zum Beispiel Eifersucht, Missgunst und Bosheit) sowie weitere Emotionen wie zum Beispiel Ekel oder Verachtung, die sich keiner der anderen Kategorien zuordnen lassen. Vgl. Elster (1998), S. 48.

98 Vgl. Bausback (2007), S. 32 f.

99 Vgl. Bibliographisches Institut GmbH (2015b).

100 Vgl. auch im Folgenden Witter (2013), S. 63.

In diesem nur sehr kurzen Zustand der Erregung liegt auch der zentrale Unterschied zum Begriff der Emotion beziehungsweise der Emotionalität begründet, da hier der akute Erregungszustand eine deutlich längere Zeit andauert.

Schließlich soll die Emotionalität auch von dem Begriff der Stimmung abgegrenzt werden. Bei dieser handelt es sich um ein schwaches Gefühl, das generell eine längere Zeit vorherrscht und nicht auf einen konkreten Stimulus zurückzuführen ist.[101] Somit liegen die Unterschiede der beiden Terme Stimmung und Emotion(-alität) darin, dass Stimmungen nicht auf ein spezifisches Objekt abzielen und kein spezifisches Ziel aufweisen. Darüber hinaus besitzen sie weder Handlungskompetenz noch -motivation. Vielmehr gelten Stimmungen als Ausgangspunkt für emotionales Verhalten.

Sowohl das Schrifttum der Psychologie als auch der Neuro- und Wirtschaftswissenschaften liefern bis heute keine einheitliche Definition des Begriffs der Emotionalität.[102] Deshalb soll vor dem Hintergrund der bisherigen Ausführungen innerhalb dieser Untersuchung folgende Arbeitsdefinition der Emotionalität Geltung erfahren:

> *Emotionalität beschreibt einen über eine längere Zeit vorherrschenden, auf einen konkreten Stimulus zurückgehenden und auf ein bestimmtes Objekt gerichteten subjektiven physiologischen Erregungszustand.*

Das Spannungsfeld zwischen Rationalität und Emotionalität ist vor dem Hintergrund der zunehmenden Anzahl an wissenschaftlichen Publikationen innerhalb des Marketing-Schrifttums, die diesen Aspekt adressieren, als etabliert zu bezeichnen, insbesondere im Rahmen der Forschungsfelder Werbung und Branding beziehungsweise Markenmanagement.[103] Grundlage des Spannungsfelds zwischen Rationalität und Emotionalität ist die Existenz unterschiedlicher Menschenbilder, die generell im Rahmen der Beeinflussung und Analyse menschlicher Handlungen und

[101] Vgl. auch im Folgenden Lammers (2011), S. 31; Bibliographisches Institut GmbH (2015d).

[102] Vgl. Schmidt-Atzert (1996), S. 18; Bosch/Schiel/Winder (2006), S. 25; Greven (2011), S. 11; Roth/Saiz (2014), S. 23.

[103] Vgl. zum Beispiel Bhat/Reddy (1998), S. 32 ff.; Albers-Miller/Stafford (1999), S. 42 ff.; Chaudhuri/Holbrook (2001), S. 81 ff.; Bausback (2007), S. 25 ff.; Jensen/Klastrup (2008), S. 122 ff.; Čater/Čater (2009), S. 1151 ff.; Cornelis/Adams/Cauberghe (2012), S. 397 ff.; Wood (2012), S. 31 ff.; Roozen (2013), S. 198 ff.; Marin/Pizzinatto/Giuliani (2014), S. 22 ff.; Zhang et al. (2014), S. 2105 ff.

Verhaltensweisen innerhalb der Management-Forschung herangezogen werden.[104] Im Kontext von Rationalität und Emotionalität spielen insbesondere die Menschenbilder des sogenannten homo oeconomicus und des sogenannten homo sociologicus sowie eine Mischform dieser beiden Menschenbilder (homo socio-oeconomicus) eine Rolle.[105]

Unter dem Menschenbild des homo oeconomicus wird gemeinhin ein rational denkender Mensch verstanden, dessen Ziel in der Maximierung seines individuellen Nutzens bei gleichzeitiger Minimierung des dafür benötigten Inputs liegt.[106] Dem gegenüber steht der homo sociologicus, der sich gesellschaftlichen Zwängen und Normen unterwirft und diesen entsprechend sein emotional geprägtes Verhalten, das keinerlei Rationalität aufweist, anpasst.[107]

Allerdings bilden beide theoretische Extrema nicht das tatsächliche menschliche Verhalten ab, da dieses durch Restriktionen der Umwelt in der Realität weder als vollkommen nutzenmaximierend noch als vollkommen rollenkonform zu bezeichnen ist.[108] Vielmehr entspricht das menschliche Verhalten in der Realität viel eher dem Menschenbild des sogenannten homo socio-oeconomicus. Dieses geht auf Lindenberg (1990) zurück und beinhaltet Elemente beider Extrema und damit sowohl nutzenmaximierende als auch rollenkonforme Elemente.[109]

Nach dem Menschenbild des homo-socio-oeconomicus kann der Mensch somit sowohl rationale als auch emotionale Verhaltensweisen aufweisen, so dass Rationalität und Emotionalität als sich gegenseitig ergänzende Verhaltensbestandteile beziehungsweise Funktionen betrachtet werden müssen.[110] Vor dem Hintergrund dieser Ausführungen soll festgehalten werden, dass innerhalb dieser Untersuchung das Menschenbild des homo-socio-oeconomicus Anwendung erfährt: Personen sowie

104 Vgl. Bausback (2007), S. 25 ff.; Staehle/Conrad/Sydow (2014), S. 191 ff.
105 Vgl. Bausback (2007), S. 25 ff.
106 Vgl. Fobel/Beköövá (2002), S. 81 f.
107 Vgl. Esser (1999), S. 236; Weske (2011), S. 62.
108 Vgl. auch im Folgenden Bausback (2007), S. 26.
109 Vgl. Lindenberg (1990), S. 727 ff.
110 Vgl. Bhat/Reddy (1998), S. 39 f.; Bausback (2007), S. 28; Hiller (2015), S. 100.

deren Handlungen und Entscheidungen können gleichzeitig von beiden Funktionen, also der Rationalität und der Emotionalität, geprägt sein.[111]

2.2.3. Rationalität und Emotionalität im B2B-Branding

Das Ziel dieser Untersuchung liegt in der Beantwortung der Forschungsfragen, welche rationalen und emotionalen Erfolgsfaktoren innerhalb des B2B-Brandings existieren (Forschungsfrage 1) und welche Wirkung diese Erfolgsfaktoren auf die Einstellung und das Verhalten der industriellen Kunden haben (Forschungsfrage 2).[112] Vor diesem Hintergrund sollen im Folgenden die vorangegangenen Kapitel zusammengeführt und eine Integration der Terme Branding und B2B sowie des Spannungsfelds zwischen Rationalität und Emotionalität vorgenommen werden.

Innerhalb des B2B-Brandings herrschte lange Zeit die Ansicht, dass die Einstellung und das (Kauf-)Verhalten organisationaler Kunden, anders als im B2C-Branding, ausschließlich auf rationalen Aspekten beruhen und Emotionalität keinerlei Einfluss besitzt.[113] Diese Sichtweise gilt mittlerweile als überholt, da das Schrifttum innerhalb des vergangenen Jahrzehnts wiederholt den positiven Einfluss emotionaler Erfolgsfaktoren auf den Brandingerfolg in einem industriellen Kontext nachweisen konnte.[114] Grundlage dieser Forschungsanstrengungen ist die Annahme, dass innerhalb von (Kauf-)Entscheidungsprozessen immer, unabhängig vom jeweiligen Umfeld (B2C- oder B2B-Bereich), neben rationalen auch emotionale Prozesse eine Rolle spielen.[115]

Nach Adjouri (2014) weisen die Rationalität und die Emotionalität im Rahmen von Kaufentscheidungen sowie der Einstellung gegenüber einer Marke Interdependenzen auf, die keine Differenzierung beider Extrema durch den jeweiligen Entscheider ermöglichen.[116] Eine ähnliche Sichtweise verfolgen Peterson/Hoyer/Wilson (1986), die Käufer beziehungsweise Entscheider in einem kontinuierlichen Zustand des gleichzeitigen Denkens und Fühlens und damit innerhalb des Spannungsfelds zwischen

[111] Vgl. Bausback (2007), S. 28.
[112] Vgl. Kapitel 1.2.2.
[113] Vgl. Lynch/Chernatony (2004), S. 403 f.
[114] Vgl. zum Beispiel Lynch/Chernatony (2004), S. 403 ff.; Jensen/Klastrup (2008), S. 122 ff.; Leek/Christodoulides (2012), S. 106 ff. Vgl. auch Kapitel 2.3.1.
[115] Vgl. Bausback (2007), S. 42 f.
[116] Vgl. Adjouri (2014), S. 67 ff.

Rationalität und Emotionalität sehen, sobald sie mit einem bestimmten Stimulus konfrontiert werden.[117] Dabei können beide Dimensionen in unterschiedlichem Ausmaß existieren.[118]

Auf der einen Seite stellt die Rationalität dabei auf objektiv beurteilbare Kriterien einer Marke ab, auf der anderen Seite zielt die Emotionalität auf das subjektive Empfinden der industriellen Entscheider. Während somit der Rationalitätsbegriff auf die Vernunft im Rahmen industrieller Kaufentscheidungen fokussiert, ist der Begriff der Emotionalität eng mit Schlagworten wie Gefühl, Affekt und Stimmung und somit dem Herzen des Entscheiders verknüpft.[119]

Vor dem Hintergrund dieser Ausführungen hat sich das Spannungsfeld zwischen Rationalität beziehungsweise rationalen Erfolgsfaktoren und Emotionalität beziehungsweise emotionalen Erfolgsfaktoren im Zeitverlauf innerhalb des B2B-Branding-Schrifttums etabliert.[120]

Dieser Sichtweise soll innerhalb des spezifischen B2B-Branding-Kontexts dieser Untersuchung gefolgt und der industrielle (Kauf-)Entscheider im Spannungsfeld zwischen Rationalität und Emotionalität verortet werden, wobei die Einstellung und das Verhalten von Bestandteilen beider Extrema geprägt ist. Im folgenden Kapitel 2.3 soll eine Bestandsaufnahme des Schrifttums erfolgen, um die spezifische Forschungslücke, die dieser Untersuchung zugrunde liegt, herauszuarbeiten.[121] Darüber hinaus sollen erste Erkenntnisse bezüglich des theoretischen Hintergrunds dieser Arbeiten sowie erste Ansätze zur Beantwortung der Forschungsfragen dieser Arbeit gewonnen werden.[122]

2.3. Stand der Forschung

Da das Branding allgemein auf eine sehr lange Tradition innerhalb der wissenschaftlichen Forschung zurückblickt, ist die große Anzahl an Publikationen innerhalb des

117 Vgl. Peterson/Hoyer/Wilson (1986), S. 141 ff.

118 Vgl. Bhat/Reddy (1998), S. 32 ff.; Chaudhuri/Holbrook (2001), S. 85; Bausback (2007), S. 28.

119 Vgl. Meuser (2010), S. 176; Scharfetter (2010), S. 163; Horn/Schrottenberg (2011), S. 11; LeMar (2014), S. 227. Vgl. zum Spannungsfeld zwischen Rationalität und Emotionalität auch Kapitel 2.2.2.

120 Vgl. zum Beispiel Lynch/Chernatony (2004), S. 403 ff.; Jensen/Klastrup (2008), S. 122 ff.; Leek/Christodoulides (2012), S. 106 ff.

121 Vgl. auch Kapitel 1.1.

122 Vgl. auch Kapitel 1.2.2.

Themenkomplexes Branding, insbesondere innerhalb des B2C-Brandings, kaum verwunderlich. Insgesamt kann die Entwicklung des Marken-Schrifttums in vier Etappen aufgeteilt werden.[123]

So zielten in den 1920er und 1930er Jahren diverse Forscher auf eine erste wissenschaftliche Durchdringung markenpolitischer Grundsatzfragen. Die zweite Etappe setzte in den 1960er Jahren mit der Wandlung von Verkäufer- in Käufermärkte ein, während gegen Ende der 1980er und in den 1990er Jahren zunehmend der Begriff des Markenwerts beziehungsweise der Brand Equity in den Fokus der wissenschaftlichen Community rückte. Schließlich stellt die vierte Etappe die seit dem Beginn des 21. Jahrhunderts vorherrschende Hochphase des Brandings dar, die mit der Einführung einer Vielzahl an Herausgeberbänden und Lehrbüchern zur Thematik einhergeht.

Obwohl der Fokus der Arbeit auf dem B2B-Branding liegt, erscheinen auch die Beiträge innerhalb des B2C-Brandings im Kontext der Generierung erster Ansätze zur Beantwortung der Forschungsfragen von Bedeutung.[124] So konstatieren McQuiston (2004) bezüglich der Bedeutung des B2C-Brandings für das B2B-Branding:

> *„[...] the depth and extensiveness of consumer branding research offer industrial branding researchers an extensive background into the nuances of branding that can be applied in the industrial sector."*[125]

Vor diesem Hintergrund sollen im Verlauf der Schrifttumsanalyse neben dem B2B-Branding auch das Forschungsfeld des B2C-Branding Beachtung erfahren. Aufgrund der Vielzahl an wissenschaftlichen Beiträgen in beiden Themenkomplexen kann allerdings keine vollständige Übersicht im Rahmen dieser Untersuchung geleistet werden. Vielmehr muss eine Einschränkung im Hinblick auf diejenigen Beiträge, die im spezifischen Kontext dieser Untersuchung von besonderer Relevanz sind, vorge-

---

[123] Vgl. auch im Folgenden Richter (2007), S. 38.

[124] Vgl. McDowell Mudambi/Doyle/Wong (1997), S. 434 f.; McQuiston (2004), S. 346; Richter (2007), S. 38.

[125] McQuiston (2004), S. 346.

nommen werden, um die Analyse des relevanten Schrifttums in einem sinnvollen Umfang zu halten.[126]

Die erste Einschränkung manifestiert sich in der Betrachtung klassischer Erfolgsfaktorenarbeiten. Dabei handelt es sich um B2B- und B2C-Branding-Arbeiten, die Input bezüglich potenzieller rationaler und emotionaler Erfolgsfaktoren liefern können beziehungsweise allgemein das Markenmanagement und den Markenerfolg adressieren. Beiträge, die primär eher die Relevanz von Marken fokussieren, sollen von der Schrifttumsanalyse ausgeschlossen werden, da deren Analyse in Bezug auf die Fragestellung dieser Untersuchung nicht zielführend erscheint.

Wie bereits innerhalb von Kapitel 2.1.2 im Rahmen des grundlegenden Forschungsdesigns festgehalten wurde, wird mit dieser Untersuchung das Ziel verfolgt, einen empirisch-quantitativen Beitrag zu den rationalen und emotionalen Erfolgsfaktoren des B2B-Brandings zu leisten.[127] Deshalb soll für die Analyse der Gesamtheit der B2B- und B2C-Branding-Arbeiten als weitere Einschränkung eine Konzentration auf ausschließlich empirisch-quantitative Arbeiten vorgenommen werden. Diese Einschränkung der Analyse auf diejenigen Arbeiten, in deren Umfeld diese Untersuchung angesiedelt ist, soll den aktuellen Stand der empirisch-quantitativen Forschung wiedergeben und den notwendigen weiteren Forschungsbedarf im Bereich der rationalen und emotionalen Erfolgsfaktoren des B2B-Brandings darstellen. Schließlich sollen erste Implikationen für diese Untersuchung gewonnen werden.

Auf der Grundlage der vorangegangenen Ausführungen sollen im Folgenden innerhalb von Kapitel 2.3.1 das empirisch-quantitative Schrifttum zu den Erfolgsfaktoren des B2B-Brandings betrachtet werden, während Kapitel 2.3.2 das empirisch-quantitative Schrifttum zu den Erfolgsfaktoren des B2C-Brandings adressiert. Kapitel 2.3.3 beinhaltet die Wertung des Forschungsüberblicks beziehungsweise den Nachweis der Forschungslücke und fasst die Implikationen der Forschungsbeiträge für diese Untersuchung zusammen. Abbildung 10 stellt die Vorgehensweise bei der Recherche und Auswertung des Schrifttumsüberblicks zusammenfassend dar.

---

126 Vgl. für eine ähnliche Vorgehensweise zum Beispiel Schilke (2007), S. 61; Pistoia (2014), S. 43.

127 Vgl. Kapitel 2.1.2.

Abbildung 10: *Vorgehensweise bei der Recherche und Auswertung des Schrifttumsüberblicks*

2.3.1. Empirisch-quantitatives Schrifttum zu den Erfolgsfaktoren im B2B-Branding

Innerhalb des Schrifttums zu den Erfolgsfaktoren des B2B-Brandings wurden im Rahmen der Recherche insgesamt sechzehn Arbeiten identifiziert, die im Kontext dieser Untersuchung Relevanz aufweisen und den Forschungsbedarf aufzuzeigen vermögen. Darüber hinaus können auf der Grundlage dieser Arbeiten erste Erkenntnisse bezüglich potenzieller rationaler und emotionaler Erfolgsfaktoren generiert werden. Elf der relevanten sechzehn Arbeiten fokussieren als Gegenstand der Betrachtung auf industrielle Güter, während die restlichen fünf Beiträge industrielle Services beziehungsweise Dienstleistungen adressieren.[128] Abbildung 11 stellt die Verteilung der empirisch-quantitativen Beiträge des B2B-Branding-Schrifttums im

[128] Obwohl innerhalb dieser Untersuchung als Gegenstand der Betrachtung auf Investitionsgüter fokussiert wird (vgl. Kapitel 1.2.1), sollen innerhalb der Darstellung des empirisch-quantitativen Schrifttums zu den Erfolgsfaktoren im B2B-Branding aufgrund der begrenzten Anzahl von Beiträgen, die auf industrielle Güter abstellen, auch diejenigen Beiträge adressiert werden, die industrielle Services bezeihungsweise Dienstleistungen als Gegenstand der Betrachtung aufweisen. Diese Vorgehensweise soll einen umfassenden Blick auf alle Arbeiten, die die Erfolgsfaktoren in einem B2B-Kontext untersuchen, gewährleisten.

Überblick dar, bevor im Folgenden auf alle Beiträge in chronologischer Reihenfolge eingegangen werden soll.

Abbildung 11: Gegenstand der Betrachtung der Beiträge des empirisch-quantitativen Schrifttums zu den Erfolgsfaktoren im B2B-Branding

Industrielle Güter	Industrielle Services/ Dienstleistungen
• Hutton (1997) • Bendixen/Bukasa/Abratt (2004) • van Riel/Mortanges/Streukens (2005) • Bausback (2007) • Cretu/Brodie (2007) • Jensen/Klastrup (2008) • Davis-Sramek et al. (2009) • Glynn (2010) • Baumgarth/Binckebanck (2011) • Chen/Su/Lin (2011) • Chen/Su (2012)	• Bennett/Härtel/McColl-Kennedy (2005) • Roberts/Merrilees (2007) • Taylor/Hunter/Lindberg (2007) • Davis/Golicic/Marquardt (2008) • Juntunen/Juntunen/Juga (2011)

Die erste Studie, die sich innerhalb eines industriellen Kontexts mit den relevanten Erfolgsfaktoren befasst und Relevanz für diese Untersuchung aufweist, stammt von Hutton (1997). Der Autor befragt 429 Mitglieder der amerikanischen National Association of Purchasing Management und damit industrielle Käufer bezüglich der Faktoren, die deren Kaufentscheidung bei Computern, Kopierern, Faxgeräten und Disketten positiv beeinflussen.[129] Es kann dabei nachgewiesen werden, dass sich der Wert einer Industriegütermarke durch das Weiterempfehlungsverhalten der Kunden (Buyers' Willingness to Recommend That Brand to Peers), der Bereitschaft, ein Preispremium zu bezahlen (Buyers' Willingness to Pay a Price Premium for Their Favourite Brand) sowie der Bevorzugung von Produkten, die unter demselben Markennamen vertrieben werden (Buyers' Willingness to Give Special Consideration to Another Product With That Same Brand Name), manifestiert. Der entscheidende Erfolgsfaktor in diesem Zusammenhang ist die Kenntnis der Marke, die von einem

129 Vgl. auch im Folgenden Hutton (1997), S. 428 ff.

Einkäufer tendenziell favorisiert wird (Knowledge of the Buyer's Favourite Brand). Darüber hinaus kann der Autor empirisch nachweisen, dass bekannte Marken gewählt werden, wenn komplexe Produkte beschafft werden oder Ressourcenbeschränkungen oder Zeitdruck innerhalb der konkreten Kauf- beziehungsweise Entscheidungssituation existieren.

Die zweite Arbeit, die auf die Erfolgsfaktoren des B2B-Brandings abstellt, ist der Beitrag von Bendixen/Bukasa/Abratt (2004). Die Autoren weisen anhand ihrer Befragung von 54 verantwortlichen Entscheidungsträgern südafrikanischer Industrieunternehmen nach, dass es sich bei der wahrgenommenen Qualität (Perceived quality) um den wichtigsten rationalen Erfolgsfaktor des B2B-Brandings handelt.[130] Dieser Erfolgsfaktor wirkt positiv auf die Bereitschaft industrieller Käufer, ein Preispremium zu bezahlen (Buyers' willingness to pay a price premium). Schließlich weisen die Autoren nach, dass markenloyale industrielle Käufer die Marke weiterempfehlen und eine hohe Bereitschaft aufweisen, Produkte zu beschaffen, die unter dem gleichen Markennamen vermarktet werden.

Der Beitrag von Bennett/Härtel/McColl-Kennedy (2005) fokussiert innerhalb des B2B-Brandings auf industrielle Dienstleistungen als Gegenstand der Betrachtung.[131] So befragen die Autoren 267 Entscheider von australischen Kleinunternehmen bezüglich deren Einschätzung der emotionalen Erfolgsfaktoren Markeneinbindung/-mitwirkung (Involvement with the preferred brand & service category) und Zufriedenheit (Satisfaction with the product category/service) mit der Produktkategorie beziehungsweise dem Service und weisen einen positiven Einfluss beider Konstrukte auf die einstellungsbasierte Markenloyalität (Attitudinal brand loyalty) als abhängiges Konstrukt nach. Darüber hinaus ergibt die Untersuchung, dass es sich bei der Erfahrung (Experience) um einen Moderator innerhalb dieser Wirkungsbeziehungen handelt.

van Riel/Mortanges/Streukens (2005) sind die ersten Autoren, die sowohl rationale als auch emotionale Erfolgsfaktoren des B2B-Brandings in ihrer Studie (Fokus: industrielle Güter) konzeptionalisieren, ohne allerdings explizit auf die Unterschiede

[130] Vgl. auch im Folgenden Bendixen/Bukasa/Abratt (2004), S. 371 ff.
[131] Vgl. auch im Folgenden Bennett/Härtel/McColl-Kennedy (2005), S. 97 ff.

hinzuweisen.[132] Die Autoren befragen 75 Entscheider verschiedener Industriezweige (zum Beispiel Elektronik- und Automobilindustrie) und weisen den positiven Einfluss der rationalen Erfolgsfaktoren Produktqualität (Product quality), Servicequalität (Service quality) und Produktdistribution (Product distribution) sowie der emotionalen Erfolgsfaktoren Servicepersonal (Service personnel) und Informationsdienste (Information services) auf den produkt- und den unternehmensbasierten Markenwert (Product brand equity und Corporate brand equity) sowie die Loyalität (Loyalty) nach.

Während alle der bisher vorgestellten empirisch-quantitativen Beiträge zu den rationalen und emotionalen Erfolgsfaktoren des B2B-Brandings im Rahmen der Konzeptionalisierung des jeweiligen Untersuchungsmodells auf das Consumer-Based Brand Equity Framework rekurrieren, greift Bausback (2007) in ihrer Dissertation zur Positionierung von Business-to-Business-Marken auf das ABC-Modell sowie das S-R- und das S-O-R-Paradigma zur theoretischen Fundierung der Erfolgsfaktoren zurück.[133] Die Autorin differenziert explizit zwischen rationalen (Integration, Informationsfülle, Erfahrung, Ratschläge) und emotionalen (Zuverlässigkeit, Bodenständigkeit, Ausstrahlung) Positionierungsfaktoren erfolgreicher B2B-Marken. Das Sample von Bausback (2007) konstituiert sich aus 183 Probanden, die zu 47,5% der Konsumgüter- und 52,5% der Industriegüterbranche zuzurechnen sind.

Gänzlich ohne theoretische Fundierung sowie ohne Differenzierung zwischen rationalen und emotionalen Dimensionen modellieren Cretu/Brodie (2007) die Preise und Kosten (Prices & Costs), die Produktqualität und die Servciequalität (Product & Services Quality) sowie das Markenimage (Brand Image) und die Unternehmensreputation (Corporate Reputation) als Erfolgsfaktoren und weisen deren positiven Einfluss auf die Kundenloyalität (Customer Loyalty) nach.[134] In diesem Kontext werden 377 Unternehmen (Friseursalons) bezüglich ihres Einkaufverhaltens von Haarpflegemitteln bei dem jeweiligen Hersteller befragt.

---

132 Vgl. auch im Folgenden van Riel/Mortanges/Streukens (2005), S. 841 ff.

133 Vgl. auch im Folgenden Bausback (2007), S. 33 ff.

134 Vgl. auch im Folgenden Cretu/Brodie (2007), S. 230 ff.

Roberts/Merrilees (2007) befassen sich in ihrer Untersuchung mit den Erfolgsfaktoren von Marken im industriellen Dienstleistungsbereich.[135] Unter Verwendung der Commitment-Trust-Theory untersuchen sie den Einfluss des rationalen Erfolgsfaktors Servicequalität (Service quality) und der emotionalen Erfolgsfaktoren Einfühlungsvermögen (Empowerment) und Reaktionsqualität (Responsiveness) seitens des Servicepersonals auf das Vertrauen (Trust) in eine Marke. Dabei erfolgt wiederum keine explizite Unterscheidung zwischen rationalen und emotionalen Erfolgsdimensionen. Das Sample der Autoren setzt sich aus 201 australischen Pächtern von Verkaufsflächen in Einkaufszentren zusammen, die sich bei der Beantwortung des Fragenkatalogs auf die Servicequalität seitens des Centermanagements beziehen. Die Ergebnisse der Untersuchung zeigen, dass keine der postulierten Hypothesen verworfen werden muss.

Ebenfalls innerhalb des industriellen Dienstleistungssektors ist der Beitrag von Taylor/Hunter/Lindberg (2007) angesiedelt.[136] Die Autoren greifen auf das Consumer-Based Brand Equity Framework als theoretische Basis zurück und differenzieren zwischen hedonistischen (hedonistische Markeneinstellung (Hedonic Brand Attitude), nutzenbedingte Markeneinstellung (Utilitarian Brand Attitude) und Markeneinzigartigkeit (Brand Uniqueness)) und rationalen (wahrgenommene Qualität (Perceived Quality) und im Verhältnis zu den Kosten wahrgenommener Markennutzen (Perceived Brand Value for cost)) Erfolgsfaktoren. Das Sample (137 beziehungsweise 155 Manager von Mitgliedsunternehmen eines großen US-amerikanischen Fachverbands für Rechnungswesen) bestätigt die Signifikanz aller Erfolgsfaktoren, die die Markenzufriedenheit (Satisfaction With the Brand) positiv beeinflussen. Die Markenzufriedenheit wirkt wiederum positiv auf die Loyalitätsintention (Loyalty Intention) seitens der industriellen Kunden.

Eine weitere Untersuchung, die auf industrielle Dienstleistungen als Gegenstand der Betrachtung fokussiert, ist die von Davis/Golicic/Marquardt (2008).[137] Die Autoren weisen in ihrer Studie einen signifikanten Einfluss des Markenbewusstseins (Brand Awareness) sowie des Markenimages (Brand Image) auf den Markenwert (Brand

[135] Vgl. auch im Folgenden Roberts/Merrilees (2007), S. 410 ff.

[136] Vgl. auch im Folgenden Taylor/Hunter/Lindberg (2007), S. 241 ff.

[137] Vgl. auch im Folgenden Davis/Golicic/Marquardt (2008), S. 218 ff.

Equity) nach. Zusätzlich wirkt das Verhältnis (Relationship Role) zwischen Serviceanbietern und Serviceempfängern als moderierende Variable auf diese Kausalbeziehungen. Das Sample von Davis/Golicic/Marquardt (2008) konstituiert sich aus insgesamt 213 US-amerikanischen Probanden, wobei sich 142 der Anbieterseite und 71 der Empfängerseite von industriellen Leistungen zuordnen lassen. Neben der Signifikanz der Erfolgsfaktoren implizieren die Ergebnisse der Untersuchung auch eine Anwendbarkeit des Consumer-Based Brand Equity Frameworks im Rahmen von Untersuchungen in Commoditymärkten, da Marken in diesem Kontext als wichtiges Differenzierungskriterium von Anbietern mit identischem Leistungsportfolio fungieren.[138]

Eine explizite Erwähnung der Unterschiede zwischen rationalen und emotionalen Erfolgsfaktoren findet sich bei Jensen/Klastrup (2008), deren Untersuchung industrielle Güter als Gegenstand der Betrachtung adressiert.[139] Auf der Basis eines Samples von 213 Kunden von Pumpenherstellern aus Schweden weisen die Autoren einen signifikanten Einfluss der rationalen Erfolgsfaktoren Produktqualität (Product quality), Servicequalität (Service quality) und Preis (Price) sowie der emotionalen Erfolgsfaktoren Abgrenzung (Differentiation) gegenüber der Konkurrenz, Versprechen (Promise) sowie Vertrauen & Glaubwürdigkeit (Trust & credibility) auf die (Stärke der) Beziehung zwischen industriellen Kunden und der spezifischen Marke (Customer brand relationship) nach. Somit handelt es sich bei dem Beitrag von Jensen/Klastrup (2008) um die erste Untersuchung innerhalb eines industriellen Kontexts, der explizit die Unterschiede zwischen rationalen (Rational evaluation) und emotionalen (Emotional evaluation) Erfolgsfaktoren beleuchtet und in diesem Zusammenhang das Consumer-Based Brand Equity Framework heranzieht. Allerdings ist die theoretische Herleitung der unabhängigen und abhängigen Konstrukte als mangelhaft zu bezeichnen, da nur in einem sehr geringen Umfang auf die entsprechende Theorie (Consumer-Based Brand Equity Framework) verwiesen wird.

Auf der Basis des theoretischen ServQual-Ansatzes differenzieren Davis-Sramek et al. (2009) innerhalb der Servicequalität zwischen der technischen (Technical Service Quality) und der relationalen Servicequalität (Relational Service Quality).[140] Die Au-

---

138 Vgl. Davis/Golicic/Marquardt (2008), S. 224.
139 Vgl. auch im Folgenden Jensen/Klastrup (2008), S. 122 ff.
140 Vgl. auch im Folgenden Davis-Sramek et al. (2009), S. 440 ff.

toren weisen in ihrer Untersuchung (Befragung von 389 US-amerikanischen Einzelhändlern als Kunden eines Herstellers von langlebigen Gebrauchsgütern) nach, dass beide Erfolgsfaktoren die Zufriedenheit (Satisfaction) von Kunden in einem B2B-Umfeld positiv beeinflussen. Ferner zeigt der Beitrag der Autoren, dass die weiteren Hypothesen (die Zufriedenheit wirkt sowohl auf das affektive (Affective Commitment) als auch das kalkulative Commitment (Calculative Commitment) und diese wiederum auf das Loyalitätsverhalten (Loyalty Behavior)) nicht verworfen werden müssen und der Share of Wallet als Moderator der Wirkungsbeziehungen fungiert.

Ebenso wie Davis-Sramek et al. (2009) weist Glynn (2010) industrielle Güter als Gegenstand der Betrachtung auf.[141] Sein Beitrag fokussiert auf die Untersuchung der Einflussfaktoren auf die Zufriedenheit von Supermarktkettenleitern in Neuseeland, die für das Bestellwesen verantwortlich zeichnen (Samplegröße: 820). Er weist nach, dass die Unterstützung der Hersteller (Manufacturer support), deren Markenwert (Brand equity) sowie die Kundenerwartungen (Customer expectations) die Zufriedenheit mit der Marke (Reseller satisfaction with brand) determinieren. Außerdem beinhaltet die Studie den Nachweis eines positiven Einflusses der Zufriedenheit auf die Markenperformance (Performance of brand), das Vertrauen in den Anbieter beziehungsweise Hersteller (Trust in supplier) sowie die Markenbindung (Commitment to brand). Alle kausalen Beziehungen innerhalb des Untersuchungsmodells werden durch die Markenstärke (Brand Strength) moderiert. Zur theoretischen Fundierung des Untersuchungsmodells zieht Glynn (2010) neben dem Consumer-Based Brand Equity Framework auch die Theorie des Resource-Based View heran, ohne allerdings auf die Vereinbarkeit beider Ansätze einzugehen. Vor diesem Hintergrund ist die multitheoretische Konzeptionalisierung des Untersuchungsmodells als mangelhaft zu bezeichnen.

Im Gegensatz zu Glynn (2010) wählen Baumgarth/Binckebanck (2011) im Rahmen ihrer Untersuchung mit dem Consumer-Based Brand Equity Framework einen monotheoretischen Ansatz zur Konzeptionalisierung ihres Untersuchungsmodells.[142] Dieses differenziert zwischen Elementen der Sales Force (Verkaufspersonal) und des klassischen Marketing-Mix als Einflussfaktoren auf die Wahrnehmung einer Marke

---

[141] Vgl. auch im Folgenden Glynn (2010), S. 1226 ff.

[142] Vgl. auch im Folgenden Baumgarth/Binckebanck (2011), S. 487 ff.

(Brand Perception). So weisen die Autoren neben der Produktqualität (Product Quality) und der nichtpersönlichen Kommunikation (Non-personal Communication) als Elemente des klassischen Marketingmix auch einen positiven Einfluss der Persönlichkeit der Verkaufsperson (Salesman's Personality) sowie des Verhaltens der Verkaufsperson (Salesman's Behavior) auf die Markenwahrnehmung nach. Diese wiederum wirkt positiv auf die Markenstärke (Brand Strength), wobei die Markenstärke einen positiven Effekt auf die Markenloyalität (Brand Loyalty) besitzt. Das Sample der Autoren konstituiert sich aus insgesamt 201 deutschen Unternehmen, die dem industriellen Umfeld zugeordnet werden können.

Auf der Basis des Consumer-Based Brand Equity Frameworks postulieren Chen/Su/Lin (2011) einen positiven direkten Effekt der wahrgenommenen Produktqualität (Perceived product quality), der Servicequalität (Perceived service quality), des Markenbewusstseins (Brand awareness), der Markenloyalität (Brand loyalty) und des Herkunftslands einer Marke (Country-of-origin) auf den Wert einer industriellen Marke (Industrial brand equity), ohne allerdings explizit auf die Unterschiede zwischen rationalen und emotionalen Erfolgsfaktoren einzugehen.[143] Insgesamt befragen die Autoren 102 taiwanesische Unternehmen, die Schrauben- und Verbindungselemente produzieren. Auf der Basis der Ergebnisse muss die Hypothese des positiven Einflusses der wahrgenommenen Servicequalität auf den Wert einer industriellen Marke verworfen werden, während die wahrgenommene Produktqualität einen hochsignifikanten Einfluss aufweist. Darüber hinaus besitzt auch der Erfolgsfaktor Herkunftsland einer Marke einen signifikanten Einfluss. Die Ergebnisse der Untersuchung von Chen/Su/Lin (2011) legen ferner nahe, dass Marken als wichtiges Abgrenzungskriterium in einem industriellen Umfeld fungieren und Wettbewerbsvorteile implizieren können.[144]

Die Arbeit von Juntunen/Juntunen/Juga (2011) fokussiert auf industrielle Dienstleistungen als Gegenstand der Betrachtung.[145] Die Autoren befragen 235 Einkäufer industrieller Dienstleistungen aus Finnland bezüglich der Erfolgsfaktoren des B2B-Brandings. Auf der theoretischen Basis des Consumer-Based Brand Equity Frameworks weisen sie einen positiven Einfluss des unternehmensspezifischen Markenbe-

143 Vgl. auch im Folgenden Chen/Su/Lin (2011), S. 1234 ff.

144 Vgl. Chen/Su/Lin (2011), S. 1238.

145 Vgl. auch im Folgenden Juntunen/Juntunen/Juga (2011), S. 300 ff.

wusstseins (Corporate brand awareness) auf den unternehmensspezifischenWert einer Marke (Corporate brand equity) nach. Außerdem muss die postulierte kausale Beziehung zwischen dem unternehmensspezifischen Markenimage (Corporate brand image) und der unternehmensspezifischen Markenloyalität (Corporate brand loyalty) nicht verworfen werden.

Der letzte Beitrag innerhalb des empirisch-quantitativen Schrifttums zu den Erfolgsfaktoren im B2B-Branding stellt die Arbeit von Chen/Su (2012) dar, die sich inhaltlich stark an der Untersuchung von Chen/Su/Lin (2011) orientiert.[146] Die Autoren konzeptionalisieren allerdings, wiederum ohne explizite Unterscheidung zwischen rationalen und emotionalen Erfolgsfaktoren, anstatt des Herkunftslands einer Marke das Herstellerland einer Marke (Country-of-manufacture) und das Land, in dem das industrielle Gut designt (Country-of-design) wird, als Erfolgstreiber des Werts einer industriellen Marke (Brand equity). Außerdem postulieren sie einen positiven Effekt des Produktwerts (Product value), der Produktdistribution (Product distribution), des Informationsservices (Information services), des Servicepersonals (Service personnel), der wahrgenommenen Produktqualität (Perceived product quality), der wahrgenommenen Servicequalität (Perceived service quality) und des Markenbewusstseins (Brand awareness) auf den Markenwert. Die Auswertung der beiden Samples (102 Einkäufer taiwanesischer Unternehmen der Schrauben- und Verbindungselementeindustrie und 64 internationale Einkäufer desselben Industriezweigs) ergeben inkonsistente Ergebnisse der relativen Bedeutung der postulierten Erfolgsfaktoren. So spielen in einem internationalen Kontext das Produktionsland und das Land, in dem ein industrielles Gut designt wird, keine Rolle. Im Folgenden sollen die vorgestellten Beiträge des empirisch-quantitativen Schrifttums zu den Erfolgsfaktoren im B2B-Branding innerhalb von Tabelle 2 überblicksartig dargestellt werden.

146 Vgl. auch im Folgenden Chen/Su (2012), S. 57 ff.

Tabelle 2: *Übersicht über das empirisch-quantitative Schrifttum zu den Erfolgsfaktoren im B2B-Branding*

Autor/ Jahr	Titel/Fokus	Theoretischer Hintergrund/ Untersuchungs-charakteristika	Zentrale Befunde
Hutton (1997)	A study of brand equity in an organizational-buying context	• Consumer-Based Brand Equity Framework • N = 429 • Korrelationsanalyse; Mittelwertvergleiche	• Industrielle Käufer wählen bekannte Marken bei komplexen Produkten, Erfordernis von Serviceleistungen für das Produkt, wenn Produktausfälle Konsequenzen für Unternehmer oder Käufer persönlich implizieren oder Zeitdruck und Ressourcenbeschränkungen existieren • Wert einer Industriegütermarke zeigt sich durch Preispremium, Weiterempfehlung der Kunden und Bevorzugung von Produkten unter dem gleichen Markennamen
Bendixen/ Bukasa/ Abratt (2004)	Brand equity in the business-to-business market	• Consumer-Based Brand Equity Framework • N = 54 • Conjoint-Analyse	• Bei der Qualität handelt es sich um das wichtigste Kriterium, eine Marke auszuwählen • Starke Marken resultieren in der Bereitschaft von industriellen Einkäufern, ein Preis-Premium zu bezahlen; dabei kann die führende Marke ein Preispremium generieren, das 6,8% über dem Durchschnitt und 14,0% über dem Preis einer neuen, unbekannten Marke liegt • Industrielle Einkäufer, die markenloyal sind, empfehlen die Marke weiter und sind bereit, Produkte zu kaufen, die unter dem gleichen Markennamen vermarktet werden
Bennett/ Härtel/ McColl-Kennedy (2005)	Experience as a moderator of involvement and satisfaction on brand loyalty in a business-to-business-setting	• Consumer-Based Brand Equity Framework • N = 267 • Strukturgleichungs-modellierung	• Die Konstrukte Einbindung/Mitwirkung und Zufriedenheit wirken positiv auf die einstellungsbasierte Markenloyalität • Bei der Erfahrung handelt es sich um eine moderierende Variable innerhalb dieser Wirkungsbeziehungen
van Riel/ Mortan-ges/ Streukens (2005)	Marketing antecedents of industrial brand equity: An empirical investigation in specialty chemicals	• Consumer-Based Brand Equity Framework • N = 75 • Regressionsanalyse	• Der Markenwert sowie die Markenloyalität hängen in einem industriellen Umfeld von den (vergangenen) Investitionen in Produktqualität, Servicequalität, Produktdistribution, Produktwert, Servicepersonal und Informationsdienste ab • Alle genannten Erfolgsfaktoren beeinflussen die Wahrnehmung und Beurteilung einer Marke und damit indirekt die Kaufentscheidung • Der Markenwert setzt sich aus dem produktspezifischen und dem unternehmensspezifischen Markenwert zusammen
Bausback (2007)	Positionierung von Business-to-Business-Marken	• ABC-Modell, S-R- & S-O-R-Paradigma • N = 183 • Regressionsanalyse, Kausalanalyse	• Im Rahmen der Positionierung von B2B-Marken sind generell rationale und emotionale Elemente verwendbar • Rationale Positionierungsfaktoren: Integration, Informationsfülle, Erfahrung, Ratschläge • Emotionale Positionierungsfaktoren: Zuverlässigkeit, Bodenständigkeit, Ausstrahlung

Autor/ Jahr	Titel/Fokus	Theoretischer Hintergrund/ Untersuchungs-charakteristika	Zentrale Befunde
Cretu/ Brodie (2007)	The influence of brand image and company reputation where manufacturers market to small firms: A customer value perspective	• Kein theoretischer Hintergrund • N = 377 • Strukturgleichungs-modellierung	• Das Markenimage hat einen spezifischen positiven Einfluss auf die wahrgenommene Qualität seitens der Kunden, während die Reputation eines Unternehmens einen größeren Einfluss auf den Kundenwert und die Kundenloyalität besitzt • Erstmalig wird zwischen den Einflüssen auf das Markenimage und den Einflüssen auf die Reputation eines Unternehmens differenziert
Roberts/ Merrilees (2007)	Multiple roles of brands in business-to-business services	• Commitment-Trust Theory • N = 201 • Strukturgleichungs-modellierung	• Die Einstellung gegenüber einer Marke besitzt den größten Einfluss auf die Verlängerung eines Servicevertrags • Die Einstellung gegenüber einer Marke wird hauptsächlich durch die Servicequalität beeinflusst • Schließlich spielt das Branding auch im Kontext des Vertrauensaufbaus zwischen Anbieter und Kunde eine Rolle
Taylor/ Hunter/ Lindberg (2007)	Understanding (customer-based) brand equity in financial services	• Consumer-Based Brand Equity Framework • N = 137 & 155 • Strukturgleichungs-modellierung	• Der Wert einer Marke wird durch die Treiber hedonistische Markeneinstellung, nutzenbedingte Markeneinstellung, Markeneinzigartigkeit, wahrgenommene Qualität und wahrgenommener Markennutzen (im Verhältnis zu den Kosten) bestimmt • Die Markenzufriedenheit wirkt positiv auf die Loyalitätsintentionen
Davis/ Golicic/ Marquardt (2008)	Branding a B2B service: Does a brand differentiate a logistics service provider?	• Consumer-Based Brand Equity Framework • N = 213 • Strukturgleichungs-modellierung	• Das Consumer-Based Brand Equity Framework weist auch in Commodity- Märkten Anwendbarkeit auf • Das Markenbewusstsein und das Markenimage wirken positiv auf den Markenwert
Jensen/ Klastrup (2008)	Towards a B2B customer-based brand equity model	• Consumer-Based Brand Equity Framework • N = 213 • Strukturgleichungs-modellierung	• Die Beziehung zwischen Kunde und Marke basiert auf der rationalen und emotionalen Beurteilung des Kunden • Rationale Erfolgsfaktoren sind die Produktqualität, die Servicequalität und der Preis • Emotionale Erfolgsfaktoren sind die Abgrenzung (gegenüber der Konkurrenz), das Versprechen sowie das Vertrauen und die Glaubwürdigkeit
Davis-Sramek et al. (2009)	Creating commitment and loyalty behavior among retailers: what are the roles of service quality and satisfaction?	• ServQual • N = 389 • Strukturgleichungs-modellierung	• Die Studie separiert zwischen technischen und relationalen Dimensionen der Servicequalität von Herstellern im Rahmen der Auftragsabwicklung • Die technische Servicequalität und die relationale Servicequalität wirken auf die Zufriedenheit, die über die affektive und das kalkulative Bindung das Loyalitätsverhalten (positiv) beeinflussen • Moderierende Variable: Share of Wallet

Autor/ Jahr	Titel/Fokus	Theoretischer Hintergrund/ Untersuchungs-charakteristika	Zentrale Befunde
Glynn (2010)	The moderating effect of brand strength in manufacturer-reseller relationships	• Consumer-Based Brand Equity Framework, Resource-Based View • N = 820 • Strukturgleichungs-modellierung	• Die Untersuchung zielt auf die Demonstration des Effekts der Markenstärke innerhalb von B2B-Beziehungen • Die Kundenzufriedenheit mit der Marke wirkt positiv auf die Markenperformance, das Vertrauen in den Anbieter sowie die Markenbindung • Definition des Terms Trade Leverage
Baum-garth/ Bincke-banck (2011)	Sales force impact on B-to-B brand equity: conceptual framework and empirical test	• Consumer-Based Brand Equity Framework • N = 201 • Strukturgleichungs-modellierung	• Das erfolgreiche Management von B2B-Marken bedarf einer Kombination aus Elementen des klassischen Marketing-Mix sowie Elementen der Sales Force • Nachweis der Bedeutung des Verkaufspersonals/ der Vertriebsmitarbeiter für den Aufbau einer starken B2B-Marke • Die Verhaltensweise des Verkaufspersonals wird höher gewichtet als die Persönlichkeit des Verkauspersonals • Beide Dimensionen sind wichtiger als die Produktqualität und die nichtpersönliche Kommunikation, wobei alle vier Dimensionen den Wert einer Marke zu steigern vermögen
Chen/Su/ Lin (2011)	Country-of-origin effects and antecedents of industrial brand equity	• Consumer-Based Brand Equity Framework • N = 102 • Strukturgleichungs-modellierung	• Das Herkunftsland einer Marke spielt eine wichtige Rolle für B2B-Marken • Produktqualität wirkt positiv auf den industriellen Markenwert, während diese Beziehung für die Servicequalität nicht bestätigt werden kann • Marken können ein wichtiges Abgrenzungskriterium in einem industriellen Umfeld implizieren und Konkurrenzvorteile bedeuten
Juntunen/ Juntunen/ Juga (2011)	Corporate brand equity and loyalty in B2B markets: A study among logistics service purchasers	• Consumer-Based Brand Equity Framework • N = 235 • Strukturgleichungs-modellierung	• Das unternehmensbasierte Markenimage resultiert in unternehmensbasierter Markenloyalität • Das unternehmensbasierte Markenbewusstsein korreliert trotz nicht erfolgter Modellierung positiv mit dem unternehmensbasierten Markenimage
Chen/Su (2012)	Do country-of-manufacture and country-of-design matter to industrial brand equity?	• Consumer-Based Brand Equity Framework • N = 102 & 64 • Strukturgleichungs-modellierung	• Das Single-Cue Framework produziert für die Konstrukte Country-of-Manufacture und Country-of-Design statistisch signifikantere Ergebnisse als das Multiple-Cue Framework • Die inkonsistenten Untersuchungsergebnisse legen den Schluss nahe, dass das Land, in dem produziert wird, und das Land, in dem das Design von Produkten erfolgt, keine Rolle auf internationalen B2B-Märkten spielen

Die innerhalb von Tabelle 2 dargestellten sechzehn relevantesten empirisch-quantitativen Arbeiten zu den Erfolgsfaktoren des B2B-Brandings verdeutlichen die Heterogenität des Forschungsfelds. So besteht nicht einmal innerhalb derjenigen Beiträge, die denselben Gegenstand der Betrachtung adressieren (industrielle Güter versus industrielle Dienstleistungen), Einigkeit bezüglich der konzeptionalisierten Erfolgsfaktoren und deren Wirkung auf den Brandingerfolg in einem industriellen Kontext.

So differenzieren einige wenige Autoren beispielsweise zwischen hedonistischen und rationalen Erfolgsfaktoren (Taylor/Hunter/Lindberg (2007)) oder technischen und relationalen Aspekten beziehungsweise kalkulativem und affektivem Commitment (Davis-Sramek et al. (2009)), doch nur die Beiträge von Bausback (2007) und Jensen/Klastrup (2008) stellen explizit auf die Unterschiede zwischen rationalen und emotionalen Erfolgsfaktoren ab, ohne allerdings ein umfassendes integriertes Untersuchungsmodell zu präsentieren.

Obwohl die Arbeit von Taylor/Hunter/Lindberg (2007) mit der hedonistischen Markeneinstellung einen emotional durch den industriellen Kunden beurteilbaren Erfolgsfaktor adressiert, ist die genaue theoretische Verankerung dieses Erfolgsfaktors unklar.[147] Zwar wird innerhalb der Einleitung das Consumer-Based Brand Equity Framework als theoretische Basis des späteren Untersuchungsmodells erwähnt, allerdings werden dessen einzelne, im Kontext dieser Untersuchung relevanten Dimensionen, weder erläutert noch erfolgt eine Ableitung der hedonistischen Markeneinstellung aus einer der Dimensionen des Frameworks. Analog verfahren Taylor/Hunter/Lindberg (2007) bei der Konzeptionalisierung des rationalen Erfolgsfaktors wahrgenommenen Qualität und den weiteren exogenen Konstrukten. Folglich ist die Untersuchung der Autoren als theoretisch mangelhaft zu bezeichnen, da eine beliebige Auswahl an Erfolgsfaktoren ohne theoretisch fundierte Herleitung praktiziert wird.

Der Beitrag von Davis-Sramek et al. (2009) fokussiert in seinem Untersuchungsmodell die Servicequalität als Erfolgsfaktor und differenziert dabei zwischen der technischen und der relationalen Servicequalität, die auf die Beziehung zu den Mitarbeitern eines Unternehmens abstellt.[148] Dabei wird nicht explizit zwischen rationalem und emotionalem Erfolgsfaktor unterschieden, vielmehr werden zwei Aspekte eines Erfolgsfaktors untersucht. Im endogenen Teil des Strukturgleichungsmodells dagegen wird sowohl das affektive als auch das kalkulative Commitment untersucht

[147] Vgl. auch im Folgenden Taylor/Hunter/Lindberg (2007), S. 241 ff.
[148] Vgl. auch im Folgenden Davis-Sramek et al. (2009), S. 440 ff.

und deren positiver Einfluss auf das Loyalitätsverhalten der industriellen Kunden nachgewiesen. Somit konzeptionalisieren die Autoren das affektive Commitment, das im weitesten Sinne einer emotionalen Bindung entspricht, und das kalkulative Commitment, das tendenziell einer auf der Basis rationaler Argumente basierenden Bindung entspricht, als Konstrukte des Brandingerfolgs.

Der Erkenntnisgewinn für die Erforschung rationaler und emotionaler Erfolgsfaktoren des B2B-Brandings fällt dementsprechend gering aus, wobei zusätzlich noch auf die von Davis-Sramek et al. (2009) herangezogene ServQual-Theorie verwiesen werden muss, die einen servicequalitätsbezogenen Ansatz darstellt, der für den spezifischen Kontext dieser Untersuchung nicht adäquat erscheint.

Der Beitrag von Bausback (2007) stellt auf die Untersuchung von rationalen und emotionalen Positionierungsinhalten einer B2B-Marke ab.[149] Dabei werden auf rationaler Seite die Integration, die Informationsfülle, die Erfahrung und die Ratschläge und auf emotionaler Seite die Zuverlässigkeit, die Bodenständigkeit und die Ausstrahlung als Positionierungsinhalte nachgewiesen. Dabei handelt es sich allgemein um Stimuli beziehungsweise Reize, die eine entsprechende Positionierung einer Marke auf einen industriellen Käufer ausübt. Dies verdeutlicht die Autorin auch durch ihre Wahl des ABC-Modells sowie der S-R- und S-O-R-Paradigmen im Rahmen der theoretischen Fundierung ihres Strukturmodells.

Generell verzichtet Bausback (2007) auf die Untersuchung objektiv beurteilbarer Leistungsparameter von Unternehmen, die innerhalb dieser Untersuchung als rationale Erfolgsfaktoren betrachtet werden.[150] Darüber hinaus werden auch auf der emotionalen Seite keine innerhalb des Schrifttums mehrfach nachgewiesenen Erfolgsfaktoren untersucht. Vor dem Hintergrund dieser Ausführungen soll festgehalten werden, dass Bausback (2007) keinen wesentlichen Beitrag zur Erforschung der rationalen und emotionalen Erfolgsfaktoren des B2B-Brandings leistet.

Schließlich handelt es sich bei der Arbeit von Jensen/Klastrup (2008) um einen Beitrag, der explizit auf die Untersuchung rationaler und emotionaler Erfolgsfaktoren

149 Vgl. auch im Folgenden Bausback (2007), S. 33 ff.

150 Vgl. Kapitel 2.2.2 und Kapitel 2.2.3.

abzielt.[151] Dabei erfolgt allerdings eine unreflektierte, theoretisch nicht begründete Zuordnung der Erfolgsfaktoren zu den rationalen und den emotionalen Erfolgsfaktoren: Analog zu der Vorgehensweise von Taylor/Hunter/Lindberg (2007) wird das Consumer-Based Brand Equity Framework als theoretische Basis des Untersuchungsmodells in deutlich zu kurzem Umfang besprochen, ohne darüber hinaus auf dessen Bestandteile beziehungsweise Dimensionen einzugehen.

Vor diesem Hintergrund muss wiederum festgehalten werden, dass trotz der Unterscheidung zwischen rationalen und emotionalen Erfolgsfaktoren eine Zufallsauswahl an potenziell relevanten Faktoren den exogenen Teil des Untersuchungsmodells konstituieren und der Erkenntnisgewinn für die Forschung im Bereich rationaler und emotionaler Erfolgsfaktoren des B2B-Brandings als gering zu bezeichnen ist. Darüber hinaus wird auf der endogenen Seite die Beziehung zwischen den industriellen Kunden und der spezifischen Marke untersucht, allerdings wird auf die Untersuchung konkreter Konstrukte, die die Einstellung und das reale (Kauf-)Verhalten der Nachfrager zu bestimmen vermögen, verzichtet. Deshalb ist der Beitrag von Taylor/Hunter/Lindberg (2007) vor dem Hintergrund der intendierten Zielsetzung dieser Arbeit als nur in geringem Umfang von Relevanz einzustufen.[152]

Neben diesen vier Beiträgen existiert eine Vielzahl weiterer Arbeiten wie beispielsweise die von van Riel/Mortanges/Streukens (2005), Cretu/Brodie (2007) und Baumgarth/Binckebanck (2011), deren Untersuchungsmodelle sowohl rationale als auch emotionale Erfolgsfaktoren beinhalten. Allerdings wird wiederum gänzlich auf die Unterscheidung beider Arten der Erfolgsfaktoren sowie eine jeweilige theoretisch fundierte Konzeptionalisierung verzichtet. Insgesamt kann somit festgehalten werden, dass bisher in Bezug auf die spezifische Problemstellung dieser Untersuchung kein umfassendes und integriertes Untersuchungsmodell konzeptionalisiert wurde.

Dabei handelt es sich bei der Unterscheidung zwischen den rationalen und emotionalen Erfolgsfaktoren des B2B-Brandings beziehungsweise um eine integrierte Betrachtung beider Arten von Erfolgsfaktoren um eine Vorgehensweise, die darauf beruht, dass rationale und emotionale Prozesse bei industriellen Käufern voneinander

---

[151] Vgl. auch im Folgenden Jensen/Klastrup (2008), S. 122 ff.

[152] Vgl. Kapitel 1.2.2.

abhängig sind beziehungsweise niemals getrennt voneinander stattfinden.[153] Allgemein kann in diesem Zusammenhang konstatiert werden, dass die Rationalität auf die Erfüllung der formalen Anforderungen der beschaffenden Unternehmen fokussiert, während die Emotionalität auf die Differenzierung gegenüber Konkurrenzunternehmen und die Generierung von zusätzlichem Nutzen zur Reduktion des Beschaffungsrisikos und von Aufmerksamkeit abzielt.[154]

Die Integration rationaler und emotionaler Faktoren spielt schließlich auch dahingehend eine wichtige Rolle, als dass in einem industriellen Kontext häufig Buying Center mit Mitgliedern unterschiedlicher Funktionsbereiche gemeinsam Kaufentscheidungen treffen, wobei die Kombination aus rationalen und emotionalen Erfolgsfaktoren die Chance, alle Mitglieder eines Buying Centers positiv zu beeinflussen, vergrößert. Auf der Basis dieser Ausführungen soll für diese Untersuchung eine integrierte Betrachtung der rationalen und emotionalen Erfolgsfaktoren des B2B-Brandings praktiziert werden.

Die Analyse der sechzehn empirisch-quantitativen B2B-Branding-Beiträge zeigt weiterhin, dass insgesamt zwölf der Beiträge auf das Consumer-Based Brand Equity Framework zur Herleitung der Erfolgsfaktoren sowie zur Bildung von Hypothesen bezüglich potenzieller Kausalbeziehungen rekurrieren. Nur einige wenige Beiträge wie die von Bausback (2007) (ABC-Modell und S-R- beziehungsweise S-O-R-Paradigma), Roberts/Merrilees (2007) (Commitment-Trust-Theory) und Davis-Sramek et al. (2009) (ServQual) nutzen einen alternativen Theorieansatz, während der Beitrag von Cretu/Brodie (2007) sogar gänzlich auf eine theoretische Fundierung des Untersuchungsmodells verzichtet.

Im Kontext der Konzeptionalisierung legt die praktizierte Schrifttumsanalyse außerdem eine monotheoretische Vorgehensweise nahe.[155] Einzig Glynn (2010) wählt mit der Kombination des Consumer-Based Brand Equity Frameworks mit dem Resource-Based View ein multitheoretisches Vorgehen, ohne allerdings die theoretische Vereinbarkeit beider Ansätze zu erörtern und damit potenzielle Unvereinbarkeiten auszuschließen.

---

153 Vgl. Kenning et al. (2005), S. 55. Vgl. auch im Folgenden Kapitel 2.2.2 und Kapitel 2.2.3.

154 Vgl. auch im Folgenden Bausback (2007), S. 168 f.

155 Vgl. für eine ausführliche Diskussion zu den Vor- und Nachteilen einer mono- beziehungsweise multitheoretischen Konzeptionalisierung auch Kapitel 3.1.

Vor dem Hintergrund dieser Ausführungen kann konstatiert werden, dass die Analyse der empirisch-quantitativen Beiträge des Schrifttums zu den rationalen und emotionalen Erfolgsfaktoren des B2B-Brandings einen Mangel an Arbeiten, die explizit die Unterschiede zwischen rationalen und emotionalen Erfolgsfaktoren adressieren und das jeweilige Untersuchungsmodell theoretisch fundiert herleiten, erkennen lässt. Deshalb kann die Analyse der sechzehn Arbeiten allenfalls als erster Ausgangspunkt für weitere Analysen und Überlegungen dienen, da keinerlei Stringenz innerhalb der Konzeptionalisierung der rationalen und emotionalen Erfolgsfaktoren des B2B-Brandings vorzufinden ist.

2.3.2. Empirisch-quantitatives Schrifttum zu den Erfolgsfaktoren im B2C-Branding

Innerhalb des empirisch-quantitativen Schrifttums zu den Erfolgsfaktoren im B2C-Branding konnten insgesamt 22 Arbeiten identifiziert werden, die trotz ihres Untersuchungsinteresses (Konsumgüter) wichtige Erkenntnisse für den spezifischen Fokus dieser Untersuchung zu liefern vermögen. So soll die Analyse des B2C-Branding-Schrifttums weitere Erkenntnisse bezüglich potenzieller rationaler und emotionaler Erfolgsfaktoren generieren und die bisher gewonnenen Erkenntnisse bezüglich der potenziellen theoretischen Fundierung weiter ausbauen.

Chaudhuri (1999) untersucht in seiner Studie auf der Basis des Consumer-Based Brand Equity Frameworks den Einfluss der emotionalen Erfolgsfaktoren Einstellung gegenüber einer Marke (Brand Attitudes) und Gewohnheit (Habit) auf die Auswirkungen eines hohen Markenwerts (Brand Equity Outcomes), den Marktanteil (Market Share) sowie die Höhe des durch den Kauf des Konsumguts zu erzielenden Preises (Price).[156] Die Ergebnisse der empirischen Überprüfung des Samples, das sich aus 199 beziehungsweise 180 US-amerikanischen Studenten zusammensetzt, zeigen, dass die Hypothesen nicht verworfen werden müssen. Außerdem kann Chaudhuri (1999) nachweisen, dass die Markenloyalität (Brand Loyalty) die kausale Beziehung zwischen der Einstellung gegenüber einer Marke sowie der Gewohnheit und den Marktanteil einer Marke moderiert.

156 Vgl. auch im Folgenden Chaudhuri (1999), S. 136 ff.

Gänzlich ohne theoretische Basis leiten Sheinin/Biehal (1999) ihr Untersuchungsmodell her.[157] Dessen Überprüfung erfolgt anhand eines Samples von insgesamt 162 US-amerikanischen Studenten. Die Autoren ermitteln, dass die Werbung eines Unternehmens (Corporate ad) als emotionaler Erfolgsfaktor positiv auf die Kenntnis einer Marke seitens der die Werbung rezipierenden Konsumenten (Corporate brand ad thoughts) wirkt. Darüber hinaus offenbaren die Untersuchungsergebnisse, dass die Werbung eines Unternehmens keinen direkten positiven Einfluss auf die Markenqualität (Brand quality) besitzt, dafür aber der Glaube an eine Marke (Corporate ad brand belief) sowie die Einstellung gegenüber der Marke (Attitude toward the brand) positiv beeinflusst werden. Schließlich implizieren die Ergebnisse, dass das Abrufen des bereits existierenden Markenwissens (Consumers' pre-existing brand knowledge) einen moderierenden Effekt auf die Kausalbeziehung zwischen exogenen und endogenen Konstrukten aufweist.

Der Fokus der Untersuchung von Chaudhuri/Holbrook (2001) liegt in der Analyse der Rolle der Markenloyalität (Brand Loyalty).[158] Die Autoren ziehen innerhalb der Konzeptionalisierung das Consumer-Based Brand Equity Framework heran und modellieren das Markenvertrauen (Brand Trust) und die Zuneigung gegenüber einer Marke (Brand Affect) als voneinander unabhängige emotionale Erfolgsfaktoren, die jeweils eine positive direkte Wirkung auf die Kaufloyalität (Purchase Loyalty) und die Einstellungsloyalität (Attitudinal Loyalty) aufweisen. Darüber hinaus weisen Chaudhuri/Holbrook (2001) mit ihrem Sample von 107 US-amerikanischen Konsumenten von bekannten Konsumgütermarken nach, dass die Kaufloyalität in direkter kausaler Beziehung zum Marktanteil (Market Share) und die Einstellungsloyalität in direkter kausaler Beziehung zum relativen Preis (Relative Price) stehen.

Ebenso wie Chaudhuri/Holbrook (2001) nutzen Faircloth/Capella/Alford (2001) das Consumer-Based Brand Equity Framework zur theoretischen Herleitung ihres Untersuchungsmodells, das auf die Untersuchung der emotionalen Erfolgsfaktoren Einstellung gegenüber einer Marke (Brand Attitude) und Markenimage (Brand Image) abzielt.[159] Die Autoren befragen insgesamt 105 US-amerikanische Studenten bezüglich der Erfolgsfaktoren beim Kauf von Kleidung. Die Ergebnisse der Untersuchung

---

157 Vgl. auch im Folgenden Sheinin/Biehal (1999), S. 63 ff.

158 Vgl. auch im Folgenden Chaudhuri/Holbrook (2001), S. 81 ff.

159 Vgl. auch im Folgenden Faircloth/Capella/Alford (2001), S. 61 ff.

zeigen, dass ein positives Markenimage signifikant die Wahrscheinlichkeit der Kaufintention (Purchase Intentions) sowie der Bereitschaft der Konsumenten, ein Preispremium (Willingness To Pay a Price premium) zu bezahlen, erhöht. Ferner weisen die Autoren nach, dass die Einstellung gegenüber einer Marke in einer direkten kausalen Beziehung zum Markenimage steht.

Schließlich adressieren auch Hellier et al. (2003) in ihrem Beitrag die Loyalität beziehungsweise die Wiederkaufintention seitens der Konsumenten sowie deren Einflussfaktoren.[160] Auf der theoretischen Basis der Consumer Theory postulieren die Autoren folgende Kausalketten: Zum einen wirkt die Zufriedenheit (Satisfaction) positiv auf die Einstellung (Attitude), die wiederum positiv die Wiederkaufintention (Repurchase Intention) beeinflusst. Zum anderen wirkt die Zufriedenheit ebenfalls positiv auf die Markenpräferenz (Brand Preference), die ebenso die Wiederkaufintention determiniert. Das Sample der Autoren konstituiert sich aus insgesamt 1.132 US-amerikanischen Versicherungsnehmern, die ihre Versicherungen bei einer von insgesamt vier großen Versicherungsunternehmen beziehen. Hellier et al. (2003) ermitteln, dass die Kundenzufriedenheit (Customer Satisfaction) nicht direkt auf die Wiederkaufintention, dafür aber indirekt über das Konstrukt Markenpräferenz wirkt. Darüber hinaus besitzt der Faktor erwartete Wechselkosten (Customer Excpected Switching Costs) einen direkten positiven Effekt auf die Wiederkaufintention. Schließlich können die Autoren nachweisen, dass der Erfolgsfaktor wahrgenommener Nutzen (Perceived Value) einen höheren Einfluss auf die Markenpräferenz als die Kundenzufriedenheit besitzt.

Einen weiteren Beitrag innerhalb des empirisch-quantitativen Schrifttums zu den Erfolgsfaktoren im B2C-Branding liefern Blahut et al. (2004).[161] Diese modellieren innerhalb ihres Untersuchungsmodells die Erfolgsfaktoren Markenloyalität (Brand Loyalty), Führung/Bekanntheit (Leadership/Popularity), Markenpersönlichkeit (Brand Personality) und Markenbewusstsein (Brand Awareness) als Erfolgskonstrukte zweiter Ordnung des Markenwerts (Truth Brand Equity). Die Ergebnisse (Sample: 2.306 US-amerikanische Konsumenten von Konsumgütern im Alter zwischen zwölf und 17

[160] Vgl. auch im Folgenden Hellier et al. (2003), S. 1762 ff.
[161] Vgl. auch im Folgenden Blahut et al. (2004), S. 3 ff.

Jahren) zeigen, dass die aufgestellten Hypothesen nicht verworfen werden müssen und belegen darüber hinaus die Multidimensionalität des Markenwerts.

Die Untersuchung von Villarejo-Ramos/Sánchez-Franco (2005) differenziert im Gegensatz zu den Arbeiten von Hellier et al. (2003) und Blahut et al. (2004) zwischen emotionalen und rationalen Erfolgsfaktoren, die den Wert einer Marke positiv zu beeinflussen vermögen.[162] So konzeptionalisieren die Autoren unter der Verwendung des Consumer-Based Brand Equity Frameworks auf der rationalen Seite die Verkaufsförderungsmaßnahmen (Price deals) und auf der emotionalen Seite die wahrgenommenen Ausgaben für Werbung (Perceived advertising spending) als Erfolgsfaktoren des Markenwerts und dessen Dimensionen wahrgenommene Qualität (Perceived quality), Markenloyalität (Brand loyalty), Markenbewusstsein (Brand awareness) und Markenimage (Brand image). Die Ergebnisse der empirischen Untersuchung, die auf der Basis eines Samples von 268 spanischen Käufern von Waschmaschinen durchgeführt wurde, bestätigen die theoretischen Überlegungen der Autoren: Die wahrgenommenen Ausgaben für Werbung wirken positiv auf die wahrgenommene Qualität, das Markenbewusstsein und das Markenimage, während Verkaufsförderungsmaßnahmen invers positiv auf die wahrgenommene Qualität, nicht aber auf das Markenimage wirken. Ferner stellen Villarejo-Ramos/Sánchez-Franco (2005) fest, dass die wahrgenommenen Ausgaben für Werbung keinen direkten positiven Einfluss auf die Markenloyalität der Konsumenten besitzen.

Eine weitere Arbeit, die auf das Consumer-Based Brand Equity Framework als Basis der Konzeptionalisierung abstellt, ist die Untersuchung von Christodoulides et al. (2006).[163] Die Autoren untersuchen in einem Onlinekontext die Erfolgstreiber des Markenwerts (Brand Equity) und identifizieren in diesem Zusammenhang als Dimensionen zweiter Ordnung die emotionale Verbindung (Emotional Connection), die Onlineerfahrung (Online Experience), die Reaktionsschnelligkeit der Serviceabteilung (Responsive Service Nature), das Vertrauen (Trust) und den Vollzug (Fulfillment). Das Sample der Untersuchung setzt sich aus 375 Onlinekäufern aus Großbritannien zusammen. Die Ergebnisse implizieren, dass es sich bei den Konstrukten zweiter Ordnung um Dimensionen des Markenwerts handelt. Allerdings gehen

162 Vgl. auch im Folgenden Villarejo-Ramos/Sánchez-Franco (2005), S. 431 ff.
163 Vgl. auch im Folgenden Christodoulides et al. (2006), S. 799 ff.

Christodoulides et al. (2006) weder explizit auf die emotionalen Komponenten dieser Dimensionen ein, noch verdeutlichen sie die Unterschiede zu rational durch den Konsumenten zu beurteilenden Erfolgsfaktoren.

Auf der theoretischen Grundlage der Means and End Theory konzeptionalisieren Da Silva/Alwi (2006) ihr Untersuchungsmodell, das die Treiber des unternehmensspezifischen Markenimages vereinen soll.[164] Zu diesem Zweck differenzieren sie zwischen online und offline und befragen 511 Konsumenten aus Großbritannien bezüglich deren Einkaufsverhalten bei Büchern. Die Autoren konzeptionalisieren in diesem Kontext als Online-Erfolgsfaktoren die Navigation (Navigation), die Sicherheit (Security), die Personalisierung/Interaktivität (Personalisation/Interactivity), den Kundenservice (Customer Care) und die Zuverlässigkeit (Reliability), die allesamt positiv das Markenimage des Online-Buchhändlers determinieren. Offline werden der physische Aspekt (Physical Aspect), produktspezifische Aspekte (Product-Related Aspects), die persönliche Interaktion (Personal Interaction) und die Zuverlässigkeit (Reliability) als Erfolgsfaktoren angenommen. Alle prognostizierten kausalen Zusammenhänge werden durch die Empirie nachgewiesen. Darüber hinaus wird die Wirkung der Kundenzufriedenheit (Customer Satisfaction) auf die Loyalität (Loyalty) bestätigt. Analog zu den vorangegangenen Beiträgen nehmen auch Da Silva/Alwi (2006) keine Unterscheidung zwischen rationalen und emotionalen Treibern des Brandingerfolgs vor.

Diese Unterscheidung findet sich dafür bei Herrmann et al. (2007), die zwischen dem kognitiven Fokus (Cognitive Focus), dem emotionalen Fokus (Emotional Focus) und dem konativen Fokus (Conative Focus) als Determinanten eines hohen Markenwerts differenzieren.[165] Diese werden maßgeblich von den vier verschiedenen Bestandteilen des Marketing-Mix, der Produktleistung (Product Performance), dem Preis (Price Performance), der Kommunikation beziehungsweise Werbung (Promotion Performance) und dem (Inhouse-)Personal (People Performance) beeinflusst. Der empirische Teil der Untersuchung erfolgt durch die Befragung von 376 Kunden eines führenden Versicherungsunternehmens aus Deutschland. Die Ergebnisse legen nahe, dass die Elemente des Marketing-Mix eine größere Wirkung auf den emotionalen als

164 Vgl. auch im Folgenden Da Silva/Alwi (2006), S. 293 ff.
165 Vgl. auch im Folgenden Herrmann et al. (2007), S. 531 ff.

auf den kognitiven Fokus der Konsumenten besitzen. Nichtsdestotrotz spielen die kognitiven Vorgänge und damit die einer rationalen Bewertung seitens der Konsumenten unterliegenden Elemente des Marketing-Mix eine wichtige Rolle in Bezug auf die Beurteilung von Marken.

Einen weiteren Beitrag innerhalb des empirisch-quantitativen Schrifttums zu den Erfolgsfaktoren des B2C-Brandings stellt die Untersuchung von Brodie/Whittome/Brush (2009) dar.[166] Auf der theoretischen Basis der Signaling Theory finden die Autoren heraus, dass sich B2B-Marken innerhalb des Spannungsfelds von Kundenwahrnehmung, Mitarbeiterwahrnehmung und Unternehmenswahrnehmung befinden. Die Befragung von 552 Kunden einer neuseeländischen Fluglinie ergibt, dass der Kundennutzen (Customer Value) durch die Kosten (Costs), die Servicequalität (Service Quality) und die Markenwahrnehmung (Brand Perception) positiv beeinflusst wird. Die Markenwahrnehmung speist sich wiederum aus dem Markenimage (Brand Image), dem Unternehmensimage (Company Image), dem Vertrauen in die Mitarbeiter beziehungsweise das Personal (Employee Trust) und dem Vertrauen in das Unternehmen (Company Trust). Ferner kann die Hypothese, dass der Kundennutzen positiv auf die Kundenloyalität (Customer Loyalty) wirkt, nicht verworfen werden. Wiederum ist in diesem Kontext anzumerken, dass Brodie/Whittome/Brush (2009) die Unterschiede zwischen rationalen und emotionalen Erfolgsfaktoren nicht explizit anmerken.

Ausschließlich emotionale Erfolgsfaktoren adressiert der Beitrag von Chang/Liu (2009).[167] Die Autoren untersuchen auf der Basis eines Samples von 456 taiwanesischen Kunden diverser Dienstleistungsunternehmen den Einfluss der Erfolgsfaktoren Markenimage (Brand Image) und Einstellung gegenüber einer Marke (Brand Attitude) auf den Markenwert (Brand Equity). Dieser beeinflusst wiederum indirekt über die Markenpräferenz (Brand Preference) die Kaufintention (Purchase Intention). Die Ergebnisse der Empirie bestätigen die vermuteten kausalen Zusammenhänge.

Die Studie von Holehonnur et al. (2009) differenziert zwar nicht explizit zwischen rationalen und emotionalen Erfolgsfaktoren des Brandings von Konsumgütern, dafür nimmt sie eine Zweiteilung zwischen Erfolgsfaktoren vor, die den nutzenorientierten

[166] Vgl. auch im Folgenden Brodie/Whittome/Brush (2009), S. 345 ff.

[167] Vgl. auch im Folgenden Chang/Liu (2009), S. 1687 ff.

Wert und Erfolgsfaktoren, die den Gesamtmarkenwert determinieren.[168] Dabei stellen die Faktoren, die den nutzenorientierten Wert beeinflussen, gleichzeitig Faktoren dar, die einer rationalen Beurteilung seitens der Konsumenten unterliegen: die Qualität (Quality), das Verhältnis zum Preisprestige (Price-prestige Relationships) und die Komfortabilität (Convenience). Demgegenüber stehen die tendenziell einer emotionalen Beurteilung unterliegenden Erfolgsfaktoren Einstellung gegenüber dem Unternehmen (Company Attitude), Markenbewusstsein (Brand Awareness) und Einstellung gegenüber der Marke (Brand Attitude). Schließlich ergibt die Empirie, dass sowohl der nutzenorientierte Wert (auf der Basis rationaler Erfolgsfaktoren) als auch der Gesamtmarkenwert (auf der Basis emotionaler Erfolgsfaktoren) die Kaufintention (Purchase Intention) positiv beeinflussen.

Die Untersuchung von Tolba/Hassan (2009) befasst sich mit den Treibern der Präferenz für eine Marke (Brand Preference). Auf der Grundlage ihres Samples von 5.598 US-amerikanischen Autokäufern des Luxussegments ermitteln die Autoren, dass die Markenpräferenz (Brand Preference) durch die beiden Konstrukte der einstellungsbasierten Loyalität (Attitudinal Loyalty) und Zufriedenheit (Satisfaction) determiniert wird, während der Nutzen (Value) keinen signifikanten Einfluss auf die Markenpräferenz besitzt. Darüber hinaus wirkt die Markenpräferenz auf die Kaufintention (Intention to Purchase).

Tong/Hawley (2009) modifizieren beziehungsweise adaptieren das ursprüngliche Consumer-Based Brand Equity Framework mit seinen Dimensionen der wahrgenommenen Qualität (Perceived Quality), dem Markenbewusstsein (Brand Awareness), den Markenassoziationen (Brand Associations) und der Markenloyalität (Brand Loyalty) auf den Brandingerfolg von Sportartikelunternehmen und befragen in diesem Kontext 304 chinesische Konsumenten.[169] Die Ergebnisse legen nahe, dass es sich innerhalb des Consumer-Based Brand Equity Frameworks bei den Markenassoziationen und der Markenloyalität um die zwei wichtigsten Dimensionen handelt.

Eine weitere Untersuchung zu den Erfolgsfaktoren des Brandings bei Kunden von Fluglinien liefert der Beitrag von Chen/Tseng (2010).[170] Das Sample der Untersu-

---

[168] Vgl. auch im Folgenden Holehonnur et al. (2009), S. 165 ff.
[169] Vgl. auch im Folgenden Tong/Hawley (2009), S. 262 ff.
[170] Vgl. auch im Folgenden Chen/Tseng (2010), S. 24 ff.

chung konstituiert sich aus 249 Kunden aus Taiwan. Die Autoren weisen unter Verwendung der theoretischen Fundierung des Consumer-Based Brand Equity Frameworks nach, dass die wahrgenommene Qualität (Perceived Quality) und das Markenimage (Brand Image) einen direkten positiven Einfluss auf die Markenloyalität (Brand Loyalty) besitzt. Darüber hinaus ermitteln Chen/Tseng (2010), dass es sich bei dem Markenbewusstsein (Brand Awareness) um einen weiteren wichtigen Treiber der Markenloyalität handelt, da nur bei einer entsprechenden Markenkenntnis eine Marke in das Relevant Set der Konsumenten vor einer anstehenden Kaufentscheidung gelangt.

Der Beitrag von Pike et al. (2010) befasst sich mit dem Branding von Ländern als Tourismusdestinationen und greift in diesem Kontext auf ein Sample von insgesamt 845 chilenischen Studenten zurück.[171] Auf der Basis des Consumer-Based Brand Equity Frameworks finden die Autoren heraus, dass die Auffälligkeit einer Marke (Brand salience) direkt den rationalen Erfolgsfaktor wahrgenommene Qualität (Perceived quality) und den emotionalen Erfolgsfaktor Markenimage (Brand image) positiv beeinflussen. Diese wiederum weisen eine positive kausale Beziehung zur Markenloyalität (Brand loyalty) auf.

Ebenso auf der Basis des Consumer-Based Brand Equity Frameworks konzeptionalisiert Ha (2011) das Untersuchungsmodell seines Beitrags zu den Erfolgsfaktoren des Brandings von Dienstleistungen.[172] Er befragt dabei 508 Kunden von Discountern sowie von Banken, die finanzielle Dienstleistungen offerieren. Der Autor geht nach dem sogenannten Trial-and-Error-Prinzip vor, indem er exploratorisch diverse Kausalketten postuliert und empirisch überprüft. So lässt sich beispielhaft festhalten, dass die wahrgenommene Höhe der Ausgaben für Werbung (Perceived Advertising Spending) positiv auf die Markenassoziationen (Brand Associations) wirken, die wiederum positiv auf die Zufriedenheit (Satisfaction) der Kunden wirken. Außerdem ermittelt der Autor, dass die Markenloyalität (Brand Loyalty) durch die wahrgenommene Qualität (Perceived Quality) und die Markenassoziationen determiniert wird. Obwohl Ha (2011) sowohl rationale als auch emotionale Erfolgsfaktoren adressiert, wird auf eine explizite Unterscheidung gänzlich verzichtet.

---

171 Vgl. auch im Folgenden Pike et al. (2010), S. 434 ff.

172 Vgl. auch im Folgenden Ha (2011), S. 31 ff.

In ihrem Beitrag zu den Erfolgsfaktoren von Luxus-Kleidermarken fokussieren Jung/Shen (2011) auf die Unterschiede zwischen den USA (Sample: 121 Studentinnen) und China (Sample: 163 Studentinnen).[173] Die Autoren stellen fest, dass kulturelle Unterschiede hinsichtlich der Bedeutung der verschiedenen Dimensionen des Consumer-Based Brand Equity Frameworks bestehen. Mit Ausnahme der Markenloyalität (Brand Loyalty) laden die Dimensionen wahrgenommene Qualität (Perceived Quality), Markenbewusstsein (Brand Awareness) und Markenassoziationen (Brand Associations) innerhalb des US-Samples höher auf die Kaufintention (Purchase Intention) der Konsumentinnen.

Unter der Verwendung des Associative Network Memory Models, das sich Elementen der kognitiven Psychologie und der Brand Signaling Theory bedient, untersuchen Spry/Pappu/Cornwell (2011) den Einfluss von Testimonials auf den Brandingerfolg.[174] Die Ergebnisse der Studie, deren Sample insgesamt 244 Besucher eines australischen Supermarkts umfasst, implizieren eine positive kausale Beziehung zwischen der Glaubwürdigkeit eines prominenten Testimonials (Endorser credibility) und der Glaubwürdigkeit einer Marke (Brand credibility). Zusätzlich ermitteln die Autoren, dass die Glaubwürdigkeit einer Marke die Wirkungsbeziehung zwischen der Glaubwürdigkeit eines Testimonials und dem Wert einer Marke (Brand Equity) mediiert.

Im Gegensatz zu der überwältigenden Mehrheit an Autoren wählt Alex (2012) eine multitheoretische Konzeptionalisierung seines Untersuchungsmodells, indem er neben dem Consumer-Based Brand Equity Framework zusätzlich die Psychometric Theory zur Ableitung der Untersuchungshypothesen heranzieht.[175] Anhand eines Samples von 225 indischen Konsumenten ermittelt der Autor, dass das Image eines Stores (Store Image), die Distributionsintensität (Distribution Intensity) und die Ausgaben für Werbung (Advertising Spending) den Wert einer Marke (Brand Equity) positiv beeinflussen. Darüber hinaus ergibt die Empirie, dass Verkaufsförderungsmaßnahmen (Price Deals) keinen positiven Einfluss auf die Markenloyalität (Brand Loyalty) oder die wahrgenommene Qualität (Perceived Quality) besitzen. Obwohl

[173] Vgl. auch im Folgenden Jung/Shen (2011), S. 48 ff.

[174] Vgl. auch im Folgenden Spry/Pappu/Cornwell (2011), S. 882 ff.

[175] Vgl. auch im Folgenden Alex (2012), S. 29 ff.

Alex (2012) sowohl rationale als auch emotionale Erfolgsfaktoren in sein Untersuchungsmodell integriert, wird keine explizite Differenzierung innerhalb der Konzeptionalisierung vorgenommen. Darüber hinaus wird die Vereinbarkeit der gewählten theoretischen Ansätze nicht hinreichend geprüft.

Schließlich befasst sich die Arbeit von Hsu (2012) mit dem Einfluss der Corporate Social Responsibility auf den Brandingerfolg von Versicherungsunternehmen aus Taiwan.[176] Auf der theoretischen Basis des Consumer-Based Brand Equity Frameworks stellt der Autor fest, dass die Corporate Social Responsibility einen direkten positiven Einfluss auf die Unternehmensreputation (Corporate Reputation), die Kundenzufriedenheit (Customer Satisfaction) und den Markenwert (Brand Equity) besitzt. Gleichzeitig fungiert die Kundenzufriedenheit als Mediator der Wirkungsbeziehungen zwischen der Corporate Social Resposibility und der Unternehmensreputation sowie der Corporate Social Responsibility und dem Markenwert. Tabelle 3 stellt im Folgenden die vorgestellten Beiträge des empirisch-quantitativen Schrifttums zu den Erfolgsfaktoren im B2C-Branding überblicksartig dar und fasst die wesentlichen Erkenntnisse zusammen.

[176] Vgl. auch im Folgenden Hsu (2012), S. 189 ff.

Tabelle 3: Übersicht über das empirisch-quantitative Schrifttum zu den Erfolgsfaktoren im B2C-Branding

Autor/ Jahr	Titel/Fokus	Theoretischer Hintergrund/ Untersuchungs-charakteristika	Zentrale Befunde
Chaudhuri (1999)	Does Brand Loyalty Mediate Brand Equity Outcomes?	• Consumer-Based Brand Equity Framework • N = 199 & 180 • Strukturgleichungs-modellierung	• Die Einstellung gegenüber einer Marke sowie die Gewohnheit eines Konsumenten wirken direkt auf den Umsatz einer Marke als Ergebnis eines hohen Markenwerts sowie indirekt über die Markenloyalität • Die Einstellung gegenüber einer Marke sowie die Gewohnheit eines Konsumenten wirken indirekt über die Markenloyalität auf den Preis als Ergebnis eine hohen Markenwerts
Sheinin/ Biehal (1999)	Corporate Advertising Pass-through onto the Brand: Some Experimental Evidence	• Kein theoretischer Hintergrund • N = 162 • Strukturgleichungs-modellierung	• Die Werbung eines Unternehmens wirkt auf die Kenntnis einer Marke seitens der Konsumenten • In diesem Kontext stellt das Abrufen des bereits existierenden Markenwissens einen Moderator dar • Die Werbung eines Unternehmens wirkt nicht direkt positiv auf die Markenqualität, allerdings wird der Glaube an eine Marke sowie die Einstellung gegenüber der Marke positiv beieinflusst
Chaud-huri/ Holbrook (2001)	The Chain of Effects from Brand Trust and Brand Affect to Brand Performance: The Role of Brand Loyalty	• Consumer-Based Brand Equity Framework • N = 107 • Strukturgleichungs-modellierung	• Die Ergebnisse der Studie zeigen, dass es sich bei dem Markenvertrauen und die Zuneigung gegenüber einer Marke um zwei separate Konstrukte handelt, die gemeinsam zwei verschiedene Arten der Markenloyalität, Kaufloyalität und Einstellungsloyalität, determinieren • Die zwei Arten der Markenloyalität wirken positiv auf Aspekte des Markenwerts wie den Umsatz und den relativen Preis • Zwischen dem Umsatz und dem relativen Preis liegt keine Korrelation vor
Faircloth/ Capella/ Alford (2001)	The Effect of Brand Attitude And Brand Image On Brand Equity	• Consumer-Based Brand Equity Framework • N = 105 • Conjoint-Analyse, Strukturgleichungs-modellierung	• Ein positives Markenimage erhöht signifikant die Wahrscheinlichkeit einer Kaufintention eines Konsumenten und dessen Bereitschaft, ein Preispremium zu bezahlen • Die Kaufintention sowie die Bereitschaft, ein Preispremium zu bezahlen, stellen Indikatoren eines hohen Markenwerts dar • Die Einstellung gegenüber einer Marke steht in einer direkten kausalen Beziehung zum Markenimage
Hellier et al. (2003)	Customer repurchase intention. A general structural equation model	• Consumer Theory • N = 1132 • Strukturgleichungs-modellierung	• Die Kundenzufriedenheit wirkt nicht direkt auf die Wiederkaufintention, aber indirekt über das Konstrukt Markenpräferenz • Der Faktor wahrgenommener Nutzen weist einen höheren Einfluss auf die Markenpräferenz als die Kundenzufriedenheit auf • Der Faktor erwartete Wechselkosten hat einen direkten positiven Effekt auf die Wiederkaufintention

Autor/ Jahr	Titel/Fokus	Theoretischer Hintergrund/ Untersuchungs-charakteristika	Zentrale Befunde
Blahut et al. (2004)	A Confirmatory Test Of A Higher Order Factor Structure: Brand Equity And The Truth[Sm] Campaign	• Consumer-Based Brand Equity Framework • N = 2306 • Strukturgleichungs-modellierung	• Der Markenwert setzt sich aus den Second Order-Konstrukten Markenloyalität, Führung/Bekanntheit, Markenpersönlichkeit und Markenbewusstsein zusammen • Das traditionell innerhalb des B2C-Brandings verankerte Consumer-Based Brand Equity Framework ist auch für Anpassungen innerhalb eines anderen Untersuchungskontexts geeignet
Villarejo-Ramos/ Sánchez-Franco (2005)	The impact of marketing communication and price promotion on brand equity	• Consumer-Based Brand Equity Framework • N = 268 • Strukturgleichungs-modellierung	• Die wahrgenommenen Ausgaben für Werbung wirken positiv auf die wahrgenommene Qualität, das Markenbewusstsein und das Markenimage • Rabattaktionen wirken (invers) positiv auf die wahrgenommene Qualität, aber nicht auf das Markenimage • Die wahrgenommenen Ausgaben für Werbung weisen keinen direkten positiven Einfluss auf die Markenloyalität auf
Christo-doulides et al. (2006)	Conceptualising and Measuring the Equity of Online Brands	• Consumer-Based Brand Equity Framework • N = 375 • Strukturgleichungs-modellierung	• Innerhalb des Markenwerts in einem Onlinekontext handelt es sich bei der emotionalen Bindung, der Onlineerfahrung, der zeitnahen Serviceleistung, dem Vertrauen und dem Vollzug um fünf voneinander unabhängigen Dimensionen
Da Silva/ Alwi (2006)	Cognitive, affective attributes and conative behavioural responses in retail corporate branding	• Means and End Theory • N = 511 • Strukturgleichungs-modellierung	• Die Markenattribute wirken positiv auf das Markenimage eines Unternehmens • Die positive direkte kausale Beziehung zwischen der Kundenzufriedenheit und der Loyalitätsintention wird bestätigt • Die Erfolgsfaktoren des Markenimages eines Unternehmens in einem Offlinekontext sind der physische Aspekt der Produkte, produktrelevante Eigenschaften, persönliche Interaktion und Verlässlichkeit • Die Erfolgsfaktoren des Markenimages eines Unternehmens in einem Onlinekontext sind die Navigation (auf der Website), die Sicherheit (auf der Website), die Personalisierung/Interaktivität, die Kundenbetreuung und die Verlässlichkeit
Herrmann et al. (2007)	Building Brand Equity via Product Quality	• Consumer-Based Brand Equity Framework • N = 376 • Strukturgleichungs-modellierung	• Consumer-Based Brand Equity setzt sich aus drei Dimensionen höherer Ordnung zusammen: Kognitiver Fokus, emotionaler Fokus und konativer Fokus • Der emotionale Fokus weist eine größere Bedeutung auf als der kognitive Fokus • Der konative Fokus besitzt am wenigsten Gewicht • Die Treiber des Markenwerts konstituieren sich aus Elementen des Marketing-Mix: Produkt, Außendienstpersonal, Kommunikation, Inhouse-Personal und Unternehmensressourcen

Autor/ Jahr	Titel/Fokus	Theoretischer Hintergrund/ Untersuchungs-charakteristika	Zentrale Befunde
Brodie/ Whittome/ Brush (2009)	Investigating the service brand: A customer value perspective	• Signaling Theory • N = 552 • Strukturgleichungs-modellierung	• Insgesamt befindet sich die Marke im Spannungsfeld von Kundenwahrnehmung, Mitarbeiterwahrnehmung und Unternehmenswahrnehmung, wobei das interaktive Marketing und das externe Marketing eine wichtige Rolle spielen • Der Kundennutzen wird durch die Kosten, die Servicequalität und die Markenwahrnehmung der Kunden determiniert • Die Markenwahrnehmung der Kunden erfolgt anhand des Markenimages, des Unternehmensimages, dem Vertrauen in die Mitarbeiter und dem Vertrauen in das Unternehmen • Der Kundennutzen wirkt positiv auf die Kundenloyalität
Chang/Liu (2009)	The impact of brand equity on brand preference and purchase intentions in the service industries	• Consumer-Based Brand Equity Framework • N =456 • Strukturgleichungs-modellierung	• Das Markenimage und die Einstellung gegenüber einer Marke wirken signifikant auf den Wert einer Marke • Dabei wirkt das Markenimage auch auf die Einstellung gegenüber einer Marke • Ein hoher Markenwert steigert die Markenpräferenz • Eine hohe Markenpräferenz wirkt positiv auf die Kaufintention
Holehon-nur et al. (2009)	Examining the customer equity framework from a consumer perspective	• Theory of Reasoned Action, Consumer-Based Brand Equity Framework • N = 221 • Strukturgleichungs-modellierung	• Die Studie weist eine Zweiteilung zwischen nutzenorientiertem Wert und Gesamtmarkenwert auf • Treiber des Nutzenwerts sind die Qualität, das Verhältnis zum Preisprestige und die Komfortabilität • Treiber des Gesamtmarkenwerts sind die Einstellung des Unternehmens, das Markenbewusstsein und die Einstellung gegenüber der Marke • Sowohl der nutzenorientierte Wert als auch der Gesamtmarkenwert beeinflussen die Kaufintention positiv
Tolba/ Hassan (2009)	Linking customer-based brand equity with brand market performance: a managerial approach	• Consumer-Based Brand Equity Framework • N = 5598 • Strukturgleichungs-modellierung	• Die Präferenz für eine Marke wird durch die beiden Konstrukte einstellungsbasierte Loyalität und Zufriedenheit determiniert • Die Markenpräferenz wirkt auf die Wiederkaufintention • Innerhalb der Luxusgüterindustrie ist der Nutzen der Schlüsseltreiber der Markenpräferenz, während das Image den Haupttreiber in einem ökonomischen Umfeld darstellt
Tong/ Hawley (2009)	Measuring customer-based brand equity: empirical evidence from the sportswear market in China	• Consumer-Based Brand Equity Framework • N = 304 • Strukturgleichungs-modellierung	• Innerhalb des Consumer-Based Brand Equity Frameworks handelt es sich bei dem Markenimage und der Markenloyalität um die zwei wichtigsten Dimensionen • Potenzielle Determinanten beider Dimensionen sind innerhalb der Sportartikelbranche die Unterstützung von Testimonials, das Sponsoring von Sportevents, crossmediale Werbung und preisunabhängige Verkaufsförderungsmaßnahmen

Autor/ Jahr	Titel/Fokus	Theoretischer Hintergrund/ Untersuchungs-charakteristika	Zentrale Befunde
Chen/ Tseng (2010)	Exploring Customer-based Airline Brand Equity: Evidence from Taiwan	• Consumer-Based Brand Equity Framework • N = 249 • Strukturgleichungs-modellierung	• Die wahrgenommene Qualität und das Markenimage wirken positiv auf die Markenloyalität • Ein wichtiger Treiber stellt auch das Markenbewusstsein dar, da nur bei dessen Existenz eine Marke in das Relevant Set eines Konsumenten vor der Kaufentscheidung gelangt
Pike et al. (2010)	Consumer-based brand equity for Australia as a long-haul tourism destination in an emerging market	• Consumer-Based Brand Equity Framework • N = 845 • Strukturgleichungs-modellierung	• Die Auffälligkeit einer Marke wirkt positiv auf das Markenimage und die wahrgenommene Qualität • Das Markenimage und die wahrgenommene Qualität wirken positiv auf die Markenloyalität
Ha (2011)	Brand Equity Model and Marketing Stimuli	• Consumer-Based Brand Equity Framework • N = 508 • Strukturgleichungs-modellierung	• Die Untersuchung überprüft und bestätigt exploratorisch diverse Kausalketten • Beispiel: Die wahrgenommene Höhe der Ausgaben für Werbung wirkt positiv auf die Markenassoziationen, die wiederum positiv auf die Zufriedenheit wirken • Die Markenloyalität wird durch die wahrgenommene Qualität und die Markenassoziationen determiniert
Jung/ Shen (2011)	Brand Equity of Luxury Fashion Brands Among Chinese and U.S. Young Female Consumers	• Consumer-Based Brand Equity Framework • N = 163 & 121 • Strukturgleichungs-modellierung	• Es bestehen kulturelle Unterschiede hinsichtlich der Dimensionen der Consumer-Based Brand Equity: mit Ausnahme der Markenloyalität weisen die US-Ergebnisse höhere Werte auf und laden dementsprechend höher auf die Kaufintention der Marke • Der kulturelle Unterschied manifestiert sich in dem Grad an Kollektivismus, dem Grad der Unsicherheitsvermeidung, dem Grad der Machtdistanz sowie dem Grad des Konsums in Abhängigkeit des Status
Spry/ Pappu/ Cornwell (2011)	Celebrity endorsement, brand credibility and brand equity	• Associative Network Memory Model (Kognitive Psychologie und Brand Signalling Theory) • N = 244 • Strukturgleichungs-modellierung	• Die Ergebnisse der Studie implizieren eine positive kausale Beziehung zwischen der Glaubwürdigkeit eines prominenten Testimonials und der Glaubwürdigkeit der Marke • Die Glaubwürdigkeit der Marke mediiert die Wirkungsbeziehung zwischen der Glaubwürdigkeit eines Testimonials sowie dem Wert der Marke
Alex (2012)	An Enquiry into Selected Marketing Mix Elements and Their Impact on Brand Equity	• Psychometric Theory, Consumer-Based Brand Equity Framework • N = 225 • Strukturgleichungs-modellierung	• Das Image eines Stores, die Distributionsintensität und die Ausgaben für Werbung beeinflussen den Markenwert positiv • Verkaufsförderungsmaßnahmen weisenkeinen positven Einfluss auf, da sie weder die Markenloyalität noch die wahrgenommene Qualität als Dimensionen der Consumer-Based Brand Equity positiv beeinflussen

Autor/ Jahr	Titel/Fokus	Theoretischer Hintergrund/ Untersuchungs-charakteristika	Zentrale Befunde
Hsu (2012)	The Advertising Effects of Corporate Social Responsibility on Corporate Reputation and Brand Equity: Evidence from the Life Insurance Industry in Taiwan	• Consumer-Based Brand Equity Framework • N = 383 • Strukturgleichungs-modellierung	• Die Corporate Social Responsibility hat einen höheren Einfluss auf interne Ergebnisgrößen als auf den externen Erfolg • Die Corporate Social Responsibility hat einen direkten positiven Einfluss auf die Unternehmensreputation, die Kundenzufriedenheit und den Markenwert • Gleichzeitig weist die Kundenzufriedenheit eine mediierende Wirkung auf beide endogene Konstrukte auf

Analog zu den Schlussfolgerungen zu den Arbeiten aus dem B2B-Branding lässt sich konstatieren, dass die innerhalb von Tabelle 3 zusammengefassten 22 empirisch-quantitativen Arbeiten zu den Erfolgsfaktoren des B2C-Brandings eine große Vielzahl an relevanten Erfolgsfaktoren bereithalten, die in einem unterschiedlichen Kontext und teilweise vor einem bestimmten kulturellen Hintergrund Relevanz besitzen.

Es muss allerdings festgehalten werden, dass nur wenige Autoren die Unterschiede zwischen rationalen und emotionalen Erfolgsfaktoren des B2C-Brandings adressieren. So integriert eine Vielzahl an Autoren wie beispielsweise Christodoulides et al. (2006), Da Silva/Alwi (2006) und Alex (2012) sowohl rationale als auch emotionale Erfolgsfaktoren in das jeweilige Untersuchungsmodell, allerdings werden die Unterschiede in der Beurteilung seitens der Konsumenten beziehungsweise deren Spannungsfeld zwischen Rationalität und Emotionalität im Rahmen von Kaufentscheidungen nicht thematisiert.[177]

Wiederum andere Beiträge wie der von beispielsweise Villarejo-Ramos/Sánchez-Franco (2005) adressieren explizit beide Arten der Erfolgsfaktoren, allerdings wird auf eine entsprechende Bezugnahme innerhalb der Konzeptionalisierung des Untersuchungsmodells gänzlich verzichtet.[178] Zwar ziehen die Autoren zur theoretischen Herleitung der Konstrukte das Consumer-Based Brand Equity Framework heran, doch werden dessen Dimensionen nicht näher erläutert. Vielmehr werden unreflek-

[177] Vgl. Christodoulides et al. (2006), S. 799 ff.; Da Silva/Alwi (2006), S. 293 ff.; Alex (2012), S. 29 ff.

[178] Vgl. auch im Folgenden Villarejo-Ramos/Sánchez-Franco (2005), S. 431 ff.

tiert die Verkaufsförderungsmaßnahmen und die wahrgenommenen Ausgaben für Werbung als rationaler beziehungsweise emotionaler Erfolgsfaktor als exogene Konstrukte konzeptionalisiert. Darüber hinaus nehmen die Autoren keinen Bezug auf andere, bereits innerhalb des Schrifttums nachgewiesene rationale oder emotionale Erfolgsfaktoren, so dass die Aussagekraft dieses Beitrags aufgrund der zu geringen Komplexität sowie der mangelnden theoretischen Fundierung in Frage gestellt werden muss.

Demgegenüber unterscheiden Herrmann et al. (2007) zwischen dem kognitiven Fokus (Cognitive Focus), dem emotionalen Fokus (Emotional Focus) und dem konativen Fokus (Conative Focus) als Determinanten eines hohen Markenwerts.[179] Die Autoren weisen nach, dass alle Foki innerhalb des B2C-Brandings eine hohe Relevanz besitzen und jeweils von verschiedenen Bestandteilen des Marketing-Mix positiv beeinflusst werden. Unter der Verwendung des Consumer-Based Brand Equity Frameworks leiten die Autoren ihr Untersuchungsmodell her, um anschließend im „Trial and Error"-Verfahren den bestmöglichen Fit zwischen den Foki und den Elementen des Marketing-Mix zu ermitteln.

Folglich wird auf eine stringente Konzeptionalisierung der Erfolgsfaktoren unter Verwendung der einzelnen Dimensionen des Consumer-Based Brand Equity Frameworks verzichtet. Nichtsdestotrotz bietet die Untersuchung wertvolle Implikationen und Anknüpfungspunkte für diese Untersuchung, da auf der Basis des statistischen Outputs eine Zuordnung der einzelnen Erfolgsfaktoren zu einem bestimmten Fokus erfolgt.

Einen interessanten Ansatz verwenden Holehonnur et al. (2009), die zwar nicht explizit zwischen rationalen und emotionalen Erfolgsfaktoren des Brandings von Konsumgütern separieren, dafür aber eine Zweiteilung zwischen Erfolgsfaktoren, die den nutzenorientierten Wert und Erfolgsfaktoren, die den Gesamtmarkenwert determinieren, vornehmen.[180] Dabei stellen die Faktoren, die den nutzenorientierten Wert beeinflussen, gleichzeitig Faktoren dar, die einer rationalen Beurteilung seitens der Konsumenten unterliegen. Demgegenüber stehen die tendenziell einer emotionalen Beurteilung unterliegenden Erfolgsfaktoren, die den Gesamtmarkenwert be-

179 Vgl. auch im Folgenden Herrmann et al. (2007), S. 531 ff.
180 Vgl. auch im Folgenden Holehonnur et al. (2009), S. 165 ff.

stimmen. Allerdings erfolgt keine theoretisch fundierte Konzeptionalisierung des Untersuchungsmodells. Das Consumer-Based Brand Equity Framework wird ohne eingehende Prüfung multitheoretisch in Kombination mit der Theory of Reasoned Action angewendet, ohne wiederum die einzelnen Dimensionen des Consumer-Based Brand Equity Frameworks zu adressieren.

Vor dem Hintergrund dieser Ausführungen kann festgehalten werden, dass auch innerhalb des B2C-Brandings in Teilen eine integrierte Betrachtung rationaler und emotionaler Erfolgsfaktoren erfolgt, wobei analog zu den Erkenntnissen innerhalb des B2B-Branding-Schrifttums eine mangelnde theoretische Fundierung der komplexen, beide Arten von Erfolgsfaktoren beinhaltende, Untersuchungsmodelle konstatiert werden muss.

Während also eine große Heterogenität bezüglich der (rationalen und emotionalen) Erfolgsfaktoren innerhalb der betrachteten 22 Beiträge des quantitativ-empirischen Schrifttums zum B2C-Branding zu erkennen ist, ergibt die Analyse eine klare Tendenz zum Rückgriff auf das Consumer-Based Brand Equity Framework im Rahmen der Herleitung beziehungsweise Konzeptionalisierung des Untersuchungsmodells sowie der dazugehörigen Hypothesen.

Insgesamt 17 der 22 Beiträge ziehen in diesem Kontext das Consumer-Based Brand Equity Framework heran, wobei mit Holehonnur et al. (2009) (Verwendung des Consumer-Based Brand Equity Frameworks in Kombination mit der Theory of Reasoned Action) und Alex (2012) (Verwendung des Consumer-Based Brand Equity Frameworks in Kombination mit der Psychometric Theory) nur zwei Beiträge auf einer multitheoretischen Konzeptionalisierung beruhen.[181] Diese Autoren verzichten allerdings gänzlich auf die Erörterung der theoretischen Vereinbarkeit der gewählten Theorien. Während der Beitrag von Sheinin/Biehal (1999) komplett auf die theoretische Fundierung des Untersuchungsmodells verzichtet, bedienen sich nur Hellier et al. (2003) (Consumer Theory), Da Silva/Alwi (2006) (Means and End Theory), Brodie/Whittome/Brush (2009) (Signaling Theory) und Spry/Pappu/Cornwell (2011) (Associative Network Memory Model) alternativer Theorieansätze, sodass mit den

[181] Vgl. Holehonnur et al. (2009), S. 165 ff.; Alex (2012), S. 29 ff. Vgl. für eine ausführliche Diskussion zu den Vor- und Nachteilen einer mono- beziehungsweise multitheoretischen Konzeptionalisierung auch Kapitel 3.1.

Beiträgen von Holehonnur et al. (2009) und Alex (2012) insgesamt nur sechs Beiträge nicht monotheoretisch auf das Consumer-Based Brand Equity Framework rekurrieren.[182]

Auf der Basis dieser Ausführungen soll für das weitere Vorgehen festgehalten werden, dass das empirisch-quantitative Schrifttum zum B2C-Branding interessante Ansätze und Implikationen für diese Arbeit liefert und in Teilen die Integration beziehungsweise kombinierte Betrachtung rationaler und emotionaler Erfolgsfaktoren nahelegt. Allerdings bedarf es einer sinnhaften Prüfung der Möglichkeiten einer Adaption der B2C-spezifischen Erkenntnisse auf den B2B-spezifischen Kontext dieser Untersuchung.

2.3.3. Wertung und Implikationen des Forschungsüberblicks

Als erstes Ergebnis des Forschungsüberblicks kann festgehalten werden, dass die Kombination sowohl rationaler als auch emotionaler Entscheidungsaspekte beziehungsweise Erfolgsfaktoren im Rahmen industrieller Kaufentscheidungsprozesse innerhalb eines integrierten Untersuchungsmodells bisher nicht in einem ausreichenden Maß erforscht wurde.[183] Somit besteht insbesondere bezüglich der ersten Forschungsfrage dieser Untersuchung, wie die rationalen und emotionalen Erfolgsfaktoren des B2B-Brandings konzeptionalisiert und operationalisiert werden können, hoher Forschungsbedarf.

Da die Auswirkungen der rationalen und emotionalen Erfolgsfaktoren des B2B-Brandings auf die Einstellung und das Verhalten der industriellen Kunden (zweite Forschungsfrage) eng mit der Konzeptionalisierung der Erfolgsfaktoren des B2B-Brandings zusammenhängen, diese aber in einem komplexen und integrierten Zusammenhang noch nicht konzeptionalisiert worden sind, bleibt auch für die zweite Forschungsfrage ein hoher Forschungsbedarf zu konstatieren.

Die strukturierte Bestandsaufnahme des empirisch-quantitativen Schrifttums zum B2B-Branding hat neben dem Nachweis der Forschungslücke in Kombination mit dem relevanten Schrifttum zum B2C-Branding erste Ansatzpunkte für den weiteren

---

182 Vgl. Sheinin/Biehal (1999), S. 63 ff.; Hellier et al. (2003), S. 1762 ff.; Da Silva/Alwi (2006), S. 293 ff.; Brodie/Whittome/Brush (2009), S. 345 ff.; Holehonnur et al. (2009), S. 165 ff.; Spry/Pappu/Cornwell (2011), S. 882 ff.; Alex (2012), S. 29 ff.

183 Vgl. Kapitel 2.3.1.

Verlauf dieser Untersuchung geliefert: Neben der Vielzahl an potenziell relevanten rationalen und emotionalen Erfolgsfaktoren wird dem Consumer-Based Brand Equity Framework als theoretische Fundierung des Untersuchungsmodells und der dazugehörigen Hypothesen eine hohe Bedeutung beigemessen. Darüber hinaus wählt die überwältigende Mehrzahl der Autoren eine monotheoretische Vorgehensweise.

3. Konzeptionalisierung und Modellentwicklung

Im folgenden Kapitel 3 soll in Abschnitt 3.1 der theoretische Bezugsrahmen dieser Arbeit vorgestellt werden. Der theoretische Bezugsrahmen fokussiert auf die Theorie, die zur Herleitung beziehungsweise Konzeptionalisierung der relevanten Konstrukte des finalen Untersuchungsmodells geeignet erscheint. Der theoretische Bezugsrahmen schließt mit der Entwicklung eines sogenannten heuristischen Bezugsrahmens.

Kapitel 3.2 stellt im Anschluss das relevante B2B- und B2C-Branding-Schrifttum dar, aus dem jeweils ein Relevant Set an potenziellen rationalen und emotionalen Erfolgsfaktoren sowie ein Relevant Set an potenziellen Konstrukten, die den B2B-Brandingerfolg messen, generiert werden soll. Die Relevant Sets an exogenen, unabhängigen und endogenen, ababhängigen Konstrukten werden im weiteren Verlauf innerhalb von Kapitel 3.3 im Rahmen von exploratorischen Experteninterviews überprüft beziehungsweise spezifiziert.

Schließlich erfolgt innerhalb von Kapitel 3.4 die konkrete Konzeptionalisierung und inhaltliche Auseinandersetzung mit den exogenen (Erfolgsfaktoren) und endogenen Konstrukten des finalen Untersuchungsmodells. Darüber hinaus widmet sich dieser Abschnitt der Formulierung der Kausalbeziehungen zwischen den Konstrukten beziehungsweise der Erfolgswirkung der exogenen auf die endogenen Konstrukte. Der letzte Abschnitt 3.5 fasst das Untersuchungsmodell zusammen und stellt die abgeleiteten Untersuchungshypothesen im Überblick dar. Abbildung 12 gliedert Kapitel 3 in den Gesamtkontext dieser Arbeit ein.

Abbildung 12: *Einordnung von Kapitel 3 in den Gesamtkontext der Untersuchung*

Kapitel 1	Kapitel 2	Kapitel 3	Kapitel 4	Kapitel 5	Kapitel 6
Einleitung	**Grundlagen der Untersuchung**	**Konzeptionalisierung und Modellentwicklung**	**Methodik und Vorgehensweise der empirischen Untersuchung**	**Ergebnisse der empirischen Untersuchung**	**Zusammenfassung und Implikationen der Untersuchung**
Ausgangssituation der Untersuchung	Wissenschafts-theoretische Grundlagen	Theoretischer Bezugsrahmen	Grundlagen der Strukturgleichungs-modellierung	Datenerhebung	Zusammenfassung der zentralen Untersuchungs-ergebnisse
Eingrenzung und Zielsetzung der Untersuchung	Terminologische Grundlagen	Konzeptionalisie-rung der Konstrukte	Beurteilung von Messmodellen	Operationalisierung der Konstrukte	Implikationen für die Forschung
		Formulierung der Hypothesen	Beurteilung des Strukturmodells		
Vorgehensweise und Aufbau der Untersuchung	Stand der Forschung	Zusammenfassung des Untersuchungs-modells und der Hypothesen	Zusammenfassung der Vorgehensweise	Wirkungs-beziehungen	Implikationen für die Praxis
Theoretische Ebene			Empirische Ebene		

3.1. Theoretischer Bezugsrahmen

Der theoretische Bezugsrahmen beinhaltet die im Rahmen einer empirischen Untersuchung von Relevanz erscheinende Theorie und dient der Dokumentation des Wissens, das aus der Theorie extrahiert und auf den Kontext einer empirischen Untersuchung adaptiert werden kann.[184] Darüber hinaus spielt der theoretische Bezugsrahmen eine wichtige Rolle für den wissenschaftlichen Erkenntnisfortschritt: Nur auf der Basis der theoretischen Deduktion sowie der anschließenden empirischen Überprüfung der auf der Basis einer soliden theoretischen Fundierung abgeleiteten Hypothesen kann ein bereits existentes theoretisches Modell beziehungsweise eine Theorie erweitert oder verfeinert werden.[185]

Bezüglich der Bedeutung des theoretischen Bezugsrahmens für eine empirische Untersuchung fasst Mertens (2009) zusammen, dass

> *„ein theoretischer Bezugsrahmen jenes aus der Theorie entnommene Wissen dokumentiert, das dem Forscher bei der Durchführung der empirischen Un-*

[184] Vgl. Mertens (2009), S. 214.
[185] Vgl. Ullrich (2011), S. 98.

tersuchung zur Verfügung steht. Er nimmt damit Einfluss auf die Erarbeitung der theoretischen Grundlagen, indem er das Wissen priorisiert, das für die empirische Untersuchung relevant ist, und leitet gleichzeitig die empirische Untersuchung anhand einer Struktur, die aus den theoretischen Grundlagen abgeleitet ist."[186]

Aufgrund der herausragenden Bedeutung des theoretischen Bezugsrahmens für empirische Untersuchungen soll auch diese Arbeit auf einem adäquaten theoretischen Bezugsrahmen basieren.[187] Vor dem Hintergrund des Untersuchungsgegenstands sowie zur Beantwortung der Forschungsfragen erscheint insbesondere eine Eignung der verhaltenswissenschaftlichen Ansätze gegeben, da der Fokus dieser Ansätze auf der Untersuchung des realen Kaufverhaltens liegt und dieses Ziel auch im Rahmen dieser Untersuchung verfolgt werden soll.[188] Der theoretische Bezugsrahmen beinhaltet neben der Spezifizierung der zugrundeliegenden Theorie auch grundlegende Gedanken, ob im Rahmen der Konzeptionalisierung eine monotheoretische oder eine multitheoretische Vorgehensweise praktiziert werden soll.

Wie bereits innerhalb der Kapitel 2.3.1 und 2.3.2 aufgezeigt wurde, ist im Rahmen der Arbeiten zu den Erfolgsfaktoren sowohl im Konsumgüter-, insbesondere aber auch im Industriegüter-Branding eine monotheoretische Konzeptionalisierung der Konstrukte des jeweiligen Untersuchungsmodells weit verbreitet.[189] Diese Vorgehensweise bietet unter anderem den Vorteil, dass keine Abwägung der Vereinbarkeit diverser Theorien vorgenommen werden muss. Eine große Zahl an Kritikern hält eine multitheoretische Konzeptionalisierung sogar für gefährlich.[190] Der Grund hierfür liegt in der Tatsache, dass verschiedene Theorien häufig auf unterschiedlichen und somit nicht komplementären Grundaxiomen aufgebaut sind. In seltenen Fällen können sich verschiedene Theorien sogar widersprechen. In diesem Kontext spielt auch

[186] Mertens (2009), S. 215.

[187] Vgl. zur Bedeutung eines theoretischen Bezugsrahmens für empirische Untersuchungen auch Kerner (2009), S. 109 ff.

[188] Vgl. Wirtz (2012), S. 49; Pistoia (2014), S. 69.

[189] Vgl. zum Beispiel van Riel/Mortanges/Streukens (2005), S. 841 ff.; Taylor/Hunter/Lindberg (2007), S. 241 ff.;Davis/Golicic/Marquardt (2008), S. 218 ff.; Jensen/Klastrup (2008), S. 122 ff.; Baumgarth/Binckebanck (2011), S. 487 ff.; Juntunen/Juntunen/Juga (2011), S. 300 ff.; Chen/Su/Lin (2011), S. 1234 ff.; Chen/Su (2012), S. 57 ff.

[190] Vgl. Freiling (2001), S. 15 ff.

der Vorwurf des sogenannten Theorieeklektizismus eine Rolle.[191] Dieser liegt genau dann vor,

> *„[...] wenn verschiedene Theorien in unreflektierter Weise und ohne vorhergehende Prüfung der Kompatibilität für eine Untersuchung übernommen werden."*[192]

Um dieser Gefahr vorzubeugen, soll innerhalb dieser Untersuchung der in einer Vielzahl an Branding-Arbeiten üblichen monotheoretischen Vorgehensweise gefolgt werden. In diesem Zusammenhang impliziert das relevante Branding-Schrifttum für das Consumer-Based Brand Equity Framework beziehungsweise das Konzept der (Consumer-Based) Brand Equity eine hohe Relevanz.[193] Es ermöglicht Forschern eine Adaption auf verschiedene Untersuchungskontexte und die Konzeptionalisierung einer Vielzahl an exogenen, unabhängigen Konstrukten.[194]

So ergab die Analyse des relevanten Schrifttums innerhalb der Kapitel 2.3.1 und 2.3.2, dass zwölf der insgesamt 16 analysierten empirisch-quantitativen Arbeiten zu den Erfolgsfaktoren des B2B-Brandings und 17 der analysierten 22 empirisch-quantitativen Arbeiten zu den Erfolgsfaktoren des B2C-Brandings zur Konzeptionalisierung des jeweiligen Untersuchungsmodells das Consumer-Based Brand Equity Framework heranziehen. Darüber hinaus verfügen elf der zwölf B2B-Untersuchungen und 15 der 17 B2C-Untersuchungen über eine monotheoretische Verwendung des Consumer-Based Brand Equity Frameworks. Aufgrund der enormen Verbreitung dieses theoretischen Ansatzes soll das Consumer-Based Brand Equity Framework als eine der beiden Entwicklungsrichtungen des allgemeinen Brand Equity Frameworks auch im Rahmen dieser Untersuchung herangezogen werden.

Einen bedeutenden Erkenntniszuwachs verdankt das Brand Equity-Konzept einer 1988 vom Marketing Science Institute ausgerichteten Konferenz, wobei insbesondere der Beitrag von Leuthesser (1988) starke Beachtung in der wissenschaftlichen Community gefunden hat und als Ausgangspunkt weiterer Forschungsaktivitäten ge-

---

191 Vgl. Mory (2014), S. 105.

192 Vgl. Maloney (2007), S. 37.

193 Vgl. Kapitel 2.3.

194 Vgl. Burmann/Jost-Benz/Riley (2009), S. 390; Christodoulides/Chernatony (2010), S. 43 ff.; Leek/Christodoulides (2011), S. 830 ff.; Chieng/Goi (2011), S. 33 ff.

nutzt wurde.[195] Auf dieser Grundlage hat das Konzept der Brand Equity seit den 1980er Jahren eine enorme Verbreitung im marketing- und insbesondere dem brandingspezifischen Schrifttum erfahren.[196]

Brand Equity bedeutet übersetzt Markenwert oder Markenerfolg. Im Schrifttum existiert bis heute kein einheitliches Verständnis des Brand Equity-Begriffs.[197] So merkte bereits Winters (1991) an:

> *„[…] if you ask 10 people to define brand equity, you are likely to get 10 (maybe 11) different answers as to what it means."*[198]

Diese Einschätzung besitzt auch heute noch Gültigkeit.[199] Im Laufe der Jahre haben allerdings vor allem zwei Definitionen große Verbreitung erfahren.[200] So kann der Term nach Aaker (1991) wie folgt definiert werden:

> *„Brand equity is a set of brand assets and liabilities linked to a brand, its name and symbol, that add to or subtract from the value provided by a product or service to a firm and/or to that firm's customers."*[201]

Es handelt sich bei Brand Equity demnach also um eine Reihe von aktiven und passiven Elementen, die eng mit der Marke, dem Markennamen und dem Markenlogo verbunden sind und dem Unternehmen und/oder seinen Kunden einen bestimmten Nutzen stiften, indem sie den Wert der angebotenen Produkte oder Dienstleistungen entweder erhöhen oder mindern. Eine weitere Definition stammt von Keller (1993):

> *„[…] brand equity is defined in terms of marketing effects uniquely attributable to the brand - for example, when certain outcomes result from the mar-*

---

[195] Der interessierte Leser sei an dieser Stelle auf den Konferenzbeitrag von Leuthesser (1988) zum Thema „Defining, Measuring, and Managing Brand Equity" verwiesen. Vgl. auch Ailawadi/Lehmann/Neslin (2003), S. 1.

[196] Vgl. Ailawadi/Lehmann/Neslin (2003), S. 1.

[197] Vgl. Christodoulides/Chernatony (2010), S. 44 f.

[198] Winters (1991), S. 70.

[199] Vgl. Christodoulides/Chernatony (2010), S. 45.

[200] Vgl. Leek/Christodoulides (2011), S. 833.

[201] Aaker (1991), S. 15.

keting of a product or service because of its brand name that would not occur if the same product or service did not have that name."[202]

Unter Brand Equity kann also hinsichtlich der Auswirkungen von Marketingaktivitäten das eindeutig einer bestimmten Marke Zurechenbare verstanden werden. Als Beispiel führt Keller (1993) bestimmte Erfolgswirkungen der Vermarktung eines Produkts oder Services durch den Namen der Marke an, wobei dasselbe Ergebnis bei Produkten oder Services mit einem anderen Markennamen nicht zustande gekommen wäre. Es handelt sich bei Brand Equity also um einen sogenannten Mehrwert, den ein Produkt oder ein Service einer bestimmten Marke gegenüber Konkurrenzmarken aufweist.[203]

Bei näherer Betrachtung des Konzepts der Brand Equity lassen sich zwei verschiedene Entwicklungsrichtungen beziehungsweise Forschungsstränge identifizieren, die sich im Laufe der Zeit aus dem zu Beginn eher allgemeinen Verständnis des Begriffs heraus entwickelt haben.[204] Auf der einen Seite kann Brand Equity aus der Sicht der Nachfrager beziehungsweise Konsumenten untersucht werden. Dieser Forschungsstrang erfährt im Schrifttum in einem großen Teil der Arbeiten zu Brand Equity Beachtung. Auf der anderen Seite kann Brand Equity auch aus der Perspektive der Anbieter, also aus Sicht der Unternehmen, betrachtet werden.

Im Folgenden sollen deshalb die Unterschiede zwischen der Brand Equity aus Konsumentensicht, der sogenannten Consumer-Based Brand Equity (Kapitel 3.1.1), und der Brand Equity aus Unternehmenssicht, der sogenannten Financial-Based Brand Equity (Kapitel 3.1.2), herausgearbeitet werden. Kapitel 3.1.3 fasst diese beiden Forschungsstränge zusammen und begründet die Wahl des nachfragerorientierten Brand Equity-Konzepts für den weiteren Verlauf der Untersuchung. Schließlich wird in Kapitel 3.1.4 auf die einzelnen Dimensionen der Consumer-Based Brand Equity, auf deren Basis die Konstrukte des finalen Untersuchungsmodells entwickelt werden, eingegangen. Kapitel 3.1.5 fasst die vorangegangenen Ausführungen zusammen und spannt einen heuristischen Bezugsrahmen auf, der sich aus den im Kontext die-

---

202 Keller (1993), S. 1.

203 Vgl. Farquhar (1990), S. RC7.

204 Vgl. auch im Folgenden Farquhar (1990), S. RC7 ff.; Keller (1993), S. 1; Simon/Sullivan (1993), S. 28 ff.; Ailawadi/Lehmann/Neslin (2003), S. 1; Christodoulides/Chernatony (2010), S. 45 f.; Leek/Christodoulides (2011), S. 833; Chowdhurry (2012), S. 62.

ser Untersuchung relevanten Dimensionen des Consumer-Based Brand Equity Frameworks konstituiert.

3.1.1. Consumer-Based Brand Equity

Consumer-Based Brand Equity betrachtet das Brand Equity-Konzept aus der Sichtweise der Konsumenten beziehungsweise (industriellen) Nachfrager/Kunden als Adressaten der Marketingaktivitäten von Unternehmen.[205] Demnach hat eine Marke einen positiven oder auch einen negativen Wert, wenn die Kunden mehr oder weniger wohlwollend auf die Instrumente des Marketing-Mix einer ihnen dem Namen nach bekannten Marke als auf den Marketing-Mix eines markenlosen Unternehmens mit identischen Produkten und/oder Services reagieren.[206]

In diesem Kontext fungiert der Name einer Marke als ein wichtiges Signal für die Nachfrager im Rahmen ihrer Kaufentscheidungen.[207] Dieses Signal setzt sich aus der Summe vergangener und aktueller Marketingaktivitäten zusammen und beeinflusst vor dem Hintergrund unvollständiger und asymmetrischer Marktinformationen die Wahl der Kunden: Glaubwürdige Marken stiften den Nachfragern somit einen gewissen Wert, indem sie

- das wahrgenommene Risiko minimieren,
- die Kosten der Informationssuche reduzieren und
- vorteilhafte Wahrnehmungen der Produkt- und/oder Serviceeigenschaften erzeugen.[208]

Innerhalb der Consumer-Based Brand Equity verbinden sich also Ansätze aus der Konsumentenpsychologie beziehungsweise kognitiven Psychologie (die Reaktion der Nachfrager auf Marketing-Mix-Aktivitäten von Unternehmen) und der Informationsökonomie (der Umgang der Kunden mit unvollständigen und asymmetrischen Marktinformationen). Christodoulides/Chernatony (2010) betrachten diese beiden

[205] Im Schrifttum erfährt häufig auch der Begriff Customer-Based Brand Equity Anwendung. Beide Begriffe, Consumer-Based Brand Equity und Customer-Based Brand Equity, werden simultan verwendet.

[206] Vgl. Christodoulides/Chernatony (2010), S. 47.

[207] Vgl. auch im Folgenden Erdem/Swait/Valenzuela (2006), S. 34 ff.; Christodoulides/Chernatony (2010), S. 47 ff.

[208] Vgl. Erdem/Swait (1998), S. 132 f.

Forschungsschwerpunkte als komplementär zueinander und definieren Consumer-Based Brand Equity demnach als eine Reihe von Wahrnehmungen, Einstellungen, Wissen und Verhaltensweisen auf Seiten der Nachfrager, die in einem erhöhten Nutzen resultiert und es einer Marke erlaubt, größere Umsätze oder größere Gewinnspannen zu erzielen, als sie es ohne den Markennamen könnte.[209] Bei der Consumer-Based Brand Equity handelt es sich folglich um

> *„a set of perceptions, attitudes, knowledge, and behaviors on the part of the consumers that results in increased utility and allows a brand to earn greater volume or greater margins that it could without the brand name."*[210]

3.1.2. Financial-Based Brand Equity

Financial-Based Brand Equity wird im Gegensatz zu Consumer-Based Brand Equity, die sich mit der Sichtweise der Nachfrager beschäftigt, aus Anbieter-, also der Unternehmensperspektive, betrachtet.[211] Wie das Adjektiv „Financial" nahelegt, stehen bei dieser Forschungsrichtung monetäre Aspekte im Mittelpunkt. Beispielsweise bedarf es zu Zwecken der Rechnungslegung (genauer: der Anlagenbewertung zur Aufstellung von Bilanzen), Fusionen, Übernahmen oder Verkäufen von Unternehmenssparten der Ermittlung beziehungsweise der Schätzung des Werts einer Marke.[212]

Financial-Based Brand Equity kann Unternehmen unter anderem dahingehend Wettbewerbsvorteile verschaffen, indem neue Produkte kostengünstiger auf dem Markt eingeführt oder höhere Gebühren von Lizenznehmern verlangt werden können. Darüber hinaus können starke und robuste Marken potenzielle Krisensituationen, wie zum Beispiel eine Veränderung im Konsumverhalten der Nachfrager, mit einer größeren Wahrscheinlichkeit überstehen als Unternehmen, deren Produkte mit keiner starken Marke seitens der Nachfrager assoziiert werden.[213]

Farquhar (1990) sowie Simon/Sullivan (1993) verstehen unter Financial-Based Brand Equity inkrementale Cash Flows, die Markenprodukte aufweisen und die größer

---

209 Vgl. Christodoulides/Chernatony (2010), S. 48.

210 Christodoulides/Chernatony (2010), S. 48.

211 Im Schrifttum erfährt häufig auch der Begriff Firm-Based Brand Equity Anwendung. Beide Begriffe, Financial-Based Brand Equity und Firm-Based Brand Equity, werden simultan verwendet.

212 Vgl. Keller (1993), S. 1.

213 Vgl. Farquhar (1990), S. RC8.

sind beziehungsweise über die Cash Flows von Produkten ohne Markennamen hinausgehen, wobei die inkrementalen Cash Flows sowohl auf dem Wert basieren, den Nachfrager beziehungsweise (industrielle) Kunden Markenprodukten beimessen, als auch auf der Kostenersparnis, die der Wert einer Marke durch Vorteile gegenüber der Konkurrenz ermöglicht.[214] So definieren Simon/Sullivan (1993) Financial-Based Brand Equity

> *„as the incremental cash flows which accrue to branded products over and above the cash flows which would result from the sale of unbranded products. [...] The incremental cash flows are based on the value consumers place on branded products and on cost savings brand equity generates through competitive advantages."*[215]

3.1.3. Zusammenfassung und Wahl des Brand Equity-Konzepts für diese Untersuchung

Kapitel 3.1.1 und Kapitel 3.1.2 haben die beiden hauptsächlichen Forschungsrichtungen, die sich aus dem allgemeinen Brand Equity-Konzept entwickelt haben, näher beleuchtet. Augenscheinlich ist insbesondere das Merkmal der unterschiedlichen Betrachtungsweisen beziehungsweise der Interpretation der Brand Equity. Fokussiert die Consumer-Based Brand Equity auf die Kunden- beziehungsweise Nachfragerseite, betrachtet die Financial-Based Brand Equity das Konzept aus der Sichtweise der Unternehmen beziehungsweise Anbieter und stellt auf die monetären Aspekte der Brand Equity ab.

Folgt man Autoren wie zum Beispiel Yoo/Donthu (2001), Vázquez/Belén del Rio/Iglesias (2002), Lynch/Chernatony (2004), van Riel/Mortanges/Streukens (2005), Christodoulides et al. (2006), Pappu/Quester/Cooksey (2006), Taylor/Hunter/Lindberg (2007), Davis/Golicic/Marquardt (2008) und Baumgarth/Binckebanck (2011), so bedarf es bei Untersuchungsmodellen, deren Fokus hauptsächlich auf der Erforschung des realen Nachfragerverhaltens liegt, einer theoretischen Fundierung auf der Basis des Consumer-Based Brand Equity-Ansatzes.[216] So analysieren bei-

---

[214] Vgl. Farquhar (1990), S. RC7; Simon/Sullivan (1993), S. 29.

[215] Simon/Sullivan (1993), S. 29.

[216] Vgl. Yoo/Donthu (2001), S. 1 ff.; Vázquez/Belén del Rio/Iglesias (2002), S. 27 ff.; Lynch/Chernatony (2004), S. 407; van Riel/Mortanges/Streukens (2005), S. 841 ff.; Christodoulides et al. (2006),

spielsweise van Riel/Mortanges/Streukens (2005) die produkt- und servicerelevanten Faktoren, die die Loyalitätsintention von Einkäufern in der Elektronik- und Automobilindustrie determinieren.[217] Ebenso befragen Baumgarth/Binckebanck (2011) Einkäufer in verschiedenen Industrien, um den Einfluss von Erfolgsfaktoren auf die Markenwahrnehmung, die Markenstärke sowie die daraus resultierende Markenloyalität zu untersuchen.[218]

Demgegenüber stehen Autoren wie Farquhar (1990) und Simon/Sullivan (1993), die in ihren konzeptionellen Arbeiten nicht das Nachfragerverhalten, sondern monetäre Aspekte (Cash Flows), die auf der Basis eines hohen Markenwertes entstehen, adressieren.[219] Auf der Grundlage von Geschäftsberichten werden beispielsweise Zusammenhänge zwischen den Aktivitäten im Bereich der Corporate Social Responsibility, dem Alter von Marken sowie den Ausgaben für Werbemaßnahmen und den resultierenden Unternehmensumsätzen untersucht.[220] Es ist außerdem zu festzuhalten, dass das Branding-Schrifttum bis auf eine Ausnahme keine empirisch-quantitative Arbeit aufweist, deren Untersuchungsmodell unter Verwendung des Financial-Based Brand Equity-Ansatzes konzeptionalisiert worden ist.[221]

Auf der Basis dieser Ausführungen lässt sich ableiten, dass für die Konzeptionalisierung der rationalen und emotionalen Erfolgsfaktoren des B2B-Brandings sowie deren Wirkung auf bestimmte Erfolgskonstrukte, die das reale Kaufverhalten der industriellen Kunden abbilden, das Consumer-Based Brand Equity-Konzept eine hohe Eignung aufweist. Das Ziel dieser Arbeit liegt in der Analyse des Einflusses rationaler und emotionaler Faktoren auf die Einstellung und das Verhalten von Kunden in einem industriellen Kontext. Demgegenüber stehen die monetären Aspekte der Financial-Based Brand Equity nicht im Fokus dieser Untersuchung.[222]

S. 801 ff.; Pappu/Quester/Cooksey (2006), S. 698; Taylor/Hunter/Lindberg (2007), S. 241 ff.; Davis/Golicic/Marquardt (2008), S. 218 ff.; Baumgarth/Binckebanck (2011), S. 487 ff. Vgl. auch Kapitel 2.3.

217 Vgl. van Riel/Mortanges/Streukens (2005), S. 845.

218 Vgl. Baumgarth/Binckebanck (2011), S. 491.

219 Vgl. Farquhar (1990), S. RC7; Simon/Sullivan (1993), S. 31 f.

220 Vgl. Simon/Sullivan (1993), S. 31 ff.; Wang (2010), S. 335 ff.

221 Vgl. Wang (2010), S. 336.

222 Vgl. Kapitel 1.2.

Vor diesem Hintergrund soll auf der Basis der vorangegangenen Ausführungen zu den Anwendungsmöglichkeiten des kundenorientierten und finanzenorientierten Brand Equity-Ansatzes der Consumer-Based Brand Equity-Ansatz Anwendung erfahren. Die Entscheidung für das kundenorientierte und gegen das finanzenorientierte Brand Equity-Konzept steht darüber hinaus im Einklang mit Erkenntnissen diverser Meta-Studien, die sich mit der Brand Equity beziehungsweise dem Brand Equity Framework befassen.

So messen diese Beiträge bei der Bewertung der beiden Konzepte als Ausgangspunkt für Forschungsanstrengungen dem kundenorientierten Ansatz relativ betrachtet eine höhere Bedeutung bei, da Erkenntnisse über das (Nachfrager-)Verhalten von Konsumenten die Basis für finanziellen Erfolg darstellen und somit einer priorisierten Betrachtung unterzogen werden sollten. Christodoulides/Chernatony (2010) begründen in ihrem Meta-Artikel die Bevorzugung des Consumer-Based Brand Equity-Konzepts gegenüber dem Financial-Based Brand-Equity-Ansatz damit, dass

> *„[...] the financial value of brand equity is only the outcome consumer response to a brand name. The latter is considered the driving force of increased market share and profitability of the brand, and is based on the market's perceptions (consumer-based brand equity)."*[223]

Der Einschätzung von Christodoulides/Chernatony (2010) folgen auch Chieng/Goi (2011), die in einer Meta-Analyse zur Consumer-Based Brand Equity deren übergeordnete Bedeutung gegenüber dem Financial-Based Brand Equity-Ansatz betonen.[224] Schließlich fassen Leek/Christodoulides (2011) in ihrer umfassenden Schrifttumsanalyse zusammen:

> *„Research into firm-based brand equity has focused on the financial measurement of the brand asset. For marketers it is more important to understand the drivers of brand equity [...] and most research in marketing has taken this direction."*[225]

223 Christodoulides/Chernatony (2010), S. 46.
224 Vgl. Chieng/Goi (2011), S. 34.
225 Leek/Christodoulides (2011), S. 833.

Das folgende Kapitel 3.1.4 widmet sich exkursartig der Darstellung des Consumer-Based Brand Equity Frameworks als Basis des finalen Bezugsrahmens dieser Arbeit und stellt die fünf Dimensionen des Modells dar, die den Markenwert determinieren beziehungsweise positiv beeinflussen. Anschließend werden die Bezugspunkte der Dimensionen erörtert, die im Rahmen dieser Untersuchung Relevanz besitzen.

3.1.4. Das Consumer-Based Brand Equity Framework

Das grundlegende Brand Equity Framework setzt sich aus insgesamt fünf Kategorien beziehungsweise Dimensionen zusammen, die jede im Einzelnen für sich, aber vor allem auch in der Kombination die Brand Equity, also den Wert beziehungsweise den Erfolg einer Marke, determinieren:[226] Man unterscheidet in diesem Kontext zwischen Brand Loyalty (Markenloyalität), Brand Awareness (Markenbewusstsein beziehungsweise -kenntnis), Perceived Quality (wahrgenommene Qualität), Brand Associations (Markenassoziationen) und Other Proprietary Brand Assets (weitere geschützte Vermögenswerte der Marke).

Während das Schrifttum die ersten vier Dimensionen dem Ansatz der Consumer-Based Brand Equity zurechnet, werden die Other Proprietary Brand Assets dem Ansatz der Financial-Based Brand Equity zugeschrieben.[227] Zu diesen Assets zählen unter anderem Urheberrechte beziehungsweise Patente, eingetragene Marken- oder Warenzeichen und bestehende Beziehungen zu Mitgliedern der einzelnen Vertriebskanäle.[228] Sie stellen folglich keine markenspezifischen Wahrnehmungen oder Reaktionen seitens der Kunden auf das Markenmanagement der Unternehmen dar und sind deshalb von keiner Relevanz für den konsumentenorientierten Ansatz beziehungsweise die Consumer-Based Brand Equity.[229]

Eine ähnliche Sichtweise nehmen Yoo/Donthu (2001) ein, die innerhalb ihres Beitrags zur Entwicklung eines Messinstruments für die Consumer-Based Brand Equity ausschließlich auf die vier Dimensionen Markenloyalität, Markenbewusstsein, wahrge-

---

226 Vgl. auch im Folgenden Aaker (1991), S. 16 f.; Aaker (1992), S. 29; Keller (1993), S. 1 ff.; Erdem/Swait (1998). S. 132; Pappu/Quester/Cooksey (2006), S. 697; Tolba/Hassan (2009), S. 357.

227 Vgl. auch im Folgenden Buil/Chernatony/Martinez (2008), S. 385; Christodoulides/Chernatony (2010), S. 47; Chieng/Goi (2011), S. 36; Leek/Christodoulides (2011), S. 833.

228 Vgl. Aaker (1991), S. 21.

229 Vgl. Washburn/Plank (2002), S. 47.

nommene Qualität und Markenassoziationen abstellen.[230] Schließlich stellen Christodoulides/Chernatony (2010) bezüglich der nicht vorhandenen Eignung der Dimension Other Proprietary Brand Assets für den kundenorientierten Brand Equity-Ansatz fest:

> *„[...] proprietary brand assets are not pertinent to consumer-based brand equity."*[231]

Da für diese Untersuchung dem kundenbasierten Ansatz gefolgt wird, soll im Verlauf der Vorstellung der Dimensionen des Consumer-Based Brand Equity Frameworks auf eine Erörterung der Dimension Other Proprietary Brand Assets verzichtet werden.[232] In den folgenden Unterkapiteln 3.1.4.1 bis 3.1.4.4 sollen diese einzelnen Dimensionen vorgestellt werden, bevor in Kapitel 3.1.4.5 die daraus abzuleitenden Implikationen betrachtet werden. Schließlich werden in Kapitel 3.1.5 die Bezugspunkte der relevanten Dimensionen des Frameworks zu dieser Untersuchung erörtert.

3.1.4.1. Brand Loyalty

Brand Loyalty bezeichnet die Loyalität beziehungsweise Treue gegenüber einer Marke und stellt die erste Dimension des Consumer-Based Brand Equity Frameworks dar.[233] In jedem Geschäftsfeld ist es kosten- und zeitaufwendig, neue beziehungsweise potenzielle Kundschaft zu erschließen, während die Bindung bereits existierender Nachfrager eines bedeutend geringeren Ressourcenaufwands bedarf.[234] Eine hohe Loyalität sogenannter Stammkunden kann somit dabei helfen, die Anfälligkeit von Unternehmen bei Konkurrenzaktivitäten jeglicher Art zu reduzieren. Demzufolge ist die Markenloyalität der Kundenbasis oftmals der Kern des Werts einer Marke. So konstatieren unter anderem Chieng/Goi (2011):

> *„Loyalty is a core dimension of brand equity."*[235]

---

230 Vgl. Yoo/Donthu (2001), S. 2 ff.
231 Christodoulides/Chernatony (2010), S. 47.
232 Vgl. Kapitel 3.1.3.
233 Vgl. Aaker (1991), S. 17.
234 Vgl. auch im Folgenden Aaker (1991), S. 19.
235 Chieng/Goi (2011), S. 39.

Ganz allgemein beschreibt die Markenloyalität die Wahrscheinlichkeit eines Markenwechsels von bestehenden Kunden, insbesondere bei Veränderungen der Produkteigenschaften oder Preiserhöhungen und -reduzierungen.[236] Das Schrifttum differenziert zwei verschiedene Arten der Markenloyalität.[237] So wird zwischen der einstellungsbasierten Markenloyalität und der verhaltensbasierten Markenloyalität unterschieden.

Die einstellungsbasierte Markenloyalität beinhaltet die Einstellung der Nachfrager gegenüber einer Marke, die Einstellung gegenüber dem potenziellen Wiedererwerb einer Marke sowie die gedankliche Bindung an eine Marke.[238] Demgegenüber handelt es sich bei der verhaltensbasierten Markenloyalität um das reale (Wieder-) Kaufverhalten der Kunden, das einen direkten Einfluss auf den Umsatz einer Marke hat und somit einer direkten Messung unterzogen werden kann.[239]

In einem industriellen Kontext erscheint insbesondere die verhaltensbasierte Markenloyalität von großer Bedeutung. Da bei industriellen Kaufprozessen, anders als bei Einkäufen von Konsumgütern, häufig komplexe und damit hochpreisige Güter Gegenstand der Betrachtung sind, bedürfen Kaufentscheidungen ausführlichen, vorangehenden Abwägungs- und Entscheidungsprozessen.[240] Vor dem Hintergrund eines im jeweiligen Bedarfsfall aufs neue stattfindenden komplexen Kaufentscheidungsprozesses ist im B2B-Kontext somit das Ergebnis des Abwägungsprozesses der Käufer bezüglich eines potenziellen Wiedererwerbs der Marke von hohem Interesse und bildet gleichzeitig die Basis für die verhaltensbasierte Markenloyalität, die den tatsächlichen Wiedererwerb der Marke darstellt.

Im Ergebnis stellt die Markenloyalität als erste Dimension des Consumer-Based Brand Equity Frameworks somit einen potenziellen Erfolgstreiber und Einflussfaktor auf den Markenerfolg beziehungsweise Markenwert dar.[241] Dieser konzeptionellen Sichtweise folgen im Schrifttum allerdings nur sehr wenige Autoren wie zum Beispiel Bendixen/Bukasa/Abratt (2004), Buil/Chernatony/Martinez (2008), Gázquez-

[236] Vgl. Aaker (1991), S. 39; Andreassen/Lindestad (1998), S. 12.

[237] Vgl. auch im Folgenden Day (1969), S. 29 ff.; Baldinger/Rubinson (1996), S. 22 ff.; Bennett/Härtel/McColl-Kennedy (2005), S. 98; Chieng/Goi (2011), S. 39.

[238] Vgl. Mellens/Dekimpe/Steenkamp (1996), S. 507 ff.; Bennett/Härtel/McColl-Kennedy (2005), S. 98.

[239] Vgl. Bennett/Härtel/McColl-Kennedy (2005), S. 99; Bandyopadhyay/Martell (2007), S. 37 ff.

[240] Vgl. auch im Folgenden Bennett/Härtel/McColl-Kennedy (2005), S. 98.

[241] Vgl. Aaker (1991), S. 39 ff.

Abad/Sánchez-Pérez (2009) und Tong/Hawley (2009).[242] Diese modellieren die Markenloyalität als unabhängiges, exogenes Konstrukt beziehungsweise als Erfolgsfaktor des Markenmanagements.

Vielmehr hat sich im Schrifttum zur Consumer-Based Brand Equity die Konzeptionalisierung der Markenloyalität als abhängiges, endogenes Konstrukt durchgesetzt. So verfolgt eine Vielzahl der Forscher zur Markenloyalität die Sichtweise, dass diese das Ergebnis eines erfolgreichen Markenmanagements darstellt.[243] Zu diesen Autoren zählen unter anderem Andersen (2005), Bennett/Härtel/McColl-Kennedy (2005), van Riel/Mortanges/Streukens (2005), Cretu/Brodie (2007), Taylor/Hunter/Lindberg (2007), Davis/Golicic/Marquardt (2008), Brodie/Whittome/Brush (2009), Biedenbach/Marell (2010), Baumgarth/Binckebanck (2011), Biedenbach/Bengtsson/Wincent (2011), Juntunen/Juntunen/Juga (2011) und Chen/Su (2012).[244]

Beispielsweise postulieren Bennett/Härtel/McColl-Kennedy (2005) einen positiven direkten Effekt von Zufriedenheit (Satisfaction) und Bindung (Involvement) auf die (einstellungsbasierte) Markenloyalität (Attitudinal Brand Loyalty) und bestätigen diesen in ihrer Studie.[245] Brodie/Whittome/Brush (2009) analysieren den Einfluss von Markenwahrnehmungen von Kunden (Customer Brand Perceptions), der Servicequalität (Service Quality) und der Kosten (Costs) auf den Kundenwert (Customer Value) und die Kundenloyalität (Customer Loyalty) im Kontext des Markenmanagements im Dienstleistungsbereich.[246]

Innerhalb dieser Untersuchung soll die Markenloyalität als endogenes, abhängiges Konstrukt als das Ergebnis rationaler und emotionaler Erfolgsfaktoren des B2B-Brandings Anwendung erfahren und damit der vorherrschenden Sichtweise sowohl des B2B- als auch des B2C-Branding-Schrifttums gefolgt werden, die die Markenlo-

---

242 Vgl. Bendixen/Bukasa/Abratt (2004), S. 371 ff.; Buil/Chernatony/Martinez (2008), S. 384 ff.; Gázquez-Abad/Sánchez-Pérez (2009), S. 38 f.; Tong/Hawley (2009), S. 264.

243 Vgl. Kapitel 2.3.

244 Vgl. Andersen (2005), S. 287; Bennett/Härtel/McColl-Kennedy (2005), S. 98 ff.; van Riel/ Mortanges/Streukens (2005), S. 843; Cretu/Brodie (2007), S. 233; Taylor/Hunter/Lindberg (2007), S. 243; Davis/Golicic/Marquardt (2008), S. 220; Brodie/Whittome/Brush (2009), S. 347; Biedenbach/ Marell (2010), S. 449; Baumgarth/Binckebanck (2011), S. 490; Biedenbach/Bengtsson/Wincent (2011), S. 1094; Juntunen/Juntunen/Juga (2011), S. 304; Chen/Su (2012), S. 61.

245 Vgl. Bennett/Härtel/McColl-Kennedy (2005), S. 103.

246 Vgl. Brodie/Whittome/Brush (2009), S. 347.

yalität als das Ergebnis brandingrelevanter Maßnahmen von Unternehmen betrachten.[247] So fassen Brakus/Schmitt/Zarantonello (2009) bezüglich der Markenloyalität als Auswirkung einer positiven Einschätzung einer Marke zusammen:

> „*When a consumer feels good about the [...] brand, a high level of [...] loyalty results.*"[248]

Nach Aaker (1991) impliziert die Markenloyalität insgesamt vier positive Auswirkungen auf den Erfolg von Unternehmen:[249] So können loyale Kunden eine Reduktion der Marketingkosten bewirken, einen hohen Einfluss des betreffenden Unternehmens auf den Handel/Markt bedeuten, die Erschließung neuer Kundenpotenziale durch eine bereits etablierte, zufriedene Kundenbasis ermöglichen und schließlich Unternehmen im Falle einer Bedrohung durch Konkurrenten ausreichend Zeit verschaffen, um adäquate Gegenmaßnahmen ergreifen zu können.

3.1.4.2. Brand Awareness

Unter dem Begriff Brand Awareness versteht man das Markenbewusstsein beziehungsweise die Markenkenntnis/-bekanntheit seitens der (industriellen) Kunden. Es handelt sich hierbei um die zweite Dimension der Consumer-Based Brand Equity.[250] Unter das Markenbewusstsein fasst Aaker (1991) die Fähigkeit eines potenziellen Käufers, zu erkennen oder sich ins Gedächtnis zu rufen, dass eine Marke Mitglied einer bestimmten Produktkategorie ist, wobei es zusätzlich zu einer Querverbindung zwischen der Produktklasse und der Marke kommt:

> „*Brand awareness is the ability of a potential buyer to recognize or to recall that a brand is a member of a certain product category. A link between product class and brand is involved.*"[251]

Das Markenbewusstsein kann sich innerhalb der Reichweite von einem Gefühl der Unsicherheit, ob die Marke erkannt wird bis zu dem Glauben, dass es sich bei ihr um

---

[247] Vgl. zur Konzeptionalisierung der Markenloyalität innerhalb dieser Untersuchung auch Kapitel 3.4.2.2.

[248] Brakus/Schmitt/Zarantonello (2009), S. 64.

[249] Vgl. Aaker (1991), S. 47.

[250] Vgl. Aaker (1991), S. 17.

[251] Aaker (1991), S. 61.

die einzige innerhalb einer bestimmten Produktklasse handelt, befinden.[252] Aaker (1991) unterscheidet innerhalb des Markenbewusstseins zwischen vier verschiedenen Stufen: Die unterste Stufe stellen Diejenigen dar, in deren Bewusstsein die Marke nicht existiert. Die zweitunterste Stufe bilden Nachfrager, die eine bestimmte Marke wiedererkennen beziehungsweise diese dem Namen nach kennen, wenn sie mit eben diesem Namen in Berührung kommen und darauf gestoßen werden.

Die dritte Ebene besteht aus Kunden, die dazu in der Lage sind, sich ohne fremde Hilfe eine bestimmte Marke ins Gedächtnis zu rufen. Demzufolge weist diese Gruppe ein stärker ausgeprägtes Markenbewusstsein als die Mitglieder der zweiten Ebene auf. Die Spitze bilden schließlich Kunden, bei denen die Marke gedanklich allen anderen Marken innerhalb einer Auswahlentscheidung überlegen ist („Top of Mind").

Das Schrifttum sieht die Existenz der Brand Awareness als eigenständige, unabhängige Dimension der Consumer-Based Brand Equity kritisch. Nur sehr wenige Autoren wie zum Beispiel Esch et al. (2006), Davis/Golicic/Marquardt (2008) und Juntunen/Juntunen/Juga (2011) konzeptionalisieren das Markenbewusstsein als eigenständigen Erfolgsfaktor des Markenmanagements.[253] Vielmehr werden im Kontext der Konzeptionalisierung von Erfolgsfaktoren im Branding häufig die Dimensionen Brand Awareness und Brand Associations zusammengefasst beziehungsweise die Brand Awareness als Teil der Brand Associations betrachtet.[254] Im Rahmen einer Bestandsaufnahme des relevanten Schrifttums gelangen Christodoulides/Chernatony (2010) innerhalb ihrer Metastudie zu folgendem Ergebnis:

> *„The question of whether or not brand awareness and brand associations should be collapsed is critical."*[255]

Die Mehrzahl der Autoren sowohl im B2B- als auch im B2C-Branding fassen beide Dimensionen zusammen beziehungsweise sehen das Markenbewusstsein als Voraussetzung für bestimmte Assoziationen, die auf Kundenseite mit der betreffenden

---

[252] Vgl. auch im Folgenden Aaker (1991), S. 61 f.

[253] Vgl. Esch et al. (2006), S. 101; Davis/Golicic/Marquardt (2008), S. 219; Juntunen/Juntunen/Juga (2011), S. 304 ff.

[254] Vgl. Christodoulides/Chernatony (2010), S. 57.

[255] Christodoulides/Chernatony (2010), S. 57.

Marke verknüpft werden.[256] In ihrer Schrifttumsanalyse halten Chieng/Goi (2011) diesbezüglich fest:

> *„[…] a consumer must first be aware of the brand in order to develop a set of associations […].“*[257]

Vor diesem Hintergrund erscheint es logisch, dass viele Autoren bei der Konzeptionalisierung der Erfolgsfaktoren des Brandings auf der Basis der Brand Associations-Dimension gewissermaßen das Markenbewusstsein respektive die Kenntnis einer bestimmten Marke bei den (industriellen) Kunden voraussetzen und deshalb auf eine explizite Erhebung der Markenkenntnis verzichten.[258] Konsequenterweise soll innerhalb dieser Untersuchung daher auf eine Berücksichtigung der Brand Awareness-Dimension verzichtet werden, da die innerhalb von Kapitel 3.1.4.4 adressierte Dimension der Brand Associations eine wichtige Rolle für diese Arbeit im Rahmen der Konzeptionalisierung der (emotionalen) Erfolgsfaktoren spielt.[259]

3.1.4.3. Perceived Quality

Perceived Quality stellt die dritte Dimension der Consumer-Based Brand Equity dar.[260] Perceived Quality kann in diesem Kontext mit wahrgenommener Qualität übersetzt werden. Somit handelt es sich bei der Perceived Quality um die Wahrnehmung der Nachfrager in Bezug auf die Gesamtqualität oder Überlegenheit eines Produkts oder Services unter Berücksichtigung der mit dem Produkt oder dem Service verfolgten Absicht und unter Einbeziehung potenzieller Produkt- oder Servicealternativen.[261]

> *„Quality can be defined broadly as superiority or excellence. By extension, perceived quality can be defined as the consumer's judgement about a product's overall excellence or superiority.“*[262]

---

256 Vgl. Washburn/Plank (2002), S. 46 ff.; Christodoulides/Chernatony (2010), S. 57. Vgl. auch Kapitel 2.3.

257 Chieng/Goi (2011), S. 36.

258 Vgl. Kapitel 2.3.1 und 2.3.2.

259 Vgl. zur Konzeptionalisierung der emotionalen Erfolgsfaktoren als Dimensionen der Emotionalen Markenassoziationen innerhalb dieser Untersuchung auch Kapitel 3.4.1.2.

260 Vgl. Aaker (1991), S. 17.

261 Vgl. Zeithaml (1988), S. 3; Aaker (1991), S. 85.

262 Zeithaml (1988), S. 3.

Da bei der Perceived Quality die Wahrnehmung der Nachfrager im Fokus steht, unterscheidet sich diese Dimension klar von anderen verwandten Konzepten.[263] Zu diesen zählen unter anderem das Konzept der objektiven Qualität, das Konzept der produktbasierten Qualität und das Konzept der Produktionsqualität. Bei der objektiven Qualität handelt es sich um das Ausmaß, in dem ein Produkt oder Service eine überlegene Leistung bietet. Die produktbasierte Qualität stellt auf die Art des Produkts oder des Services und die Anzahl der Bestandteile und Funktionen ab. Schließlich betrachtet das Konzept der Produktionsqualität die Konformität des Produktionsprozesses mit dessen spezifischen Anforderungen, also zum Beispiel die Einhaltung des sogenannten Null-Fehler-Ziels.

In einem industriellen Umfeld spielt die wahrgenommene Qualität einer Marke eine wichtige Rolle bei Kaufentscheidungsprozessen.[264] Vor diesem Hintergrund erscheint es wenig verwunderlich, dass Unternehmen sich mit ihren Leistungsangeboten eindeutig von der jeweiligen Konkurrenz differenzieren und auf dieser Basis die wahrgenommene Qualität ihrer Produkte und Services und damit einhergehend ihrer Marke erhöhen wollen.[265] Schließlich kann eine hohe wahrgenommene Qualität diverse Vorteile für Unternehmen und Auswirkungen auf den Unternehmenserfolg implizieren:[266] So kann im Kontext diverser Kaufentscheidungssituationen die wahrgenommene Qualität einer Marke einen ausschlaggebenden Kaufgrund darstellen und darüber entscheiden, welche Marken sich im Relevant Set eines Nachfragers befinden.

Darüber hinaus können Unternehmen durch eine entsprechende Beeinflussung der wahrgenommenen Qualität, zum Beispiel im Rahmen von Markteinführungen durch das Vermarkten von Produkten als Premium-, Einstiegs- oder Niedrigpreisangebote, eine Differenzierung gegenüber relevanten Konkurrenzunternehmen in der Wahrnehmung der Nachfrager erreichen. Schließlich können Unternehmen, deren Produkte beziehungsweise Services in der Wahrnehmung der Kunden eine hohe wahrgenommene Qualität aufweisen, optional einen höheren Preis, einen sogenannten Premiumpreis, verlangen.

---

[263] Vgl. auch im Folgenden Zeithaml (1988), S. 3 ff.; Aaker (1991), S. 85.
[264] Vgl. Taylor/Hunter/Lindberg (2007), S. 241 ff.; Jensen/Klastrup (2008), S. 122 ff.
[265] Vgl. Chen/Su (2012), S. 60.
[266] Vgl. auch im Folgenden Aaker (1991), S. 86 ff.

Ein weiterer Vorteil einer hohen wahrgenommenen Qualität liegt darin, dass (Einzel-)Händler, Zwischenhändler und andere Mitglieder der verschiedenen Vertriebskanäle lieber Produkte mit einer hohen Qualität ein- und verkaufen, da sich die wahrgenommene Qualität der Produkte gleichzeitig auch positiv auf ihre Reputation auswirkt. Als letzter Vorteil einer hohen wahrgenommenen Qualität bietet sich Unternehmen die Möglichkeit, Markenerweiterungen (sogenannte Brand Extensions) vorzunehmen und das positive Qualitätsurteil der Kunden auf neue Produkt- oder Servicekategorien zu übertragen. Insgesamt kann der Perceived Quality also eine hohe Bedeutung innerhalb des B2B-Brandings zugeschrieben werden. So merken van Riel/Mortanges/Streukens (2005) bezüglich dieser Dimension in einem industriellen Kontext an:

> *„[...] perceived brand quality, i.e., a perception of the overall quality or superiority of a brand relative to alternative products [...] seems an important indicator of industrial brand equity."*[267]

Auch das B2B-Branding-Schrifttum impliziert eine hohe Bedeutung der Dimension der Perceived Quality, da diese einen elementaren Bestandteil der Konzeptionalisierung diverser Erfolgsfaktoren des Brandings darstellt.[268] So nutzen Autoren wie beispielsweise McDowell Mudambi/Doyle/Wong (1997), Bendixen/Bukasa/Abratt (2004), van Riel/Mortanges/Streukens (2005), Cretu/Brodie (2007), Roberts/Merrilees (2007), Taylor/Hunter/Lindberg (2007), Davis-Sramek et al. (2009), Baumgarth/ Binckebanck (2011), Chen/Su/Lin (2011) und Chen/Su (2012) die Perceived Quality-Dimension, um in einem industriellen Untersuchungskontext diverse exogene Konstrukte respektive Erfolgsfaktoren des Brandings zu konzeptionalisieren.[269]

So leiten zum Beispiel van Riel/Mortanges/Streukens (2005) auf der Basis der Perceived Quality-Dimension die Erfolgsfaktoren Distributionsqualität (The perceived quality of the distribution of a product) und Servicequalität (Service quality) her und

[267] van Riel/Mortanges/Streukens (2005), S. 842.

[268] Vgl. Kapitel 2.3.

[269] Vgl. McDowell Mudambi/Doyle/Wong (1997), S. 438 ff.; Bendixen/Bukasa/Abratt (2004), S. 373; van Riel/Mortanges/Streukens (2005), S. 843 ff.; Cretu/Brodie (2007), S. 233 ff.; Roberts/Merrilees (2007), S. 412; Taylor/Hunter/Lindberg (2007), S. 242; Davis-Sramek et al. (2009), S. 443 ff.; Baumgarth/Binckebanck (2011), S. 490; Chen/Su/Lin (2011), S. 1235 ff.; Chen/Su (2012), S. 58 ff.

analysieren deren Einfluss auf die Produktzufriedenheit (Satisfaction with the product) beziehungsweise die Marke (Corporate brand) selbst.[270] Auch bei Davis-Sramek et al. (2009) basieren die Erfolgsfaktoren Technische Servicequalität (Technical Service Quality) und Beziehungsorientierte Servicequalität (Relational Service Quality) auf dieser Dimension des Consumer-Based Brand Equity Frameworks.[271] Das am häufigsten verwendete exogene Konstrukt auf der Basis der Dimension der Perceived Quality ist allerdings die Produktqualität.[272]

Die durch die dritte Dimension des Consumer-Based Brand Equity Frameworks konzeptionalisierten exogenen Konstrukte beziehungsweise Erfolgsfaktoren unterliegen tendenziell einer eher rationalen Beurteilung seitens der (industriellen) Kunden.[273] Dabei versteht man unter dem Begriff der Rationalität im weiteren Sinne das, was mit den Kognitionen beziehungsweise dem Denken und damit dem Kopf und dem Verstand einer Person in Verbindung gebracht werden kann.[274]

Bei den auf der Grundlage der Perceived Quality-Dimension konzeptionalisierten Erfolgsfaktoren des Branding-Schrifttums handelt es sich durchweg um quantifizierbare materielle und damit objektiv beurteilbare Leistungen respektive Qualitäten von Unternehmen.[275] Als Beispiel soll in diesem Kontext der Erfolgsfaktor Distributionsqualität herangezogen werden. McDowell Mudambi/Doyle/Wong (1997) merken bezüglich den Beurteilungsmöglichkeiten der Distributionsqualität seitens der Kunden in einem industriellen Kontext an:

> *„Tangible measures such as required lead times and the number of late deliveries are routinely quantified, and the presence of [...] ordering systems is also tangible."*[276]

Nach Albers-Miller/Stafford (1999) werden materielle (tangible) Eigenschaften, Leistungen oder Qualitäten von Unternehmen einer rationalen Bewertung durch (poten-

---

270 Vgl. van Riel/Mortanges/Streukens (2005), S. 843.

271 Vgl. Davis-Sramek et al. (2009), S. 443.

272 Vgl. zum Beispiel Jensen/Klastrup (2008), S. 124; Baumgarth/Binckebanck (2011), S. 490; Chen/Su/Lin (2011), S. 1235.

273 Vgl. Jensen/Klastrup (2008), S. 122 ff.; Iyer/Kuksov (2010), S. 137 ff.

274 Vgl. Bausback (2007), S. 30 f. Vgl. zum Begriffsverständnis der „Rationalität" auch Kapitel 2.2.2.

275 Vgl. Lynch/Chernatony (2007), S. 124 ff.; He/Li (2011b), S. 78 ff.; Beneke et al. (2013), S. 218.

276 McDowell Mudambi/Doyle/Wong (1997), S. 439.

zielle) Nachfrager unterzogen, während immaterielle (intangible) Aspekte einer eher emotionalen Beurteilung unterliegen.[277] Auf der Basis dieser Analyse soll zusammengefasst werden, dass die materiellen, auf der Basis der Perceived Quality konzeptionalisierten, Erfolgsfaktoren prinzipiell einer rationalen Bewertung seitens industrieller Kunden unterliegen.

Vor dem Hintergrund dieser Ausführungen kann festgehalten werden, dass die Dimension der Perceived Quality eine hohe Eignung für den weiteren Verlauf dieser Untersuchung im Rahmen der Konzeptionalisierung der rationalen Erfolgsfaktoren des B2B-Brandings aufweist beziehungsweise als theoretische Grundlage der zu konzeptionalisierenden rationalen Erfolgsfaktoren fungieren kann.

3.1.4.4. Brand Associations

Brand Associations kann mit den Assoziationen, die (potenzielle) Kunden mit einer Marke verknüpfen, übersetzt werden. Es handelt sich dabei um die vierte Dimension der Consumer-Based Brand Equity.[278] Unter einer Markenassoziation versteht man all jenes, was bei Nachfragern in direktem Zusammenhang mit einer Marke in der Erinnerung abgespeichert ist.[279] Es handelt sich nach Aaker (1991) bei Brand Associations folglich um

> *„[...] anything "linked" in memory to a brand."*[280]

Dabei handelt es sich bei den Assoziationen, die mit einer Marke verknüpft werden, um Annahmen, die nicht zwingend der objektiven Realität entsprechen müssen.[281] Die Positionierung einer Marke in der Wahrnehmung der Nachfrager basiert auf den Assoziationen, sodass eine gut positionierte Marke innerhalb des Wettbewerbs eine entsprechend starke Stellung aufweist. Vor diesem Hintergrund erscheint insbesondere auch in einem industriellen Kontext, der durch eine zunehmende Kommoditisierung der jeweiligen Leistungsangebote gekennzeichnet ist, eine adäquate Positio-

---

[277] Vgl. Albers-Miller/Stafford (1999), S. 42 ff.
[278] Vgl. Aaker (1991), S. 17.
[279] Vgl. Aaker (1991), S. 109.
[280] Aaker (1991), S. 109.
[281] Vgl. auch im Folgenden Aaker (1991), S. 110.

nierung auf der Basis von Markenassoziationen sinnvoll, um langfristige Wettbewerbsvorteile erzielen zu können.[282]

Dabei stellen die Markenassoziationen eine wichtige Grundlage für Kaufentscheidungen und Markenloyalität aus Sicht der (industriellen) Kunden dar.[283] Es existiert eine große Vielzahl potenzieller Markenassoziationen und demzufolge auch eine Vielzahl an Möglichkeiten, wie diese den Wert beziehungsweise den Erfolg einer Marke zu steigern vermögen.[284]

So können Markenassoziationen eine positive Einstellung und positive Gefühle gegenüber einer Marke erzeugen. Demzufolge spielen Assoziationen in Bezug auf Kaufentscheidungen und Markenloyalität der Nachfrager eine wichtige Rolle. Schließlich können Markenassoziationen auch die Basis für Markenerweiterungen darstellen, wenn es Unternehmen gelingt, bei ihren Kunden einen Link zwischen bereits existierenden Markenassoziationen und neuen Produkten beziehungsweise Services zu kreieren.

Nach Aaker (1991) existieren diverse Ausprägungen von Markenassoziationen, also jene Assoziationen, die Kunden mit der Marke selbst, dem Namen oder dem Symbol beziehungsweise dem Logo in Verbindung bringen. Die am häufigsten zum Einsatz gelangende Positionierungsstrategie ist es, Produkte mit bestimmten individuellen Produkteigenschaften oder -charakteristika in der Wahrnehmung der Nachfrager zu positionieren. Eine weitere beliebte Markenassoziation, die von Unternehmen eingesetzt wird, ist der Vergleich ihrer Marke mit direkten Konkurrenzmarken. Diese Art der Vermarktung über Assoziationen wird unter dem Begriff der immateriellen Markenassoziationen zusammengefasst.

Da die meisten Produktattribute einen bestimmten Kundennutzen verursachen, assoziieren viele Nachfrager eine Marke regelmäßig mit dem dadurch generierten Nutzen. Man unterscheidet in diesem Kontext häufig zwischen einem rationalen (enge Verknüpfung mit den physischen Produkteigenschaften) und einem psychologischen (enge Verknüpfung mit den Gefühlen während des Produktkaufs) Kunden-

[282] Vgl. Mudambi (2002), S. 525; van Riel/Mortanges/Streukens (2005), S. 841.
[283] Vgl. Esch et al. (2012), S. 75 ff.; Romaniuk/Nenycz-Thiel (2013), S. 68.
[284] Vgl. auch im Folgenden Aaker (1991), S. 110 ff.

nutzen. Eine weitere Markenassoziation ist der relative Preis. Darunter versteht man den Preis eine Produkts oder eines Services im Vergleich zu Konkurrenzmarken und deren preislicher Positionierung. Üblicherweise assoziieren Nachfrager hochpreisige Marken mit einer hohen Qualität.

Neben den bereits genannten Assoziationsmöglichkeiten verknüpfen Kunden Marken häufig auch mit ihren Einsatzmöglichkeiten oder spezifischen Verwendungszwecken. Unternehmen können somit durch eine entsprechende Vermarktung beziehungsweise Positionierung von Produkten und Serviceangeboten entsprechende Assoziationen bedienen und Nachfrage generieren. Neben der Positionierung über den Verwendungszweck existiert darüber hinaus die Möglichkeit, Marken in der Wahrnehmung der Nachfrager mit einem bestimmten Typus an Produktkäufern zu assoziieren. Verbinden die Kunden eine Marke mit einem bestimmten Zielsegment an Nachfragern, so besitzen Unternehmen eine große Chance, eben jenes Zielsegment anzusprechen.

Darüber hinaus existiert eine Reihe weiterer Assoziationen, die Kunden mit einer Marke verbinden und entsprechend von den Unternehmen zielgerichtet eingesetzt werden können. So verbinden viele Kunden beispielweise die Assoziationen, die ein berühmtes Testimonial in ihnen hervorruft, mit der vom Testimonial beworbenen Marke.[285] Ähnlich können Unternehmen auch eine Verbindung bei ihren (potenziellen) Kunden hervorrufen, wenn diese die Marke beispielsweise mit der eigenen Persönlichkeit assoziieren.[286]

Weitere Möglichkeiten, über Markenassoziationen eine Positionierung in der Wahrnehmung der Nachfrager zu erreichen, bieten beispielsweise (generische) Vermarktungskampagnen, die auf die gesamte Produktklasse, der eine Marke angehört, abzielen. Alternative Markenassoziationen können Unternehmen bei Kunden über Positionierungsstrategien wecken, bei denen Konkurrenzmarken respektive der (bereits etablierte) Hauptkonkurrent als Referenzpunkte im Fokus der Positionierung stehen.

---

[285] Unter „Testimonial" versteht man nach dem Springer Gabler Verlag (2014b) das „Auftreten von bekannten Persönlichkeiten in den Medien zum Zweck der Werbung für ein Produkt. Die Personen geben vor, das Produkt zu benutzen und damit zufrieden zu sein. Entscheidend für einen positiven Imagetransfer sind die Übereinstimmung des Produktimages mit den gegebenen oder auch vermeintlichen Eigenschaften des Prominenten und die Glaubwürdigkeit der Werbebotschaft."

[286] Vgl. auch im Folgenden Aaker (1991), S. 110 ff.

Positive Assoziationen mit relevanten Wettbewerbern seitens der Nachfrager können als sogenannte Brücke zur eigenen Marke fungieren. Schließlich kann das Herkunftsland oder das Land der Produktion in den Augen der Nachfrager als ein bedeutsames Symbol gesehen werden, da es stark mit Produkten, eingesetzten Materialien und Ressourcenpotenzialen in Verbindung gebracht wird.

Sowohl das B2B- als auch das B2C-Branding-Schrifttum greift im Kontext der theoretischen Herleitung brandingrelevanter Erfolgsfaktoren somit neben der Perceived Quality vor allem auch auf die Dimension der Brand Associations als zweite große Konzeptionalisierungsbasis zurück. So stellen diverse Beiträge wie beispielsweise die von Low/Lamb (2000), Aaker/Jacobsen (1994), Park/Srinivasan (1994), Brown/Dacin (1997), Chang (2006), Esch et al. (2006), Cretu/Brodie (2007), Davis/Golicic/Marquardt (2008), Jensen/Klastrup (2008), Juntunen/Juntunen/Juga (2011) und Chen/Su/Lin (2011) bei der Konzeptionalisierung ihrer exogenen Konstrukte auf diese Dimension ab.[287]

Esch et al. (2006) untersuchen unter anderem den Einfluss des Erfolgsfaktors Markenimage (Brand image) auf das aktuelle sowie das zukünftige Kaufverhalten (Current purchase beziehungsweise Future purchase) der Kunden im Konsumgüterbereich.[288] Unter Verwendung der Brand Associations-Dimension analysieren auch Juntunen/Juntunen/Juga (2011) die Wirkung des unternehmensspezifischen Markenimages (Corporate brand image) auf die Loyalität der Kunden gegenüber dem Unternehmen (Corporate brand loyalty) in einem industriellen Umfeld.[289]

Weitere Erfolgsfaktoren des Brandings, die bisher im Schrifttum auf der Basis der vierten Dimension des Consumer-Based Brand Equity Frameworks konzeptionalisiert wurden, sind zum Beispiel Vertrauen und Glaubwürdigkeit (Trust & credibility), Vertrauen in die Mitarbeiter eines Unternehmens (Employee trust), Eigenschaf-

[287] Vgl. Low/Lamb (2000), S. 351 ff.; Aaker/Jacobsen (1994), S. 191 ff.; Park/Srinivasan (1994), S. 274 ff.; Brown/Dacin (1997), S. 70 ff.; Chang (2006), S. 280; Esch et al. (2006), S. 99 ff.; Cretu/Brodie (2007), S. 232; Davis/Golicic/Marquardt (2008), S. 225; Jensen/Klastrup (2008), S. 123; Juntunen/Juntunen/Juga (2011), S. 303; Chen/Su/Lin (2011), S. 1235 ff.

[288] Vgl. Esch et al. (2006), S. 99.

[289] Vgl. Juntunen/Juntunen/Juga (2011), S. 300 ff.

ten eines Verkaufsvertreters (Agent Attributes) und Herkunftsland einer Marke (Country-of-origin).[290]

Vor dem Hintergrund dieser Ausführungen kann der Brand Associations-Dimension insgesamt eine große Bedeutung für die Konzeptionalisierung potenzieller Erfolgsfaktoren des Brandings zugesprochen werden.[291] Nach Falkenberg (1996) handelt es sich bei der Steigerung des Markenwerts durch das Generieren positiver Assoziationen bei den (industriellen) Kunden um ein originäres Unternehmensziel.[292] Außerdem fügen Low/Lamb (2000) an:

> *„Marketers use brand associations to differentiate, position, and extend brands, to create positive attitudes and feelings towards brands, and to suggest attributes or benefits of purchasing or using a specific brand."*[293]

Bei den Assoziationen, die Nachfrager mit einer Marke in Verbindung bringen und die innerhalb des Branding-Schrifttums auf der Grundlage der vierten Dimension des Consumer-Based Brand Equity Frameworks konzeptionalisiert werden, handelt es sich tendenziell um Erfolgsfaktoren, die einer emotionalen Bewertung seitens der Kunden unterliegen.[294] Sie sind nahezu ausschließlich immaterieller Natur und können somit keiner rationalen, also auf der Grundlage objektiv messbaren Qualitätskriterien, Bewertung unterzogen werden.[295]

Unter Emotionen beziehungsweise Emotionalität können alle psychischen Erregungen beziehungsweise Gemütszustände sowie Gefühle und Gefühlsregungen subsumiert werden.[296] Zur Verdeutlichung der emotionalen Bewertung der Markenassoziationen soll in diesem Zusammenhang der im Schrifttum auf der Basis der Brand Associations-Dimension häufig konzeptionalisierte Erfolgsfaktor Markenimage herangezogen werden.

---

290 Vgl. Chang (2006), S. 280; Jensen/Klastrup (2008), S. 123; Brodie/Whittome/Brush (2009), S. 352; Chen/Su/Lin (2011), S. 1235 f.

291 Vgl. Bennett/Härtel/McColl-Kennedy (2005), S. 104; Lynch/Chernatony (2007), S. 125.

292 Vgl. Falkenberg (1996), S. 4 ff.

293 Low/Lamb (2000), S. 351.

294 Vgl. Jensen/Klastrup (2008), S. 122 ff.; Park et al. (2010a), S. 1 ff.; Rossiter/Bellman (2012), S. 291 ff.

295 Vgl. Albers-Miller/Stafford (1999), S. 42 ff.

296 Vgl. Bibliographisches Institut GmbH (2014). Vgl. zum Begriffsverständnis der „Emotionalität" auch Kapitel 2.2.2.

Unter dem Markenimage werden allgemein Assoziationen verstanden, die Nachfrager in einer logischen Anordnung gedanklich mit einer Marke verknüpfen.[297] Diese Markenassoziationen und das daraus abgeleitete Markenimage werden auf der Grundlage eines kundenspezifischen Markenwissens generiert und basieren auf einer emotionalen Beurteilung, da es sich um immaterielle Attribute einer Marke handelt.[298]

Vor dem Hintergrund dieser Ausführungen kann festgehalten werden, dass die Dimension der Brand Associations eine hohe Eignung für den weiteren Verlauf dieser Untersuchung im Rahmen der Konzeptionalisierung der emotionalen Erfolgsfaktoren des B2B-Brandings aufweist beziehungsweise als theoretische Grundlage der zu konzeptionalisierenden emotionalen Erfolgsfaktoren fungieren kann.

3.1.4.5. Implikationen der Dimensionen des Consumer-Based Brand Equity Frameworks

Die verschiedenen Dimensionen des Consumer-Based Brand Equity Frameworks stellen die theoretisches Basis des Untersuchungsmodells dieser Arbeit dar. Alle vier Dimensionen implizieren dabei positive Auswirkungen auf den Erfolg einer Marke, wobei die Brand Awareness-Dimension als Bestandteil beziehungsweise Voraussetzung der Brand Associations-Dimension angesehen wird und deshalb strenggenommen nur von drei relevanten Dimensionen gesprochen werden kann.[299]

Unternehmen profitieren von einem hohen Markenwert beziehungsweise einem erfolgreichen Markenportfolio primär durch einen signifikanten Anstieg ihrer Cash Flows.[300] So ziehen erfolgreiche Marken neue Kunden an und erobern abgewanderte Kunden zurück. Darüber hinaus spricht das Schrifttum den Dimensionen Perceived

[297] Vgl. Aaker (1991), S. 109 f.

[298] Vgl. Dobni/Zinkhan (1990), S. 118; Low/Lamb (2000), S. 352; Keller (2003), S. 596; McKinsey & Company (2003); Da Silva/Alwi (2006), S. 293; Cretu/Brodie (2007), S. 232; Malär et al. (2011), S. 35 ff.; Meffert/Burmann/Kirchgeorg (2012), S. 365.

[299] Vgl. zum Beispiel Washburn/Plank (2002), S. 46 ff.; Christodoulides/Chernatony (2010), S. 57 sowie Kapitel 3.1.4.2.

[300] Vgl. auch im Folgenden Aaker (1991), S. 16.

Quality und Brand Associations (inklusive der Brand Awareness) einen positiven Einfluss auf die Brand Loyalty-Dimension zu.[301]

Die Brand Loyalty spielt insbesondere dann eine wichtige Rolle, wenn Konkurrenzunternehmen Innovationen auf den Markt bringen oder bestehende Produkte oder Service- respektive Dienstleistungen qualitativ verbessern.[302] Kunden, die einer Marke über einen längeren Zeitraum hinweg loyal beziehungsweise treu geblieben sind, werden eine Abwanderung zur Konkurrenz erst nach eingehender Prüfung sowie einem (hoch) überlegenen Leistungsangebot der Konkurrenzmarke in Betracht ziehen. In diesem Fall kann die Markenloyalität als eine Barriere für einen Markenwechsel fungieren.[303]

Ein dritter monetärer Vorteil eines hohen Markenwerts beziehungsweise dem Besitz erfolgreicher Marken liegt für Unternehmen in der daraus resultierenden Möglichkeit, hohe Preise für Produkte oder Service- beziehungsweise Dienstleistungen zu verlangen und somit höhere Gewinnspannen realisieren zu können.[304] Einen wesentlichen Einfluss auf die Bereitschaft der Nachfrager, einen hohen Preis für eine bestimmte Marke zu bezahlen, weisen in diesem Kontext beispielsweise das Markenimage sowie die Stärke der Loyalität gegenüber dieser Marke auf.[305]

Eine hohe Consumer-Based Brand Equity impliziert darüber hinaus die Möglichkeit für Unternehmen, Markenerweiterungen beziehungsweise die Vermarktung neuer Produkte und Services unter einem bekannten und starken Markennamen vornehmen zu können.[306] So merkt Aaker (1991) an:

> *„A strong brand […] will be able to extend further, and will find a higher success probability than a weaker brand."*[307]

---

301 Vgl. zum Beispiel Andersen (2005), S. 287; Bennett/Härtel/McColl-Kennedy (2005), S. 98 ff.; van Riel/Mortanges/Streukens (2005), S. 843; Cretu/Brodie (2007), S. 233; Taylor/Hunter/Lindberg (2007), S. 243; Davis/Golicic/Marquardt (2008), S. 220; Brodie/Whittome/Brush (2009), S. 347; Biedenbach/Marell (2010), S. 449; Biedenbach/Bengtsson/Wincent (2011), S. 1094; Juntunen/ Juntunen/Juga (2011), S. 304.

302 Vgl. Aaker (1991), S. 17 f.; Andersen (2005), S. 287 f.

303 Vgl. Aaker (2012), S. 43 ff.

304 Vgl. auch im Folgenden Aaker (1991), S. 18; Chieng/Goi (2011), S. 39.

305 Vgl. Leischnig/Enke (2011), S. 1118; Wiedmann et al. (2011), S. 209 f.

306 Vgl. Pina/Iversen/Martinez (2010), S. 943 ff.; Spiggle/Nguyen/Caravella (2012), S. 967 ff.

307 Aaker (1991), S. 88.

Schließlich können Unternehmen mit erfolgreichen Marken auch eine starke Position innerhalb der Distributionskanäle einnehmen und die Bedingungen determinieren, zu denen Produkte und Services gekauft beziehungsweise verkauft werden. Insgesamt bietet eine hohe Consumer-Based Brand Equity Unternehmen also die Möglichkeit, Wettbewerbsvorteile zu generieren und dauerhaft aufrechtzuerhalten.[308]

Zusätzlich können die einzelnen Elemente respektive Dimensionen der Consumer-Based Brand Equity den Wert einer Marke für Kunden entweder steigern oder reduzieren.[309] Diesbezüglich konstatieren Christodoulides/Chernatony (2010):

> *„[...] a brand has a positive (or negative) value if the customer reacts more (or less) favourably to the marketing mix of a product of which he/she knows the brand name than to the marketing mix of an identical yet unbranded product."*[310]

Prinzipiell helfen die verschiedenen Dimensionen des Consumer-Based Brand Equity Frameworks den (industriellen) Nachfragern dabei, große Mengen an Informationen über Produkte, Services und Marken zu interpretieren und zu verarbeiten.[311] Darüber hinaus spielen sie eine wichtige Rolle im Rahmen von Kaufentscheidungen, entweder auf der Grundlage bereits gesammelter Erfahrungen mit der Marke oder auf der Basis von Vertrautheit mit der Marke und deren Charakteristika.

Das für den Kontext dieser Untersuchung relevante Consumer-Based Brand Equity Framework konstituiert sich aus insgesamt drei Dimensionen. In diesem Zusammenhang spielen insbesondere die beiden Dimensionen Perceived Quality, deren Bestandteile einer tendenziell rationalen Beurteilung seitens der Kunden unterliegen, und Brand Associations, deren Bestandteile generell emotional bewertet werden, eine wichtige Rolle.[312] Die Erfolgsfaktoren, die auf der Basis beider Dimensionen konzeptionalisiert werden können, tragen dazu bei, Zufriedenheit beim Kunden im Rahmen der Nutzung der Marke und Loyalität (auf der Basis der Brand Loyalty-

---

308 Vgl. Golicic/Fugate/Davis (2012), S. 20.

309 Vgl. Aaker (1991), S. 16.

310 Christodoulides/Chernatony (2010), S. 47.

311 Vgl. Aaker (1991), S. 16 ff.

312 Vgl. Jensen/Klastrup (2008), S. 122 ff.; Iyer/Kuksov (2010), S. 137 ff.; Rossiter/Bellman (2012), S. 291 ff. Vgl. auch Kapitel 3.1.4.3 und Kapitel 3.1.4.4.

Dimension) gegenüber der Marke zu generieren.[313] Es soll also im Folgenden der vorherrschenden Meinung des Schrifttums gefolgt und die Dimension Brand Loyalty als endogenes, abhängiges Erfolgskonstrukt betrachtet werden.[314]

Demgegenüber stehen die Dimensionen Brand Awareness und Other Proprietary Brand Assets. Das Schrifttum betrachtet die Brand Awareness-Dimension als Bestandteil beziehungsweise Voraussetzung der Dimension Brand Associations.[315] Dieser Einschätzung soll im Rahmen dieser Untersuchung gefolgt werden. Darüber hinaus behandelt das Schrifttum die Dimension Other Proprietary Brand Assets nicht als Bestandteil des Consumer-Based Brand Equity-Konzepts, sondern misst diese Dimension dem Financial-Based Brand Equity-Ansatz zu.[316] Deshalb weist die Dimension der Other Proprietary Brand Assets vor dem Hintergrund der Wahl des Consumer-Based Brand Equity-Ansatzes für den weiteren Verlauf dieser Untersuchung keine Bedeutung auf.

Abbildung 13 stellt die im Rahmen dieser Untersuchung relevanten und in Kapitel 3.1.4 dargestellten Bestandteile des Consumer-Based Brand Equity Frameworks im Überblick dar und illustriert die für diese Arbeit unterstellte Kausalbeziehung.

313 Vgl. zum Beispiel Aaker (1991), S. 86 ff.; van Riel/Mortanges/Streukens (2005), S. 842; Esch et al. (2012), S. 75 ff.; Romaniuk/Nenycz-Thiel (2013), S. 68.

314 Vgl. zum Beispiel Andersen (2005), S. 287; Bennett/Härtel/McColl-Kennedy (2005), S. 98 ff.; van Riel/Mortanges/Streukens (2005), S. 843; Cretu/Brodie (2007), S. 233; Taylor/Hunter/Lindberg (2007), S. 243; Davis/Golicic/Marquardt (2008), S. 220; Brodie/Whittome/Brush (2009), S. 347; Biedenbach/Marell (2010), S. 449; Baumgarth/Binckebanck (2011), S. 490; Biedenbach/ Bengtsson/Wincent (2011), S. 1094; Juntunen/Juntunen/Juga (2011), S. 304; Chen/Su (2012), S. 61 sowie Kapitel 3.1.4.1.

315 Vgl. zum Beispiel Washburn/Plank (2002), S. 46 ff.; Christodoulides/Chernatony (2010), S. 57. Vgl. für eine ausführliche Begründung auch Kapitel 3.1.4.2.

316 Vgl. zum Beispiel Buil/Chernatony/Martinez (2008), S. 385; Christodoulides/Chernatony (2010), S. 47; Chieng/Goi (2011), S. 36; Leek/Christodoulides (2011), S. 833. Vgl. für eine ausführliche Begründung auch Kapitel 3.1.4.

Abbildung 13: Adaptiertes Consumer-Based Brand Equity Framework[317]

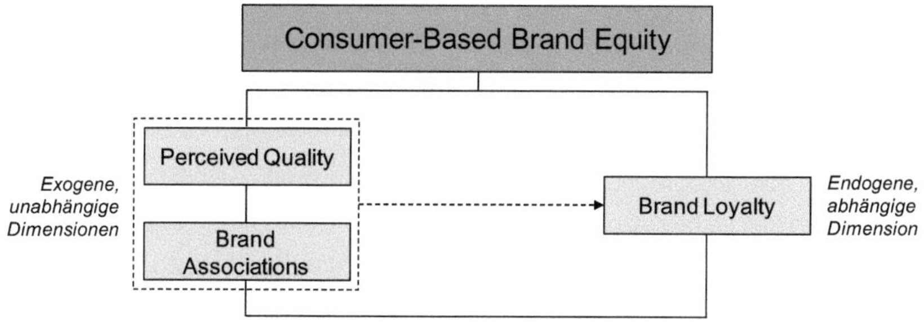

3.1.5. Zusammenfassung des Consumer-Based Brand Equity Frameworks und Bezugspunkte zur Untersuchung

Das Branding-Schrifttum weist sowohl für den B2C- als auch den B2B-Bereich eine Vielzahl an potenziellen theoretischen Ansätzen auf, die den Erfolg unternehmerischer Branding- beziehungsweise Markenmanagementaktivitäten zu erklären vermögen.[318] Allerdings hat sich im Zeitverlauf innerhalb des Schrifttums insbesondere das Consumer-Based Brand Equity Framework, dessen Dimensionen Bestandteil der Kapitel 3.1.4.1 bis 3.1.4.4 waren, als eine sehr breite theoretische Basis für eine Erfolgsfaktorenstudie im B2B-Branding herauskristallisiert.[319] So merken Bennett/Härtel/McColl-Kennedy (2005) bezüglich der Adaptierbarkeit des nachfragerbasierten Ansatzes auf den B2B-Bereich an:

> *„There is evidence that brand equity – a consumer branding concept – is applicable to the business sector […].“*[320]

Im Folgenden sollen die Bezugspunkte der einzelnen Dimensionen des Frameworks zu dieser Untersuchung, deren Ziel in der Ermittlung relevanter rationaler und emo-

[317] Eigene Darstellung in struktureller Anlehnung an Aaker (1991), S. 270.

[318] Vgl. Kapitel 2.3.

[319] Vgl. zum Beispiel Gordon/Calantone/Di Benedetto (1993), S. 4 ff.; Bendixen/Bukasa/Abratt (2004), S. 371 ff.; Burmann/Jost-Benz/Riley (2009), S. 390; Christodoulides/Chernatony (2010), S. 43 ff.; Leek/Christodoulides (2011), S. 833 ff.; Chieng/Goi (2011), S. 34 ff.

[320] Bennett/Härtel/McColl-Kennedy (2005), S. 97.

tionaler Erfolgsfaktoren liegt, die einen positiven Einfluss auf den B2B-Brandingerfolg aufweisen, dargestellt werden.[321]

Die Markenloyalität als erste Dimension des Consumer-Based Brand Equity Frameworks weist eine hohe Eignung als endogenes, abhängiges Erfolgskonstrukt auf.[322] So konzeptionalisieren beispielsweise Andersen (2005), Bennett/Härtel/McColl-Kennedy (2005), van Riel/Mortanges/Streukens (2005), Cretu/Brodie (2007), Taylor/Hunter/Lindberg (2007), Davis/Golicic/Marquardt (2008), Brodie/Whittome/Brush (2009), Biedenbach/Marell (2010), Baumgarth/Binckebanck (2011), Biedenbach/Bengtsson/Wincent (2011), Juntunen/Juntunen/Juga (2011) und Chen/Su (2012) diese Dimension des Frameworks als das Ergebnis unternehmerischer Brandingaktivitäten, die wiederum unter Verwendung der beiden Dimensionen Perceived Quality und Brand Associations konzeptionalisiert werden können.[323]

Die vorherrschende Sichtweise des brandingspezifischen Schrifttums bezüglich der Konzeptionalisierung der Brand Loyalty-Dimension fassen Juntunen/Juntunen/Juga (2011) folgendermaßen zusammen:

> *„[...] several researchers [...] suggest that loyalty can be understood as a result of brand equity [...]."*[324]

Somit scheint die Dimension der Brand Loyalty dazu geeignet, auch im Kontext dieser Untersuchung als Indikator für den Erfolg der jeweiligen rationalen und emotionalen Erfolgsfaktoren zu fungieren, da die einstellungsbasierte Markenloyalität die generelle Einstellung der Käufer bezüglich eines potenziellen Wiedererwerbs der Marke widerspiegelt und somit von hohem Interesse für industrielle Unternehmen ist.[325]

---

321 Vgl. Kapitel 1.2.2.

322 Vgl. Kapitel 3.1.4.1.

323 Vgl. Andersen (2005), S. 287; Bennett/Härtel/McColl-Kennedy (2005), S. 98 ff.; van Riel/Mortanges/Streukens (2005), S. 843; Cretu/Brodie (2007), S. 233; Taylor/Hunter/Lindberg (2007), S. 243; Davis/Golicic/Marquardt (2008), S. 220; Brodie/Whittome/Brush (2009), S. 347; Biedenbach/Marell (2010), S. 449; Baumgarth/Binckebanck (2011), S. 490; Biedenbach/Bengtsson/Wincent (2011), S. 1094; Juntunen/Juntunen/Juga (2011), S. 304; Chen/Su (2012), S. 61.

324 Juntunen/Juntunen/Juga (2011), S. 304.

325 Vgl. Bennett/Härtel/McColl-Kennedy (2005), S. 99. Vgl. auch Kapitel 3.1.4.1.

Die beiden Dimensionen Perceived Quality und Brand Associations dienen, im Gegensatz zur Brand Loyalty-Dimension, innerhalb des Branding-Schrifttums als Basis zur Konzeptionalisierung von Erfolgsfaktoren unternehmerischen Markenmanagements in einem industriellen Kontext.[326] So wird die Dimension der Perceived Quality, wenn bisher auch nur vereinzelt und in geringer Durchdringung, als theoretischer Erklärungsansatz rationaler Erfolgsfaktoren von Autoren wie beispielsweise McDowell Mudambi/Doyle/Wong (1997), Bendixen/Bukasa/Abratt (2004), van Riel/Mortanges/Streukens (2005), Cretu/Brodie (2007), Roberts/Merrilees (2007), Taylor/Hunter/Lindberg (2007), Davis-Sramek et al. (2009), Baumgarth/Binckebanck (2011), Chen/Su/Lin (2011) und Chen/Su (2012) verwendet.[327]

Als Beispiele für rationale Erfolgsfaktoren auf der Grundlage der Perceived Quality-Dimension können in einem industriellen Kontext die Produktqualität (Product quality), die Servicequalität (Service quality) sowie die produktspezifische Distributionsleistung (Product distribution beziehungsweise Distribution performance) angeführt werden.[328] Bezüglich der verschiedenen Erfolgsfaktoren des B2B-Brandings, die unter Einsatz der Perceived Quality-Dimension bereits im Schrifttum konzeptionalisiert wurden, konstatieren van Riel/Mortanges/Streukens (2005):

> *„Drivers identified in previous studies were: physical product attributes, distribution services (ordering and delivery), and support services."*[329]

Die genannten Erfolgsfaktoren werden ausschließlich einer rationalen Bewertung seitens der Einkäufer in einem industriellen Umfeld unterzogen, da es sich allgemein bei den auf der Grundlage der Perceived Quality-Dimension theoretisch hergeleiteten Faktoren um quantifizierbare, materielle und damit objektiv beurteilbare Qualitäten beziehungsweise Leistungen von Unternehmen handelt.[330] Vor dem Hintergrund dieser Ausführungen erscheint die Dimension der Perceived Quality dazu geeignet,

---

326 Vgl. Kapitel 2.3.1.

327 Vgl. McDowell Mudambi/Doyle/Wong (1997), S. 438 ff.; Bendixen/Bukasa/Abratt (2004), S. 373; van Riel/Mortanges/Streukens (2005), S. 843 ff.; Cretu/Brodie (2007), S. 233 ff.; Roberts/Merrilees (2007), S. 412; Taylor/Hunter/Lindberg (2007), S. 242; Davis-Sramek et al. (2009), S. 443 ff.; Baumgarth/Binckebanck (2011), S. 490; Chen/Su/Lin (2011), S. 1235 ff.; Chen/Su (2012), S. 58 ff.

328 Vgl. van Riel/Mortanges/Streukens (2005), S. 844; Chen/Su (2012), S. 59 ff.

329 van Riel/Mortanges/Streukens (2005), S. 843.

330 Vgl. Lynch/Chernatony (2007), S. 124 ff.; Jensen/Klastrup (2008), S. 122 ff.; Iyer/Kuksov (2010), S. 137 ff.; He/Li (2011b), S. 78 ff.; Beneke et al. (2013), S. 218.

der Zielsetzung dieser Untersuchung entsprechend die Basis zur Konzeptionalisierung der rationalen Erfolgsfaktoren des B2B-Brandings zu bilden.[331]

Als zweite große Basis für die Konzeptionalisierung von Erfolgsfaktoren des Brandings hat sich die Dimension der Brand Associations etabliert. Diese wird, wiederum teilweise erst in rudimentären ersten Ansätzen, von Autoren wie beispielsweise Aaker/Jacobsen (1994), Park/Srinivasan (1994), Brown/Dacin (1997), Low/Lamb (2000), Chang (2006), Esch et al. (2006), Cretu/Brodie (2007), Davis/Golicic/Marquardt (2008), Jensen/Klastrup (2008), Juntunen/Juntunen/Juga (2011) und Chen/Su/Lin (2011) im Rahmen der Konzeptionalisierung exogener Konstrukte, die von den Kunden respektive Einkäufern in einem industriellen Umfeld einer emotionalen Beurteilung unterzogen werden, verwendet.[332]

Als Beispiele können in diesem Zusammenhang emotionale Erfolgsfaktoren wie Vertrauen und Glaubwürdigkeit (Trust & credibility), Vertrauen in die Mitarbeiter eines Unternehmens (Employee trust), Eigenschaften eines Verkaufsvertreters (Agent Attributes) und Herkunftsland einer Marke (Country-of-origin) angeführt werden.[333] Die emotionale Beurteilung erfolgt aufgrund der Tatsache, dass diese Erfolgsfaktoren nahezu ausschließlich immaterieller Natur sind und somit keiner rationalen, und somit auf der Grundlage objektiv messbaren Qualitätskriterien durchgeführten, Bewertung unterzogen werden können.[334] Auf der Basis dieser Ausführungen soll im Folgenden, der Zielsetzung dieser Arbeit entsprechend, von einer Eignung der Brand Associations-Dimension für die theoretische Fundierung der emotionalen Erfolgsfaktoren in einem industriellen Umfeld ausgegangen werden.[335]

Es lässt sich insgesamt festhalten, dass das Consumer-Based Brand Equity Framework einen Ansatz für die Erklärung des Einflusses rationaler Erfolgsfaktoren (auf der Basis der Perceived Quality-Dimension) und emotionaler Erfolgsfaktoren (auf

---

331 Vgl. Kapitel 1.2.2.

332 Vgl. Aaker/Jacobsen (1994), S. 191 ff.; Park/Srinivasan (1994), S. 274 ff.; Brown/Dacin (1997), S. 70 ff.; Low/Lamb (2000), S. 351 ff.; Chang (2006), S. 280; Esch et al. (2006), S. 99 ff.; Cretu/Brodie (2007), S. 232; Davis/Golicic/Marquardt (2008), S. 225; Jensen/Klastrup (2008), S. 123; Chen/Su/Lin (2011), S. 1235 ff.; Juntunen/Juntunen/Juga (2011), S. 303.

333 Vgl. Chang (2006), S. 280; Jensen/Klastrup (2008), S. 123; Brodie/Whittome/Brush (2009), S. 352; Chen/Su/Lin (2011), S. 1235 f.

334 Vgl. Albers-Miller/Stafford (1999), S. 42 ff.; Jensen/Klastrup (2008), S. 122 ff.; Park et al. (2010a), S. 1 ff.; Rossiter/Bellman (2012), S. 291 ff.

335 Vgl. Kapitel 1.2.2.

der Basis der Brand Associations-Dimension) auf das (Wieder-)Kaufverhalten von Kunden beziehungsweise Einkäufern in einem industriellen Umfeld liefert. Dabei stellen die beiden Dimensionen Perceived Quality und Brand Associations das theoretische Fundament zur Konzeptionalisierung der jeweiligen rationalen und emotionalen Faktoren des B2B-Brandings dar.

Nachdem das theoretische Fundament dieser Untersuchung, das Consumer-Based Brand Equity Framework, einer hinreichenden Betrachtung unterzogen wurde, bedarf es im Folgenden der Entwicklung eines heuristischen Bezugsrahmens, um abschließend in Kapitel 3.4 eine systematische und strukturierte Konzeptionalisierung der einzelnen Konstrukte beziehungsweise Faktoren des Untersuchungsmodells vornehmen und entsprechende Hypothesen bezüglich deren Wirkungsbeziehungen ableiten zu können.

Der heuristische Bezugsrahmen soll ein erstes, rudimentär gehaltenes Aussagensystem zur groben Orientierung bei der Generierung von Lösungsansätzen innerhalb praktischer Problemstellungen liefern und darüber hinaus die weitere Steuerung des Forschungsprozesses erleichtern.[336] Das Ziel eines heuristischen Bezugsrahmens liegt somit in der Darstellung grundlegender Forschungshypothesen und Beziehungen auf einem sehr hohen Abstraktionsniveau.[337] Dabei müssen die Aussagen und Annahmen innerhalb eines heuristischen Bezugsrahmens keineswegs den Anforderungen, die üblicherweise an Hypothesensysteme gestellt werden und strenger Natur sind, genügen. Der heuristische Bezugsrahmen fungiert vielmehr als eine allgemein gehaltene erste Orientierungshilfe im Kontext der Generierung des einer empirischen Untersuchung zugrundeliegenden Hypothesensystems und fasst damit das Verständnis des Forschers zusammen. Zur Funktion eines heuristischen Bezugsrahmens merkt Geißler (2009) an:

> *„Ein heuristischer Bezugsrahmen drückt eine bestimmte Perspektive aus, die zunächst als konstant anzusehen ist und die bei der Formulierung von*

336 Vgl. Kubicek (1977), S. 18.

337 Vgl. auch im Folgenden Kubicek (1977), S. 17 f.; Rößl (1990), S. 99; Krol (2010), S. 54; Ullrich (2011), S. 98; Pistoia (2014), S. 82.

Analyseeinheiten, Dimensionen und Verbundenheitsannahmen zum Tragen kommt."[338]

Der vorläufige heuristische Bezugsrahmen für diese Untersuchung lässt sich auf der Grundlage der vorangegangenen Ausführungen zum (mono-)theoretischen Bezugsrahmen, bestehend aus dem Consumer-Based Brand Equity Framework sowie dessen im Kontext dieser Arbeit relevanten Dimensionen Brand Loyalty, Perceived Quality und Brand Associations, aufspannen.[339] Dieser wird in Abbildung 14 dargestellt.

Im Folgenden soll der vorläufige heuristische Bezugsrahmen sukzessiv um die Ergebnisse der strukturierten Analyse des relevanten Schrifttums sowie deren Bewertung durch Experten ergänzt werden.[340] Es lassen sich also insgesamt drei verschiedene Bezugsquellen des finalen Untersuchungsmodells differenzieren, wobei die Ergebnisse aus der Analyse des relevanten Schrifttums sowie der Output aus den Expertengesprächen die bisherigen theoretischen (Vor-)Überlegungen ergänzen und weiterführend spezifizieren sollen.

[338] Geißler (2009), S. 44.
[339] Vgl. Kapitel 3.1.1 bis Kapitel 3.1.5.
[340] Vgl. Kapitel 2.3.

Abbildung 14: *Vorläufiger heuristischer Bezugsrahmen zur Entwicklung des Untersuchungsmodells*

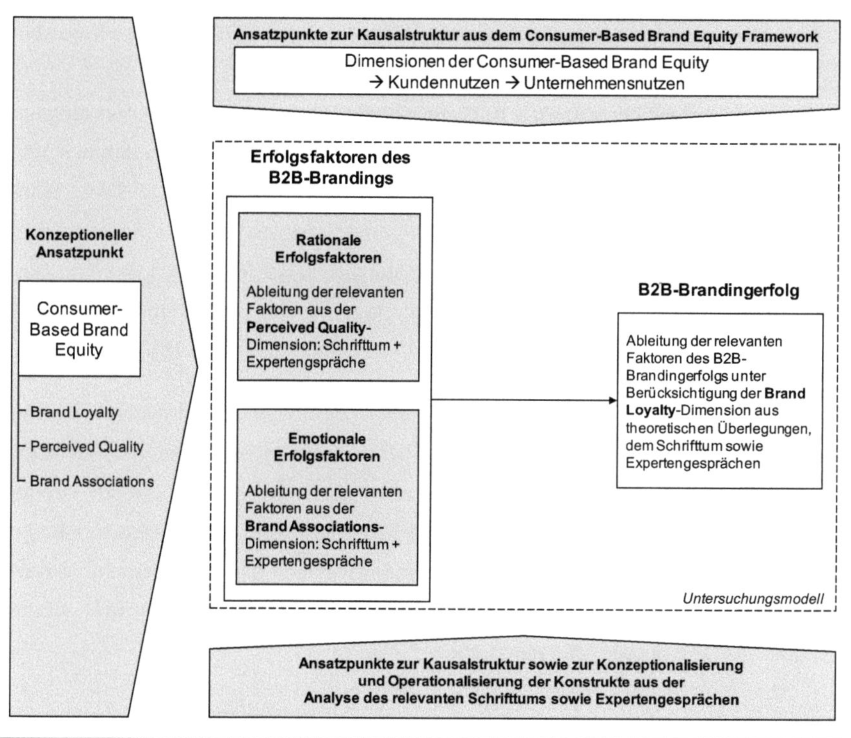

3.2. Relevantes Branding-Schrifttum

Im folgenden Kapitel 3.2 soll, in Anlehnung an die Ausführungen zum Stand der Forschung in Kapitel 2.3, das relevante Schrifttum zum Branding beziehungsweise Markenmanagement dahingehend aufbereitet werden, als dass der bisherige, auf dem Consumer-Based Brand Equity Framework basierende, heuristische Bezugsrahmen sukzessive erweitert und mit Inhalten gefüllt werden kann.

Das Ziel liegt in der Generierung erster Erkenntnisse bezüglich potenzieller rationaler (auf der Basis der Perceived Quality-Dimension) und emotionaler (auf der Basis der Brand Associations-Dimension) Erfolgsfaktoren des B2B-Brandings (Kapitel 3.2.1). Darüber hinaus sollen auch Hinweise für Faktoren, die den B2B-Brandingerfolg messen, gewonnen werden (Kapitel 3.2.2). Kapitel 3.2 schließt mit einer Zusammenfassung der Ergebnisse und stellt den auf dieser Basis erweiterten heuristischen Bezugsrahmen dar (Kapitel 3.2.3).

3.2.1. Hinweise auf Erfolgsfaktoren des B2B-Brandings auf Basis des relevanten Branding-Schrifttums

Hinweise für potenzielle rationale und emotionale Erfolgsfaktoren des Brandings in einem industriellen Umfeld ergeben sich aus der umfangreichen, im Rahmen von Kapitel 2.3 durchgeführten Analyse des aktuellen Forschungsstands.[341] Diese beinhaltete nicht nur Arbeiten, die in einem B2B-Umfeld anzusiedeln sind (Kapitel 2.3.1). Vielmehr wurden auch ausführlich Beiträge analysiert, die im Bereich des Konsumgüterbrandings beziehungsweise B2C-Brandings zu verankern sind und die eine potenzielle Adaptierbarkeit auf einen industriellen Kontext aufweisen (Kapitel 2.3.2).

Auf der Basis dieses Forschungsüberblicks sollen im Folgenden Hinweise auf rationale und emotionale Erfolgsfaktoren des B2B-Brandings abgeleitet werden. Eine wichtige Grundvoraussetzung dieser Faktoren liegt in der konzeptionellen Vereinbarkeit mit der theoretischen Basis dieser Untersuchung, dem Consumer-Based Brand Equity Framework beziehungsweise den innerhalb dieser Untersuchung relevanten Dimensionen Perceived Quality (rationale Erfolgsfaktoren) und Brand Associations (emotionale Erfolgsfaktoren).[342]

3.2.1.1. Hinweise auf rationale Erfolgsfaktoren des B2B-Brandings auf Basis des relevanten B2B-Branding-Schrifttums

Das empirisch-quantitative B2B-Branding-Schrifttum fokussiert im Kontext der rationalen Erfolgsfaktoren hauptsächlich auf die Produkt- und die Servicequalität als elementare Erfolgstreiber des Markenmanagements in einem industriellen Umfeld. So weisen van Riel/Mortanges/Streukens (2005) im Rahmen ihrer Studie einen positiven Einfluss der Produktqualität (Product quality) sowie der Servicequalität (Service quality) auf den produktbasierten- und unternehmensbasierten Markenwert (Pro-

341 Vgl. auch im Folgenden Kapitel 2.3.

342 Vgl. Kapitel 3.1.5. Da ein Großteil der analysierten Arbeiten im Rahmen der Konzeptionalisierung der Konstrukte und deren Wirkungsbeziehungen auf das Brand Equity Framework rekurriert (vgl. Kapitel 2.3.1 und 2.3.2), bietet dieser theoretische Ansatz großes Potenzial zur Konzeptionalisierung aller relevanten rationalen und emotionalen Erfolgsfaktoren des B2B-Brandings. Allerdings bedarf es zur Sicherstellung der Eignung des Brand Equity Frameworks einer individuellen Prüfung für jedes Konstrukt. Diese erfolgt innerhalb der Kapitel 3.4.1 und 3.4.2.

duct brand equity beziehungsweise Corporate brand equity) und die Loyalität (Loyalty) von industriellen Einkäufern nach, wobei sich die Produktqualität aus dem Wert eines Produkts (Product value) sowie der Produktdistribution (Product distribution) konstituiert.[343]

Cretu/Brodie (2007) konzeptionalisieren die Produkt- und Servicequalität (Product & Services Quality) innerhalb eines Konstrukts respektive Erfolgsfaktors und untersuchen darüber hinaus den Einfluss des Erfolgsfaktors Preise und Kosten (Prices & Costs) auf den Kundenwert (Customer Value) sowie die Kundenloyalität (Customer Loyalty).[344] Die gleichzeitige Abfrage der Produktqualität mit der Servicequalität findet sich auch bei Jensen/Klastrup (2008), Chen/Su/Lin (2011) und Chen/Su (2012), die zusätzlich zu diesen beiden Konstrukten weitere rationale Erfolgsfaktoren wie den Preis (Jensen/Klastrup (2008)) und die Produktdistribution (Chen/Su (2012)) konzeptionalisieren.[345]

Während Taylor/Hunter/Lindberg (2007) auf den übergeordneten und sehr allgemeinen rationalen Erfolgsfaktor Wahrgenommene Markenqualität (Perceived Brand Quality) fokussieren und dessen Einfluss auf den wahrgenommenen Markenwert (Perceived Brand Value), die Markenzufriedenheit (Satisfaction With The Brand) und die Loyalitätsintention (Loyalty Intention) untersuchen, stellen Baumgarth/Binckebanck (2011) neben der Produktqualität (Product Quality) auf die Nichtpersönliche Kommunikation (Non-personal Communication) als weiteren rationalen Erfolgsfaktor ab.[346]

Schließlich untersuchen Davis-Sramek et al. (2009) mit der technischen Servicequalität (Technical Service Quality) eine Weiterentwicklung beziehungsweise Spezifikation der oftmals konzeptionalisierten Servicequalität und weisen deren Einfluss auf die Zufriedenheit (Satisfaction) industrieller Käufer sowie deren Loyalitätsverhalten (Loyalty Behavior) nach.[347]

---

[343] Vgl. van Riel/Mortanges/Streukens (2005), S. 842 ff.

[344] Vgl. Cretu/Brodie (2007), S. 233 ff.

[345] Vgl. Jensen/Klastrup (2008), S. 122 ff.; Chen/Su/Lin (2011), S. 1234 ff.; Chen/Su (2012), S. 57 ff.

[346] Vgl. Taylor/Hunter/Lindberg (2007), S. 242 f.; Baumgarth/Binckebanck (2011), S. 490.

[347] Vgl. Davis-Sramek et al. (2009), S. 443 f.

Zusammengefasst kann auf der Basis dieser ersten Analyse festgehalten werden, dass innerhalb des empirisch-quantitativen Schrifttums zu den rationalen Erfolgsfaktoren des B2B-Brandings insbesondere die Produktqualität und die Servicequalität eine häufige Anwendung beziehungsweise Konzeptionalisierung erfahren haben. Darüber hinaus wurden auch die Distributionsqualität und der Preis als rationale Erfolgsfaktoren des B2B-Brandings identifiziert und einer empirischen Untersuchung unterzogen.

Das theoretisch-qualitative B2B-Branding-Schrifttum liefert gegenüber dem empirisch-quantitativen B2B-Schrifttum nur sehr wenige weitere Hinweise auf potenzielle rationale Erfolgsfaktoren des B2B-Brandings.[348] Während Walley et al. (2007) (Quality of dealer's service) und Rauyruen/Miller/Groth (2009) (Perceived Service Quality) wiederum den Aspekt der Servicequalität aufgreifen, findet sich bei Walley et al. (2007) und Leek/Christodoulides (2012) der Preis (Price) als rationaler Erfolgsfaktor in einem industriellen Brandingkontext wieder.[349] Darüber hinaus werden vereinzelt weitere potenzielle rationale Erfolgsfaktoren wie die Erreichbarkeit beziehungsweise Nähe zu einem Händler (Dealer proximity), der After Sales Service und der technologische Innovationsgrad beziehungsweise Status Quo eines Unternehmens (Technology) eingeführt.[350] Tabelle 4 fasst die innerhalb des Forschungsüberblicks im empirisch-quantitativen und theoretisch-qualitativen B2B-Branding-Schrifttum gewonnenen Hinweise bezüglich potenzieller rationaler Erfolgsfaktoren zusammen und stellt diese im Überblick dar.

Bezüglich der Hinweise auf potenzielle rationale Erfolgsfaktoren durch das B2B-Branding-Schrifttum kann festgehalten werden, dass insbesondere die Produkt-, die Service- und die Distributionsqualität aufgrund ihrer Anzahl an Nennungen wichtige rationale Treiber des Brandingerfolgs in einem industriellen Umfeld sind und ihnen auf dieser Basis eine große Bedeutung für diese Untersuchung zugesprochen

---

348 Im Kontext der Ableitung von Hinweisen für potenzielle Erfolgsfaktoren des B2B-Brandings (Kapitel 3.2.1) sowie für potenzielle Faktoren des B2B-Brandingerfolgs (Kapitel 3.2.2) soll neben dem empirisch-quantitativen Schrifttum auch das theoretisch-qualitative Schrifttum Gegenstand der Betrachtung sein. Die analysierten Arbeiten sind damit kein Bestandteil des Forschungsüberblicks in Kapitel 2.3, da dieser aus Komplexitätsgründen ausschließlich empirisch-quantitative Arbeiten fokussiert.

349 Vgl. Walley et al. (2007), S. 386 ff.; Rauyruen/Miller/Groth (2009), S. 176; Leek/Christodoulides (2012), S. 107 ff.

350 Vgl. Walley et al. (2007), S. 386 ff.; Leek/Christodoulides (2012), S. 107 ff.

werden muss. Mit den Preisen für die Beschaffung industrieller Güter kann darüber hinaus auf Basis der in die Analyse einbezogenen Arbeiten ein weiterer potenzieller rationaler Erfolgsfaktor des B2B-Brandings ausgewiesen werden.

Tabelle 4: *Hinweise auf rationale Erfolgsfaktoren des B2B-Brandings aus dem B2B-Branding-Schrifttum*

		Untersuchung	Rationale Erfolgsfaktoren
B2B-Branding	empirisch-quantitativ	van Riel/Mortanges/Streukens (2005)	Product quality, Service quality, Product distribution
		Cretu/Brodie (2007)	Prices & costs, Product & service quality
		Roberts/Merrilees (2007)	Service quality
		Taylor/Hunter/Lindberg (2007)	Perceived Quality
		Jensen/Klastrup (2008)	Product quality, Service quality, Price
		Davis-Sramek et al. (2009)	Technical Service Quality
		Glynn (2010)	Manufacturer support
		Baumgarth/Binckebanck (2011)	Product Quality, Non-personal Communication
		Chen/Su/Lin (2011)	Perceived product quality, Perceived service quality
		Chen/Su (2012)	Perceived product quality, Product value, Perceived service quality, Product distribution
	theoretisch-qualitativ	Walley et al. (2007)	Dealer proximity, Price, Quality of dealer's service
		Rauyruen/Miller/Groth (2009)	Perceived Service Quality
		Leek/Christodoulides (2012)	Quality, Technology, Capacity, Infrastructure, After sales service, Capabilities, Reliability, Innovation, Price

3.2.1.2. Hinweise auf emotionale Erfolgsfaktoren des B2B-Brandings auf Basis des relevanten B2B-Branding-Schrifttums

Neben Hinweisen zu potenziellen rationalen Erfolgsfaktoren lassen sich im Rahmen der Durchsicht des relevanten B2B-Branding-Schrifttums auch hinsichtlich der emotionalen Erfolgsfaktoren Hinweise generieren. Während innerhalb der rationalen Erfolgsfaktoren mit der Produkt-, der Service- und der Distributionsqualität sowie dem Preis vier prominente Erfolgsfaktoren identifiziert werden konnten, zeichnet das B2B-Branding-Schrifttum bezüglich der emotionalen Erfolgsfaktoren ein deutlich heterogeneres Bild. Neben diversen Erfolgsfaktoren, die eine starke Verbreitung erfahren haben, finden sich auch viele emotionale Erfolgsfaktoren, die im Zeitverlauf nur ein- oder zweimal abgefragt wurden.

Ein wichtiger emotionaler Erfolgsfaktor innerhalb des empirisch-quantitativen B2B-Branding-Schrifttums stellt das Markenimage dar. So konzeptionalisieren unter anderem Cretu/Brodie (2007) neben der Reputation eines Unternehmens (Corporate Reputation) das Markenimage (Brand Image) als emotionalen Erfolgsfaktor und weisen deren positiven Einfluss auf die Kundenloyalität (Customer Loyalty) nach.[351] Das Markenimage ist darüber hinaus neben anderen emotionalen Erfolgsfaktoren Bestandteil der Arbeiten von Davis/Golicic/Marquardt (2008) und Juntunen/Juntunen/Juga (2011).[352]

Ein weiterer emotionaler Erfolgsfaktor, den Davis-Sramek et al. (2009) (Relational Service Quality) und Baumgarth/Binckebanck (2011) (Salesman's Personality und Salesman's Behaviour) aufgreifen, beinhaltet den Kontakt zu den Verkaufsvertretern eines industriellen Unternehmens beziehungsweise dessen Eigenschaften und Persönlichkeit.[353] Inhaltlich mit großen Übereinstimmungen, allerdings unter einer anderen Benennung des Konstrukts, fragen darüber hinaus van Riel/Mortanges/Streukens (2005) (Information services), Roberts/Merrilees (2007) (Responsiveness) sowie Chen/Su (2012) (Information services) die Persönlichkeit des Verkaufsvertreters beziehungsweise dessen Charakteristika ab und weisen deren positiven Einfluss auf diverse Faktoren, die den B2B-Brandingerfolg messen, nach.[354]

Schließlich finden sich sowohl bei Chen/Su/Lin (2011) (Country-of-origin) als auch bei Chen/Su (2012) (Country-of-manufacture und Country-of-design) zahlreiche Hinweise darauf, dass das Image respektive der Ruf des Herkunftslands einer Marke oder dessen Produkte einen weiteren emotionalen Erfolgsfaktor darstellen.[355] Darüber hinaus ordnen Jensen/Klastrup (2008) (Trust & Credibility) Aspekte des Vertrauens den emotionalen Erfolgsfaktoren des B2B-Brandings zu.[356] In diesem Kontext muss allerdings angemerkt werden, dass vor dem Hintergrund der Ausführungen zu den Faktoren, die den B2B-Brandingerfolg messen (Kapitel 3.2.2), das Konstrukt des Vertrauens den endogenen, abhängigen Faktoren zugeordnet wird und im wei-

[351] Vgl. Cretu/Brodie (2007), S. 233 ff.
[352] Vgl. Davis/Golicic/Marquardt (2008), S. 218 ff.; Juntunen/Juntunen/Juga (2011), S. 300 ff.
[353] Vgl. Davis-Sramek et al. (2009), S. 443; Baumgarth/Binckebanck (2011), S. 488 ff.
[354] Vgl. van Riel/Mortanges/Streukens (2005), S. 843; Roberts/Merrilees (2007), S. 412; Chen/Su (2012), S. 60.
[355] Vgl. Chen/Su/Lin (2011), S. 1236 ff.; Chen/Su (2012), S. 60 ff.
[356] Vgl. Jensen/Klastrup (2008), S. 123.

teren Verlauf kein Bestandteil des Relevant Sets an potenziellen emotionalen Erfolgsfaktoren sein soll.[357]

Zusätzlich existiert eine Reihe an empirisch-quantitativen Arbeiten im Bereich des B2B-Brandings, die eine Vielzahl an alternativen emotionalen Erfolgsfaktoren abfragen. Ein solches Konstrukt stellt beispielsweise die Werbung (Ad Stimuli) dar, deren positiven Einfluss auf die Einstellung gegenüber einer Marke (Attitude towards the Brand) Gilliland/Johnston (1997) nachweisen.[358] Weitere vereinzelt abgefragte emotionale Erfolgsfaktoren sind beispielsweise die hedonistische Einstellung gegenüber einer Marke (Hedonic Brand Attitude), die nutzenorientierte Einstellung gegenüber einer Marke (Utilitarian Brand Attitude) sowie die Einzigartigkeit einer Marke (Brand Uniqueness), die allesamt von Taylor/Hunter/Lindberg (2007) als emotionale Erfolgsfaktoren konzeptionalisiert werden.[359]

Das theoretisch-qualitative B2B-Branding-Schrifttum liefert darüber hinaus ausschließlich Hinweise auf potenzielle emotionale Erfolgsfaktoren, die bisher keiner empirischen Überprüfung unterzogen wurden. Walley et al. (2007) ordnen dieser Kategorie beispielsweise den Markenname (Brand name) und die Erfahrung eines Einkäufers mit dem Händler (Buyer's experience of the dealer) zu.[360] Rauyruen/Miller/Groth (2009) untersuchen außerdem die Kaufgewohnheiten (Habitual Buying) und das Vertrauen in einen Dienstleistungsanbieter (Trust in Service Provider) in einem industriellen Kontext, während Leek/Christodoulides (2012) mit der Reduktion des Risikos (Risk reduction), der Rückversicherung (Reassurance), dem Vertrauen (Trust) sowie der Glaubwürdigkeit (Credibility) weitere emotionale Erfolgsfaktoren theoretisch konzeptionalisieren.[361] Tabelle 5 fasst die Hinweise des B2B-Branding-Schrifttums auf potenzielle emotionale Erfolgsfaktoren des B2B-Brandings zusammen.

In Bezug auf die Hinweise auf potenzielle emotionale Erfolgsfaktoren durch das B2B-Branding-Schrifttum kann zusammengefasst werden, dass insbesondere das Mar-

[357] Vgl. Kapitel 3.2.2.
[358] Vgl. Gilliland/Johnston (1997), S. 22.
[359] Vgl. Taylor/Hunter/Lindberg (2007), S. 243.
[360] Vgl. Walley et al. (2007), S. 386 ff.
[361] Vgl. Rauyruen/Miller/Groth (2009), S. 176; Leek/Christodoulides (2012), S. 109 ff.

kenimage, das Image des Herkunftslands und die Persönlichkeit des Verkaufsvertreters aufgrund ihrer Anzahl an Nennungen wichtige emotionale Treiber des Brandingerfolgs in einem industriellen Umfeld sind und ihnen auf dieser Basis eine große Bedeutung für diese Untersuchung zugesprochen werden muss. Weitere potenzielle emotionale Erfolgsfaktoren des B2B-Brandings sind die Werbung sowie die Einstellung gegenüber einer Marke. Im Anschluss an die Darstellung des empirisch-quantitativen und des theoretisch-qualitativen B2B-Schrifttums sollen weitere Hinweise auf potenzielle rationale und emotionale Erfolgsfaktoren aus dem Konsumgüter-Branding generiert werden.[362] In diesem Kontext soll das empirisch-quantitative B2C-Branding-Schrifttum einer umfangreichen Analyse unterzogen werden.[363]

Tabelle 5: *Hinweise auf emotionale Erfolgsfaktoren des B2B-Brandings aus dem B2B-Branding-Schrifttum*

		Untersuchung	Emotionale Erfolgsfaktoren
B2B-Branding	empirisch-quantitativ	Hutton (1997)	Knowledge of the Buyer's Favourite Brand
		Bennett/Härtel/McColl-Kennedy (2005)	Involvement with the preferred brand, Involvement with the service category, Satisfaction with the product category, Satisfaction with the service
		van Riel/Mortanges/Streukens (2005)	Service personnel, Information services
		Cretu/Brodie (2007)	Brand Image, Corporate Reputation
		Gilliland/Johnston (2007)	Ad Stimuli
		Roberts/Merrilees (2007)	Empowerment, Responsiveness
		Taylor/Hunter/Lindberg (2007)	Hedonic Brand Attitude, Utilitarian Brand Attitude, Brand Uniqueness
		Davis/Golicic/Marquardt (2008)	Brand Awareness, Brand Image
		Jensen/Klastrup (2008)	Differentiation, Promise, Trust & credibility
		Davis-Sramek et al. (2009)	Relational Service Quality
		Glynn (2010)	Customer expectations
		Baumgarth/Binckebanck (2011)	Salesman's Personality, Salesman's Behaviour
		Juntunen/Juntunen/Juga (2011)	Corporate brand awareness, Corporate brand image
		Chen/Su/Lin (2011)	Brand awareness, Country-of-origin
		Chen/Su (2012)	Country-of-manufacture, Country-of-design, Information services, Service personnel
	theoretisch-qualitativ	Walley et al. (2007)	Brand name, Buyer's experience of the dealer
		Rauyruen/Miller/Groth (2009)	Habitual Buying, Trust in Service Provider
		Leek/Christodoulides (2012)	Risk reduction, Reassurance, Trust, Credibility

[362] Vgl. zur Bedeutung von Arbeiten aus dem B2C-Branding für Untersuchungen, die das B2B-Branding adressieren, auch Kapitel 2.3.

[363] Auf eine Untersuchung des theoretisch-qualitativen Schrifttums des B2C-Brandings soll im Rahmen dieser Untersuchung aus Komplexitätsgründen verzichtet werden.

3.2.1.3. Hinweise auf rationale Erfolgsfaktoren des B2B-Brandings auf Basis des relevanten B2C-Branding-Schrifttums

Im Rahmen der rationalen Erfolgsfaktoren kann innerhalb des empirisch-quantitativen B2C-Branding-Schrifttums der Produktqualität eine große Bedeutung zugesprochen werden. So bestätigen beispielsweise Da Silva/Alwi (2006) in ihrer Studie den positiven Einfluss materieller Aspekte (Physical Aspect) sowie produktverwandter Eigenschaften (Product-Related Attributes) auf das unternehmensspezifische Markenimage (Corporate Brand Image) beziehungsweise die Kundenzufriedenheit (Customer Satisfaction) und die Loyalitätsintention (Loyalty Intention).[364]

Auch Herrmann et al. (2007) untersuchen im Rahmen der rationalen Erfolgsfaktoren neben dem Einfluss des Preises (Price Performance) den Einfluss der Produktleistung (Product Performance) auf den Markenwert (Brand Equity).[365] Den Aspekt der Qualität des Produkts respektive der originären Unternehmensleistung greifen darüber hinaus auch Morgan (2000) (Functional Performance), Hellier et al. (2003) (Perceived Quality), Holehonnur et al. (2009) (Quality), Tong/Hawley (2009) (Perceived Quality), Chen/Tseng (2010) (Quality) und Pike et al. (2010) (Perceived Quality) auf.[366]

Neben der Produktqualität scheint auch der Distributionsaspekt allgemein beziehungsweise die Distributionsleistung im Branding innerhalb des Konsumgüterbereichs von großer Bedeutung zu sein. So konzeptionalisieren Christodoulides et al. (2006) den rationalen Erfolgsfaktor (Vertrags-)Erfüllung (Fulfilment) und stellen in diesem Kontext auf die Richtigkeit (Accuracy) beziehungsweise die Lieferzeit (Delivery) der Distribution ab.[367] Den Aspekt der Distribution adressieren außerdem auch Ha (2011) und Alex (2012), die jeweils die Intensität der Distribution (Distribution Intensitiy) als Bestandteil der Distributionsqualität abfragen.[368]

Einen weiteren potenziellen rationalen Erfolgsfaktor stellen die Verkaufsförderungsmaßnahmen als Instrument der Absatzpolitik dar. Sowohl Villarejo-Ramos/ Sánchez-Franco (2005) als auch Alex (2012) konzeptionalisieren die Verkaufsförde-

364 Vgl. Da Silva/Alwi (2006), S. 297 ff.

365 Vgl. Herrmann et al. (2007), S. 534.

366 Vgl. Morgan (2000), S. 70; Hellier et al. (2003), S. 1765; Holehonnur et al. (2009), S. 169; Tong/ Hawley (2009), S. 264; Chen/Tseng (2010), S. 27; Pike et al. (2010), S. 439.

367 Vgl. Christodoulides et al. (2006), S. 810.

368 Vgl. Ha (2011), S. 35 f.; Alex (2012), S. 30.

rungsmaßnahmen (Price Deals) als rationalen Erfolgsfaktor des Brandings im B2C-Bereich.[369] Schließlich runden vereinzelt konzeptionalisierte Konstrukte wie die Anzahl der Wettbewerber (Chaudhuri (2002)), die Servicequalität sowie die Kosten (Brodie/Whittome/Brush (2009)) und das Verhältnis zum Preisprestige (Holehonnur et al. (2009) den Output potenzieller rationaler Erfolgsfaktoren aus der Analyse des B2C-Branding-Schrifttums ab.[370] Tabelle 6 stellt die aus dem B2C-Branding generierten Hinweise auf potenzielle rationale Erfolgsfaktoren, die insbesondere aufgrund des innerhalb der Konzeptionalisierung verwendeten Consumer-Based Brand Equity Frameworks Adaptionsmöglichkeiten auf den B2B-Kontext aufweisen, abschließend im Überblick dar.

Bezüglich der Hinweise auf potenzielle rationale Erfolgsfaktoren durch das B2C-Branding-Schrifttum kann zusammengefasst werden, dass die Produkt- und die Distributionsqualität sowie die Verkaufsförderungsmaßnahmen aufgrund ihrer Anzahl an Nennungen wichtige rationale Treiber sind und ihnen auf dieser Basis eine potenziell große Bedeutung für diese Untersuchung zugesprochen werden muss. Dabei bedarf es einer Überprüfung der Adaptierbarkeit der Verkaufsförderungsmaßnahmen auf einen industriellen Kontext im Rahmen der exploratorischen Expertengespräche, da es sich bei diesem Konstrukt im Gegensatz zu der Produkt- und der Distributionsqualität um einen rationalen Erfolgsfaktor handelt, der bisher ausschließlich im B2C-Branding Anwendung erfahren hat.

369 Vgl. Villarejo-Ramos/Sánchez-Franco (2005), S. 433; Alex (2012), S. 30.

370 Vgl. Chaudhuri (2002), S. 34; Brodie/Whittome/Brush (2009), S. 347; Holehonnur et al. (2009), S. 169.

Tabelle 6: Hinweise auf rationale Erfolgsfaktoren des B2B-Brandings aus dem B2C-Branding-Schrifttum

		Untersuchung	Rationale Erfolgsfaktoren
B2C-Branding	empirisch-quantitativ	Morgan (2000)	Functional performance
		Chaudhuri (2002)	Number of Competitors
		Hellier et al. (2003)	Perceived Quality
		Villarejo-Ramos/ Sánchez-Franco (2005)	Price deals
		Christodoulides et al. (2006)	Fullfilment
		Da Silva/Alwi (2006)	Physical Aspect, Product-Related Attributes
		Herrmann et al. (2007)	Product Performance, Price Performance
		Brodie/Whittome/Brush (2009)	Service Quality, Costs
		Holehonnur et al. (2009)	Quality, Price-prestige Relationships
		Tong/Hawley (2009)	Perceived Quality
		Chen/Tseng (2010)	Quality
		Pike et al. (2010)	Perceived Quality
		Ha (2011)	Distribution Intensity, Physical Environment
		Jung/Shen (2011)	Perceived Brand Quality
		Alex (2012)	Distribution Intensity, Price Deals

3.2.1.4. Hinweise auf emotionale Erfolgsfaktoren des B2B-Brandings auf Basis des relevanten B2C-Branding-Schrifttums

Das innerhalb des relevanten B2B-Branding-Schrifttums gezeichnete Bild einer sehr heterogenen Vielfalt an emotionalen Erfolgsfaktoren bestätigt sich auch bei der Durchsicht des entsprechenden B2C-Branding-Schrifttums. Ein emotionaler Erfolgsfaktor, der sehr häufig Anwendung erfahren hat, ist das Markenimage. So konzeptionalisieren Chang/Liu (2009) neben der Einstellung gegenüber einer Marke (Brand Attitude) das Markenimage (Brand Image) als emotionalen Erfolgsfaktor und weisen einen positiven Einfluss auf Faktoren nach, die den Brandingerfolg im B2C-Kontext messen.[371]

Neben Chang/Liu (2009) untersuchen auch Faircloth/Capella/Alford (2001), Brodie/Whittome/Brush (2009), Chen/Tseng (2010) und Pike et al. (2010) das emotionale Erfolgskonstrukt Markenimage.[372] Die Arbeit von Faircloth/Capella/Alford (2001) un-

371 Vgl. Chang/Liu (2009), S. 1691 ff.

372 Vgl. auch im Folgenden Faircloth/Capella/Alford (2001), S. 64 ff.; Brodie/Whittome/Brush (2009),

terstellt eine positive Korrelation des emotionalen Erfolgsfaktors Markenimage (Brand Image) und dem Markenwert (Brand Equity). Außerdem weisen sowohl Brodie/Whittome/Brush (2009) als auch Chen/Tseng (2010) und Pike et al. (2010) eine positive Kausalität des Markenimages (Brand Image) zu der Markenloyalität (Brand Loyalty) nach.

Neben dem Markenimage wurde auch die Einstellung gegenüber einer Marke oftmals als emotional zu beurteilender Erfolgsfaktor konzeptionalisiert. So fragen beispielsweise Chaudhuri (1999) neben der Gewohnheit (Habit) die Einstellung gegenüber einer Marke (Brand Attitude) ab.[373] Faircloth/Capella/Alford (2001) messen den positiven Einfluss der Einstellung gegenüber einer Marke (Brand Attitude) auf den Markenwert (Brand Equity), wobei zusätzlich ein positiver Einfluss der Einstellung gegenüber einer Marke auf das Markenimage sowie ein positiver indirekter Effekt auf den Markenwert durch das Markenimage unterstellt wird.[374] Weitere Konzeptionalisierungen der Einstellung gegenüber einer Marke finden sich bei Chang/Liu (2009) und Holehonnur et al. (2009).[375]

Einen weiteren emotionalen Erfolgsfaktor stellt die Werbung dar. Während Autoren wie Sheinin/Biehal (1999) (Brand ad beliefs), Chaudhuri (2002) (Brand Advertising) und Herrmann et al. (2007) (Advertising, Sales Promotion) auf den Inhalt des werbepolitischen Instrumentariums sowie dessen Rezeption beim Kunden abstellen, fokussieren Beiträge wie die von Villarejo-Ramos/Sánchez-Franco (2005), Ha (2011) und Alex (2012) auf die wahrgenommene Höhe der Ausgaben eines Unternehmens für die Werbung (Perceived Advertising Spending).[376]

Ein weiterer emotionaler Erfolgsfaktor, der im B2C-Branding verankert ist, ist die Einschätzung der Nachfrager bezüglich ihres Kontakts zu Vertretern oder Verkaufsagenten eines Unternehmens sowie deren Qualifikation und Leistung. So untersuchen Da Silva/Alwi (2006) im Kontext der emotionalen Erfolgsfaktoren die Wirkung der persönlichen Interaktion mit dem Personal eines Unternehmens (Personal

S. 345 ff.; Chen/Tseng (2010), S. 24 ff.; Pike et al. (2010), S. 434 ff.

373 Vgl. Chaudhuri (1999), S. 136 ff.

374 Vgl. Faircloth/Capella/Alford (2001), S. 64 ff.

375 Vgl. Chang/Liu (2009), S. 1687 ff.; Holehonnur et al. (2009), S. 165 ff.

376 Vgl. Sheinin/Biehal (1999), S. 63 ff.; Chaudhuri (2002), S. 33 ff.; Villarejo-Ramos/Sánchez-Franco (2005), S. 431 ff.; Herrmann et al. (2007), S. 534; Ha (2011), S. 31 ff.; Alex (2012), S. 29 ff.

Interaction) sowie der Zuverlässigkeit (Reliability) auf das unternehmensspezifische Markenimage (Corporate Brand Image), die Kundenzufriedenheit (Customer Satisfaction) und die Loyalitätsintention (Loyalty Intention).[377]

Herrmann et al. (2007) untersuchen innerhalb der emotionalen Erfolgsfaktoren neben der Kommunikation beziehungsweise Werbung (Promotion Performance) die persönliche Interaktion mit dem Verkaufspersonal (People Performance) mit den Determinanten Freundlichkeit (Friendliness) und Professionalität (Professionalism).[378] Schließlich beinhaltet das Untersuchungsmodell von Ha (2011) den Kontakt zu den Servicemitarbeitern (Contact Service Employee) als emotionalen Erfolgsfaktor in einem B2C-Kontext.[379]

Die Analyse des B2C-Branding-Schrifttums ergab darüber hinaus zahlreiche weitere emotionale Erfolgsfaktoren, die aufgrund ihrer geringen Anzahl an bisher erfolgten Konzeptionalisierungen nicht als etabliert bezeichnet werden können. Beispiel hierfür sind das Vertrauen in die Mitarbeiter beziehungsweise das Personal und das Unternehmen (Brodie/Whittome/Brush (2009)), die Auffälligkeit einer Marke (Pike et al. (2010)), die Glaubwürdigkeit eines prominenten Testimonials (Spry/Pappu/ Cornwell (2011)) und die Aktivitäten eines Unternehmens im Bereich der Corporate Social Responsibility (Hsu (2012)).[380] Tabelle 7 fasst die vorgestellten emotionalen Erfolgsfaktoren aus dem B2C-Branding-Schrifttum überblicksartig zusammen.

In Bezug auf die Hinweise auf potenzielle emotionale Erfolgsfaktoren durch das B2C-Branding-Schrifttum kann zusammengefasst werden, dass insbesondere das Markenimage, die Einstellung gegenüber einer Marke, die Persönlichkeit des Verkaufsvertreters und die Werbung aufgrund ihrer Anzahl an Nennungen wichtige emotionale Treiber des Brandingerfolgs sind und ihnen auf dieser Basis eine potenziell große Bedeutung für diese Untersuchung zugesprochen werden muss.

---

377 Vgl. Da Silva/Alwi (2006), S. 293 ff.

378 Vgl. Herrmann et al. (2007), S. 534.

379 Vgl. Ha (2011), S. 40.

380 Vgl. Brodie/Whittome/Brush (2009), S. 345 ff.; Pike et al. (2010), S. 434 ff.; Spry/Pappu/Cornwell (2011), S. 883 f.; Hsu (2012), S. 190 ff.

Tabelle 7: *Hinweise auf emotionale Erfolgsfaktoren des B2B-Brandings aus dem B2C-Branding-Schrifttum*

		Untersuchung	Emotionale Erfolgsfaktoren
B2C-Branding	empirisch-quantitativ	Chaudhuri (1999)	Brand Attitude, Habit
		Sheinin/Biehal (1999)	Corporate brand beliefs, Brand ad beliefs
		Morgan (2000)	Affinity, Identification, Approval
		Chaudhuri/Holbrook (2001)	Brand Trust, Brand Affect
		Faircloth/Capella/Alford (2001)	Brand Attitude, Brand Image
		Chaudhuri (2002)	Brand Advertising, Brand Age, Brand Familiarity, Brand Uniqueness
		Blahut et al. (2004)	Brand Loyalty, Leadership/Popularity, Brand Personality, Brand Awareness
		Villarejo-Ramos/ Sánchez-Franco (2005)	Perceived advertising spending
		Christodoulides et al. (2006)	Emotional Connection, Responsive Service Nature
		Da Silva/Alwi (2006)	Personal Interaction, Reliability
		Herrmann et al. (2007)	Promotion Performance, People Performance
		Brodie/Whittome/Brush (2009)	Brand Image, Company Image, Employee Trust, Company Trust
		Chang/Liu (2009)	Brand Attitude, Brand Image
		Holehonnur et al. (2009)	Convenience, Company Attitude, Brand Awareness, Brand Attitude
		Tolba/Hassan (2009)	Knowledge Equity, Attitudinal Equity, Relationship Equity
		Tong/Hawley (2009)	Brand Associations
		Chen/Tseng (2010)	Brand Image
		Pike et al. (2010)	Brand salience, Brand image
		Ha (2011)	Advertising Spending, Store Image, Contact Service Employee
		Jung/Shen (2011)	Brand Association
		Spry/Pappu/Cornwell (2011)	Endorser Credibility
		Alex (2012)	Store Image, Adverising Spending
		Hsu (2012)	Corporate Social Responsibility

3.2.2. Hinweise auf Konstrukte des B2B-Brandingerfolgs

Analog zur Vorgehensweise im Rahmen der Identifikation potenzieller rationaler und emotionaler Erfolgsfaktoren sollen im Folgenden das empirisch-quantitative und das theoretisch-qualitative B2B-Branding-Schrifttum sowie das empirisch-quantitative B2C-Branding-Schrifttum einer Analyse bezüglich potenzieller Faktoren beziehungsweise endogener (abhängiger) Konstrukte, die den B2B-Brandingerfolg implizieren und messen, analysiert werden.

3.2.2.1. Hinweise auf Konstrukte des B2B-Brandingerfolgs auf Basis des relevanten B2B-Branding-Schrifttums

Innerhalb des empirisch-quantitativen Schrifttums zum B2B-Branding handelt es sich bei der Markenloyalität um das am mit Abstand häufigsten verwendete Erfolgskonstrukt. So konzeptionalisieren Bennett/Härtel/McColl-Kennedy (2005) (Attitudinal brand loyalty), van Riel/Mortanges/Streukens (2005) (Loyalty), Cretu/Brodie (2007) (Customer Loyalty), Taylor/Hunter/Lindberg (2007) (Loyalty Intention), Davis-Sramek et al. (2009) (Loyalty Behavior), Baumgarth/Binckebanck (2011) (Brand Loyalty), Juntunen/Juntunen/Juga (2011) (Corporate brand loyalty) und Chen/Su (2012) (Brand Loyalty) die Markenloyalität als Faktor, der den B2B-Brandingerfolg misst.[381] Somit schreibt die überwältigende Mehrzahl der analysierten empirisch-quantitativen Arbeiten der Markenloyalität eine große Bedeutung als das Ergebnis rationaler und emotionaler Erfolgsfaktoren zu.

Weitere potenzielle Faktoren des B2B-Brandingerfolgs finden sich beispielsweise bei Roberts/Merrilees (2007) (Trust) sowie Taylor/Hunter/Lindberg (2007) (Satisfaction With the Brand), Davis-Sramek et al. (2009) (Satisfaction) und Glynn (2010) (Reseller satisfaction with brand), die allesamt die Zufriedenheit mit einer Marke als abhängiges, endogenes Konstrukt adressieren.[382]

Die einzige theoretisch-qualitative Arbeit von Rauyruen/Miller/Groth (2009), die im Kontext der Schrifttumsanalyse zum B2B-Brandingerfolg herangezogen werden soll, greift wiederum den Loyalitätsaspekt (Attitudinal Loyalty) auf und liefert darüber hinaus mit der Kaufintention (Purchase Intention), der Kundenbindung (Customer Share of Wallet) und dem Premiumpreis (Price Premium) weitere Ansätze für potenzielle Faktoren des B2B-Brandingerfolgs.[383] Tabelle 8 stellt die Ergebnisse der B2B-Schrifttumsanalyse im Überblick dar.

Bezüglich der Hinweise auf Konstrukte des B2B-Brandingerfolgs durch das B2B-Branding-Schrifttum kann festgehalten werden, dass vor allem die Markenloyalität und die Kundenzufriedenheit aufgrund der Häufigkeit ihrer Nennungen wichtige Konstrukte des Brandingerfolgs in einem industriellen Umfeld sind und ihnen auf dieser Basis eine große Bedeutung für diese Untersuchung zugesprochen werden

---

381 Vgl. Bennett/Härtel/McColl-Kennedy (2005), S. 97 ff.; van Riel/Mortanges/Streukens (2005), S. 841 ff.; Cretu/Brodie (2007), S. 230 ff.; Taylor/Hunter/Lindberg (2007), S. 241 ff.; Davis-Sramek et al. (2009), S. 440 ff.; Baumgarth/Binckebanck (2011), S. 487 ff.; Juntunen/Juntunen/Juga (2011), S. 300 ff.; Chen/Su (2012), S. 57 ff.

382 Vgl. Roberts/Merrilees (2007), S. 412; Taylor/Hunter/Lindberg (2007), S. 243; Davis-Sramek et al. (2009), S. 443; Glynn (2010), S. 1228.

383 Vgl. Rauyruen/Miller/Groth (2009), S. 175 ff.

muss. Schließlich wird auch das Vertrauen als endogenes Konstrukt konzeptionalisiert.

Tabelle 8: Hinweise auf Konstrukte des B2B-Brandingerfolgs aus dem B2B-Branding-Schrifttum

		Untersuchung	Konstrukte des B2B-Brandingerfolgs
B2B-Branding	empirisch-quantitativ	Bennett/Härtel/McColl-Kennedy (2005)	Attitudinal brand loyalty
		van Riel/Mortanges/Streukens (2005)	Product brand equity, Corporate brand equity, Loyalty
		Cretu/Brodie (2007)	Customer loyalty
		Gilliland/Johnston (2007)	Attitude Toward the Brand
		Roberts/Merrilees (2007)	Trust
		Taylor/Hunter/Lindberg (2007)	Satisfaction With the Brand, Loyalty Intention
		Davis/Golicic/Marquardt (2008)	Brand Equity
		Jensen/Klastrup (2008)	Rational evaluations, Emotional evaluations, Customer brand relationship
		Davis-Sramek et al. (2009)	Satisfaction, Affective Commitment, Calculative Commitment, Loyalty Behavior
		Glynn (2010)	Reseller satisfaction with brand, Performance of Brand, Trust in supplier, Commitment to Brand
		Baumgarth/Binckebanck (2011)	Brand Perception, Brand Strength, Brand Loyalty
		Juntunen/Juntunen/Juga (2011)	Corporate brand loyalty
		Chen/Su (2012)	Brand loyalty
	theoretisch-qualitativ	Rauyruen/Miller/Groth (2009)	Purchase Intention, Attitudinal Loyalty, Customer Share of Wallet, Price Premium

3.2.2.2. Hinweise auf Konstrukte des B2B-Brandingerfolgs auf Basis des relevanten B2C-Branding-Schrifttums

Im Anschluss an die Darstellung des relevanten B2B-Branding-Schrifttums sollen im Folgenden weitere potenzielle endogene Konstrukte beziehungsweise Faktoren des B2B-Brandingerfolgs aus dem empirisch-quantitativen B2C-Branding-Schrifttum abgeleitet werden. Ebenso wie in einem industriellen Kontext wird auch im Konsumgüterbereich der Erfolg unternehmerischer (rationaler und emotionaler) Branding-Aktivitäten insbesondere an der Loyalität der Kundschaft gemessen. So haben die Autoren zahlreicher Studien die Loyalität(-sintention) gegenüber einer Marke oder einem Unternehmen als endogenes, abhängiges Konstrukt konzeptionalisiert.

Unter anderem fokussieren Chaudhuri (1999) (Brand Loyalty), Chaudhuri/Holbrook (2001) (Purchase Loyalty, Attitudinal Loyalty), Chang (2006) (Agent Loyalty, Brand Purchase Loyalty, Brand Attitude Loyalty), Da Silva/Alwi (2006) (Loyalty Intention), Hung (2008) (Customer Loyalty), Westlund/Källström/Parmler (2008) (Loyalty), Brodie/Whittome/Brush (2009) (Customer Loyalty), He/Li (2011b) (Service brand loyalty), Ha (2011) (Brand Loyalty) und Hwang/Kandampully (2012) (Loyalty) auf die Loyalität gegenüber einer Marke als Faktor zur Messung des Brandingerfolgs im Konsumgüterbereich.[384]

Neben der Markenloyalität misst das theoretisch-qualitative B2C-Branding-Schrifttum auch der Kundenzufriedenheit eine wichtige Rolle im Rahmen der Konzeptionalisierung des Brandingerfolgs bei. Diesen Aspekt greifen Da Silva/Alwi (2006), Westlund/Källström/Parmler (2008), He/Li (2011b) und Hsu (2012) jeweils mit dem Konstrukt Customer Satisfaction auf.[385] Darüber hinaus hat auch die Kaufintention mehrfach Anwendung als abhängiges Konstrukt erfahren. Dieses wird unter anderem von Chang (2006) und Currás-Pérez/Bigné-Alcaniz/Alvarado-Herrera (2009) konzeptionalisiert.[386]

Schließlich runden Faktoren wie zum Beispiel die Attraktivität einer Marke (Currás-Pérez/Bigné-Alcaniz/Alvarado-Herrera (2009)), der emotionale Bezug zu einer Marke (Malär et al. (2011)) und die Nachhaltigkeit einer Marke (Naveed/Babur (2011)) das heterogene Bild endogener Konstrukte, die den B2C-Brandingerfolg messen, ab.[387] Tabelle 9 stellt die bisherigen, in einem B2C-Kontext konzeptionalisierten Faktoren im Überblick dar.

In Bezug auf die Hinweise auf Konstrukte des B2B-Brandingerfolgs durch das B2C-Branding-Schrifttum kann konstatiert werden, dass analog zum B2B-Branding-Schrifttum insbesondere die Markenloyalität und die Kundenzufriedenheit aufgrund

[384] Vgl. Chaudhuri (1999), S. 136 ff.; Chaudhuri/Holbrook (2001), S. 81 ff.; Chang (2006), S. 278 ff.; Da Silva/Alwi (2006), S. 293 ff.; Hung (2008), S. 237 ff.; Westlund/Källström/Parmler (2008), S. 855 ff.; Brodie/Whittome/Brush (2009), S. 345 ff.; Ha (2011), S. 31 ff.; He/Li (2011b), S. 77 ff.; Hwang/ Kandampully (2012), S. 98 ff.

[385] Vgl. Da Silva/Alwi (2006), S. 293 ff.; Westlund/Källström/Parmler (2008), S. 855 ff.; He/Li (2011b), S. 77 ff.; Hsu (2012), S. 189 ff.

[386] Vgl. Chang/Liu (2009), S. 1687 ff.; Currás-Pérez/Bigné-Alcaniz/Alvarado-Herrera (2009), S. 547 ff.

[387] Vgl. Currás-Pérez/Bigné-Alcaniz/Alvarado-Herrera (2009), S. 547 ff.; Malär et al. (2011), S. 35 ff.; Naveed/Babur (2011), S. 629 ff.; Hwang/Kandampully (2012), S. 98 ff.

der Häufigkeit ihrer Nennungen wichtige Konstrukte des Brandingerfolgs zu sein scheinen und ihnen auf dieser Basis eine große Bedeutung für diese Untersuchung attestiert werden kann. Darüber hinaus wird im B2C-Branding-Schrifttum auch die Kaufintention als endogenes Konstrukt konzeptionalisiert.

Tabelle 9: *Hinweise auf Konstrukte des B2B-Brandingerfolgs aus dem B2C-Branding-Schrifttum*

		Untersuchung	Konstrukte des B2C-Brandingerfolgs
B2C-Branding	empirisch-quantitativ	Li/Monroe/Chan 1994)	Perceived Quality, Perceived Value, Willingness to Buy
		Chaudhuri (1999)	Brand Loyalty, Market Share, Price
		Sheinin/Biehal (1999)	Attitude toward the brand ad, Attitude toward the corporate ad, Attitude toward the corporation
		Chaudhuri/Holbrook (2001)	Purchase Loyalty, Attitudinal Loyalty, Market Share, Relative Price
		Chaudhuri (2002)	Brand Reputation, Brand Sales, Market Share, Relative Price
		Chang (2006)	Agent Loyalty, Brand Purchase Loyalty, Brand Attitude Loyalty
		Da Silva/Alwi (2006)	Customer Satisfaction, Loyalty Intention
		Hung (2008)	Brand Image, Customer Loyalty
		Westlund/Källström/Parmler (2008)	Value, Customer Satisfaction, Loyalty
		Brodie/Whittome/Brush (2009)	Customer Value, Customer Loyalty
		Chang/Liu (2009)	Brand Preference, Purchase Intention
		Currás-Pérez/Bigné-Alcaniz/Alvarado-Herrera (2009)	Brand Attractiveness, Brand Attitude, Purchase Intention
		He/Li (2010)	Brand Identification, Customer Satisfaction, Service brand loyalty
		Malär et al. (2011)	Emotional brand attachment
		Naveed/Babur (2011)	Brand Image, Brand Sustainability
		Ha (2011)	Brand Loyalty, Brand Equity
		Hsu (2012)	Customer Satisfaction, Corporate reputation, Brand Equity
		Hwang/Kandampully (2012)	Brand Love, Emotional Attachment, Loyalty

3.2.3. Zusammenfassung der Ergebnisse und Erweiterung des Bezugsrahmens

In Kapitel 3.2.3 sollen die Ergebnisse des Screenings des relevanten Schrifttums im B2B-Branding und B2C-Branding mit dem Ziel der Generierung eines Relevant Sets der rationalen und emotionalen Erfolgsfaktoren sowie eines Relevant Sets der endogenen, abhängigen Konstrukten, die den B2B-Brandingerfolg implizieren, zusammengefasst werden.

Die Relevanz der rationalen und emotionalen Erfolgsfaktoren sowie der endogenen, abhängigen Konstrukte soll anschließend innerhalb der exploratorischen Expertengespräche in Kapitel 3.3 einer Beurteilung unterzogen werden. Um die Komplexität dieser Experteninterviews zu begrenzen, muss eine Einschränkung der in Kapitel 3.2.1 identifizierten potenziellen rationalen und emotionalen Erfolgsfaktoren sowie der in Kapitel 3.2.2 identifizierten Faktoren zur Messung des B2B-Brandingerfolgs vorgenommen werden. Diese Einschränkung manifestiert sich jeweils in einem sogenannten Relevant Set an Konstrukten, das insbesondere auf deren Verbreitung innerhalb des relevanten Schrifttums sowohl im B2B- als auch im B2C-Bereich basiert, sich gleichzeitig aber auch unter der Berücksichtigung sachlogischer Aspekte konstituiert.

- Innerhalb der rationalen Erfolgsfaktoren werden die sowohl innerhalb des B2B- als auch des B2C-Branding-Schrifttums etablierten Produkt- und Distributionsqualität Bestandteil des Relevant Sets potenzieller Faktoren sein. Beide Erfolgsfaktoren stellen innerhalb eines industriellen Kontexts (zusammen mit der Servicequalität) den originären Leistungskern von Unternehmen und damit den wichtigsten Ansatzpunkt der brandingspezifischen Aktivitäten eines Unternehmens dar.[388] Auf der Basis dieser Erfolgsfaktoren ist es Unternehmen möglich, Wettbewerbsvorteile erzielen zu können. Neben dieser inhaltlichen Bedeutung sowohl der Produkt- als auch der Distributionsqualität ist auch aufgrund der Häufigkeit der bisher vorgenommenen Konzeptionalisierung beider rationaler Erfolgsfaktoren von einer hohen Relevanz im Rahmen dieser Untersuchung auszugehen.[389] Deshalb sollen sowohl die Produkt- als auch die Distributionsqualität zwingend Bestandteil der exploratorischen Expertengespräche sein.

  Außerdem wird die Servicequalität als ein, bis auf eine Ausnahme, bisher ausschließlich innerhalb des B2B-Brandings konzeptionalisierter rationaler Erfolgsfaktor mit in das Relevant Set aufgenommen.[390] Die Servicequalität spielt

---

388 Vgl. auch im Folgenden McDowell Mudambi/Doyle/Wong (1997), S. 439; van Riel/Mortanges/Streukens (2005), S. 842 ff.

389 Vgl. Kapitel 3.2.1. Vgl. auch Morgan (2000), S. 70; Hellier et al. (2003), S. 1765; van Riel/Mortanges/Streukens (2005), S. 842 ff.; Christodoulides et al. (2006), S. 810; Da Silva/Alwi (2006), S. 297 ff.; Cretu/Brodie (2007), S. 233 ff.; Herrmann et al. (2007), S. 534; Jensen/Klastrup (2008), S. 122 ff.; Holehonnur et al. (2009), S. 169; Tong/Hawley (2009), S. 264; Chen/Tseng (2010), S. 27; Pike et al. (2010), S. 439; Chen/Su/Lin (2011), S. 1234 ff.; Ha (2011), S. 35 f.; Alex (2012), S. 30; Chen/Su (2012), S. 57 ff.

390 Vgl. Kapitel 3.2.1. Vgl. auch Taylor/Hunter/Lindberg (2007), S. 242 f.; Brodie/Whittome/Brush (2009), S. 347; Davis-Sramek et al. (2009), S. 443 f.; Baumgarth/Binckebanck (2011), S. 490.

insbesondere bei komplexen Produkten eine wichtige Rolle und wird von industriellen Einkäufern als Bestandteil des Standardangebots beziehungsweise als eine Erweiterung des eigentlichen unternehmerischen Leistungskerns, also dem Angebot des physischen Produkts, betrachtet.[391] Darüber hinaus bietet auch die Servicequalität Unternehmen die Möglichkeit, Wettbewerbsvorteile erzielen zu können.[392] Vor dem Hintergrund dieser Ausführungen ist von einer hohen Relevanz der Servicequalität für diese Untersuchung auszugehen.

Einen weiteren potenziellen rationalen Erfolgsfaktor bildet der Preis, der innerhalb des relevanten B2B-Branding-Schrifttums Erwähnung findet und dem Nutzen einer hohen Produkt-, Service- und Distributionsqualität als wahrgenommenes „Opfer" gegenübersteht.[393] Der Preis kann insbesondere vor dem Hintergrund eines zunehmenden Kostendrucks ein wichtiges Differenzierungskriterium im Vergleich zu der Konkurrenz darstellen.[394]

Schließlich sollen auch die Verkaufsförderungsmaßnahmen als (inverser) rationaler Erfolgsfaktor mit in das Relevant Set aufgenommen und, obwohl diese bisher ausschließlich innerhalb des B2C-Branding-Schrifttums Erwähnung finden, eine potenzielle Adaptierbarkeit auf den B2B-Kontext innerhalb der exploratorischen Expertengespräche geprüft werden.[395] Verkaufsförderungsmaßnahmen können eine negative Wirkung auf den Wert und das Ansehen einer Marke implizieren, wenn sie von den Kunden als existenziell erforderliche Anreize für den Kauf einer Marke angesehen werden.[396]

- Innerhalb der emotionalen Erfolgsfaktoren soll das Markenimage als ein sowohl im B2B- als auch im B2C-Branding-Schrifttum sehr häufig konzeptionalisierter Erfolgsfaktor fester Bestandteil des Relevant Sets sein.[397]

  Das Markenimage besitzt in einem industriellen Kontext für Einkäufer und Entscheider als Mitglieder von Buying Center Bedeutung:[398] Das Mar-

391 Vgl. McDowell Mudambi/Doyle/Wong (1997) , S. 439; Kuhn/Alpert/Pope (2008), S. 41 ff.

392 Vgl. Morgan/Deeter-Schmelz/Moberg (2007), S. 375; Chen/Su (2012), S. 60.

393 Vgl. Kapitel 3.2.1. Vgl. auch Cretu/Brodie (2007), S. 232 ff.; Walley et al. (2007), S. 386 ff.; Leek/Christodoulides (2012), S. 107 ff.

394 Vgl. Leek/Christodoulides (2012), S. 108 ff.

395 Vgl. Kapitel 3.2.1. Vgl. auch Villarejo-Ramos/Sánchez-Franco (2005), S. 433; Alex (2012), S. 30.

396 Vgl. Villarejo-Ramos/Sánchez-Franco (2005), S. 432.

397 Vgl. Kapitel 3.2.1. Vgl. auch Faircloth/Capella/Alford (2001), S. 64 ff.; Cretu/Brodie (2007), S. 233 ff.; Davis/Golicic/Marquardt (2008), S. 218 ff.; Brodie/Whittome/Brush (2009), S. 345 ff.; Chang/Liu (2009), S. 1691 ff.; Chen/Tseng (2010), S. 24 ff.; Pike et al. (2010), S. 434 ff.; Juntunen/Juntunen/Juga (2011), S. 300 ff.

kenimage fungiert als gedanklicher Anker eines Unternehmens, mit dem Kenner einer Marke bestimmte Eigenschaften assoziieren. Vor diesem Hintergrund kommt dem Markenimage eine wichtige Rolle in der gedanklichen Differenzierung verschiedener Marken zu. Analog zur Produkt- und Servicequalität im Kontext der rationalen Erfolgsfaktoren ist aufgrund der Prominenz des Markenimages innerhalb des Schrifttums von einer hohen Eignung des Konstrukts für diese Untersuchung auszugehen.

Einen weiteren potenziellen emotionalen Erfolgsfaktor neben dem Markenimage stellt das Image des Herkunftslands einer Marke dar. Darüber hinaus legt auch die Analyse des relevanten B2B-Branding-Schrifttums die Relevanz des Images des Herkunftslands als emotionaler Erfolgsfaktor für diese Untersuchung nahe.[399] Der Literaturüberlick zeigt, dass Marken, die ihren Ursprung in einem bestimmten Land haben, in der Wahrnehmung der Nachfrager mit immateriellen Werten belegt werden, die im Allgemeinen mit dem Herkunftsland in Verbindung gebracht werden.[400]

Schließlich soll die Persönlichkeit des Verkaufsvertreters als dritter potenzieller rationaler Erfolgsfaktor Gegenstand der exploratorischen Experteninterviews sein. Sowohl im B2B- als auch im B2C-Branding-Schrifttum finden sich zahlreiche Hinweise darauf, dass der Kontakt zu Vertretern eines Unternehmens beziehungsweise dessen Persönlichkeit und Qualifikation einen wesentlichen Einfluss auf den Brandingerfolg besitzen können.[401]

Ebenso soll die Werbung, die bisher nur einmal im B2B-Kontext abgefragt wurde, innerhalb des B2C-Schrifttums aber sowohl bezüglich ihres Inhalts als auch der monetären Aufwendungen betrachtet wurde, Bestandteil der exploratorischen Expertengespräche sein.[402] Diese sollen ermitteln, ob und in welchem Umfang Werbung auch in einem industriellen Kontext Relevanz besitzt.

---

398 Vgl. auch im Folgenden Webster/Keller (2004), S. 389 ff.

399 Vgl. Kapitel 3.2.1. Vgl. auch Chen/Su/Lin (2011), S. 1236 ff.; Chen/Su (2012), S. 60 ff.

400 Vgl. Kim/Chung (1997), S. 361 ff.; Chen/Su/Lin (2011), S. 1236.

401 Vgl. Kapitel 3.2.1. Vgl. auch van Riel/Mortanges/Streukens (2005), S. 843; Roberts/Merrilees (2007), S. 412; Brodie/Whittome/Brush (2009), S. 347; Davis-Sramek et al. (2009), S. 443; Baumgarth/Binckebanck (2011), S. 488 ff.; Chen/Su (2012), S. 60.

402 Vgl. Kapitel 3.2.1. Vgl. auch Gilliland/Johnston (1997), S. 22; Sheinin/Biehal (1999), S. 63 ff.; Chaudhuri (2002), S. 33 ff.; Villarejo-Ramos/Sánchez-Franco (2005), S. 431 ff.; Herrmann et al. (2007), S. 534; Ha (2011), S. 31 ff.; Alex (2012), S. 29 ff.

Darüber hinaus soll die Einstellung gegenüber einer Marke als bisher ausschließlich im B2C-Kontext verankerter emotionaler Erfolgsfaktor ebenfalls in das Relevant Set aufgenommen und innerhalb der Expertengespräche eine potenzielle Adaptierbarkeit auf den B2B-Kontext ermittelt werden.[403]

- Das Relevant Set potenzieller endogener, abhängiger Erfolgskonstrukte, die Bestandteil der anschließenden Expertengespräche sein werden, soll analog zur Vorgehensweise bei der Generierung potenzieller rationaler und emotionaler Erfolgsfaktoren auf der Basis einer Synthese der dargestellten Schrifttumsanalyse sowohl des B2B- als auch des B2C-Brandings sowie unter der Berücksichtigung sachlogischer Aspekte erfolgen. Das sowohl im B2B- als auch im B2C-Branding-Schrifttum mit Abstand am häufigsten konzeptionalisierte Erfolgskonstrukt Markenloyalität soll als erstes potenzielles Konstrukt des B2B-Brandingerfolgs in das Relevant Set aufgenommen werden.[404] Bei der Markenloyalität handelt es sich um die Tendenz, einer bestimmten Marke gegenüber treu beziehungsweise loyal zu sein und diese innerhalb von Kaufentscheidungsprozessen zu präferieren, wobei diese Loyalität einer Marke gegenüber durch eine Vielzahl an (rationalen und emotionalen) Erfolgsfaktoren positiv beeinflusst werden kann.[405]

  Darüber hinaus soll auch das Vertrauen in eine Marke als weiterer potenzieller Faktor des B2B-Brandingerfolgs innerhalb der exploratorischen Expertengespräche diskutiert werden.[406] Das Vertrauen in eine Marke wird in einem industriellen Kontext beispielsweise als ein Resultat einer konsistenten Qualität eines Unternehmens verstanden und wird gleichzeitig mit positiven Erwartungen bezüglich zukünftiger geschäftlicher Beziehungen assoziiert.[407]

---

403 Vgl. Kapitel 3.2.1. Vgl. auch Chaudhuri (1999), S. 136 ff.; Faircloth/Capella/Alford (2001), S. 64 ff.; Chang/Liu (2009), S. 1687 ff.; Holehonnur et al. (2009), S. 165 ff.

404 Vgl. Kapitel 3.2.2. Vgl. auch Chaudhuri (1999), S. 136 ff.; Chaudhuri/Holbrook (2001), S. 81 ff.; Bennett/Härtel/McColl-Kennedy (2005), S. 97 ff.; van Riel/Mortanges/Streukens (2005), S. 841 ff.; Chang (2006), S. 278 ff.; Da Silva/Alwi (2006), S. 293 ff.; Cretu/Brodie (2007), S. 230 ff.; Taylor/Hunter/ Lindberg (2007), S. 241 ff.; Hung (2008), S. 237 ff.; Westlund/Källström/Parmler (2008), S. 855 ff.; Brodie/Whittome/Brush (2009), S. 345 ff.; Davis-Sramek et al. (2009), S. 440 ff.; Baumgarth/Binckebanck (2011), S. 487 ff.; Ha (2011), S. 31 ff.; He/Li (2011b), S. 77 ff.; Juntunen/ Juntunen/Juga (2011), S. 300 ff.; Chen/Su (2012), S. 57 ff.; Hwang/Kandampully (2012), S. 98 ff.

405 Vgl. Yoo/Donthu (2001), S. 3; van Riel/Mortanges/Streukens (2005), S. 842.

406 Vgl. Kapitel 3.2.2. Vgl. auch Roberts/Merrilees (2007), S. 412.

407 Vgl. Roberts/Merrilees (2007), S. 412.

Schließlich handelt es sich bei der Kundenzufriedenheit um ein weiteres, sowohl innerhalb des B2B- als auch des B2C-Branding-Schrifttums etabliertes Konstrukt zur Messung des Brandingerfolgs.[408] Dabei steigt die Kundenzufriedenheit analog zu den Erfahrungsdimensionen, die eine Marke bei ihrer Kundschaft hervorruft. Vor diesem Hintergrund handelt es sich bei der Kundenzufriedenheit um ein Konstrukt, das oftmals als Mediator zwischen den Erfahrungen der Kunden mit dem Leistungsangebot eines Unternehmens sowie dem sich daraus ableitenden Verhalten konzeptionalisiert beziehungsweise modelliert wird.[409]

Als letzter potenzieller Faktor des B2B-Brandingerfolgs soll die Kaufintention elementarer Bestandteil der Expertengespräche sein. Während dieses Konstrukt bisher ausschließlich innerhalb des B2C-Brandings einer empirischen Messung unterzogen wurde, impliziert das theoretisch-qualitative B2B-Branding-Schrifttum auch in einem industriellen Kontext eine potenzielle Anwendungsmöglichkeit.[410] So wird die Kaufintention als die unmittelbare Verhaltensreaktion derjenigen Konsumenten verstanden, die eine Marke identifiziert haben und gleichzeitig eine positive Einstellung gegenüber der Marke besitzen.[411]

Abbildung 15 stellt den auf der Basis der Schrifttumsanalyse in Kapitel 3.2 weiterentwickelten heuristischen Bezugsrahmen zur Entwicklung des Untersuchungsmodells dar. Dieser wird im folgenden Kapitel 3.3 anhand von exploratorischen Expertengesprächen weiteren Analysen unterzogen.

---

[408] Vgl. Kapitel 3.2.2. Vgl. auch Da Silva 2006 #2759}, S. 293 ff.; Taylor/Hunter/Lindberg (2007), S. 243; Westlund/Källström/Parmler (2008), S. 855 ff.; Davis-Sramek et al. (2009), S. 443; Glynn (2010), S. 1228; He/Li (2011b), S. 77 ff.; Hsu (2012), S. 189 ff.

[409] Vgl. zum Beispiel Antón/Camarero/Carrero (2007), S. 519; Brakus/Schmitt/Zarantonello (2009), S. 64; Davis-Sramek et al. (2009), S. 443 ff.; Glynn (2010), S. 1228.

[410] Vgl. Kapitel 3.2.2. Vgl. auch Chang/Liu (2009), S. 1687 ff.; Currás-Pérez/Bigné-Alcaniz/Alvarado-Herrera (2009), S. 547 ff.; Rauyruen/Miller/Groth (2009), S. 175 ff.

[411] Vgl. Currás-Pérez/Bigné-Alcaniz/Alvarado-Herrera (2009), S. 551.

Abbildung 15: Erweiterter heuristischer Bezugsrahmen zur Entwicklung des Untersuchungsmodells

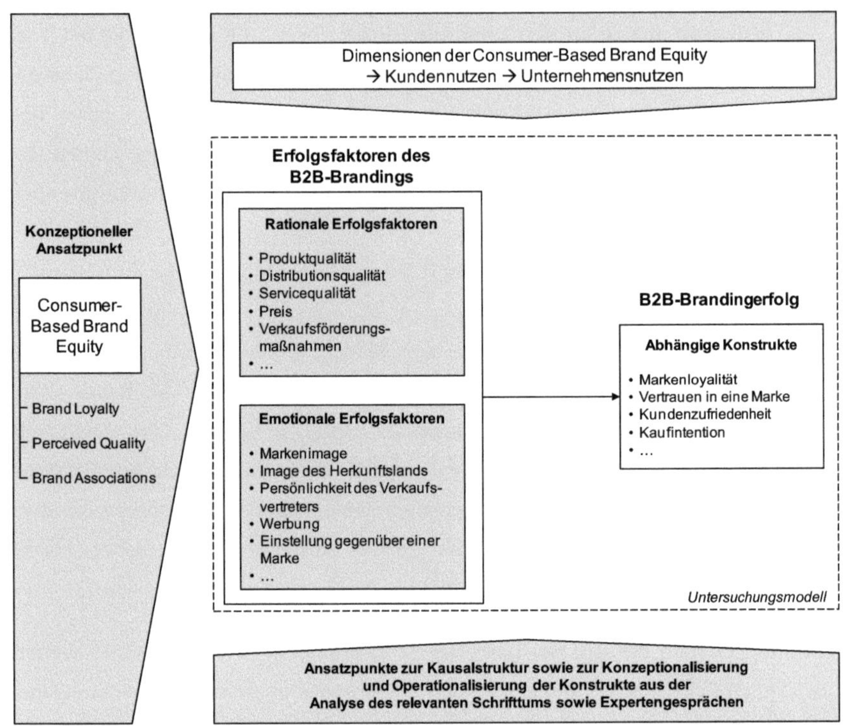

3.3. Exploratorische Expertengespräche

Die exploratorischen Expertengespräche sollen im Folgenden der Analyse der Relevanz beziehungsweise der näheren Spezifikation der innerhalb von Kapitel 3.2.1 gewonnenen Hinweise bezüglich potenzieller rationaler und emotionaler Erfolgsfaktoren dienen. Darüber hinaus steht die Erörterung der in Kapitel 3.2.2 gewonnenen Hinweise aus dem Schrifttum für Konstrukte, die den B2B-Brandingerfolg implizieren, im Fokus der exploratorischen Experteninterviews.[412]

[412] Obwohl innerhalb der Expertengespräche insbesondere die Überprüfung beziehungsweise Spezifikation der aus dem Schrifttum generierten potenziellen unabhängigen und abhängigen Konstrukte fokussiert werden sollte, besaßen die Teilnehmer auch die Möglichkeit, Anmerkungen und Vorschläge für weitere Konstrukte einzubringen. Vor diesem Hintergrund weisen die Expertengespräche vor allem einen exploratorischen Charakter auf.

Im Kontext exploratorischer Expertengespräche spricht man häufig von qualitativen Interviews oder auch In-Depth-Interviews.[413] Diese sind fester Bestandteil einer Vielzahl akademischer Forschungsrichtungen wie dem Marketing, der Soziologie, der öffentlichen Verwaltung oder den Politikwissenschaften. Der Interviewer nimmt im Rahmen exploratorischer Expertengespräche eine dominante Rolle ein, indem er gegenüber einer gewöhnlichen Konversation eher die fragende Position einnimmt und den Experten bittet, spezifische Antworten auf die gestellten Fragen zu geben. Diese Antworten werden üblicherweise, im Rahmen dieser Untersuchung schriftlich, vom Interviewer festgehalten.

Ganz allgemein handelt es sich bei exploratorischen Experteninterviews um ein Erhebungsinstrument, das aufgrund seines exploratorischen Charakters nur teilweise strukturiert konzipiert werden kann.[414] Innerhalb des Schrifttums wird außerdem die Frage diskutiert, wie der Begriff eines Experten zu definieren ist beziehungsweise bei welcher Art von Probanden es sich um Experten handelt, deren Wissen und Kenntnisse einen Erkenntnisfortschritt zu generieren imstande sind. Bezüglich der Frage der Rekrutierung potenzieller Experten merken Bogner/Littig/Menz (2009) an:

> *„An expert-interview puts the respondent into attention's focus and accentuates that the interviewer faces people who are endowed with a specific form of professional wisdom, which differs from the knowledge of a layperson."*[415]

Innerhalb des betriebswirtschaftlichen Schrifttums werden exploratorische Expertengespräche häufig als Ergänzung zu einer strukturierten Bestandsaufnahme des für den jeweiligen Untersuchungskontext relevanten Schrifttums angesehen.[416] Dabei wird mit den exploratorischen Expertengesprächen zum einen die Spezifizierung der aus dem Schrifttum gewonnenen Erkenntnisse beziehungsweise deren spezifische Adaption auf den genauen Untersuchungskontext angestrebt, zum anderen können aber auch bisher verborgene und dadurch nicht erforschte Gegebenheiten durch den

---

413 Vgl. auch im Folgenden Rubin/Rubin (2012), S. 5.

414 Vgl. Meuser/Nagel (2009), S. 465.

415 Bogner/Littig/Menz (2009), S. 139.

416 Vgl. zum Beispiel Defren (2009), S. 111 f.; Lütje (2009), S. 229; Scholly (2013), S. 143; Mory (2014), S. 101 f.

Input der Experten identifiziert werden. So fassen Berekoven/Eckert/Ellenrieder (2009) bezüglich der Vorteile exploratorischer Expertengespräche zusammen:

> *„Fachleute über ihre Erfahrungen, Einsichten und Meinungen berichten zu lassen, ist ein altes und probates Vorgehen, um sich aus mehreren und kompetenten Quellen zu informieren, so z. B. auch über deren einschlägige Zukunftsvorstellungen."*[417]

Da das relevante Schrifttum bisher keine integrierte Untersuchung der rationalen und emotionalen Erfolgsfaktoren des B2B-Brandings beinhaltet, sollen im Folgenden exploratorische Expertengespräche die Erkenntnisse des Schrifttumsüberblicks (Kapitel 3.2) ergänzen und vor der Konzeptionalisierung der Konstrukte des Untersuchungsmodells (Kapitel 3.4) die zugrundeliegenden Annahmen spezifizieren.

Das Sample der exploratorischen Expertengespräche für diese Untersuchung bestand aus insgesamt 13 Entscheidern beziehungsweise Einkäufern deutscher Maschinen- und Anlagebauunternehmen.[418] Die Interviews mit den Experten wurden telefonisch durchgeführt und nahmen durchschnittlich etwa 30 Minuten Zeit in Anspruch. Die Experteninterviews wurden auf der Basis eines Gesprächsleitfadens geführt. Dieser setzte sich aus zwei wesentlichen Bestandteilen zusammen: Zum einen wurde die offene Frage formuliert, welche rationalen und emotionalen Erfolgsfaktoren den Experten zufolge innerhalb des Brandings in einem industriellen Umfeld existieren. Zum anderen wurden die Experten in einer weiteren offenen Frage um die Nennung potenzieller Faktoren, anhand derer der B2B-Branding-Erfolg gemessen werden kann, gebeten.

Der zweite Teil der Expertengespräche bestand darin, die Relevanz der in Kapitel 3.2.1 und 3.2.2 aus dem Schrifttum deduzierten unabhängigen und abhängigen Konstrukte zu ermitteln und darüber hinaus im Fall der unabhängigen Konstrukte beziehungsweise Erfolgsfaktoren eine Einschätzung der Experten zu generieren, ob der jeweilige Faktor einer eher rationalen oder emotionalen Beurteilung seitens der Einkäufer unterliegt. Die Ergebnisse dieser Expertengespräche sollen Bestandteil des folgenden Kapitels 3.3.1 sein.

---

417 Berekoven/Eckert/Ellenrieder (2009), S. 250.

418 Somit entsprach die Branchenzugehörigkeit des Samples der Expertengespräche der Branchenzugehörigkeit des Samples der späteren empirischen Erhebung. Vgl. auch Kapitel 5.1.3.

3.3.1. Ergebnisse der Expertengespräche

Der erste Teil der 13 Expertengespräche bestand in der offenen Frage, welche rationalen und emotionalen Erfolgsfaktoren den B2B-Brandingerfolg positiv beeinflussen und anhand welcher Faktoren der B2B-Brandingerfolg gemessen werden kann. Die Antworten der Experten wiesen insgesamt große Übereinstimmungen miteinander auf. Innerhalb der rationalen Erfolgsfaktoren nannten alle Experten die originäre Leistung eines Unternehmens, die mit der jeweiligen Marke verknüpft wird, als wesentliches Kriterium.

In diesem Kontext wurden oftmals das spezifische Produkt (zwölf Nennungen) sowie die dazugehörigen Services beziehungsweise Supportleistungen eines Unternehmens (zehn Nennungen) erwähnt. Darüber hinaus wurde auch die Distributionspolitik (sieben Nennungen) angeführt. Schließlich benannten vier der insgesamt 13 Experten die Rabatt- und Konditionenpolitik beziehungsweise die Preispolitik im Allgemeinen als weiteren rationalen Erfolgsfaktor, wobei zwei dieser vier Experten als explizites Beispiel auf die Art und die Häufigkeit von Verkaufsförderungsmaßnahmen eingingen. Keiner der befragten Experten machte darüber hinaus Anmerkungen beziehungsweise Vorschläge für weitere potenzielle rationale Erfolgsfaktoren des B2B-Brandings.

Im Rahmen der emotionalen Erfolgsfaktoren wurde das sehr heterogene Bild potenzieller Konstrukte aus dem Schrifttum bestätigt.[419] Die Antworten der Experten lassen sich in etwa in den Faktoren wiederfinden, die aus der Theorie deduziert wurden und letztlich das Relevant Set formten. So wurde das Image einer Marke (zehn Nennungen) als wichtiger emotionaler Erfolgsfaktor bezeichnet, wobei in diesem Kontext auch Begriffe wie Reputation und Glaubwürdigkeit fielen. In der Diskussion stellte sich jedoch eine enge inhaltliche Nähe zum Markenimage heraus.

Darüber hinaus wurde auch der persönliche Kontakt zu Vertretern des Unternehmens beziehungsweise der Marke (sechs Nennungen) sowie die generelle Einstellung respektive Haltung gegenüber einer Marke (zwei Nennungen) angeführt. Laut einem Experten wird diese vor allem durch die bisher gemachten Erfahrungen determiniert. Der emotionale Erfolgsfaktor Werbung wurde außerdem von insgesamt

[419] Vgl. Kapitel 3.2.1.

sieben Experten angesprochen. Fünf dieser sieben Experten beschrieben dabei den Wiedererkennungswert einer Marke innerhalb der Werbung und somit eine Konsistenz des Werbeinhalts beziehungsweise -stils als einen wesentlichen Bestandteil dieses Erfolgsfaktors. Der aus dem Schrifttum deduzierte emotionale Erfolgsfaktor Image des Herkunftslands wurde innerhalb des exploratorischen Teils der Experteninterviews nicht genannt.

Auf die Frage, welche Faktoren ihrer Einschätzung nach dazu geeignet sind, den Erfolg des B2B-Brandings zu bestimmen, zeichnete sich eine klare Tendenz zu zweien der insgesamt vier aus dem Schrifttum deduzierten abhängigen Konstrukte ab.[420] Elf der insgesamt 13 Experten nannten die Wiederkaufwahrscheinlichkeit beziehungsweise Loyalität gegenüber einer Marke als wesentliches Ergebnis eines erfolgreichen Markenmanagements in einem industriellen Umfeld. Diese Loyalität basiert den weiteren Ausführungen der Experten zufolge auf der allgemeinen Zufriedenheit mit einer Marke (neun Nennungen) beziehungsweise dem auf der Basis vorangehender Erfahrungen aufgebauten Vertrauen (drei Nennungen). Die Kaufintention als vierter aus dem Schrifttum deduzierter Faktor des B2B-Brandingerfolgs fand dagegen keine Erwähnung.

Vor dem Hintergrund dieser Ausführungen ist zu schlussfolgern, dass die aus dem empirisch-quantitativen beziehungsweise theoretisch-qualitativen B2B-Branding-Schrifttum sowie dem empirisch-quantitativen B2C-Branding-Schrifttum abgeleiteten rationalen und emotionalen Erfolgsfaktoren sowie die Faktoren des B2B-Brandingerfolgs innerhalb des exploratorischen Teils der Expertengespräche zu großen Teilen von den Experten erkannt und genannt wurden.

Der zweite Teil der Experteninterviews bestand aus der Ermittlung der Relevanz der aus dem Schrifttum deduzierten Erfolgsfaktoren und der Faktoren des B2B-Brandingerfolgs. Darüber hinaus sollten die Experten befragt werden, ob es sich bei den jeweiligen Erfolgsfaktoren um Konstrukte handelt, die eher einer rationalen oder einer emotionalen Bewertung unterliegen.

Die Relevanz der aus dem Schrifttum abgeleiteten und auf der Basis der Perceived Quality-Dimension konzeptionalisierten rationalen Erfolgsfaktoren Produktqualität

[420] Vgl. Kapitel 3.2.2.

(92%), Distributionsqualität (69%) und Servicequalität (85%) wurde durchgängig als sehr hoch eingestuft. Demgegenüber wurde den Erfolgsfaktoren Preis (31%) und Verkaufsförderungsmaßnahmen (23%) ein nur geringer Einfluss auf den B2B-Brandingerfolg beigemessen. Schließlich bestätigten die Expertengespräche die rationale Bewertung dieser Erfolgsfaktoren. So waren alle 13 Experten (100%) der Meinung, dass die Produktqualität auf der Basis rationaler Kriterien beurteilt wird. Ähnlich hoch fielen auch die Zuordnungen der Konstrukte Distributionsqualität (85%), Servicequalität (85%), Preis (100%) und Verkaufsförderungsmaßnahmen (85%) zu den rationalen Erfolgsfaktoren aus.

Bei den aus dem Schrifttum deduzierten emotionalen Erfolgsfaktoren wiesen das Markenimage (100%), die Persönlichkeit des Verkaufsvertreters (69%) und die Werbung (62%) eine hohe Relevanz auf. Bemerkenswert in diesem Kontext ist die Bewertung des Images des Herkunftslands einer Marke. 69% der Experten messen diesem Konstrukt einen Einfluss auf den B2B-Brandingerfolg bei. Vor dem Hintergrund des ersten einleitenden Teils der Expertengespräche, als dieser emotionale Erfolgsfaktor nicht identifiziert wurde, überrascht dessen hohe Relevanz. Demgegenüber schätzten nur 31% der Experten die Einstellung gegenüber einer Marke als relevant ein. Ebenso wie bei den rationalen Erfolgsfaktoren konnte eine mehr als zufriedenstellende Zuordnung der abgefragten Konstrukte zu den emotionalen Erfolgsfaktoren konstatiert werden (Markenimage: 100%, Image des Herkunftslands: 100%, Persönlichkeit des Verkaufsvertreters: 92%, Werbung: 100%, Einstellung gegenüber einer Marke: 77%).

Den Faktoren, die nach der Durchsicht des relevanten Schrifttums den B2B-Brandingerfolg darstellen, wurde seitens der Experten eine unterschiedlich hohe Relevanz zugesprochen. Demzufolge sind die Markenloyalität (100%) und die Kundenzufriedenheit (85%) deutlich höher anzusiedeln als das Vertrauen in eine Marke (38%) und die Kaufintention (38%). Insgesamt sechs der 13 Experten wiesen dabei auf einen starken Einfluss der Kundenzufriedenheit auf die Markenloyalität hin. Tabelle 10 stellt die Ergebnisse hinsichtlich der Konstruktrelevanzen sowie die Zuordnung der exogenen Konstrukte zu den rationalen und emotionalen Erfolgsfaktoren im Überblick dar.

Tabelle 10: Ergebnisse der Expertengespräche zur Relevanz der einzelnen Erfolgsfaktoren sowie der Faktoren des B2B-Brandingerfolgs

	Konstrukte	Interview 1	Interview 2	Interview 3	Interview 4	Interview 5	Interview 6	Interview 7	Interview 8	Interview 9	Interview 10	Interview 11	Interview 12	Interview 13	Summe	Prozent
Erfolgsfaktoren	Produktqualität	✓	✓	✓	✓	✓	✓	✓		✓	✓	✓	✓	✓	12	92%
		R	R	R	R	R	R	R	R	R	R	R	R	R	R:13	100%
	Distributionsqualität		✓	✓		✓		✓	✓		✓	✓	✓	✓	9	69%
		R	R	R	R	R	E	R	R	R	R	R	R	E	R:11	85%
	Servicequalität	✓	✓	✓		✓	✓	✓	✓	✓	✓	✓	✓		11	85%
		R	E	R	R	E	R	R	R	R	R	R	R	R	R:11	85%
	Preis				✓		✓		✓					✓	4	31%
		R	R	R	R	R	R	R	R	R	R	R	R	R	R:13	100%
	Verkaufsförderungs-maßnahmen				✓				✓			✓			3	23%
		R	R	E	R	R	R	R	E	R	R	R	R	R	R:11	85%
	Markenimage	✓	✓	✓	✓	✓	✓	✓	✓	✓	✓	✓	✓	✓	13	100%
		E	E	E	E	E	E	E	E	E	E	E	E	E	E:13	100%
	Image des Herkunftslands		✓	✓	✓	✓	✓		✓		✓	✓	✓		9	69%
		E	E	E	E	E	E	E	E	E	E	E	E	E	E:13	100%
	Persönlichkeit des Verkaufsvertreters	✓		✓	✓	✓	✓	✓		✓		✓		✓	9	69%
		E	E	E	E	E	E	E	E	E	E	R	E	E	E:12	92%
	Werbung	✓	✓		✓		✓	✓	✓		✓			✓	8	62%
		E	E	E	E	E	E	E	E	E	E	E	E	E	E:13	100%
	Einstellung gegenüber einer Marke			✓			✓	✓					✓		4	31%
		R	E	E	E	R	E	E	E	E	E	E	R	E	E:10	77%
Faktoren des B2B-Brandingerfolgs	Markenloyalität	✓	✓	✓	✓	✓	✓	✓	✓	✓	✓	✓	✓	✓	13	100%
	Kundenzufriedenheit	✓		✓	✓	✓	✓	✓	✓		✓	✓	✓	✓	11	85%
	Vertrauen in eine Marke		✓			✓		✓		✓				✓	5	38%
	Kaufintention		✓		✓		✓		✓				✓		5	38%

✓: Bestätigung der Relevanz des jeweiligen Konstrukts R:Bewertung als rationaler Erfolgsfaktor E: Bewertung als emotionaler Erfolgsfaktor

3.3.2. Zusammenfassung der Ergebnisse und Anpassung des Bezugsrahmens

Im Folgenden sollen die Ergebnisse der exploratorischen Expertengespräche, die auf der Basis der innerhalb des relevanten Schrifttums deduzierten unabhängigen und abhängigen Konstrukte durchgeführt wurden und die Grundlage für die Anpassung des vorläufigen heuristischen Bezugsrahmens darstellen, zusammengefasst werden:

- Alle aus der Perceived Quality-Dimension abgeleiteten Erfolgsfaktoren (Produktqualität, Servicequalität, Distributionsqualität, Preis und Verkaufsförderungsmaßnahmen) wurden von den Experten als rationale Erfolgsfaktoren klassifiziert.

- Alle aus der Brand Associations-Dimension abgeleiteten Erfolgsfaktoren (Markenimage, Image des Herkunftslands, Persönlichkeit des Verkaufsvertreters, Werbung und Einstellung gegenüber einer Marke) wurden von den Experten als emotionale Erfolgsfaktoren klassifiziert.
- Innerhalb der rationalen Erfolgsfaktoren wiesen die Produktqualität, die Servicequalität und die Distributionsqualität die größte Relevanz auf. Den ebenfalls aus dem relevanten Schrifttum deduzierten rationalen Erfolgsfaktoren Preis und Verkaufsförderungsmaßnahmen wurde dagegen keine hohe Relevanz für den B2B-Brandingerfolg beigemessen.
- Innerhalb der emotionalen Erfolgsfaktoren wiesen das Markenimage, das Image des Herkunftslands, die Persönlichkeit des Verkaufsvertreters und die Werbung die größte Relevanz auf. Dem ebenfalls aus dem relevanten Schrifttum deduzierten emotionalen Erfolgsfaktor Einstellung gegenüber einer Marke wurde dagegen keine hohe Relevanz für den B2B-Brandingerfolg beigemessen.
- Vor dem Hintergrund der Anmerkungen der Experten im Rahmen der explorativen Interviews soll der emotionale Erfolgsfaktor Werbung in dieser Untersuchung nicht wie im bisherigen Schrifttum konzeptionalisiert werden. Dieses fokussiert bisher hauptsächlich den Inhalt der Werbung beziehungsweise die wahrgenommene Höhe der Werbeausgaben.[421] Vielmehr soll auf der Basis der Expertengespräche der emotionale Erfolgsfaktor Konsistenter Werbestil konzeptionalisiert werden, der nicht den konkreten Inhalt einer einmaligen Werbekampagne, sondern vielmehr die Wiedererkennung aufgrund eines ähnlichen/identischen Inhalts diverser Kampagnen im Zeitverlauf fokussiert.[422]
- Innerhalb der Faktoren des B2B-Brandingerfolgs wiesen die Markenloyalität und die Kundenzufriedenheit eine hohe Relevanz als abhängige Konstrukte auf. Den ebenfalls aus dem relevanten Schrifttum deduzierten abhängigen Konstrukten Vertrauen in eine Marke und Kaufintention wurde dagegen keine hohe Relevanz beigemessen. Darüber hinaus implizieren die Expertenge-

[421] Vgl. Kapitel 3.2.1.
[422] Vgl. Kapitel 3.3.1.

spräche einen positiven Einfluss der Kundenzufriedenheit auf die Markenloyalität.

Im Anschluss an die Zusammenfassung der Erkenntnisse aus den exploratorischen Expertengesprächen können die Erkenntnisse aus der Analyse des relevanten B2B- und B2C-Branding Schrifttums weiter verdichtet werden. In diesem Zusammenhang soll die große Anzahl an rationalen Erfolgsfaktoren, emotionalen Erfolgsfaktoren und Konstrukten, die den Brandingerfolg messen und nach dem Abschluss der Analyse des Branding-Schrifttums jeweils in einem Relevant Set mündeten, auf der Basis der exploratorischen Expertengespräche verkleinert werden.

Das Relevant Set an rationalen Erfolgsfaktoren bestand nach der Schrifttumsanalyse innerhalb der Kapitel 3.2.1.1 und 3.2.1.3 aus der Produktqualität, der Servicequalität, der Distributionsqualität, dem Preis und den Verkaufsförderungsmaßnahmen.[423] Im Zuge der exploratorischen Expertengespräche wurde der Produktqualität, der Servicequalität und der Distributionsqualität eine sehr hohe Relevanz als Erfolgsfaktoren des B2B-Brandings attestiert.

Darüber hinaus ordneten die Experten alle drei Konstrukte denjenigen Erfolgsfaktoren zu, die einer rationalen Beurteilung seitens industrieller Kunden unterliegen. Die Erfolgsfaktoren Preis und Verkaufsförderungsmaßnahmen wurden dagegen als nicht relevant bewertet und mit der undurchsichtigen Preispolitik beziehungsweise der nicht mehr zu überschauenden Vielzahl an unterschiedlichen Verkaufsförderungsmaßnahmen vieler industrieller Anbieter begründet.

Das Relevant Set an emotionalen Erfolgsfaktoren bestand nach der Schrifttumsanalyse innerhalb der Kapitel 3.2.1.2 und 3.2.1.4 aus dem Markenimage, dem Image des Herkunftslands, der Persönlichkeit des Verkaufsvertreters, der Werbung und der Einstellung gegenüber einer Marke.[424] Innerhalb der exploratorischen Expertengespräche wurde dem Markenimage, dem Image des Herkunftslands sowie der Persönlichkeit des Verkaufsvertreters eine sehr hohe Relevanz als Erfolgsfaktoren des B2B-Brandings attestiert. Darüber hinaus wurde der Erfolgsfaktor Werbung auf der Basis des Expertenwissens dahingehend modifiziert, dass nicht mehr der konkrete

423 Vgl. Kapitel 3.2.3 sowie Abbildung 15.

424 Vgl. Kapitel 3.2.3 sowie Abbildung 15.

Inhalt einer einmaligen Werbekampagne, sondern die Wiedererkennung aufgrund eines ähnlichen Inhalts diverser Kampagnen im Zeitverlauf als der Erfolgsfaktor konsistenter Werbestil identifiziert wurde.

Schließlich ordneten die Experten alle vier Konstrukte denjenigen Erfolgsfaktoren zu, die einer emotionalen Beurteilung seitens industrieller Kunden unterliegen. Der Erfolgsfaktor Einstellung gegenüber einer Marke wurde dagegen als nicht relevant klassifiziert, wobei keine Begründung der mangelnden Relevanz dieses Konstrukts seitens der Experten erfolgte.

Letztlich bestand das Relevant Set an Konstrukten, die den Brandingerfolg messen, nach der Schrifttumsanalyse innerhalb der Kapitel 3.2.2.1 und 3.2.2.2 aus der Markenloyalität, dem Vertrauen in eine Marke, der Kundenzufriedenheit und der Kaufintention.[425] Im Zuge der exploratorischen Expertengespräche wurden der Markenloyalität und der Kundenzufriedenheit eine hohe Relevanz als Ergebnisse der rationalen und emotionalen Erfolgsfaktoren des B2B-Brandings zugesprochen und darüber hinaus auf den kausalen Zusammenhang zwischen der Kundenzufriedenheit und der Markenloyalität in einem industriellen Umfeld hingewiesen.

Das Vertrauen in eine Marke wurde von den Experten als nicht relevant beurteilt, da ihrer Meinung nach in einem harten Wettbewerb selbstoptimierende Unternehmen dominieren und diesen und deren Marken kein Vertrauen entgegengebracht werden dürfe. Die mangelnde Relevanz der Kaufintention als Konstrukt des B2B-Brandingerfolgs wurde dagegen nicht begründet.

Abbildung 16 stellt den auf der Basis der exploratorischen Expertengespräche angepassten heuristischen Bezugsrahmen dieser Untersuchung dar. Die Erfolgsfaktoren setzen sich demnach aus drei rationalen Erfolgsfaktoren (Produktqualität, Servicequalität und Distributionsqualität) und vier emotionalen Erfolgsfaktoren (Konsistenter Werbestil, Markenimage, Image des Herkunftslands und Persönlichkeit des Verkaufsvertreters) zusammen, während der B2B-Brandingerfolg durch die abhängigen Konstrukte Markenloyalität und Kundenzufriedenheit dargestellt wird. Im Anschluss wird in Kapitel 3.4 auf der Basis dieses angepassten heuristischen Bezugs-

425 Vgl. Kapitel 3.2.3 sowie Abbildung 15.

rahmens das finale Untersuchungsmodell konzeptionalisiert und die dazugehörigen Hypothesen entwickelt.

Abbildung 16: *Angepasster heuristischer Bezugsrahmen zur Entwicklung des Untersuchungsmodells*

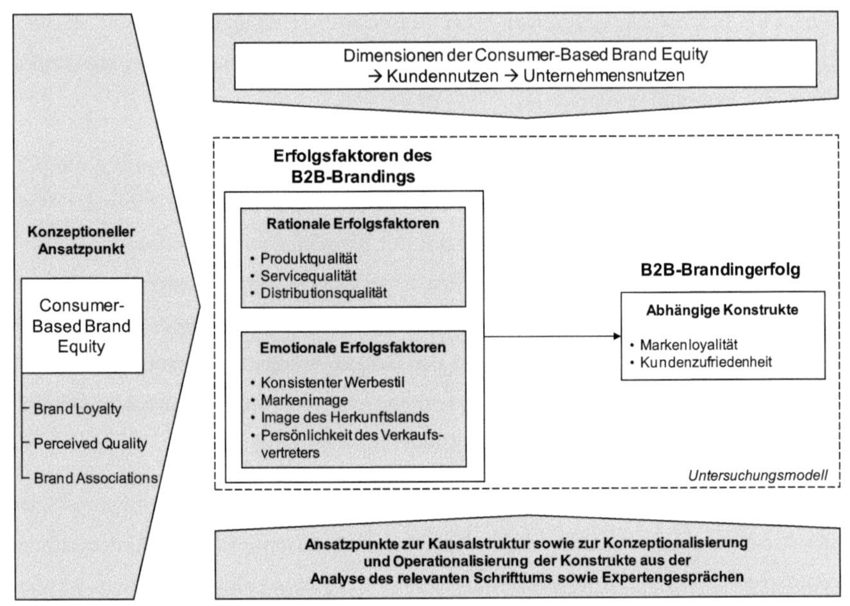

3.4. Konzeptionalisierung der Konstrukte

Auf der Grundlage der bisherigen Ausführungen zu den theoretischen Grundlagen dieser Untersuchung, den Ergebnissen der Analyse des relevanten Schrifttums und den auf dieser Basis durchgeführten exploratorischen Experteninterviews konnte ein heuristischer Bezugsrahmen entwickelt und im Verlauf sukzessiv mit Inhalten gefüllt werden. Kapitel 3.4 beinhaltet im Folgenden, aufbauend auf diesem heuristischen Bezugsrahmen, die Konzeptionalisierung der einzelnen Konstrukte des Untersuchungsmodells. Kapitel 3.4.1 befasst sich in diesem Kontext mit den (exogenen, unabhängigen) rationalen und emotionalen Erfolgsfaktoren des B2B-Brandings. Eine wichtige Rolle spielt hierbei die Beantwortung der Frage, warum innerhalb dieser Untersuchung die rationalen Erfolgsfaktoren als Dimensionen der Rationalen Markenqualität und die emotionalen Erfolgsfaktoren als Dimensionen der Emotionalen

Markenassoziationen konzeptionalisiert werden. Schließlich beinhaltet Kapitel 3.4.2 die Konzeptionalisierung des (endogenen, abhängigen) B2B-Branding-Erfolgs.

3.4.1. Konzeptionalisierung der Erfolgsfaktoren des B2B-Brandings

Bevor im Folgenden konkret auf die Konzeptionalisierung der rationalen und emotionalen Erfolgsfaktoren des B2B-Brandings fokussiert wird, sollen zuerst die verschiedenen Möglichkeiten der Konzeptionalisierung beleuchtet werden. Prinzipiell kann man innerhalb der Konzeptionalisierung theoretischer Konstrukte zwischen einer eindimensionalen und einer mehrdimensionalen (multidimensionalen) Vorgehensweise unterscheiden.[426] Eindimensionale Konstrukte beinhalten nur eine einzige Komponente beziehungsweise bilden immer nur einen Aspekt ab, während sich mehrdimensionale Konstrukte aus verschiedenen Dimensionen/Komponenten respektive Facetten formieren, die trennscharf, aber prinzipiell miteinander verwandt sind.[427]

Mehrdimensionale Konstrukte werden häufig auch als Second-Order-Konstrukte, also Konstrukte zweiter Ordnung, bezeichnet. Der Grund hierfür liegt in der Existenz eines übergeordneten Konstrukts (zweiter Ordnung), das über die Dimensionen der ersten Ordnung hinausgeht beziehungsweise sich aus diesen latenten Konstrukten konstituiert und sich entsprechend einer direkten Messbarkeit entzieht.[428] Abbildung 17 fasst die beiden Möglichkeiten der Konzeptionalisierung theoretischer Konstrukte überblicksartig zusammen.

Das Schrifttum spricht der Konzeptionalisierung unter dem Einsatz mehrdimensionaler Konstrukte diverse Vorteile zu.[429] So attestieren diverse Autoren mehrdimensionalen Konstrukten insbesondere einen hohen theoretischen Nutzen, da durch sie komplexe Phänomene holistisch abgebildet werden können. Dadurch können in einer Vielzahl der Anwendungsfälle einer mehrdimensionalen Konzeptionalisierung bedeutsame Fortschritte in der Weiterentwicklung von Theorien erzielt werden.[430]

---

[426] Vgl. auch im Folgenden Hattie (1985), S. 139 ff.; Giere/Wirtz/Schilke (2006), S. 678 ff.

[427] Vgl. Weiber/Mühlhaus (2010), S. 82; Mory (2014), S. 128.

[428] Vgl. Jarvis/MacKenzie/Podsakoff (2003), S. 204 f.; Schilke (2007), S. 80.

[429] Vgl. auch im Folgenden Giere/Wirtz/Schilke (2006), S. 679.

[430] Vgl. Roznowski/Hanisch (1990), S. 361; Ones/Viswesvaran (1996), S. 615 ff.; Edwards (2001), S. 148.

Abbildung 17: Eindimensionale versus mehrdimensionale Konzeptionalisierung theoretischer Konstrukte[431]

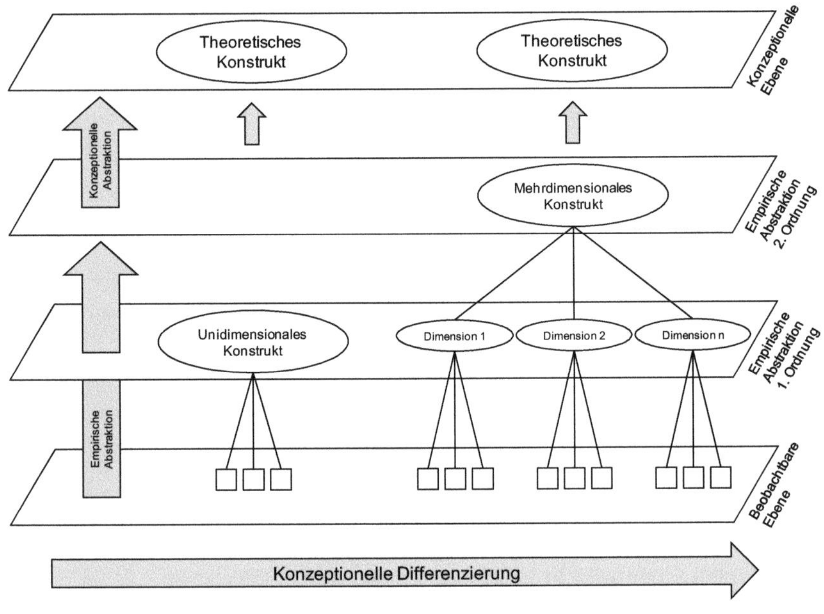

Darüber hinaus ermöglichen mehrdimensionale Konstrukte Forschern, eine große Anzahl an Einflussmöglichkeiten diversen Ergebnis- beziehungsweise Erfolgsgrößen gegenüberzustellen.[432] Ein weiterer Vorteil einer mehrdimensionalen Konzeptionalisierung von Konstrukten liegt in der Möglichkeit begründet, die Kovarianzen unter den Konstrukten erster Ordnung zu erläutern und eine Erhöhung der Varianz in den Dimensionen vorzunehmen.[433] Giere/Wirtz/Schilke (2006) merken bezüglich der Fragestellung, ob Konstrukte eindimensional oder mehrdimensional konzeptionalisiert werden sollten, an:

> *„Die Entscheidung, ein theoretisches Konstrukt unidimensional oder mehrdimensional zu konzeptionalisieren, ist letztlich davon abhängig, wie diffe-*

431 In Anlehnung an MacKenzie/Podsakoff/Jarvis (2005), S. 714 f.; Giere/Wirtz/Schilke (2006), S. 679.

432 Vgl. Schilke (2007), S. 80; Mory (2014), S. 129.

433 Vgl. Edwards (2001), S. 145.

renziert ein Sachverhalt im Rahmen des Forschungsvorhabens erfasst werden soll."[434]

Demnach wird die Entscheidung insbesondere durch die Bedeutung des zu konzeptionalisierenden theoretischen Konstrukts für die Untersuchung beeinflusst.[435] Weiteren Einfluss übt auch die Komplexität des Konstrukts aus: Die Existenz eines komplizierten beziehungsweise komplexen theoretischen Sachverhalts verhindert in der Regel eine eindimensionale Konzeptionalisierung.[436]

Innerhalb des relevanten B2B- sowie des B2C-Branding-Schrifttums, insbesondere im Rahmen der Arbeiten zu den jeweiligen Erfolgsfaktoren, haben sowohl die eindimensionale als auch die mehrdimensionale Konzeptionalisierung von Konstrukten Anwendung erfahren.[437] Während rein quantitativ betrachtet die Arbeiten überwiegen, die die Erfolgsfaktoren eindimensional konzeptionalisieren, kann in diesem Zusammenhang eine Tendenz zu einer mehrdimensionalen Konzeptionalisierung mit zunehmender Anzahl an Erfolgsfaktoren beziehungsweise steigender Komplexität des Untersuchungsmodells konstatiert werden.

Autoren wie zum Beispiel Cretu/Brodie (2007), die den Einfluss einer geringen Anzahl an Erfolgsfaktoren (Brand Image, Company Reputation, Product & Service Quality, Prices & Costs) auf abhängige Konstrukte wie Customer Value und Customer Loyalty untersuchen, verzichten auf eine mehrdimensionale Konzeptionalisierung.[438] Ein weiteres Beispiel für eine eindimensionale Konzeptionalisierung der Erfolgsfaktoren aus dem B2B-Branding ist die Arbeit von Davis/Golicic/Marquardt (2008), die den Einfluss des Bewusstseins einer Marke sowie des Markenimages auf den Markenwert untersucht.[439]

Neben der geringen Anzahl exogener, unabhängiger (Erfolgs-)Konstrukte weisen diese Arbeiten auch keine Differenzierung der Erfolgsfaktoren (rational versus emotional) auf. Vielmehr werden alle Erfolgsfaktoren gleichberechtigt und damit auf ei-

---

[434] Giere/Wirtz/Schilke (2006), S. 679.
[435] Vgl. MacKenzie/Podsakoff/Jarvis (2005), S. 713 f.
[436] Vgl. Subramanian (1996), S. 633 ff.; Hulland (1999), S. 196 ff.
[437] Vgl. auch Kapitel 2.3.
[438] Vgl. Cretu/Brodie (2007), S. 232.
[439] Vgl. Davis/Golicic/Marquardt (2008), S. 219.

ner Ebene konzeptionalisiert. Weitere Beispiele aus dem B2B-Branding, die dieser Vorgehensweise folgen, sind die Arbeiten von Davis-Sramek et al. (2009), Biedenbach/Marell (2010), Glynn (2010) und Baumgarth/Binckebanck (2011).[440]

Ein ähnliches Bild zeigt sich innerhalb des Schrifttums zum B2C-Branding. Arbeiten, die auf die Analyse einer kleinen Anzahl an Erfolgsfaktoren des Markenmanagements im Konsumgüterbereich fokussieren, basieren üblicherweise auf einer eindimensionalen Konzeptionalisierung. So verzichten beispielsweise Brakus/-Schmitt/ Zarantonello (2009) auf die Modellierung der Erfolgsfaktoren Markenpersönlichkeit und Markenerfahrung als Dimensionen eines übergeordneten Konstrukts und untersuchen vielmehr deren direkten Einfluss auf die Zufriedenheit und die Loyalität.[441]

Die gleiche Vorgehensweise wählen Chang/Liu (2009), die den Einfluss der Einstellung gegenüber einer Marke und des Markenimages auf den Markenwert, die Präferenz einer Marke sowie die Kaufintention analysieren.[442] Weitere Beispiele für eine eindimensionale Konzeptionalisierung der Erfolgsfaktoren des B2C-Brandings finden sich bei Chaudhuri/Holbrook (2001), Da Silva/Alwi (2006), Esch et al. (2006), Westlund/Källström/Parmler (2008), Brodie/Whittome/Brush (2009), Ha (2011) und Malär et al. (2011).[443] Neben der geringen Komplexität des jeweiligen Untersuchungsmodells dieser Arbeiten wird ähnlich wie bei den entsprechenden Arbeiten aus dem B2B-Branding-Schrifttum auf eine Unterscheidung zwischen rationalen und emotionalen Erfolgsfaktoren beziehungsweise Konstrukten, die aus der Perceived Quality-Dimension und Konstrukten, die aus der Brand Associations-Dimension hergeleitet werden, verzichtet.

Trotz der Dominanz an Arbeiten, die eine Konzeptionalisierung der Erfolgsfaktoren anhand eindimensionaler Konstrukte vornehmen, lassen sich im Branding-Schrifttum Belege dafür finden, dass bei zunehmender Komplexität des Untersuchungsmodells sowie einer Herleitung der Erfolgsfaktoren aus unterschiedlichen

---

440 Vgl. Davis-Sramek et al. (2009), S. 443; Biedenbach/Marell (2010), S. 449; Glynn (2010), S. 1228; Baumgarth/Binckebanck (2011), S. 490.

441 Vgl. Brakus/Schmitt/Zarantonello (2009), S. 66.

442 Vgl. Chang/Liu (2009), S. 1693.

443 Vgl. Chaudhuri/Holbrook (2001), S. 83; Da Silva/Alwi (2006), S. 297; Esch et al. (2006), S. 101; Westlund/Källström/Parmler (2008), S. 859 f.; Brodie/Whittome/Brush (2009), S. 347; Ha (2011), S. 40; Malär et al. (2011), S. 36.

Dimensionen des Consumer-Based Brand Equity Frameworks eine Konzeptionalisierung über Second-Order-Konstrukte sinnvoll sein kann. Ein Beispiel hierfür liefern innerhalb des B2C-Brandings Omidi et al. (2013), die die Dimensionen Sale, Net earning und Future earning unter das Second-Order-Konstrukt Financial variables und die Dimensionen Advertisement, Research & Development, The customer's loyalty und Mental image of value unter das Second-Order-Konstrukt Marketing variables fassen.[444] Die Arbeit differenziert zwischen monetären und marketingrelevanten Erfolgsfaktoren und liefert damit Hinweise für die Sinnhaftigkeit von Second-Order-Konstrukten bei Erfolgsfaktoren, die aus unterschiedlichen Dimensionen des Consumer-Based Brand Equity Frameworks hergeleitet werden.

Ein weiteres Beispiel findet sich bei Teck Ming et al. (2012), die aus der Perceived Quality-Dimension die Service Quality als Second-Order-Konstrukt, das sich aus den Dimensionen Tangibles, Responsiveness, Empathy, Assurance, Recovery und Knowledge konstituiert, konzeptionalisieren.[445] Schließlich konzeptionalisieren auch Wang/Tang (2009) die Extrinsic Brand Attributes mit ihren Dimensionen Price, User Image, Usage Image und Brand Personality als Second-Order-Konstrukt.[446]

Nach Christodoulides et al. (2006) wirken die fünf Second-Order-Konstrukte Emotional Connection, Online Experience, Responsive Service Nature, Trust und Fulfilment positive auf den Markenwert (Brand Equity), wobei sich die Emotional Connection aus den drei Dimensionen Affiliation, Care und Empathy konstituiert.[447] Die insgesamt zwölf Erfolgsfaktoren werden also in fünf Konstrukten höherer Ordnung zusammengefasst. Somit liefern Christodoulides et al. (2006) einen weiteren Hinweis auf die Sinnhaftigkeit von Second-Order-Konstrukten bei einer großen Anzahl von Erfolgsfaktoren beziehungsweise bei Untersuchungsmodellen, die eine hohe Komplexität aufweisen. Ein weiteres Beispiel hierfür findet sich außerdem bei Park et al. (2010b).[448]

---

[444] Vgl. Omidi et al. (2013), S. 1185 f.
[445] Vgl. Teck Ming et al. (2012), S. 63.
[446] Vgl. Wang/Tang (2009), S. 199.
[447] Vgl. Christodoulides et al. (2006), S. 810.
[448] Vgl. Park et al. (2010b), S. 9.

Auf der Basis des Überblicks sowohl an Arbeiten, die eine eindimensionale Konzeptionalisierung der Erfolgsfaktoren vornehmen, als auch an Arbeiten, die eine mehrdimensionale Konzeptionalisierung der Erfolgsfaktoren praktizieren, kann festgehalten werden, dass die Tendenz hin zu einer mehrdimensionalen Konzeptionalisierung auf der Basis verschiedener Ansatzpunkte geht. Beinhalten beispielsweise Untersuchungsmodelle eine große Anzahl an Erfolgsfaktoren, wird eine mehrdimensionale Konzeptionalisierung gewählt. Werden darüber hinaus mehrere Facetten oder Bereiche untersucht, die klar voneinander abzugrenzen sind (beispielsweise monetäre versus marketingrelevante Erfolgsfaktoren bei Omidi et al. (2013)), wird tendenziell auch auf eine mehrdimensionale Konzeptionalisierung zurückgegriffen.

Vor dem Hintergrund dieser Ausführungen sollen innerhalb dieser Untersuchung sowohl die rationalen als auch die emotionalen Erfolgsfaktoren als Dimensionen eines jeweils übergeordneten Second-Order-Konstrukts konzeptionalisiert werden. Eine Konzeptionalisierung über Second-Order-Konstrukte erscheint angemessen, weil es sich bei den rationalen und emotionalen Erfolgsfaktoren um eine sehr komplexe Fragestellung handelt, deren Lösung einer Vorgehensweise bedarf, die im Kontext der Erfolgsfaktorenarbeiten im B2B-Branding bisher noch keine Anwendung erfahren hat. So hat das Schrifttum hauptsächlich, je nach Untersuchungsschwerpunkt, auf einzelne Aspekte der rationalen sowie emotionalen Erfolgsfaktoren fokussiert.[449]

Aufgrund dieses Befunds und der zu erwartenden Komplexität des zu konzeptionalisierenden Untersuchungsmodells erscheint der Einsatz von Second-Order-Konstrukten ratsam. Die Untersuchung folgt damit der im Schrifttum verbreiteten Vorgehensweise bei der theoretischen Konzeptionalisierung eines Modells von ähnlicher Komplexität.[450] Ein weiterer Grund für die Verwendung von Second-Order-Konstrukten liegt in der zentralen Bedeutung beziehungsweise dem hohen Stellenwert der Unterscheidung zwischen den rationalen und den emotionalen Erfolgsfaktoren innerhalb dieser Arbeit, da deren Konzeptionalisierung eine sehr prominente Stellung innerhalb des Forschungsverlaufs einnimmt.

Deshalb sollen für diese Untersuchung die rationalen Erfolgsfaktoren und die emotionalen Erfolgsfaktoren des B2B-Brandings als Dimensionen der Second-Order-

[449] Vgl. Kapitel 2.3.

[450] Vgl. Law/Wong (1999), S. 145; Edwards (2001), S. 187.

Konstrukte Rationale Markenqualität und Emotionale Markenassoziationen konzeptionalisiert werden: Alle rationalen Erfolgsfaktoren, die aus dem relevanten Branding-Schrifttum deduziert wurden und deren rationale Beurteilung innerhalb der Expertengespräche bestätigt wurden, lassen sich aus der Perceived Quality-Dimension Brand Equiy Frameworks ableiten.[451] Desweiteren können alle emotionalen Erfolgsfaktoren, die aus dem Schrifttum hergeleitet wurden und denen eine emotionale Bewertung auch seitens der Experten zugesprochen wurde, aus der Brand Associations-Dimension des Brand Equity Frameworks nach konzeptionalisiert werden.[452]

Im Folgenden sollen daher auf der Basis der theoretischen (Vor-)Überlegungen, der Analyse des relevanten B2B- und B2C-Branding-Schrifttums sowie dem Ergebnis der Expertengespräche die Dimensionen der Second-Order-Konstrukte Rationale Markenqualität und Emotionale Markenassoziationen konzeptionalisiert werden.

3.4.1.1. Konzeptionalisierung des Konstrukts Rationale Markenqualität

Im Folgenden wird die Konzeptionalisierung der rationalen Erfolgsfaktoren des B2B-Brandings vorgenommen. In diesem Zusammenhang sollen insbesondere die Ergebnisse der strukturierten Analyse des relevanten B2B- und B2C-Branding-Schrifttums (Kapitel 3.2.1) sowie der Input der Experten, der im Rahmen der exploratorischen Expertengespräche (Kapitel 3.3.1) generiert wurde, Berücksichtigung erfahren. Auf der Basis dieser Vorgehensweise konnte ermittelt werden, dass im Kontext des B2B-Brandings der Produktqualität, der Servicequalität und der Distributionsqualität eine hohe Relevanz zugesprochen werden muss.

Vor diesem Hintergrund sollen diese drei rationalen Erfolgsfaktoren die Dimensionen des Second-Order-Konstrukts Rationale Markenqualität konstituieren, da diese alle aus der dritten Dimension des Consumer-Based Brand Equity Frameworks, der Perceived Quality, hergeleitet beziehungsweise konzeptionalisiert werden können.[453] Darüber hinaus wird eine Konzeptionalisierung der Produktqualität, der Servicequalität und der Distributionsqualität als Dimensionen der Rationalen Markenqualität

[451] Vgl. Kapitel 3.1.4.3 sowie Kapitel 3.2.1 und Kapitel 3.3.1.
[452] Vgl. Kapitel 3.1.4.4 sowie Kapitel 3.2.1 und Kapitel 3.3.1.
[453] Vgl. Kapitel 3.1.4.3 sowie Kapitel 3.2.1 und Kapitel 3.3.1.

vorgenommen, um den innerhalb von Kapitel 3.4.1 dargestellten Vorteilen einer Konzeptionalisierung mittels Konstrukten höherer Ordnung Rechnung zu tragen.

- **Produktqualität**

Eine erste Erfolgsdimension des mehrdimensionalen Konstrukts Rationale Markenqualität stellt innerhalb dieser Untersuchung die Produktqualität dar. Es handelt sich dabei um einen sowohl im B2C- als auch im B2B-Branding häufig abgefragten und damit um einen etablierten Erfolgsfaktor.[454] So kann der Produktqualität auch in einem B2B-spezifischen Kontext ein positiver Einfluss auf die Beurteilung der Marke seitens der Entscheider beziehungsweise Einkäufer zugesprochen werden.[455] Generell werden sich, unabhängig von weiteren Erfolgsdimensionen, Kunden nur dann für den (Wieder-)Kauf einer Marke entscheiden, wenn die Qualität des Produkts in ihrer Wahrnehmung mindestens das Niveau von vergleichbaren Konkurrenzprodukten aufweist beziehungsweise dieses übertrifft.

Als Ansatzpunkte zur Beurteilung der Qualität von Produkten stehen Einkäufern verschiedene sogenannte Qualitätsdimensionen zur Verfügung.[456] Zu diesen Qualitätsdimensionen zählen unter anderem die Leistung(-sfähigkeit), die Funktionsfähigkeit, die Zuverlässigkeit, die Haltbarkeit beziehungsweise Lebensdauer sowie die Fertigungsqualität und Verarbeitung von Produkten.

Je nach Beschaffungssituation und individuellen Präferenzen der beschaffenden Unternehmen werden diese Dimensionen unterschiedlich stark gewichtet. Somit ergeben sich sowohl unternehmens- und beschaffungssituationsspezifische Ansprüche als auch Beurteilungen der Qualität von Produkten. Folglich handelt es sich bei dem Begriff Produktqualität um die

> *„Übereinstimmung von Leistungen mit Ansprüchen. […] Entscheidend ist, was die Anspruchsteller vor dem Hintergrund ihrer Anforderungen wahr-*

---

454 Vgl. zum Beispiel Kim et al. (1999), S. 68 ff.; Morgan (2000), S. 70; Hellier et al. (2003), S. 1765; Bennett/Härtel/McColl-Kennedy (2005), S. 98 ff.; van Riel/Mortanges/Streukens (2005), S. 843 f.; Da Silva/Alwi (2006), S. 297 ff.; Cretu/Brodie (2007), S. 234 ff.; Herrmann et al. (2007), S. 534; Jensen/Klastrup (2008), S. 123 f.; Holehonnur et al. (2009), S. 169; Tong/Hawley (2009), S. 264; Chen/Tseng (2010), S. 27; Pike et al. (2010), S. 439; Baumgarth/Binckebanck (2011), S. 490; Chen/Su/Lin (2011), S. 1235; Chen/Su (2012), S. 60.

455 Vgl. auch im Folgenden Baumgarth/Binckebanck (2011), S. 489 f.

456 Vgl. auch im Folgenden Garvin (1984), S. 41 ff.; Garvin (1987), S. 101 ff.; Aaker (1991), S. 90 ff.

nehmen und für wichtig halten. […] Qualität ist ein Gesamteindruck aus Teilqualitäten (z.B. funktionale Qualität, technische Qualität, Dauerqualität, Integralqualität oder ökologische Qualität), die sich bei jeder differenzierbaren Eigenschaft eines Produkts bilden lassen."[457]

Aufgrund der Greifbarkeit (Tangibility) und der daraus resultierenden Messbarkeit eines Großteils dieser Qualitätsdimensionen wird die Produktqualität prinzipiell einer eher rationalen Beurteilung seitens der Nachfrager unterzogen.[458] So kann beispielsweise die Qualitätsdimension Zuverlässigkeit eines B2B-spezifischen Produkts wie einer Maschine durch eine Analyse der Ausfallzeiten beziehungsweise der Zeitspanne, in der die Maschine funktionsbedingt nicht im Einsatz war, protokolliert, ausgewertet und abschließend aufgrund dieser Daten bewertet werden.

Ähnliches gilt beispielsweise auch für die Lebensdauer von Produkten, die relativ einfach zu quantifizieren ist. Bezüglich der rationalen Beurteilung der Produktqualität merken Iyer/Kuksov (2010) an:

„[…] rational consumers are able to fully solve back for the true product quality."[459]

Auf der Grundlage der Analyse des relevanten Branding-Schrifttums (Kapitel 3.2.1), den Ergebnissen der exploratorischen Expertengespräche (Kapitel 3.3.1) sowie den bisherigen Ausführungen soll von der folgenden ersten Untersuchungshypothese ausgegangen werden:

H_1: Das latente Konstrukt ‚Produktqualität' ist eine Manifestation des mehrdimensionalen Konstrukts ‚Rationale Markenqualität'.

Eine weitere Erfolgsdimension, die im Folgenden aus der dritten Dimension (Perceived Quality) des Consumer-Based Brand Equity Frameworks hergeleitet respektive konzeptionalisiert werden soll, ist die Servicequalität.

---

457 Springer Gabler Verlag (2014a).

458 Vgl. auch im Folgenden McDowell Mudambi/Doyle/Wong (1997), S. 438 f.; Lynch/Chernatony (2007), S. 124 ff.; Jensen/Klastrup (2008), S. 123 ff.; Iyer/Kuksov (2010), S. 137 ff. Vgl. zur rationalen Beurteilung der Produktqualität außerdem Kapitel 3.1.4.3 und Kapitel 3.1.4.5 sowie Kapitel 3.3.1.

459 Iyer/Kuksov (2010), S. 140.

- **Servicequalität**

Analog zur Produktqualität stellt auch die Servicequalität einen etablierten Erfolgsfaktor innerhalb des Schrifttums im B2B-Brandings dar, der sich auf die Einstellung industrieller Kunden, deren Kaufverhalten und damit indirekt auf den finanziellen Unternehmenserfolg auswirkt.[460] Häufig werden beide Erfolgsfaktoren aufgrund ihrer engen Beziehung zueinander zusammen konzeptionalisiert und abgefragt.[461]

Der Grund hierfür liegt in der Tendenz, dass viele Forscher Serviceangebote als Bestandteil des Standardangebots beziehungsweise als eine Erweiterung des eigentlichen unternehmerischen Leistungskerns, also dem Angebot des physischen Produkts, betrachten.[462] Ein Beispiel in diesem Kontext stellen technische Supportangebote beziehungsweise Reparaturleistungen bei Beschädigungen der Maschinen dar. Aufgrund der Komplexität vieler Maschinen werden beispielsweise auch Wartungsarbeiten teilweise nur von qualifizierten Mitarbeitern des Maschinenherstellers durchgeführt.

Eine wichtige Serviceleistung des Maschinenherstellers kann auch in der fachmännischen und sachgerechten Installation und Inbetriebnahme einer Maschine liegen. Darüber hinaus bilden Schulungen für diejenigen Mitarbeiter, deren Aufgabe die Bedienung einer Maschine im täglichen Produktionsprozess darstellt, einen weiteren Bestandteil des Herstellersupports. Allgemein widmet sich die Servicequalität der Fragestellung,

> *„how well the core services undertaken by one partner in the relationship are actually performed compared to the expectation of how well the service should be performed."*[463]

---

[460] Vgl. zum Beispiel Zeithaml/Berry/Parasuraman (1996), S. 33; van Riel/Mortanges/Streukens (2005), S. 843 f.; Cretu/Brodie (2007), S. 234 ff.; Roberts/Merrilees (2007), S. 412; Jensen/Klastrup (2008), S. 123 f.; Brodie/Whittome/Brush (2009), S. 347 f.; Davis-Sramek et al. (2009), S. 442 f.; Chen/Su/Lin (2011), S. 1235; Chen/Su (2012), S. 60.

[461] Vgl. zum Beispiel van Riel/Mortanges/Streukens (2005), S. 843 f.; Cretu/Brodie (2007), S. 234 f.; Jensen/Klastrup (2008), S. 123 f.; Chen/Su/Lin (2011), S. 1235; Chen/Su (2012), S. 60.

[462] Vgl. auch im Folgenden McDowell Mudambi/Doyle/Wong (1997) , S. 439; Kuhn/Alpert/Pope (2008), S. 41 ff.

[463] Roberts/Merrilees (2007), S. 412 f.

Die Servicequalität bildet somit zunehmend, zusammen mit der Produktqualität, eine wichtige Grundlage für Unternehmen, um in der Wahrnehmung der Einkäufer beziehungsweise Entscheider Vorteile gegenüber relevanten Mitbewerbern in einem industriellen Umfeld generieren zu können.[464] Insbesondere vor dem Hintergrund einer zunehmenden Kommoditisierung von Produktangeboten aufgrund der Globalisierung sowie dem Siegeszug des E-Commerce kann ein überlegenes, produktbegleitendes Serviceangebot ein wichtiges Differenzierungsmerkmal implizieren.[465]

Analog zur Produktqualität wird die Servicequalität einer rationalen Bewertung seitens der Geschäftskunden beziehungsweise der Einkäufer der Maschinen unterzogen.[466] Die rationale Bestimmung der Servicequalität basiert auf der Quantifizierbarkeit der angebotenen Leistungen. So können beispielsweise die Qualität durchgeführter Installationen von Maschinen, Reparaturen und Wartungen beziehungsweise deren Dauer sowie Präzision akkurat gemessen werden.[467] Bezüglich der rationalen Beurteilungsmöglichkeiten der Servicequalität und dessen materiellen Bestandteilen konstatieren außerdem McDowell Mudambi/Doyle/Wong (1997):

> *„A tangible checklist can identify which services are offered, the times and number of staff available, and coverage of financial guarantees."*[468]

Vor dem Hintergrund der Auswertung des relevanten Branding-Schrifttums (Kapitel 3.2.1), dem Output der exploratorischen Expertengespräche (Kapitel 3.3.1) sowie der bisherigen Ausführungen soll die folgende zweite Untersuchungshypothese abgeleitet werden:

H_2: Das latente Konstrukt ‚Servicequalität' ist eine Manifestation des mehrdimensionalen Konstrukts ‚Rationale Markenqualität'.

Einen weiteren Aspekt innerhalb der dritten Dimension des Consumer-Based Brand Equity Frameworks beinhaltet die Distributionsleistung der produzierenden Indust-

---

464 Vgl. Alvarez/Galera (2001), S. 14; van Riel/Mortanges/Streukens (2005), S. 843.

465 Vgl. Mudambi (2002), S. 525 ff.

466 Vgl. McDowell Mudambi/Doyle/Wong (1997), S. 438 f.; Jensen/Klastrup (2008), S. 123. Vgl. zur rationalen Beurteilung der Servicequalität außerdem Kapitel 3.1.4.3 und Kapitel 3.1.4.5 sowie Kapitel 3.3.1.

467 Vgl. Parasuraman/Zeithaml/Berry (1985), S. 42 ff.; Aaker (1991), S. 91.

468 McDowell Mudambi/Doyle/Wong (1997), S. 439.

rieunternehmen. Bei der Distributionsqualität handelt es sich somit um die dritte Manifestation des mehrdimensionalen Konstrukts Rationale Markenqualität.

- **Distributionsqualität**

Die Distributionsqualität ist bereits diverse Male als Erfolgsfaktor im Rahmen des B2C-Brandings konzeptionalisiert worden.[469] Darüber hinaus hat die Distributionsqualität auch innerhalb des B2B-Brandings eine hohe Verbreitung erfahren.[470] McDowell Mudambi/Doyle/Wong (1997) sprechen in einem industriellen Umfeld sogar von einem kritischen Erfolgsfaktor.[471] Nach Specht (2004) handelt es sich bei der Distributionsqualität um

„*ein zentrales Erfolgspotenzial der Unternehmung.*“[472]

In einem B2B-spezifischen Zusammenhang vereint die Distributionsqualität unter anderem Aspekte des Bestellvorgangs, der Verfügbarkeit und der Lieferung von Produkten an industrielle Kunden beziehungsweise Unternehmen. Darüber hinaus werden auch dem Bestellvorgang selbst sowie den Vorgängen der Zahlungsabwicklung Einfluss auf die Distributionsqualität zugesprochen.[473] Prinzipiell ist die Distributionsqualität vor allem von dem Objekt der Distribution und somit von den Materialeigenschaften, den technisch-funktionalen Eigenschaften sowie der technischen Komplexität des zu distribuierenden Produkts abhängig.[474]

Je schneller und effizienter die Distributionsleistung eines Anbieters in den Augen der industriellen Kunden wahrgenommen wird, desto eher werden diese mit ihrer Wahl zufrieden sein und den Anbieter im Rahmen zukünftiger Kaufentscheidungen erneut wählen.[475] Ein Grund hierfür liegt in den Produktionsunterbrechungen, die

---

469 Vgl. zum Beispiel Christodoulides et al. (2006), S. 810; Ha (2011), S. 35 f.; Alex (2012), S. 30.

470 Vgl. zum Beispiel McDowell Mudambi/Doyle/Wong (1997), S. 439; van Riel/Mortanges/Streukens (2005), S. 843; Chen/Su (2012), S. 60.

471 Vgl. McDowell Mudambi/Doyle/Wong (1997), S. 439.

472 Specht (2004), S. 829.

473 Vgl. McDowell Mudambi/Doyle/Wong (1997), S. 439; van Riel/Mortanges/Streukens (2005), S. 843; Persson (2010), S. 1270.

474 Vgl. Specht (2004), S. 839 f.

475 Vgl. McQuiston (2004), S. 351 f.; van Riel/Mortanges/Streukens (2005), S. 843.

bei einer mangelhaften Distributionsqualität seitens des Zulieferers, beispielsweise von Maschinen, die zur Produktion benötigt werden, auftreten können.[476]

Somit kann eine adäquate Distributionsqualität einen bedeutsamen Wettbewerbsvorteil für industrielle Unternehmen implizieren. Der Begriff Distributionsqualität wird im Schrifttum teilweise als Quotient aus gewichteter und numerischer Distribution definiert.[477] Allerdings soll im Weiteren folgende Definition in Anlehnung an Meffert/Burmann/Kirchgeorg (2012) Anwendung erfahren.

> *Die Distributionsqualität bezieht sich auf die Qualität der „Gesamtheit aller Entscheidungen und Handlungen, welche die Verteilung (engl.) distribution) von materiellen und/oder immateriellen Leistungen […] von der Produktion zur Konsumtion bzw. gewerblichen Verwendung betreffen."*[478]

Ebenso wie die Produkt- und Servicequalität erfolgt die Beurteilung der Distributionsqualität durch industrielle Käufer generell rational.[479] Der Grund hierfür liegt in der Existenz materieller Beurteilungsmöglichkeiten der Distributionsqualität. So können beispielsweise die benötigte Liefer- beziehungsweise Vorlaufzeit einer Bestellung oder die Anzahl an zu spät eintreffenden Lieferungen quantifiziert werden. Beispielsweise ist auch die Existenz eines Online-Orderwesens materieller Natur.[480] In Bezug auf die rationale Bewertung der Distributionsqualität merken Hatch/Schultz (2008) an:

> *„Market behavior […] are rational considerations that can be measured objectively with ease. Market behavior represents the brand's standing with customers using traditional economic measures like market share, price, and distribution […]."*[481]

---

[476] Vgl. Beverland/Napoli/Yakimova (2007), S. 396.

[477] Vgl. zum Begriff der Distributionsqualität zum Beispiel Runia et al. (2011), S. 221 f.

[478] Meffert/Burmann/Kirchgeorg (2012), S. 543.

[479] Vgl. McDowell Mudambi/Doyle/Wong (1997), S. 439; Hatch/Schultz (2008), S. 34. Vgl. zur rationalen Beurteilung der Distributionsqualität außerdem Kapitel 3.1.4.3 und Kapitel 3.1.4.5 sowie Kapitel 3.3.1.

[480] Vgl. McDowell Mudambi/Doyle/Wong (1997), S. 439.

[481] Hatch/Schultz (2008), S. 34.

Vor dem Hintergrund der bisherigen Ausführungen sowie der Analyse des relevanten Branding-Schrifttums (Kapitel 3.2.1) sowie den Ergebnissen der exploratorischen Expertengespräche (Kapitel 3.3.1) soll von folgender dritter Untersuchungshypothese ausgegangen werden:

H_3: Das latente Konstrukt ‚Distributionsqualität' ist eine Manifestation des mehrdimensionalen Konstrukts ‚Rationale Markenqualität'.

Bei den drei bisher konzeptionalisierten Erfolgsfaktoren Produktqualität, Servicequalität und Distributionsqualität handelt es sich nach der Durchsicht des Schrifttums sowie der Durchführung der exploratorischen Experteninterviews um die bedeutsamsten Dimensionen des mehrdimensionalen Konstrukts Rationale Markenqualität.[482] Die nachfolgende Untersuchungshypothese fasst diese Erkenntnis zusammen:

H_4: Die ‚Rationale Markenqualität' kann als ein latentes Konstrukt zweiter Ordnung mit den drei Dimensionen ‚Produktqualität', ‚Servicequalität' und ‚Distributionsqualität' konzeptionalisiert werden.

Nach Abschluss der Konzeptionalisierung des mehrdimensionalen Konstrukts Rationale Markenqualität illustriert Abbildung 18 den aktuellen Stand der mehrstufigen Modellentwicklung und ordnet die bisher konzeptionalisierten Erfolgsfaktoren in den Kontext des bisherigen heuristischen Bezugsrahmens ein.

482 In diesem Zusammenhang muss allerdings angemerkt werden, dass es sich bei den Erfolgsfaktoren Produktqualität, Servicequalität und Distributionsqualität zwar um bedeutende Manifestationen des mehrdimensionalen Konstrukts Rationale Markenqualität handelt, prinzipiell aber noch weitere Erfolgsfaktoren aus der dritten Dimension des Consumer-Based Brand Equity Frameworks nach Aaker (1991), Perceived Quality, konzeptionalisiert werden könnten. Diese Erkenntnis verbietet auch die formative Modellierung des mehrdimensionalen Konstrukts Rationale Markenqualität.

Abbildung 18: Aktueller Stand der mehrstufigen Modellentwicklung

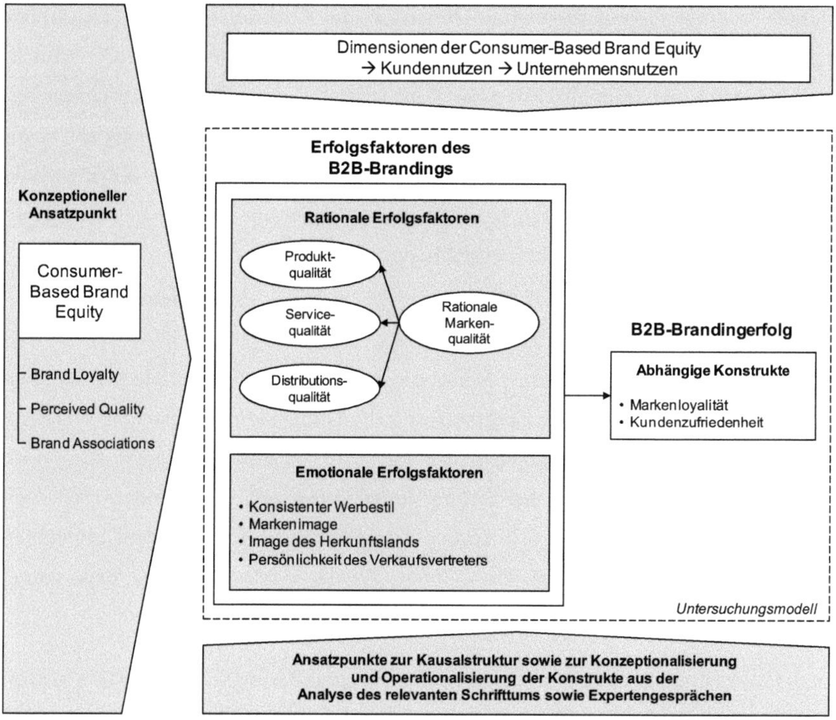

3.4.1.2. Konzeptionalisierung des Konstrukts Emotionale Markenassoziationen

Im Folgenden sollen, analog zur Vorgehensweise bei der Herleitung der rationalen Erfolgsfaktoren, die emotionalen Erfolgsfaktoren des B2B-Brandings konzeptionalisiert werden. In diesem Kontext sollen wiederum die Ergebnisse der strukturierten Analyse des relevanten B2B- und B2C-Branding-Schrifttums (Kapitel 3.2.1) sowie die Ergebnisse der exploratorischen Expertengespräche (Kapitel 3.3.1) herangezogen werden. Auf der Grundlage dieses Prozederes wurde ermittelt, dass im Umfeld des B2B-Brandings dem Konsistenten Werbestil, dem Markenimage, dem Image des Herkunftslands und der Persönlichkeit des Verkaufsvertreters eine hohe Relevanz beigemessen werden kann.

Auf der Basis dieser Erkenntnisse sollen die vier emotionalen Erfolgsfaktoren die Dimensionen des Second-Order-Konstrukts Emotionale Markenassoziationen konstituieren, da diese alle aus der vierten Dimension des Consumer-Based Brand Equity Frameworks, den Brand Associations, konzeptionalisiert werden können.[483] Schließlich wird eine Konzeptionalisierung des Konsistenten Werbestils, des Markenimages, des Images des Herkunftslands und der Persönlichkeit des Verkaufsvertreters als Dimensionen der Emotionalen Markenassoziationen praktiziert, um die innerhalb von Kapitel 3.4.1 identifizierten Vorteile einer Konzeptionalisierung mittels Konstrukten höherer Ordnung zu berücksichtigen.

- **Konsistenter Werbestil**

Die erste Manifestation des mehrdimensionalen Konstrukts Emotionale Markenassoziationen soll innerhalb dieser Untersuchung die Dimension Konsistenter Werbestil darstellen. Der Erfolgsfaktor Konsistenter Werbestil hat bisher weder im B2C- noch im B2B-Brandingspezifischen Schrifttum Anwendung erfahren, sondern soll vielmehr auf der Basis entfernt verwandter Erfolgsfaktoren, die aus dem relevanten Branding-Schrifttum deduziert sowie innerhalb der exploratorischen Expertengespräche verifiziert wurden, Bestandteil des Untersuchungsmodells sein.[484]

Bei der Werbung allgemein handelt es sich aus Budgetierungssicht um das wichtigste und bedeutsamste Kommunikationsinstrument innerhalb des klassischen Marketing-Mix.[485] Der Grund hierfür liegt in der Vielzahl an potenziellen Einsatzmöglichkeiten und der daraus resultierenden großen Reichweite. Das Branding-Schrifttum fokussiert innerhalb der Erfolgsfaktorenforschung bisher hauptsächlich auf die (wahrgenommene) Höhe der Ausgaben für Werbung.[486] Weitere Faktoren, deren positiver Einfluss auf den Brandingerfolg nachgewiesen wurde, lauten beispielsweise Wahrnehmung der Werbung (Ad Cognition) oder Einstellung gegenüber der Werbung (Attitude towards the Ad).[487]

---

483 Vgl. Kapitel 3.1.4.4 sowie Kapitel 3.2.1 und Kapitel 3.3.1.

484 Vgl. Kapitel 3.2.1 sowie Kapitel 3.3.1 und Kapitel 3.3.2.

485 Vgl. auch im Folgenden Meffert/Burmann/Kirchgeorg (2012), S. 623.

486 Vgl. zum Beispiel Simon/Sullivan (1993), S. 33 ff.; Boulding/Lee/Staelin (1994), S. 161 ff.; Villarejo-Ramos/Sánchez-Franco (2005), S. 432 f.; Ha (2011), S. 34 f.; Alex (2012), S. 30.

487 Vgl. Jones/Damon Aiken/Boush (2009), S. 250 ff.

Während also bisher eher die monetären Aufwendungen der produzierenden Unternehmen für Werbezwecke adressiert wurden, spielt die inhaltliche Bewertung der die Werbung rezipierenden Kunden beziehungsweise Unternehmen im Schrifttum bisher nur eine untergeordnete Rolle. Dabei kann die Werbung nach Aaker (1991) als Kommunikationsinstrument Assoziationen und damit einhergehend positive Gefühle und Einstellungen bei den Nachfragern erzeugen, die diese auf die beworbene Marke transferieren. Somit können die durch die Werbung erzeugten Assoziationen die Grundlage für Kaufentscheidungen und Markenloyalität bilden.[488]

Der Begriff des Werbestils als charakteristisches Alleinstellungsmerkmal einer Werbekampagne wurde durch Seyffert (1966) geprägt.[489] Der Werbestil fokussiert demnach auf die spezifische Ausgestaltung der zu vermittelnden Werbebotschaft. In diesem Kontext versteht man unter Stil ein

> *„[...] gleichbleibendes Verhalten, das sich eindeutig, unverwechselbar, prägnant und geschlossen von anderen Stilen bzw. Verhaltensweisen abhebt und distanziert [...]."*[490]

Der Term Konsistenz zielt auf die Stimmigkeit und Geschlossenheit eines Werbestils über einen längeren Zeitraum hinweg ab. So stellt Aaker (1991) fest:

> *„If the advertising is working, stick with it. [...] the value of consistency through time cannot be overestimated. Some of the very successful, big-budget campaigns have run for 10, 20, or even 30 years. Some of the most ineffective have generated a new campaign annually. A common mistake is to underestimate the task of creating a new set of associations. Another is to believe that customers are bored with the current advertising, and even the positioning, and that a change is needed to freshen it all up."*[491]

Durch die Überführung des allgemeinen Erfolgsfaktors Werbung in den Konsistenten Werbestil wird insbesondere dem Input der Experten Rechnung getragen: Die exploratorischen Expertengespräche ergaben, dass nicht der konkrete Inhalt einer

---

488 Vgl. Aaker (1991), S. 112.
489 Vgl. auch im Folgenden Seyffert (1966), S. 951; Esch (2010), S. 28.
490 Bergler (1963), S. 97.
491 Aaker (1991), S. 173.

einmaligen Werbekampagne, sondern die Wiedererkennung aufgrund eines ähnlichen Inhalts diverser Kampagnen im Zeitverlauf positive Emotionen bezüglich der Konsistenz erzeugen und im Ergebnis positiv auf den B2B-Brandingerfolg wirken.[492]

Somit bestätigten die exploratorischen Expertengespräche auch die Annahme, dass Werbekampagnen beziehungsweise deren Inhalte ganz allgemein einer emotionalen Betrachtung und Bewertung seitens der Adressaten der Werbekampagnen unterliegen.[493] So entstehen bei den Empfängern von Werbebotschaften Emotionen, die über das Mögen oder das Nichtmögen einer Werbemaßnahme hinausgehen.[494] Hollis (2010) merkt bezüglich der Wahrnehmung sowie der Bewertung von Werbung seitens deren Adressaten an:

„[…] in fact, every ad generates an emotional response […]."[495]

Zusammenfassend kann dem Erfolgsfaktor Konsistenter Werbestil somit ein positiver Einfluss auf die emotionale Bewertung von Marken seitens der die Werbekampagnen rezipierenden Entscheidungsträger von beschaffenden Unternehmen in einem industriellen Umfeld zugesprochen werden, da eine konsistente Markenpositionierung über Werbung den Markenwert zu erhöhen vermag.[496] Vor dem Hintergrund dieser Ausführungen, der Analyse des Branding-Schrifttums (Kapitel 3.2.1) sowie insbesondere den Erkenntnissen der exploratorischen Expertengespräche (Kapitel 3.3.1 beziehungsweise Kapitel 3.3.2) soll folgende fünfte Hypothese mit in die Untersuchung aufgenommen werden:

H_5: Das latente Konstrukt ‚Konsistenter Werbestil' ist eine Manifestation des mehrdimensionalen Konstrukts ‚Emotionale Markenassoziationen'.

Als weiterer Erfolgsfaktor innerhalb der Emotionalen Markenassoziationen soll im Folgenden das Markenimage auf der Basis der vierten Dimension des Consumer-Based Brand Equity Frameworks einer genaueren Betrachtung unterzogen und konzeptionalisiert werden.

---

492 Vgl. Kapitel 3.3.1.

493 Vgl. zum Beispiel Holbrook/Batra (1987), S. 404 ff.; Rossiter/Bellman (2012), S. 291 ff. Vgl. zur emotionalen Beurteilung des Konsistenten Werbestils außerdem Kapitel 3.1.4.4 und Kapitel 3.1.4.5 sowie Kapitel 3.3.1.

494 Vgl. Holbrook/Hirschman (1982), S. 137; Holbrook/Batra (1987), S. 405.

495 Hollis (2010).

496 Vgl. Aaker (1991), S. 173.

- **Markenimage**

Innerhalb der Erfolgsfaktorenforschung besitzt das Markenimage sowohl im B2C- als auch im B2B-Branding-Schrifttum eine überaus prominente Stellung. So wurde das Markenimage bereits als Erfolgsfaktor konzeptionalisiert und operationalisiert.[497] Der Grund hierfür liegt in dem positiven Einfluss, den das Markenimage auf den Markenwert sowie die Markenloyalität und damit einhergehend allgemein auf den Erfolg einer Marke hat.[498]

Nach Aaker (1991) handelt es sich bei dem Markenimage um eine Reihe von Assoziationen, die Kunden in einer logischen Anordnung gedanklich mit einer Marke verbinden.[499] Diese Assoziationen werden in der Regel ungefiltert auf das jeweilige Produktangebot übertragen.[500]

Sie beinhalten ganz allgemein bestimmte Eigenschaften und Vorzüge, die eine bestimmte Marke aufweist, und die sie gegenüber anderen Marken abgrenzbar machen.[501] In diesem Zusammenhang muss das Markenimage nicht nur einen gewissen Wert sowie Relevanz für den einzelnen Entscheider eines Industrieunternehmens aufweisen, sondern vielmehr übergeordnete Charakteristika beinhalten, die für alle Mitglieder industrieller Buying Center von großer Bedeutung sind.[502]

In der Konsequenz stellt das Markenimage einen wichtigen Anker für Buying Center-Mitglieder mit unterschiedlichen Rollen im Entscheidungsprozess, unterschiedlichen Bedürfnissen und Erwartungen, verschiedenen Bezugsrahmen und unterschiedlichen Kaufkriterien dar. Deshalb kann das Markenimage nach Meffert/Burmann/Kirchgeorg (2012) wie folgt definiert werden:

> *„Beim Markenimage handelt es sich um ein mehrdimensionales Einstellungskonstrukt, welches das in der Psyche relevanter Zielgruppen fest ver-*

---

[497] Vgl. zum Beispiel Andreassen/Lindestad (1998), S. 9; Faircloth/Capella/Alford (2001), S. 64 ff.; Webster/Keller (2004), S. 389; , Blombäck/Axelsson (2007) ,S. 421 ff.; Cretu/Brodie (2007), S. 233; Davis/Golicic/Marquardt (2008), S. 221; Chang/Liu (2009), S. 1691 ff.; Chen/Tseng (2010), S. 24 ff.; Pike et al. (2010), S. 434 ff.; Juntunen/Juntunen/Juga (2011), S. 304 ff.

[498] Vgl. Juntunen/Juntunen/Juga (2011), S. 304.

[499] Vgl. Aaker (1991), S. 109 f.

[500] Vgl. Dobni/Zinkhan (1990), S. 110 ff.

[501] Vgl. Webster/Keller (2004), S. 389; Davis/Golicic/Marquardt (2008), S. 221.

[502] Vgl. auch im Folgenden Webster/Keller (2004), S. 389 ff.

> *ankerte, verdichtete, wertende Vorstellungsbild von einer Marke wiedergibt."*[503]

Ein auf den Kunden ausgerichtetes Markenimage kann dazu beitragen, langfristige und vertrauensvolle Beziehungen zu Kunden aufzubauen, indem es Kunden dabei hilft, das Leistungsversprechen zu verstehen und zu visualisieren.[504] Damit einhergehend kann das Markenimage dabei helfen, von Kunden wahrgenommene monetäre, soziale oder sicherheitsrelevante Risiken zu reduzieren beziehungsweise zu minimieren. Im Ergebnis generieren Firmen mit einem robusten, positiven Markenimage einen schwer zu imitierenden Wettbewerbsvorteil, gegen den Konkurrenten auch unter Einsatz großer finanzieller Ressourcen nur schwer ankommen können.[505]

Die Bildung der Markenassoziationen und das daraus abgeleitete Markenimage erfolgt auf der Basis eines subjektiven Markenwissens und damit einer emotionalen Evaluierung beziehungsweise Wahrnehmung seitens der (industriellen) Kunden.[506] Prinzipiell versehen Entscheidungsträger jede ihnen bekannte Marke des Relevant Sets innerhalb eines Kaufprozesses mit einem spezifischen Image. So können Marken in einem industriellen Kontext beispielsweise mit Emotionen wie Zuverlässigkeit oder aber auch einem Billigimage assoziiert werden. Dobni/Zinkhan (1990) merken bezüglich der emotionalen Beurteilung des Markenimages an:

> *„Brand image is largely a subjective and perceptual phenomenon that is formed through consumer interpretation, whether reasoned or emotional. Brand image is not inherent in the technical, functional or physical concerns of the product. Rather, it is affected and molded by marketing activities, by context variables, and by the characteristics of the perceiver."*[507]

---

503 Meffert/Burmann/Kirchgeorg (2012), S. 364. Vgl. zur Definition des Markenimages auch Trommsdorff (2009), S. 155.

504 Vgl. auch im Folgenden Berry (2000), S. 129 ff.; Davis/Golicic/Marquardt (2008), S. 221.

505 Vgl. Carpenter/Nakamoto (1989), S. 285 ff.; Davis/Golicic/Marquardt (2008), S. 221.

506 Vgl. Dobni/Zinkhan (1990), S. 118; Low/Lamb (2000), S. 352; Cretu/Brodie (2007), S. 232; Malär et al. (2011), S. 35 ff.; Meffert/Burmann/Kirchgeorg (2012), S. 365. Vgl. zur emotionalen Beurteilung des Markenimages außerdem Kapitel 3.1.4.4 und Kapitel 3.1.4.5 sowie Kapitel 3.3.1.

507 Dobni/Zinkhan (1990), S. 118.

Somit soll auf der Basis der Analyse des Branding-Schrifttums (Kapitel 3.2.1), den Ergebnissen der exploratorischen Expertengespräche (Kapitel 3.3.1) und den bisherigen Ausführungen folgende weitere Hypothese mit in die Untersuchung aufgenommen werden:

H_6: Das latente Konstrukt ‚Markenimage' ist eine Manifestation des mehrdimensionalen Konstrukts ‚Emotionale Markenassoziationen'.

Eine ähnliche Erfolgsdimension, die aus der vierten Dimension (Brand Associations) des Consumer-Based Brand Equity Frameworks hergeleitet respektive konzeptionalisiert werden soll, ist das Image des Herkunftslands.

- **Image des Herkunftslands**

Bei dem Image des Herkunftslands handelt es sich um ein Konstrukt, welches in seinen Ursprüngen erstmals in den 1960er Jahren innerhalb der betriebswirtschaftlichen Verhaltensforschung Anwendung erfahren hat.[508] Seit den 1970er Jahren existiert die allgemeine Erkenntnis, dass Marken, die ihren Ursprung in einem bestimmten Land haben, in der Wahrnehmung der Nachfrager immaterielle Werte kreieren können, die auf andere Marken aus demselben Land übertragen werden.[509] Dies führte dazu, dass es sich bei dem Image des Herkunftslands heute um einen durchaus etablierten Erfolgsfaktor innerhalb des B2C-, insbesondere aber auch im B2B-Schrifttum handelt.[510]

Allgemein beziehen sich die Assoziationen, die mit dem Image des Herkunftslands einer Marke verknüpft sind, zum einen auf die generelle wirtschaftliche Lage des Landes (Makroebene), zum anderen aber auch auf die Produkte beziehungsweise Marken, die aus diesem Land stammen (Mikroebene).[511] Nach Aaker (1991) handelt es sich bei einem Land um einen Imageanker, der eine wichtige Rolle innerhalb der Kaufentscheidungsprozesse von Nachfragern spielen kann:

---

508 Vgl. Schooler (1965), S. 394 f.; Reierson (1967), S. 385 ff.

509 Vgl. Kim/Chung (1997), S. 361 ff.; Chen/Su/Lin (2011), S. 1236.

510 Vgl. zum Beispiel Pappu/Quester/Cooksey (2006), S. 699 ff.; Edwards/Gut/Mavondo (2007), S. 483 ff.; Pappu/Quester/Cooksey (2007), S. 727; Balabanis/Diamantopoulos (2011), S. 96; Chen/Su/Lin (2011), S. 1236; Lee/Chen/Guy (2014), S. 191 ff.

511 Vgl. Pappu/Quester/Cooksey (2007), S. 727.

> *„A country can be a strong symbol, as it has close connections with products, materials and capabilities. […] There can be sharp differences between countries with respect to people's perceptions."*[512]

Das Image des Herkunftslands einer Marke spielt insbesondere auch vor dem Hintergrund, dass Kunden und damit auch Entscheider im Rahmen industrieller Beschaffungsprozesse generell eine länderspezifische Kategorisierung der sich im Relevant Set befindlichen Marken vornehmen, eine Rolle.[513] In Abhängigkeit von den individuellen Präferenzen der Entscheider und dem Image, das das Herkunftsland einer Marke aufweist, erfolgt demnach die Einordnung einer Marke in eine bestimmte Kategorie.

Prinzipiell werden sich industrielle Einkäufer eher für Marken entscheiden, deren Herkunftsland ein positives Image aufzuweisen hat. Bei diesen Marken wirkt somit das Image des Herkunftslands positiv auf den Markenwert.[514] Beispiele für verschiedene länderspezifische Images finden sich unter anderem in den Arbeiten von Pappu/Quester/Cooksey (2006) und Pappu/Quester/Cooksey (2007). So werden Produkten und Marken aus Ländern wie Frankreich und Spanien Attribute wie Verlässlichkeit und Langlebigkeit beziehungsweise Haltbarkeit nachgesagt.[515] Ein ähnliches Image weisen auch asiatische Länder wie zum Beispiel Japan auf.[516]

Analog zu dem bereits konzeptionalisierten Erfolgsfaktor Markenimage folgt das Image des Herkunftslands einer emotionalen Beurteilung der industriellen Entscheider. Die mit einem bestimmten Land verbundenen Assoziationen wecken Emotionen, die einen Einfluss auf die Kaufentscheidung haben können.[517] So werden Einkäufer bei Marken aus Ländern mit einem positiven Image ein gutes Gefühl besitzen und diese gegebenenfalls präferieren. Bezüglich der emotionalen Bedeutung beziehungsweise Beurteilung des Images des Herkunftslands einer Marke halten Verlegh/Steenkamp (1999) fest:

---

512 Aaker (1991), S. 128.

513 Vgl. auch im Folgenden Balabanis/Diamantopoulos (2011), S. 96.

514 Vgl. Chen/Su/Lin (2011), S. 1236.

515 Vgl. Pappu/Quester/Cooksey (2006), S. 699.

516 Vgl. Pappu/Quester/Cooksey (2007), S. 728.

517 Vgl. Aaker (1991), S. 128. Vgl. zur emotionalen Beurteilung des Imagess des Herkunftslands außerdem Kapitel 3.1.4.4 und Kapitel 3.1.4.5 sowie Kapitel 3.3.1.

> *„In addition to its role as a quality cue, country of origin has symbolic and emotional meaning to consumers. [...] country of origin relates a product to national identity, which can result in a strong emotional attachment to certain brands and products."*[518]

Auf der Basis dieser Ausführungen sowie den Ergebnissen der Schrifttumsanalyse (Kapitel 3.2.1) und der exploratorischen Expertengespräche (Kapitel 3.3.1) soll folgende weitere Untersuchungshypothese aufgestellt werden:

H_7: Das latente Konstrukt ‚Image des Herkunftslands' ist eine Manifestation des mehrdimensionalen Konstrukts ‚Emotionale Markenassoziationen'.

Der letzte Erfolgsfaktor, der aus der vierten Dimension (Brand Associations) des Consumer-Based Brand Equity Frameworks konzeptionalisiert werden soll, ist die Persönlichkeit des Verkaufsvertreters.

- **Persönlichkeit des Verkaufsvertreters**

Bei der Persönlichkeit des Verkaufsvertreters handelt es sich um einen Erfolgsfaktor, der in der Vergangenheit innerhalb des B2C-Branding-Schrifttums, insbesondere aber auch im B2B-Kontext vielfach Anwendung erfahren hat.[519] Es kann somit von einem durchaus etablierten Erfolgsfaktor innerhalb des Brandings gesprochen werden.

Aufgrund der Komplexität und hohen Wertigkeit vieler industrieller Produkte bedarf es, um Zufriedenheit bei den Kunden zu generieren und den Markenwert zu steigern beziehungsweise Markenloyalität aufzubauen, der direkten persönlichen Kommunikation zwischen verkaufenden und kaufenden Unternehmen.[520] Diese setzen Unternehmen generell voraus und beziehen deren Existenz in ihre Kaufentscheidungen ein.

---

518 Verlegh/Steenkamp (1999), S. 523.

519 Vgl. zum Beispiel Williams (1998), S. 271 ff.; Beverland (2001), S. 207 ff.; Mudambi (2002), S. 527; Lynch/Chernatony (2004), S. 410; van Riel/Mortanges/Streukens (2005), S. 843; Chang (2006), S. 279 f.; Da Silva/Alwi (2006), S. 293 ff.; Herrmann et al. (2007), S. 534; Baumgarth/Binckebanck (2011), S. 490; Ha (2011), S. 40; Chen/Su (2012), S. 60.

520 Vgl. auch im Folgenden van Riel/Mortanges/Streukens (2005), S. 843; Chen/Su (2012), S. 60.

Dem direkten persönlichen Kontakt zwischen Verkaufsvertretern des produzierenden Unternehmens und den relevanten Entscheidungsträgern des beschaffenden Unternehmens kann somit eine große Bedeutung beigemessen werden. Schließlich spielt beispielsweise die Einschätzung der Qualifikation, der Einstellung, der Verhaltensweisen und des Kommunikationsstils der Mitarbeiter des verkaufenden Unternehmens, also ganz allgemein deren Persönlichkeit, durch industrielle Kunden eine wichtige Rolle im Rahmen industrieller Beschaffungsprozesse.[521]

Prinzipiell gilt: Je besser die Einstellung beziehungsweise das Verhältnis zwischen Kunden und ihren Verkaufsvertretern auf Basis deren Persönlichkeit ist, desto höher ist auch die Loyalität dem Verkaufsvertreter sowie der jeweiligen Marke gegenüber.[522] Der Grund hierfür liegt in der Personifizierung der Marke durch den Verkaufsvertreter und dessen kritischem Einfluss auf die Message einer Marke.[523] Ganz allgemein soll deshalb im Hinblick auf diese Untersuchung eine selbstentwickelte Definition der Persönlichkeit des Verkaufsvertreters in einem B2B-Kontext herangezogen werden:

> *Die Persönlichkeit des Verkaufsvertreters beschreibt die individuellen Fähigkeiten und Fertigkeiten sowie die charakteristischen Eigenschaften eines Verkaufsvertreters im direkten Kontakt mit industriellen Kunden.*[524]

Die Beurteilung der Persönlichkeit des Verkaufsvertreters eines Unternehmens erfolgt im Rahmen industrieller Beschaffungsprozesse auf der Basis emotionaler Einschätzungen.[525] So bewerten Kunden subjektiv das Kommunikationsverhalten beziehungsweise den Kommunikationsstil sowie die inhaltliche Qualität des Dialogs mit einem Verkaufsvertreter und lassen sich in diesem Kontext von persönlichen Annahmen und Gefühlen leiten. Bezüglich der Wichtigkeit einer emotionalen Bindung zwischen Kunden und Verkaufsvertretern innerhalb eines industriellen Kontexts halten Lynch/Chernatony (2007) fest:

---

521 Vgl. Gordon/Calantone/Di Benedetto (1993), S. 4 ff.; Morgan/Deeter-Schmelz/Moberg (2007), S. 372 ff.

522 Vgl. Chang (2006), S. 279.

523 Vgl. Mudambi (2002), S. 527; Lynch/Chernatony (2007), S. 126.

524 Eigene Definition.

525 Vgl. auch im Folgenden Lynch/Chernatony (2007), S. 126 ff. Vgl. zur emotionalen Beurteilung des Persönlichkeit des Verkaufsvertreters außerdem Kapitel 3.1.4.4 und Kapitel 3.1.4.5 sowie Kapitel 3.3.1.

„Salespeople who can build on the functional and affective needs of organizational buyers will be best placed to create the psychological bonds that inspire enduring buyer-seller relationships."[526]

Vor diesem Hintergrund soll, auch auf der Basis der Analyse des relevanten Branding-Schrifttums (Kapitel 3.2.1) sowie den Erkenntnissen, die im Rahmen der exploratorischen Experteninterviews (Kapitel 3.3.1) gewonnen wurden, folgende Hypothese in das Untersuchungsmodell integriert werden:

H_8: Das latente Konstrukt ‚Persönlichkeit des Verkaufsvertreter' ist eine Manifestation des mehrdimensionalen Konstrukts ‚Emotionale Markenassoziationen'.

Auf der Basis der bereits im Rahmen der Rationalen Markenqualität (Kapitel 3.4.1.1) angeführten exploratorischen Expertengespräche wurden die Erkenntnisse der Schrifttumsanalyse dahingehend verifiziert, als dass die vier beschriebenen Erfolgsfaktoren Konsistenter Werbestil, Markenimage, Image des Herkunftslands und Persönlichkeit des Verkaufsvertreters in dieser Zusammensetzung überaus wichtige Dimensionen des mehrdimensionalen Konstrukts Emotionale Markenassoziationen darstellen.[527] Die nachfolgende Untersuchungshypothese fasst diese Erkenntnis zusammen:

H_9: Die ‚Emotionalen Markenassoziationen' können als ein latentes Konstrukt zweiter Ordnung mit den vier Dimensionen ‚Konsistenter Werbestil', ‚Markenimage', ‚Image des Herkunftslands' und ‚Persönlichkeit des Verkaufsvertreters' konzeptionalisiert werden.

Zur Zusammenfassung der Konzeptionalisierung des mehrdimensionalen Konstrukts Emotionale Markenassoziationen illustriert Abbildung 19 den Stand der

---

526 Lynch/Chernatony (2007), S. 132.

527 In diesem Zusammenhang muss wiederum festgehalten werden, dass es sich bei den Erfolgsfaktoren Konsistenter Werbestil, Markenimage, Image des Herkunftslands und ‚Persönlichkeit des Verkaufsvertreters zwar analog zu den Dimensionen der Rationalen Markenqualität um bedeutende Manifestationen des mehrdimensionalen Konstrukts Emotionale Markenassoziationen handelt, prinzipiell aber noch weitere Erfolgsfaktoren, konzeptionalisiert aus der vierten Dimension des Consumer-Based Brand Equity Frameworks nach Aaker (1991), Brand Associations, denkbar wären. Diese Erkenntnis steht der formativen Modellierung des mehrdimensionalen Konstrukts Emotionale Markenassoziationen entgegen.

mehrstufigen Modellentwicklung und ordnet die konzeptionalisierten emotionalen Erfolgsfaktoren in den Kontext des Bezugsrahmens ein.

Abbildung 19: *Aktueller Stand der mehrstufigen Modellentwicklung*

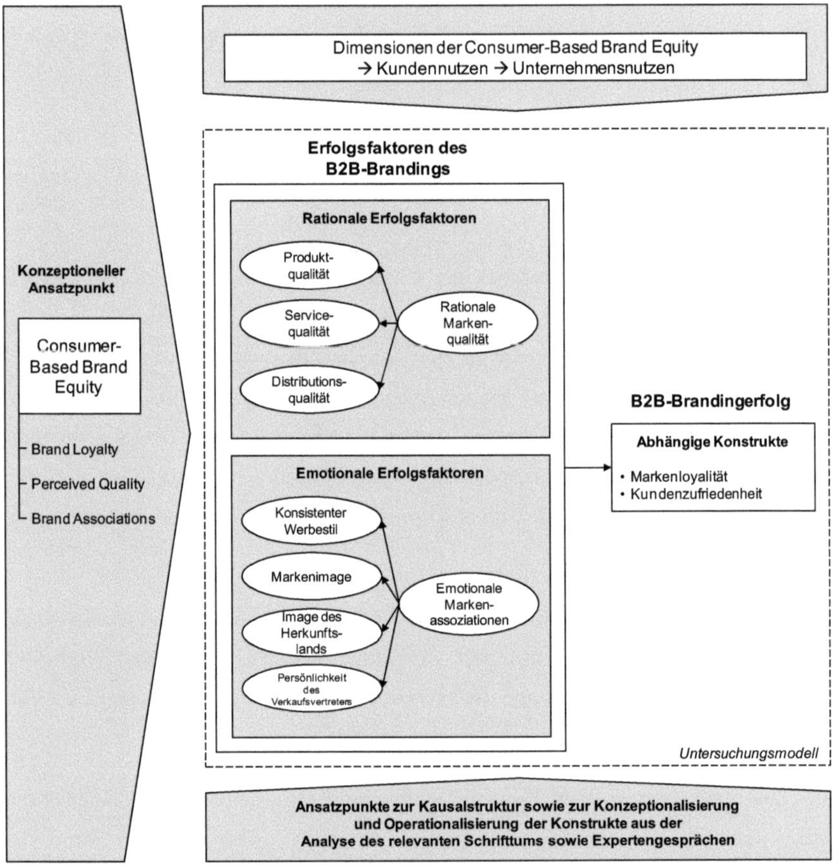

3.4.2. Konzeptionalisierung des B2B-Brandingerfolgs

Nach der Finalisierung der Konzeptionalisierung der Erfolgsfaktoren des B2B-Brandings, zusammengefasst in der Rationalen Markenqualität und den Emotionalen Markenassoziationen, soll im Folgenden die Entwicklung von Hypothesen im Fokus stehen, die die Wirkung dieser mehrdimensionalen Konstrukte auf die abhängigen Variablen darstellen.

Im Kontext dieser Hypothesenherleitung spielen insbesondere die im Schrifttum häufig verwendeten abhängigen Konstrukte Kundenzufriedenheit und Markenloyalität eine wichtige Rolle.[528] Beiden Konstrukten wurde darüber hinaus im Rahmen der exploratorischen Expertengespräche eine sehr hohe Relevanz als das Ergebnis rationaler und emotionaler Brandingaktivitäten von Unternehmen in einem industriellen Umfeld beigemessen.[529]

Das Schrifttum impliziert in Bezug auf die Wirkungsrichtung einen (positiven) Einfluss der innerhalb von Kapitel 3.4.1 konzeptionalisierten Erfolgsfaktoren auf die Kundenzufriedenheit.[530] Diese wiederum wirkt (positiv) auf die Markenloyalität. Diese Wirkungsbeziehungen konnten darüber hinaus im Rahmen der exploratorischen Expertengespräche verifiziert werden.[531] Auf dieser Basis soll in Kapitel 3.4.2.1 die Wirkung der Rationalen Markenqualität und der Emotionalen Markenassoziationen auf die Kundenzufriedenheit betrachtet werden, bevor im daran anschließenden Kapitel 3.4.2.2 die kausale Beziehung zwischen der Kundenzufriedenheit und der Markenloyalität thematisiert werden soll.

3.4.2.1. Beziehung zwischen Rationaler Markenqualität/Emotionalen Markenassoziationen und Kundenzufriedenheit

Bei der Kundenzufriedenheit handelt es sich um ein endogenes Konstrukt, das sowohl im B2C- als auch im B2B-Branding bereits vielfach Anwendung erfahren hat.[532] Es muss allerdings festgehalten werden, dass bis heute kein einheitliches Begriffsverständnis in Bezug auf Kundenzufriedenheit beziehungsweise Customer Satisfaction existiert.[533] Der Grund hierfür liegt in einer Vielzahl an unterschiedlichen Definitio-

[528] Vgl. Kapitel 3.2.2.
[529] Vgl. Kapitel 3.3.1.
[530] Vgl. Kapitel 3.2.2.
[531] Vgl. Kapitel 3.3.1.
[532] Vgl. zum Beispiel Hellier et al. (2003), S. 1765; Da Silva/Alwi (2006), S. 297; Esch et al. (2006), S. 99 ff.; Taylor/Hunter/Lindberg (2007), S. 241 ff.; Westlund/Källström/Parmler (2008), S. 859 f.; Brakus/Schmitt/Zarantonello (2009), S. 66; Davis-Sramek et al. (2009), S. 443 ff.; Glynn (2010), S. 1228; Roper/Davies (2010), S. 569 ff.; He/Li (2011b), S. 77 ff.; Wiedmann et al. (2011), S. 209; Hsu (2012), S. 189 ff.
[533] Vgl. auch im Folgenden Giese/Cote (2002), S. 1 ff.

nen, die sich in Abhängigkeit des Bezugsobjekts (zum Beispiel Produkt, Service oder Nutzenerfahrung), der Art der Reaktion (zum Beispiel affektiv oder als Gefühl) sowie dem Zeitpunkt (vor, während oder nach dem Konsum) unterscheiden.

In der Regel wird unter der Kundenzufriedenheit die Gesamtbeurteilung (der Marke) seitens der Nachfrager verstanden.[534] Bisher am häufigsten Verwendung innerhalb des Schrifttums hat die Definition von Oliver (1997) erfahren, die sich auf die Zufriedenheit von Nachfragern mit Produkten und Services (und damit dem Objekt der Betrachtung dieser Arbeit, den Investitionsgütern) bezieht. Demnach handelt es sich bei der Kundenzufriedenheit um

> *„the consumer's fulfillment response. It is a judgement that a product or service feature, or the product or service itself, provides (or is providing) a pleasurable level of consumption-related fulfillment, including levels of under- or overfulfillment."*[535]

Die gemachten Erfahrungen mit einer Marke bieten Nachfragern somit einen Mehrwert.[536] Ganz allgemein kann konstatiert werden, dass die Kundenzufriedenheit analog zu den Erfahrungsdimensionen, die eine Marke bei der Kundschaft hervorruft, ansteigt. Somit stellt die Kundenzufriedenheit innerhalb des Branding-Schrifttums ein überaus wichtiges und kritisches Konstrukt dar, das oftmals als Mediator zwischen den Erfahrungen der Kunden mit dem Leistungsangebot eines Unternehmens sowie dem sich daraus ableitenden Verhalten konzeptionalisiert beziehungsweise modelliert wird.[537] Antón/Camarero/Carrero (2007) führen in diesem Kontext aus:

> *„[...] it is suggested that consumers' satisfaction will mediate between the determinant factors of relationship termination and the dissolution itself. This means that it will simultaneously be the result of the determinant variables and the predictor of dissolution. [...] evaluations of [...] both a cogni-*

---

[534] Vgl. Anderson/Fornell/Lehmann (1994), S. 54; Homburg/Giering (2001), S. 44 f.; Davis-Sramek et al. (2009), S. 444.

[535] Oliver (1997), S. 13.

[536] Vgl. auch im Folgenden Brakus/Schmitt/Zarantonello (2009), S. 63.

[537] Vgl. zum Beispiel Antón/Camarero/Carrero (2007), S. 519; Brakus/Schmitt/Zarantonello (2009), S. 64; Davis-Sramek et al. (2009), S. 443 ff.; Glynn (2010), S. 1228.

tive and emotional nature will all be summed to produce a global evaluation [...], which is labeled global satisfaction."[538]

Während Antón/Camarero/Carrero (2007) in ihrem Beitrag die negierte Wirkungsbeziehung mit dem Einfluss der bestimmenden Faktoren auf die Beendigung einer (Geschäfts-)Beziehung mit der Zufriedenheit als Mediator konzeptionalisieren, soll vice versa abgeleitet werden, dass die Kundenzufriedenheit auch im Rahmen einer positiven Wirkungsbeziehung als Mediator konzeptionalisiert werden kann. Diese Erkenntnis befindet sich im Einklang mit dem Consumer-Based Brand Equity Framework. Dieses impliziert einen positiven Einfluss seiner fünf Dimensionen auf die Zufriedenheit der Kunden mit einer Marke.[539]

So verwenden innerhalb der als für den Kontext dieser Untersuchung als relevant eingestuften Arbeiten des B2B-Branding-Schrifttums Taylor/Hunter/Lindberg (2007), Davis-Sramek et al. (2009) und Glynn (2010) die Kundenzufriedenheit beziehungsweise eng verwandte Faktoren als Konstrukte des B2B-Brandingerfolgs.[540] Zwei dieser drei Arbeiten verwenden zur Konzeptionalisierung ihrer Konstrukte das Consumer-Based Brand Equity Framework.[541] Darüber hinaus wird die Kundenzufriedenheit auch innerhalb des B2C-Branding-Schrifttums, so zum Beispiel von Hsu (2012), als endogenes Konstrukt unter Verwendung des Consumer-Based Brand Equity Frameworks als theoretische Basis konzeptionalisiert.[542]

Vor dem Hintergrund der bisherigen Ausführungen soll deshalb postuliert werden, dass die in den Abschnitten 3.4.1.1 und 3.4.1.2 konzeptionalisierten mehrdimensionalen Konstrukte Rationale Markenqualität und Emotionale Markenassoziationen einen positiven Einfluss auf die Kundenzufriedenheit besitzen. Somit können folgende weitere Untersuchungshypothesen in das Gesamtmodell integriert werden:

H_{10}: Je höher die ‚Rationale Markenqualität' ausgeprägt ist, desto höher ist die ‚Kundenzufriedenheit'.

538 Antón/Camarero/Carrero (2007), S. 519 f.

539 Vgl. Aaker (1991), S. 17.

540 Vgl. Taylor/Hunter/Lindberg (2007), S. 241 ff.; Davis-Sramek et al. (2009), S. 440 ff.; Glynn (2010), S. 1226 ff.

541 Vgl. Kapitel 2.3.1.

542 Vgl. Hsu (2012), S. 189 ff.

H_{11}: Je höher die ‚Emotionalen Markenassoziationen' ausgeprägt sind, desto höher ist die ‚Kundenzufriedenheit'.

3.4.2.2. Beziehung zwischen Kundenzufriedenheit und Markenloyalität

Die in Kapitel 3.4.2.1 beschriebene und definierte Kundenzufriedenheit besitzt einen maßgeblichen Einfluss auf das reale und messbare Kundenverhalten, zum Beispiel das Weiterempfehlungsverhalten oder die Wiederkaufrate (Loyalität).[543] Somit bestimmt der Grad der Kundenzufriedenheit, determiniert durch die Verbundenheit zu dem betreffenden Unternehmen und die Wertschätzung dessen Produkte oder Marken, die Treue respektive die Markenloyalität der Kunden.[544]

Bei der Markenloyalität handelt es sich allgemein um die Tendenz, einer bestimmten Marke gegenüber treu beziehungsweise loyal zu sein und diese innerhalb von Kaufentscheidungsprozessen wiederholt zu präferieren.[545] Auch nach Aaker (1991) ist die Markenloyalität

> *„[...] a measure of the attachment that a customer has to a brand. It reflects how likely a customer will be to switch to another brand, especially when the brand makes a change, either in price or in product features."*[546]

Eine überwältigende Mehrzahl an Forschern konzeptionalisiert die Markenloyalität als Ergebnis beziehungsweise Resultat der anderen vier Dimensionen des Consumer-Based Brand Equity Frameworks.[547] Somit hat die Markenloyalität bisher innerhalb des B2B-Branding-Schrifttums eine sehr starke Verwendung als abhängiges, endogenes Konstrukt erfahren. Zahlreiche Beiträge wie die von Bennett/Härtel/McColl-Kennedy (2005), van Riel/Mortanges/Streukens (2005), Cretu/Brodie (2007), Taylor/Hunter/Lindberg (2007), Davis-Sramek et al. (2009), Baumgarth/Binckebanck (2011), Juntunen/Juntunen/Juga (2011) und Chen/Su (2012) stellen auf die Markenloyalität (beziehungsweise eng verwandte Loyalitätskonstrukte) als das Ergebnis der Brandingaktivitäten industrieller Unternehmen ab, wobei insgesamt sechs der ge-

---

543 Vgl. zum Beispiel Homburg/Giering (2001), S. 53 ff.; Antón/Camarero/Carrero (2007), S. 519.

544 Vgl. Anderson/Sullivan (1993), S. 127; Mittal/Kamakura (2001), S. 132 ff.; Brakus/Schmitt/ Zarantonello (2009), S. 64.

545 Vgl. Yoo/Donthu (2001), S. 3; van Riel/Mortanges/Streukens (2005), S. 842.

546 Aaker (1991), S. 39.

547 Vgl. van Riel/Mortanges/Streukens (2005), S. 842. Vgl. auch Kapitel 3.1.4.1 und Kapitel 3.2.2.

nannten Beiträge auf das Consumer-Based Brand Equity Framework als Basis der Konzeptionalisierung rekurrieren.[548]

So wurde die Markenloyalität innerhalb des Schrifttums bisher entweder als das finale Konstrukt innerhalb einer endogenen Kausalkette oder als das einzige endogene Konstrukt eines Untersuchungsmodells verwendet.[549] Vor diesem Hintergrund soll die bisher konzeptionalisierte Kausalkette um das Konstrukt Markenloyalität erweitert werden und die Postulation eines positiven Effekts der Kundenzufriedenheit auf die Markenloyalität erfolgen. Auf dieser Basis soll folgende letzte Untersuchungshypothese Bestandteil des finalen Gesamtmodells sein:

H_{12}: Je höher die ‚Kundenzufriedenheit' ausgeprägt ist, desto höher ist die ‚Markenloyalität'.

Zur Zusammenfassung der Konzeptionalisierung des B2B-Brandingerfolgs anhand der zwei endogenen Konstrukte Kundenzufriedenheit und Markenloyalität illustriert Abbildung 20 das finale Ergebnis der mehrstufigen Modellentwicklung und ordnet dieses in den Kontext des heuristischen Bezugsrahmens ein.

3.5. Zusammenfassung des Gesamtmodells und der Untersuchungshypothesen

Im Anschluss an die Konzeptionalisierung der Rationalen Markenqualität und der Emotionalen Markenassoziationen sowie deren Erfolgswirkung auf die abhängigen, endogenen Konstrukte Kundenzufriedenheit und Markenloyalität, die den B2B-Brandingerfolg darstellen, soll im Folgenden das aggregierte Gesamtmodell veranschaulicht und die dazugehörigen Untersuchungshypothesen zusammengefasst werden. Abbildung 21 stellt das finale Gesamtmodell der Untersuchung im Überblick dar.

---

548 Vgl. Bennett/Härtel/McColl-Kennedy (2005), S. 97 ff.; van Riel/Mortanges/Streukens (2005), S. 841 ff.; Cretu/Brodie (2007), S. 230 ff.; Taylor/Hunter/Lindberg (2007), S. 241 ff.; Davis-Sramek et al. (2009), S. 440 ff.; Baumgarth/Binckebanck (2011), S. 487 ff.; Juntunen/Juntunen/Juga (2011), S. 300 ff.; Chen/Su (2012), S. 57 ff. Vgl. auch Kapitel 2.3.1.

549 Vgl. zum Beispiel Bennett/Härtel/McColl-Kennedy (2005), S. 103; van Riel/Mortanges/Streukens (2005), S. 843; Jayawardhena et al. (2007), S. 579; Taylor/Hunter/Lindberg (2007), S. 243; Baumgarth/Binckebanck (2011), S. 490.

Das in Abbildung 21 illustrierte finale Gesamtmodell setzt sich aus insgesamt zwölf Untersuchungshypothesen zusammen. Diese werden in Tabelle 11 zusammenfassend dargestellt.

Abbildung 20: *Finaler heuristischer Bezugsrahmen als Ergebnis der mehrstufigen Modellentwicklung*

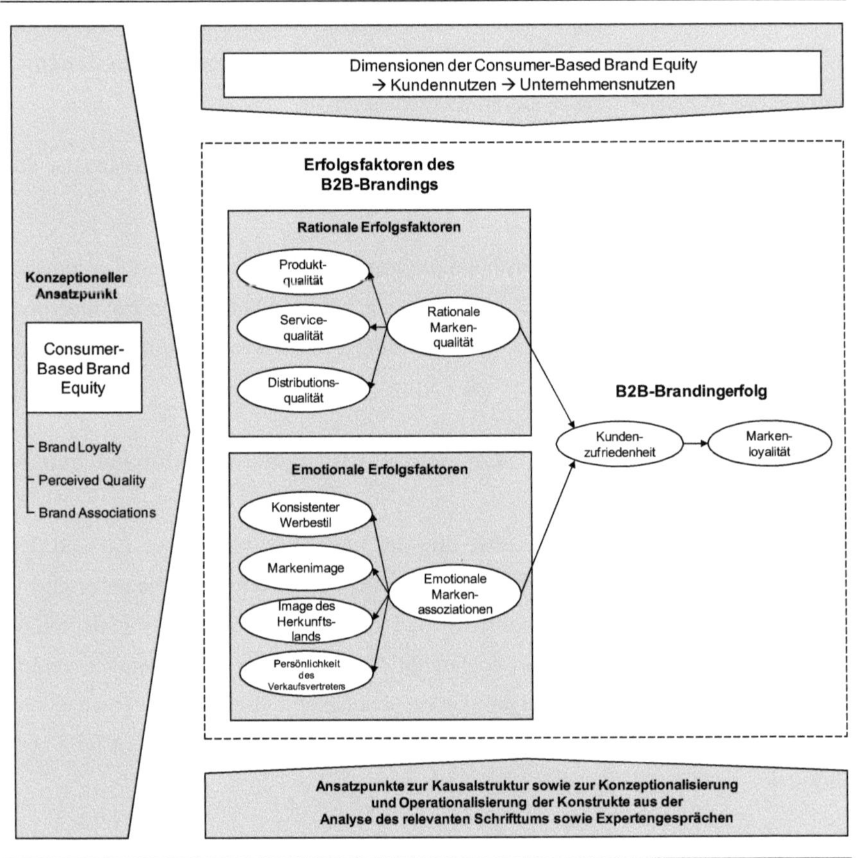

Abbildung 21: *Finales Gesamtmodell der Untersuchung*

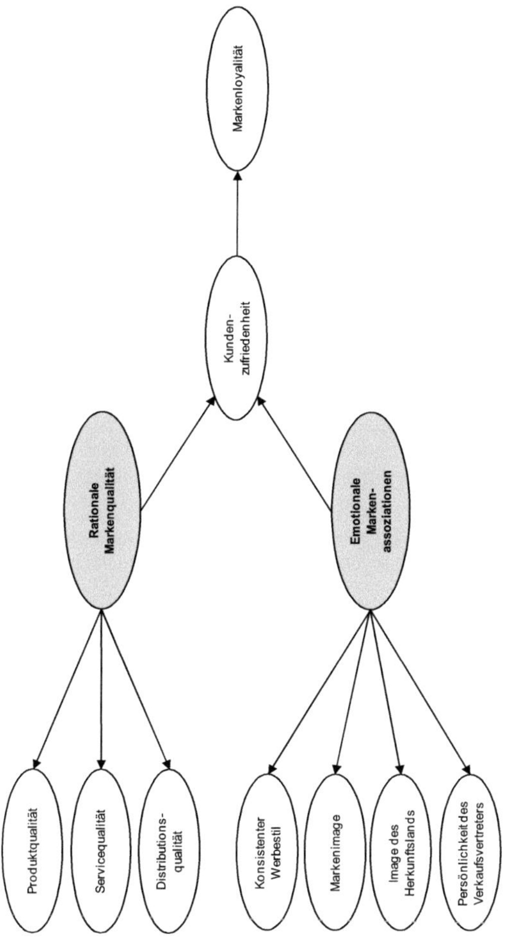

Tabelle 11: Zusammenfassung der Untersuchungshypothesen

Nr.	Hypothese	Art
H_1	Das latente Konstrukt ‚Produktqualität' ist eine Manifestation des mehrdimensionalen Konstrukts ‚Rationale Markenqualität'.	deskriptiv
H_2	Das latente Konstrukt ‚Servicequalität' ist eine Manifestation des mehrdimensionalen Konstrukts ‚Rationale Markenqualität'.	deskriptiv
H_3	Das latente Konstrukt ‚Distributionsqualität' ist eine Manifestation des mehrdimensionalen Konstrukts ‚Rationale Markenqualität'.	deskriptiv
H_4	Die ‚Rationale Markenqualität' kann als ein latentes Konstrukt zweiter Ordnung mit den drei Dimensionen ‚Produktqualität', ‚Servicequalität' und ‚Distributionsqualität' konzeptionalisiert werden.	deskriptiv
H_5	Das latente Konstrukt ‚Konsistenter Werbestil' ist eine Manifestation des mehrdimensionalen Konstrukts ‚Emotionale Markenassoziationen'.	deskriptiv
H_6	Das latente Konstrukt ‚Markenimage' ist eine Manifestation des mehrdimensionalen Konstrukts ‚Emotionale Markenassoziationen'.	deskriptiv
H_7	Das latente Konstrukt ‚Image des Herkunftslands' ist eine Manifestation des mehrdimensionalen Konstrukts ‚Emotionale Markenassoziationen'.	deskriptiv
H_8	Das latente Konstrukt ‚Persönlichkeit des Verkaufsvertreters' ist eine Manifestation des mehrdimensionalen Konstrukts ‚Emotionale Markenassoziationen'.	deskriptiv
H_9	Die ‚Emotionalen Markenassoziationen' können als ein latentes Konstrukt zweiter Ordnung mit den vier Dimensionen ‚Konsistenter Werbestil', ‚Markenimage', ‚Image des Herkunftslands' und ‚Persönlichkeit des Verkaufsvertreters' konzeptionalisiert werden.	deskriptiv
H_{10}	Je höher die ‚Rationale Markenqualität' ausgeprägt ist, desto höher ist die ‚Kundenzufriedenheit'.	explikativ
H_{11}	Je höher die ‚Emotionalen Markenassoziationen' ausgeprägt sind, desto höher ist die ‚Kundenzufriedenheit'.	explikativ
H_{12}	Je höher die ‚Kundenzufriedenheit' ausgeprägt ist, desto höher ist die ‚Markenloyalität'.	explikativ

4. Methodik und Vorgehensweise der empirischen Untersuchung

Nach erfolgter theoriebasierter Konzeptionalisierung des finalen Untersuchungsmodells ist es das Ziel dieser Arbeit, die aufgestellten Hypothesen H_1 bis H_{12} einer empirischen Überprüfung zu unterziehen, um einen Abgleich mit der Realität vornehmen und damit dem Prinzip der realwissenschaftlichen Forschung genügen zu können.[550] Die dafür notwendigen empirischen Grundlagen sollen Bestandteil dieses Kapitels sein:[551] Im Anschluss an die Darstellung der Grundlagen, der Methodik und der Vorgehensweise der Strukturgleichungsmodellierung (Kapitel 4.1) werden die zu deren Beurteilung relevanten Gütekriterien vorgestellt und die jeweiligen Vorgehensweisen erörtert (Kapitel 4.2). Das Kapitel schließt mit einer Zusammenfassung der Vorgehensweise (Kapitel 4.3). Abbildung 22 ordnet Kapitel 4 in den Gesamtkontext dieser Untersuchung ein.

Abbildung 22: *Einordnung von Kapitel 4 in den Gesamtkontext der Untersuchung*

Kapitel 1	Kapitel 2	Kapitel 3	Kapitel 4	Kapitel 5	Kapitel 6
Einleitung	**Grundlagen der Untersuchung**	**Konzeptionalisierung und Modellentwicklung**	**Methodik und Vorgehensweise der empirischen Untersuchung**	**Ergebnisse der empirischen Untersuchung**	**Zusammenfassung und Implikationen der Untersuchung**
Ausgangssituation der Untersuchung	Wissenschaftstheoretische Grundlagen	Theoretischer Bezugsrahmen	Grundlagen der Strukturgleichungsmodellierung	Datenerhebung	Zusammenfassung der zentralen Untersuchungsergebnisse
Eingrenzung und Zielsetzung der Untersuchung	Terminologische Grundlagen	Konzeptionalisierung der Konstrukte	Beurteilung von Messmodellen	Operationalisierung der Konstrukte	Implikationen für die Forschung
Vorgehensweise und Aufbau der Untersuchung	Stand der Forschung	Formulierung der Hypothesen	Beurteilung des Strukturmodells	Wirkungsbeziehungen	Implikationen für die Praxis
		Zusammenfassung des Untersuchungsmodells und der Hypothesen	Zusammenfassung der Vorgehensweise		
Theoretische Ebene			Empirische Ebene		

550 Vgl. Fritz (1995), S. 93.

551 Vgl. im Folgenden zum Beispiel Wecker (2006), S. 221 ff.; Giere (2007), S. 103 ff.; Schilke (2007), S. 133 ff.; Weiber/Mühlhaus (2010), S. 17 ff.; Kline (2011), S. 31 ff.; Ullrich (2011), S. 172 ff.; Bronnenmayer (2014); S. 155 ff.; Mory (2014), S. 211 ff.; Pistoia (2014), S. 133 ff.; Nitzsche (2014), S. 167 ff.

4.1. Grundlagen, Methodik und Vorgehensweise der Strukturgleichungsmodellierung

Aufgrund der Komplexität des finalen Untersuchungsmodells und des dazugehörigen Hypothesensystems bedarf es im Rahmen der angestrebten empirischen Überprüfung einer adäquaten komplexen Methode zur Generierung valider Aussagen bezüglich der Wirkungsbeziehungen der einzelnen Konstrukte.[552] In diesem Kontext erscheint innerhalb der multivariaten Analyseverfahren insbesondere die Strukturgleichungsmodellierung geeignet, da diese Anwendern eine formale Struktur zur Verfügung stellt und ein Abgleich der theoretischen Annahmen und der erhobenen Daten beziehungsweise die Prüfung des Hypothesensystems ermöglicht.[553]

Die Methode der Strukturgleichungsmodellierung hat innerhalb der Wirtschafts- und Sozialwissenschaften seit den 1970er Jahren einen starken Bedeutungszuwachs erfahren, da sie sich in zunehmendem Maß als adäquates Untersuchungsinstrument bei komplexen Ursache-/Wirkungsbeziehungen zwischen latenten und/oder manifesten Variablen etablieren konnte.[554]

Im Rahmen der Strukturgleichungsmodellierung kann zwischen der Varianzstrukturanalyse (Partial Least Squares- beziehungsweise PLS-Ansatz) und der Kovarianzstrukturanalyse (Linear Structural Relationships- beziehungsweise LISREL-Ansatz) differenziert werden.[555] Die Varianzstrukturanalyse ist ein auf

> *„[...] der Kleinst-Quadrate-Schätzung basierender zweistufiger Ansatz, bei dem im ersten Schritt fallbezogen konkrete Schätzwerte für die latenten Variablen [...] aus den empirischen Messdaten ermittelt werden, die dann im zweiten Schritt zur Schätzung der Parameter des Strukturmodells verwendet werden."*[556]

Im Gegensatz dazu ist der kovarianzanalytische Ansatz ein auf

---

552 Vgl. Mory (2014), S. 212. Vgl. auch Kapitel 3.5.

553 Vgl. Benlian (2006), S. 91; Backhaus/Erichson/Weiber (2013), S. 65.

554 Vgl. Bollen (1989), S. 4 ff.; Steenkamp/Baumgartner (2000), S. 195 ff.; Homburg/Klarmann (2006), S. 727; Weiber/Mühlhaus (2010), S. 17 ff.; Kline (2011), S. 15 ff.

555 Vgl. Weiber/Mühlhaus (2010), S. 47 ff.; Backhaus/Erichson/Weiber (2013), S. 67. Das Schrifttum differenziert in diesem Kontext auch zwischen „weichen" und „harten Strukturgleichungsanalysen. Vgl. zum Beispiel auch Scholderer/Balderjahn (2006), S. 57 ff.

556 Weiber/Mühlhaus (2010), S. 58.

„[...] dem Fundamentaltheorem der Faktorenanalyse basierender ganzheitlicher Ansatz, bei dem alle Parameter eines Strukturgleichungsmodells auf Basis der Informationen aus der empirischen Varianz-Kovarianzmatrix bzw. Korrelationsmatrix simultan geschätzt werden."[557]

Die Zielsetzung des varianzbasierten Ansatzes liegt in der möglichst genauen Reproduktion der Fallwerte der Ausgangsmatrix.[558] Demgegenüber zielt der kovarianzanalytische Ansatz, der auf der konfirmatorischen Faktorenanalyse basiert, auf die simultane Schätzung der Parameter des Strukturgleichungsmodells auf der Grundlage der Varianz-Kovarianzmatrix ab.[559] Die Kovarianzstrukturanalyse basiert hauptsächlich auf den Arbeiten von Jöreskog (1970 und 1973) und kann unter Einsatz der Softwarepakete LISREL, EQS und AMOS angewendet werden.[560]

Bei der Auswahl des für die Schätzung des Gleichungssystems verwendeten Ansatzes müssen sich Wissenschaftler unter kritischer Reflektion des betreffenden Untersuchungsgegenstands sowie den existierenden empirischen Daten eine fallspezifische Entscheidung treffen. Hierfür bedarf es der Berücksichtigung der unterschiedlichen Stärken und Schwächen beziehungsweise der Unterschiede der varianz- und der kovarianzbasierten Analyse. Diese werden in Tabelle 12 im Überblick dargestellt.

Prinzipiell sollten Wissenschaftler die Varianzstrukturanalyse präferieren, wenn nur kleine Stichproben existieren, Prognosen beziehungsweise Vorhersagen im Fokus des Forschungsinteresses stehen und das Forschungsmodell aus überwiegend formativen Konstrukten besteht. Die Kovarianzstrukturanalyse sollte derweil dann zum Einsatz kommen, wenn der Test von Theorien beziehungsweise eines zuvor definierten Hypothensystems angestrebt wird, eine ausreichend große Stichprobe ($n \geq 200$) existiert und die Konstrukte des Untersuchungsmodells reflektiv konzeptionalisiert wurden.[561]

---

557 Weiber/Mühlhaus (2010), S. 47.

558 Vgl. Weiber/Mühlhaus (2010), S. 58.

559 Vgl. Weiber/Mühlhaus (2010), S. 47.

560 Vgl. Jöreskog (1970), S. 239 ff.; Jöreskog (1973), S. 85 ff.; Weiber/Mühlhaus (2010), S. 47.

561 Vgl. zum Beispiel Chin/Newsted (1999), S. 336; Herrmann/Huber/Kressmann (2006), S. 44 ff.; Schilke (2007), S. 136; Weiber/Mühlhaus (2010), S. 67 ff.; Mory (2014), S. 221.

Tabelle 12: *Unterschiede zwischen der Varianz- und Kovarianzstrukturanalyse*[562]

Kriterium	Varianzstrukturanalyse	Kovarianzstrukturanalyse
Zielsetzung	Die Zielvariablen betreffend bestmögliche Vorhersage der Datenmatrix	Bestmögliche Reproduktion der Varianz-Kovarianzmatrix
Theoriebezug	Prognoseorientierter Ansatz („Soft Modeling")	Theorietestender Ansatz („Hard Modeling")
Zielfunktion	Minimierung der Differenz zwischen beobachtbaren und geschätzten Falldaten	Minimierung der Differenz zwischen empirischen und modelltheoretischen Kovarianzen
Methodenansatz	Regressionsanalytischer Ansatz mit zweistufiger Schätzung von Messmodellen und Strukturmodell	Faktoranalytischer Ansatz, bei dem alle Parameter simultan geschätzt werden
Verteilungs-annahme	Keine oder nur weiche Annahmen	Typischerweise Multinormalverteilung
Datenbasis	Ausgangsdatenmatrix	Varianz-Kovarianzmatrix
Messmodell	Reflektive und formative Messmodelle	Primär reflektiv
Strukturmodell	Nur rekursive Modelle	Rekursive und nichtrekursive Modelle
Anwendbare Gütekriterien	Nur partielle Gütekriterien bezüglich der Vorhersage der Datenmatrix	Lokale und globale inferenzstatistische Gütemaße
Stichproben-umfang	Eignung auch bei kleinen Stichproben gegeben	Große Stichproben
Softwarepakete	LVPLS, PLS Graph, SmartPLS	LISREL, EQS, AMOS

Vor dem Hintergrund der bisherigen Ausführungen soll für diese Untersuchung die Kovarianzstrukturanalyse bevorzugt werden. Das primäre Ziel dieser Arbeit liegt in der empirischen Überprüfung beziehungsweise dem Test eines Hypothesensystems.[563] Außerdem wurden die Konstrukte des finalen Untersuchungsmodells reflek-

562 Vgl. Chin/Newsted (1999), S. 314; Herrmann/Huber/Kressmann (2006), S. 44; Giere/Wirtz/Schilke (2006), S. 682; Homburg/Klarmann (2006), S. 735; Weiber/Mühlhaus (2010), S. 66; Mory (2014), S. 220; Pistoia (2014), S. 140 f.

563 Siehe Abschnitt 3.5.

tiv konzeptionalisiert.[564] Als letztes Kriterium für die Wahl des kovarianzanalytischen Ansatzes wurden im Rahmen der Datenerhebung 258 Rückläufer generiert, so dass die Voraussetzung einer Quote von mindestens 200 Rückläufern gegeben ist. Im Folgenden sollen deshalb in Kapitel 4.1.1 im Rahmen der Grundlagen von Strukturgleichungsmodellen insbesondere die kovarianzanalytischen Aspekte dargelegt werden.

4.1.1. Grundlagen von Strukturgleichungsmodellen

Strukturgleichungsmodelle integrieren generell zwei Analyseebenen.[565] Wissenschaftlern wird durch die Zusammenführung von regressions- sowie faktoranalytischen Ansätzen die Analyse mehrerer exogener und endogener Variablen innerhalb komplexer Pfadmodelle unter Berücksichtigung von Messfehlern ermöglicht. Darüber hinaus kann das aufgestellte Hypothesensystem durch statistische Tests geprüft werden.[566] Allgemein kann die Strukturgleichungsanalyse als strukturenprüfendes Instrument wie folgt definiert werden:

> *„Die Strukturgleichungsanalyse umfasst statistische Verfahren zur Untersuchung komplexer Beziehungsstrukturen zwischen manifesten und/oder latenten Variablen und ermöglicht die quantitative Abschätzung der Wirkungszusammenhänge. Ziel der SGA ist es, die a-priori formulierten Wirkungszusammenhänge in einem linearen Gleichungssystem abzubilden und die Modellparameter so zu schätzen, dass die zu den Variablen erhobenen Ausgangsdaten möglichst gut reproduziert werden."*[567]

Innerhalb der Überprüfung des Hypothesensystems auf der Grundlage empirischer Daten spielt der deduktiv-nomologische Ansatz eine wichtige Rolle.[568] Dieser Ansatz ist auf die beiden Philosophen Carl Gustav Hempel und Paul Oppenheim zurückzuführen und ist auch unter dem Begriff Hempel-Oppenheim-Schema bekannt. Das Hempel-Oppenheim-Schema besagt, dass aus der Kombination von einer sachlogischen beziehungsweise einer allgemeinen wissenschaftlichen Gesetzmäßigkeit sowie

---

564 Siehe Abschnitt 4.1.2.2.

565 Vgl. auch im Folgenden Fornell (1987), S. 411; Ullrich (2011), S. 173.

566 Vgl. auch im Folgenden Weiber/Mühlhaus (2010), S. 17.

567 Weiber/Mühlhaus (2010), S. 17.

568 Vgl. auch im Folgenden Hempel/Oppenheim (1948), S. 135 ff.; Weiber/Mühlhaus (2010), S. 5 f.

einer empirischen Beobachtung (das sogenannte Explanans) Rückschlüsse beziehungsweise Schlussfolgerungen bezüglich des Nachweises des Sachverhalts (das sogenannte Explanandum) gezogen werden können. Abbildung 23 illustriert das Hempel-Oppenheim-Schema.

Abbildung 23: *Das Hempel-Oppenheim-Schema*[569]

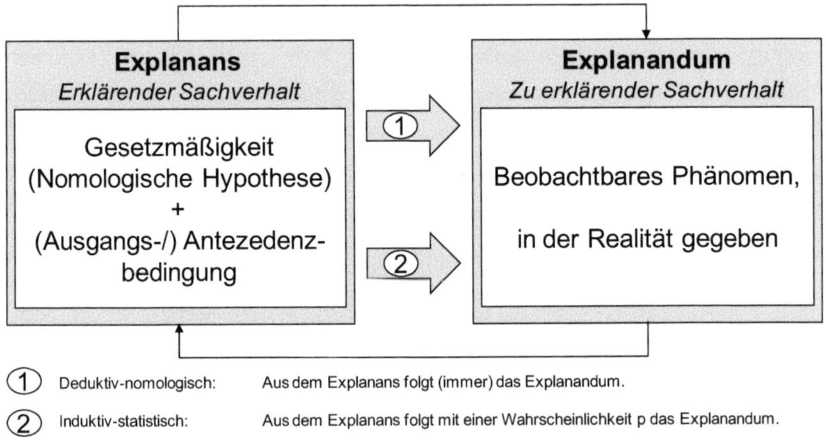

Explanans
Erklärender Sachverhalt
Gesetzmäßigkeit
(Nomologische Hypothese)
+
(Ausgangs-/) Antezedenz-
bedingung

① ②

Explanandum
Zu erklärender Sachverhalt
Beobachtbares Phänomen,
in der Realität gegeben

① Deduktiv-nomologisch: Aus dem Explanans folgt (immer) das Explanandum.
② Induktiv-statistisch: Aus dem Explanans folgt mit einer Wahrscheinlichkeit p das Explanandum.

Die Strukturgleichungsmodellierung zählt, im Gegensatz zu beispielsweise den Verfahren der Varianz- und der Faktorenanalyse, die der ersten Generation angehören, zu den multivariaten Analyseverfahren der zweiten Generation.[570] Allgemein weist das Verfahren der Strukturgleichungsmodellierung mehrere Vorteile gegenüber den Verfahren der ersten Generation auf.[571] So können beispielsweise komplexe Hypothesensysteme mit Interdependenzen zwischen den verschiedenen Variablen unter Berücksichtigung von Messfehlern untersucht werden.

Außerdem eröffnet die Strukturgleichungsmodellierung Forschern neue Denkweisen, indem bisher noch nicht berücksichtigte Hypothesen in bereits etablierte Hypothesensysteme integriert werden können. Darüber hinaus wird der Reliabilität der Messergebnisse innerhalb des Hypothesentests im Vergleich zu anderen Verfahren

569 In Anlehnung an Hempel/Oppenheim (1948), S. 138; Weiber/Mühlhaus (2010), S. 6.
570 Vgl. Backhaus/Erichson/Weiber (2013), S. 8 f.
571 Vgl. auch im Folgenden Bagozzi/Yi (2012), S. 10 ff.

überdurchschnittlich Beachtung geschenkt. Im Ergebnis handelt es sich bei der Strukturgleichungsmodellierung um ein adäquates multivariates Analyseverfahren, wenn zum einen die Validität latenter Konstrukte und zum anderen deren komplexe theoretische Kausalbeziehungen analysiert werden sollen.[572]

Strukturgleichungsmodelle konstituieren sich prinzipiell aus drei verschiedenen Partialmodellen:[573] Vermutete theoretische beziehungsweise sachlogische Kausalbeziehungen bezüglich der latenten Variablen werden durch das sogenannte Strukturmodell abgebildet. Die erwarteten Zusammenhänge zwischen den empirischen Messwerten und den exogenen Variablen sind Bestandteil des Messmodells der latenten exogenen Variablen, während das Messmodell der latenten endogenen Variablen analog die vermuteten Zusammenhänge zwischen den Indikatoren und den endogenen Konstrukten abbildet. Messfehler werden bei beiden Messmodellen explizit berücksichtigt. Schließlich verknüpft das Strukturmodell die latenten exogenen und endogenen Variablen miteinander.[574]

Allgemein folgt das Pfaddiagramm eines Strukturgleichungsmodells immer dem gleichen Aufbau.[575] Auf der linken Seite befindet sich das aus x- und ξ-Variablen sowie deren Beziehungen bestehende Messmodell der latenten exogenen Variablen. Das Messmodell der latenten endogenen Variablen wird innerhalb des Pfaddiagramms auf der rechten Seite angeordnet. Es konstituiert sich aus y- und η-Variablen sowie deren Beziehungen zueinander. Schließlich ist in der Mitte des Pfaddiagramms das Strukturmodell, das sich aus ξ- und η-Variablen zusammensetzt, abgebildet. Abbildung 24 illustriert das Pfaddiagramm eines vollständigen Strukturgleichungsmodells inklusive den drei beschriebenen Partialmodellen.

572 Vgl. Chin/Newsted (1999), S. 307; Hair et al. (2010), S. 678; Pistoia (2014), S. 136.

573 Vgl. auch im Folgenden Weiber/Mühlhaus (2010), S. 31; Backhaus/Erichson/Weiber (2013), S. 66.

574 Vgl. Ullrich (2011), S. 175; Backhaus/Erichson/Weiber (2013), S. 66.

575 Vgl. auch im Folgenden Weiber/Mühlhaus (2010), S. 39 ff.; Backhaus/Erichson/Weiber (2013), S. 66 ff.

Abbildung 24: Pfaddiagramm eines vollständigen Strukturgleichungsmodells[576]

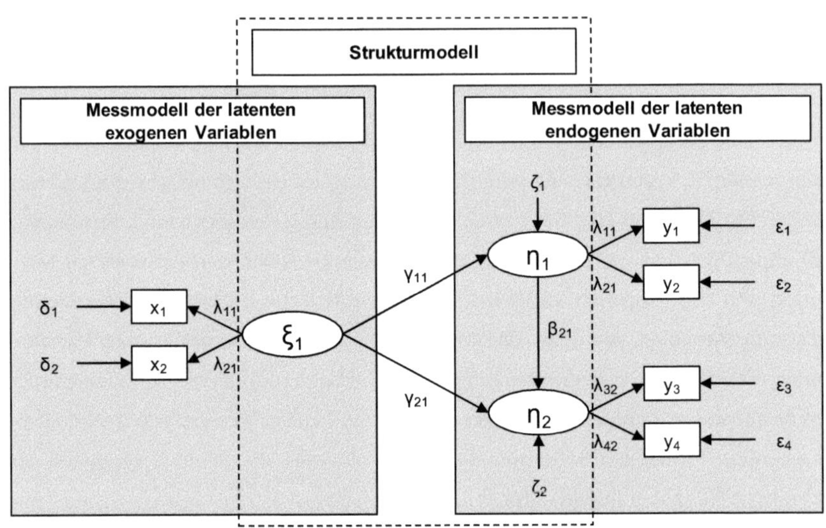

Innerhalb des kovarianzbasierten Ansatzes stehen für die Schätzung der Modellparameter beziehungsweise die regressionsanalytische Betrachtung der im Rahmen des Hypothesensystems aufgestellten Modellbeziehungen diverse Schätzverfahren zur Verfügung. Innerhalb des relevanten Schrifttums die größte Verbreitung erfahren haben bisher

- die Maximum-Likelihood-Methode (ML),
- die Methode der verallgemeinerten kleinsten Quadrate (GLS),
- die Methode der ungewichteten kleinsten Quadrate (ULS),
- die Methode der skalenunabhängigen kleinsten Quadrate (SLS) und
- die Methode der asymptotisch verteilungsfreien Schätzer (ADF).[577]

Je nach spezifischem Anwendungsfall existieren Kriterien, nach denen sich die Auswahl des geeigneten Schätzers zu richten hat:[578] Nach der Multinormalverteilung der manifesten Variablen, der Skaleninvarianz der Fitfunktion, der erforderlichen Stich-

576 In Anlehnung an Weiber/Mühlhaus (2010), S. 39; Backhaus/Erichson/Weiber (2013), S. 77.

577 Vgl. Weiber/Mühlhaus (2010), S. 54 f.; Backhaus/Erichson/Weiber (2013), S. 110 f.

578 Vgl. auch im Folgenden Weiber/Mühlhaus (2010), S. 54 ff.; Backhaus/Erichson/Weiber (2013), S. 110 f.

probengröße sowie der Verfügbarkeit von Inferenzstatistiken. Im Folgenden werden in Tabelle 13 die Eigenschaften und Anforderungen der fünf vorgestellten Schätzverfahren im Überblick dargestellt.

Tabelle 13: *Eigenschaften und Anforderungen iterativer Schätzverfahren*[579]

Kriterium	ML	GLS	ULS	SLS	ADF
Annahme einer Multinormal-verteilung	Ja	Ja	Nein	Nein	Nein
Skalen-invarianz	Ja	Ja	Nein	Ja	Ja
Größe der Stichprobe (n) (t = Para-meterzahl)	n-t > 50 oder n ≥ 100	n-t > 50 oder n ≥ 100	n-t > 50 oder n ≥ 100	n-t > 50 oder n ≥ 100	≥ 1,5*t(t+1)
Inferenz-statistiken	Ja	Ja	Nein	Nein	Ja

Innerhalb des methodischen Schrifttums wird die Maximum-Likelihood-Methode als das präziseste Schätzverfahren angesehen, da sie vielfältige Möglichkeiten zur Durchführung inferenzstatistischer Tests ermöglicht. Vor diesem Hintergrund wird der ML-Schätzer auch von einer Vielzahl an Forschern präferiert.[580] Da die für die Anwendung der Maximum-Likelihood-Methode notwendigen Kriterien für diese Untersuchung erfüllt werden, soll sie innerhalb dieser Untersuchung für die Schätzung der Modellparameter Anwendung erfahren.[581]

4.1.2. Grundlagen von Messmodellen

Nach den bisherigen Ausführungen, die darauf abzielten, einen ersten Einblick in die Strukturgleichungsmodellierung zu erhalten, soll im Folgenden auf die verschiedenen Messmodelle eingegangen werden.[582] Häufig handelt es sich dabei um latente

579 In Anlehnung an Weiber/Mühlhaus (2010), S. 56. Vgl. auch Flora/Curran (2004), S. 466 ff.

580 Vgl. Weiber/Mühlhaus (2010), S. 57.

581 Vgl. auch Kapitel 5.1.4.

582 Vgl. Giere (2007), S. 110.

theoretische Konstrukte, die nicht direkt empirisch gemessen werden können. Demzufolge muss, als eine wichtige Voraussetzung für deren Messung, eine zweckmäßige adäquate Operationalisierung dieser Variablen stattfinden:[583]

> *„[...] proper specification of the measurement model is necessary before meaning can be assigned to the analysis of the structural model. That is, good measurement of the latent variables is prerequisite to the analysis of the causal relations among the latent variables."*[584]

Generell sollte eine Übereinstimmung des jeweiligen theoretisch postulierten Konstrukts sowie den dazugehörigen Items beziehungsweise Skalen vorliegen, um verwertbare empirische Ergebnisse generieren zu können.[585] Das folgende Kapitel 4.1.2.1 ist deshalb vor dem Hintergrund ihrer Bedeutung für den empirischen Teil dieser Untersuchung den Grundlagen der Messtheorie gewidmet. Anschließend werden in Kapitel 4.1.2.2 die Unterschiede zwischen reflektiven und formativen Messmodellen erörtert, bevor in Kapitel 4.1.2.3 die Besonderheiten mehrdimensionaler Konstrukte erläutert werden.

4.1.2.1. Messtheoretische Grundlagen

Aus wissenschaftstheoretischer Sicht fußt die moderne Messtheorie auf den Gedanken und Annahmen der Zweisprachentheorie von Carnap (1956).[586] Die Zweisprachentheorie differenziert zwischen einer sogenannten Beobachtungssprache und einer sogenannten theoretischen Sprache beziehungsweise einer Beobachtungs- und einer Theorieebene.[587]

Die Theorieebene zielt auf eine Konzeptionalisierung der theoretischen Variablen respektive Konstrukte unter der Verwendung einer sogenannten theoretischen Sprache. Im Gegensatz dazu versucht die Beobachtungsebene, die Formulierung der erforderlichen Beobachtungen zur empirischen Überprüfung der Theorie vorzunehmen. Unter Verwendung der Beobachtungssprache werden also theoretische Begriffe

[583] Vgl. Anderson/Gerbing (1982), S. 453.
[584] Anderson/Gerbing (1982), S. 453.
[585] Vgl. Rossiter (2002), S. 305 ff.
[586] Vgl. zum Beispiel Carnap (1958), S. 236 ff.; Carnap (1960), S. 571 ff.; Carnap (1966), S. 1 ff.
[587] Vgl. Carnap (1958), S. 236.

sowie deren Beziehungen zueinander dahingehend übersetzt, dass sie auf die Realität anwendbar sind.[588]

In diesem Kontext gewährleisten sogenannte Korrespondenzregeln den Einklang von beobachtbaren Variablen und den theoretischen Konstrukten.[589] Abbildung 25 stellt die Adaption der Zweisprachentheorie auf die Strukturgleichungsmodellierung im Überblick dar, bevor im Folgenden die Unterschiede zwischen formativen und reflektiven Messmodellen beleuchtet werden sollen.

4.1.2.2. Reflektive versus formative Messmodelle

Bei Messmodellen kann im Rahmen der Operationalisierung zwischen reflektiven und formativen Messmodellen unterschieden werden.[590] Während bei reflektiven Messmodellen die Wirkungsrichtung der Korrespondenzregeln von der Theorieebene auf die beobachtbare Ebene zeigt, verhält es sich bei formativen Messmodellen umgekehrt. Darüber hinaus reflektieren bei reflektiven Messmodellen die jeweiligen Variablen das Konstrukt, während bei formativen Messmodellen das jeweils zugeordnete Konstrukt von den Variablen geformt wird. Nach Weiber/Mühlhaus (2010) stellen somit bei reflektiven Messmodellen

> *„[...] die hypothetischen Konstrukte die Ursache der auf der Beobachtungsebene zu erhebenden Messindikatoren dar. Entsprechend müssen die Messindikatoren beobachtbare „Folgen" oder „Konsequenzen" der Wirksamkeit eines Konstruktes auf der Beobachtungsebene widerspiegeln."*[591]

Demgegenüber definieren Weiber/Mühlhaus (2010) formative Messmodelle wie folgt:

> *„Bei formativen Messmodellen wird ein hypothetisches Konstrukt als Folge der auf der Beobachtungsebene wirksamen Messindikatoren verstanden.*

---

588 Vgl. Weiber/Mühlhaus (2010), S. 85.

589 Vgl. Ullrich (2011), S. 178; Pistoia (2014), S. 147.

590 Vgl. auch im Folgenden Blalock (1964), S. 163; Fornell/Bookstein (1982), S. 441; Fornell (1985), S. 11 ff.; Weiber/Mühlhaus (2010), S. 89 f. und S. 202; Bagozzi/Yi (2012), S. 14 ff.; Pistoia (2014), S. 148 f.

591 Weiber/Mühlhaus (2010), S. 90.

Hypothetische Konstrukte stellen damit eine Linearkombination der Messvariablen dar, was dem regressionsanalytischen Ansatz entspricht."[592]

Abbildung 25: *Adaption der Zweisprachentheorie nach Carnap (1956) auf die Strukturgleichungsmodellierung*[593]

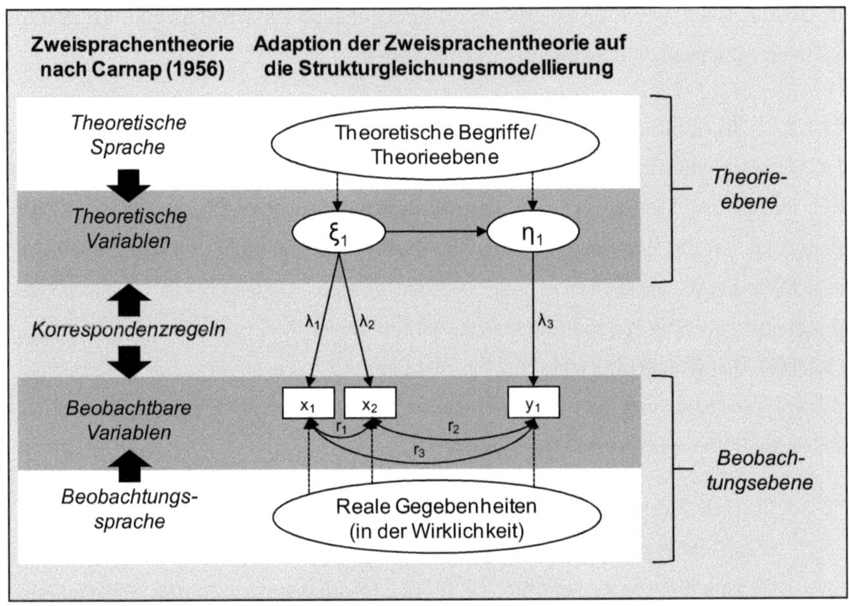

Während also formative Messmodelle einem regressionsanalytischen Ansatz folgen und von der Verursachung des latenten Konstrukts durch die jeweiligen Indikatoren ausgehen, verhält es sich bei reflektiven Messmodellen umgekehrt: Diese folgen einem faktoranalytischen Ansatz.[594] Darüber hinaus verursacht das latente Konstrukt die dazugehörigen Indikatoren. Ein weiterer Unterschied liegt in der Berücksichtigung von Messfehlern. Formative Messmodelle berücksichtigen diese auf Konstruktebene, während reflektive Messmodelle Messmodelle auf Indikatorebene erfassen.

592 Weiber/Mühlhaus (2010), S. 202.

593 In Anlehnung an Bagozzi (1984), S. 12 f.; Bagozzi (1998), S. 49 f.; Weiber/Mühlhaus (2010), S. 86; Pistoia (2014), S. 148.

594 Vgl. auch im Folgenden Jarvis/MacKenzie/Podsakoff (2003), S. 201 ff.

Schließlich kann das Weglassen oder der Austausch eines Indikators bei formativen Messmodellen eine Veränderung des latenten Konstrukts bewirken, während das gleiche Vorgehen bei reflektiven Messmodellen keine Veränderung des latenten Konstrukts verursacht. Abbildung 26 illustriert die Unterschiede zwischen reflektiven und formativen Messmodellen und stellt die jeweiligen Messgleichungen dar.

Nur ein geringer Teil der Forscher, beispielsweise aus den Fachbereichen Soziologie und Psychologie, greifen im Rahmen der Operationalisierung der Konstrukte ihres Untersuchungsmodells auf formative Messmodelle zurück. Vielmehr ist die reflektive Konstruktoperationalisierung allgemein weit verbreitet.[595] Dabei handelt es sich bei der Entscheidung, ob Konstrukte über reflektive oder formative Messmodelle konzeptionalisiert werden sollen, um

„eine weitreichende Entscheidung für ein Forschungsprojekt."[596]

Im Kontext dieser Entscheidungsfindung werden innerhalb des Schrifttums verschiedene Meinungen bezüglich der optimalen Vorgehensweise vertreten. Beispielhaft sei in diesem Zusammenhang Rossiter (2002) genannt, der die These vertritt, dass bei der Wahl eines adäquaten Messmodells ausschließlich auf das Urteil beziehungsweise die Meinung von Experten rekurriert werden sollte.[597]

Eine gegensätzliche Sichtweise vertritt dagegen eine Vielzahl an Forschern, die zum einen theoretische Aspekte einer Untersuchung, zum anderen aber auch das generelle Ziel eines Forschungsprojekts in den Fokus der Entscheidungsfindung bezüglich der Wahl reflektiver oder formativer Messmodelle rücken.[598] Mit folgendem Fragenkatalog nach Jarvis/MacKenzie/Podsakoff (2003) kann eine auf der Basis theoretischer Vorüberlegungen getroffene Entscheidung weiter validiert werden:[599]

---

595 Vgl. Diamantopoulos/Siguaw (2006), S. 263 f.

596 Ullrich (2011), S. 181.

597 Vgl. Rossiter (2002), S. 306 ff.

598 Vgl. zum Beispiel Edwards/Bagozzi (2000), S. 171; Diamantopoulos/Siguaw (2006), S. 274; Coltman et al. (2008), S. 1250 ff.

599 In Anlehnung an Jarvis/MacKenzie/Podsakoff (2003), S. 203.

Abbildung 26: *Reflektives versus formatives Messmodell*[600]

Reflektives Messmodell

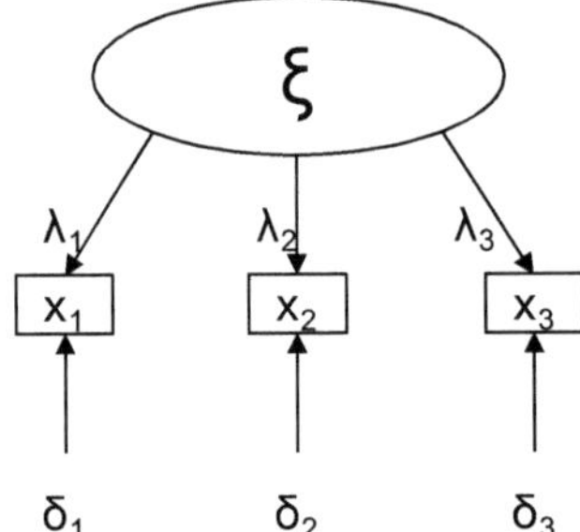

Messgleichungen:

$x_1 = \lambda_1 * \xi + \delta_1$

$x_2 = \lambda_2 * \xi + \delta_2$

$x_3 = \lambda_3 * \xi + \delta_3$

Formatives Messmodell

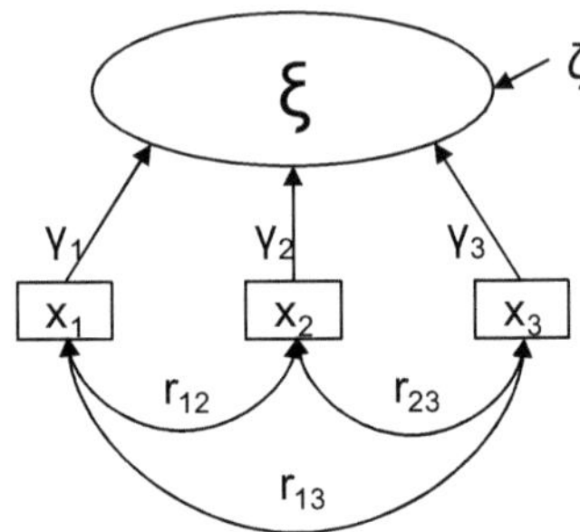

Messgleichung:

$\xi = \gamma_1 * x_1 + \gamma_2 * x_2 + \gamma_3 * x_3 + \zeta$

Eine gegensätzliche Sichtweise vertritt dagegen eine Vielzahl an Forschern, die zum einen theoretische Aspekte einer Untersuchung, zum anderen aber auch das generelle Ziel eines Forschungsprojekts in den Fokus der Entscheidungsfindung bezüglich der Wahl reflektiver oder formativer Messmodelle rücken.[601] Mit folgendem Fragenkatalog nach Jarvis/MacKenzie/Podsakoff (2003) kann eine auf der Basis theoretischer Vorüberlegungen getroffene Entscheidung weiter validiert werden:[602]

- Sind die Indikatoren beziehungsweise Items definierende Charakteristika oder Manifestationen eines Konstrukts? (Charakteristika: reflektives Messmodell; Manifestationen: formatives Messmodell)
- Verursachen Modifikationen von Indikatoren beziehungsweise Items eine Veränderung der latenten Variablen? (ja: formatives Messmodell; nein: reflektives Messmodell)

600 In Anlehnung an Bollen/Lennox (1991), S. 306; Edwards/Bagozzi (2000), S. 161 f.; Weiber/Mühlhaus (2010), S. 203; Backhaus/Erichson/Weiber (2013), S. 122.

601 Vgl. zum Beispiel Edwards/Bagozzi (2000), S. 171; Diamantopoulos/Siguaw (2006), S. 274; Coltman et al. (2008), S. 1250 ff.

602 In Anlehnung an Jarvis/MacKenzie/Podsakoff (2003), S. 203.

- Verursachen Modifikationen des latenten Konstrukts Veränderungen von Indikatoren beziehungsweise Items? (ja: reflektives Messmodell; nein: formatives Messmodell)
- Haben die Items beziehungsweise Indikatoren den gleichen oder einen ähnlichen Inhalt beziehungsweise ein gemeinsames Thema? (ja: reflektives Messmodell; nicht erforderlich: formatives Messmodell)
- Verursacht die Elimination eines Indikators beziehungsweise eines Items den konzeptionellen Inhalt einer latenten Variablen? (möglich: formatives Messmodell; nein: reflektives Messmodell)
- Verursacht die Modifikation eines Indikators beziehungsweise eines Items eine gleichgerichtete Veränderung der anderen Indikatoren beziehungsweise Items? (ja: reflektives Messmodell, nicht erforderlich: formatives Messmodell)
- Weisen die Indikatoren beziehungsweise Items dieselben Voraussetzungen/Antezedenzen und Konsequenzen auf? (ja: reflektives Messmodell; nicht erforderlich: formatives Messmodell)

In Bezug auf die Operationalisierung der Konstrukte dieser Arbeit wurden auf der Basis inhaltlicher und theoretischer Vorüberlegungen die Messmodelle in einem ersten Schritt reflektiv modelliert. Diese Spezifikation wurde in einem zweiten Schritt einer Validierung anhand des Fragenkatalogs nach Jarvis/MacKenzie/Podsakoff (2003) unterzogen. Diese ergab die Eignung der reflektiven Operationalisierung für den spezifischen Anwendungsfall dieser Untersuchung, so dass ausschließlich reflektive Messmodelle zum Einsatz kommen.

4.1.2.3. Mehrdimensionale Konstrukte

Der Nutzen mehrdimensionaler Konstrukte liegt für die betriebswirtschaftliche Forschung in der Möglichkeit, komplexe theoretische Modelle und Konzepte darzustellen.[603] Vor diesem Hintergrund ist eine zunehmende Verbreitung mehrdimensionaler Konstrukte im Rahmen der Konzeptionalisierung und Operationalisierung von theoretischen Konstrukten zu konstatieren.[604]

[603] Vgl. Giere/Wirtz/Schilke (2006), S. 678.
[604] Vgl. Law/Wong (1999), S. 145; Edwards (2001), S. 144.

Man spricht dann von einem mehrdimensionalen Konstrukt, wenn ein einheitliches theoretisches Konstrukt aus mehreren unterschiedlichen Dimensionen beziehungsweise mehreren latenten Variablen, die jedoch miteinander verwandt sind, besteht.[605] So handelt es sich nach Law/Wong/Mobley (1998) genau dann um ein mehrdimensionales Konstrukt,

> *„[…] when it consists of a number of interrelated attributes or dimensions and exists in multidimensional domains. […] the dimensions of a multidimensional construct can be conceptualized under an overall abstraction, and it is theoretically meaningful and parsimonious to use this overall abstraction as a representation of the dimensions."*[606]

Generell lassen sich vier Grundtypen von mehrdimensionalen Konstrukten unterscheiden, wenn es sich um sogenannte Second-Order-Konstrukte, also Konstrukte zweiter Ordnung, handelt.[607]

In diesem Kontext muss bezüglich der reflektiven beziehungsweise formativen Operationalisierung der Konstrukte zwischen einer einheitlichen und einer gemischten Spezifizierung differenziert werden. Abbildung 27 stellt die vier Grundtypen mehrdimensionaler Konstrukte im Überblick dar. Bei den Typen I und II handelt es sich um einheitlich spezifizierte Second-Order-Konstrukte, während die Typen III und IV Mischformen zwischen reflektiver und formativer Spezifizierung darstellen.

Innerhalb dieser Untersuchung werden aufgrund theoretischer Vorüberlegungen sowie der prognostizierten Komplexität sowohl die Rationale Markenqualität mit ihren Dimensionen Produktqualität, Servicequalität und Distributionsqualität als auch die Emotionalen Markenassoziationen mit ihren Dimensionen Konsistenter Werbestil, Markenimage, Image des Herkunftslands und Persönlichkeit des Verkaufsvertreters als mehrdimensionale reflektive Konstrukte zweiter Ordnung spezifiziert.[608] Die Korrespondenzbeziehungen zwischen beiden Ebenen wurden einer reflektiven Spezifizierung unterzogen, da es sich bei den Dimensionen der beiden Second-

---

605 Vgl. Law/Wong/Mobley (1998), S. 741; Edwards (2001), S. 144.

606 Law/Wong/Mobley (1998), S. 741.

607 Vgl. auch im Folgenden Jarvis/MacKenzie/Podsakoff (2003), S. 204 f.

608 Vgl. auch im Folgenden für ein ähnliches Vorgehen zum Beispiel Pistoia (2014), S. 160.

Order-Konstrukte jeweils um Manifestationen des Konstrukts höherer Ordnung handelt.

Abbildung 27: *Die vier Grundtypen der Spezifizierung mehrdimensionaler Konstrukte*[609]

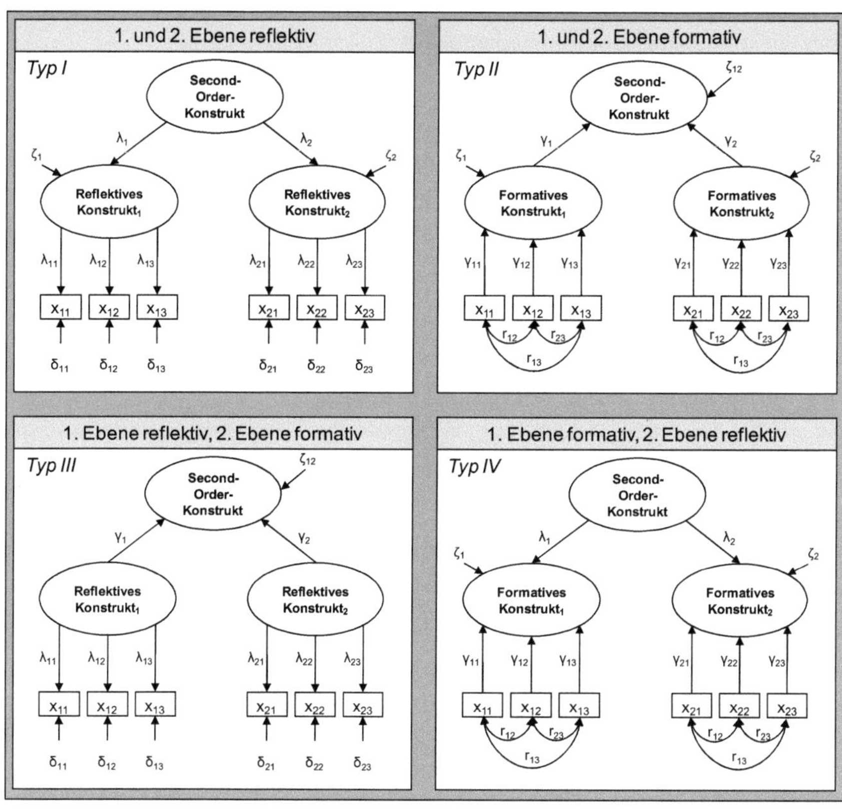

Die reflektive Spezifizierung der Konstrukte erlaubt es, die wichtigsten und auf der Basis diverser Expertengespräche sowie der Durchsicht des relevanten Schrifttums ermittelten Erfolgsfaktoren in das finale Untersuchungsmodell aufzunehmen. Eine formative Spezifizierung indes würde eine Aufnahme aller theoretisch denkbaren

609 In Anlehnung an Jarvis/MacKenzie/Podsakoff (2003), S. 205.

Konstrukte erfordern, was aufgrund des begrenzten Rahmens dieser Arbeit sowie den gegebenen Rahmenbedingungen der empirischen Erhebung unmöglich ist.

Ein weiterer Vorteil der reflektiven Spezifizierung liegt darin begründet, dass Messfehler auf Indikator- beziehungsweise Itemebene explizit Berücksichtigung finden. Im Gegensatz dazu würde eine formative Vorgehensweise eine fehlerfreie Abbildung sowie Messung der theoretischen Konstrukte erfordern.

4.2. Gütekriterien zur Beurteilung von Strukturgleichungsmodellen

Nach einer exkursartigen Einführung in die Reliabilität und Validität (Kapitel 4.2.1) sollen innerhalb von Kapitel 4.2 insbesondere die Gütekriterien zur Beurteilung von reflektiven Messmodellen (Kapitel 4.2.2) sowie von Konstrukten höherer Ordnung (Kapitel 4.2.3) genauer beleuchtet werden. Das Kapitel schließt mit der Darstellung der Untersuchung und Beurteilung von Strukturgleichungsmodellen (Kapitel 4.2.4).

4.2.1. Reliabilität und Validität

Die primäre Zielsetzung der Strukturgleichungsanalyse liegt in der empirischen Prüfung der theoretischen Annahmen, die Forscher durch Strukturmodelle abbilden.[610] Vor dem Hintergrund, dass nach dem GIGO-Prinzip (Garbage in - Garbage out) Fehler in der Messung von Konstrukten automatisch auch Fehler in der Messung deren Beziehungen zueinander implizieren, muss der Genauigkeit des Messverfahrens besondere Bedeutung geschenkt werden. Man unterscheidet in diesem Kontext zwischen der Reliabilität, also der Zuverlässigkeit eines Messinstruments, und der Validität, also

> *„[…] das Ausmaß, mit dem ein Messinstrument auch das misst, was es messen sollte. Validität kennzeichnet damit die Gültigkeit bzw. konzeptionelle Richtigkeit eines Messinstrumentes. Vollkommen valide Messungen sind durch die Abwesenheit von Zufallsfehlern und systematischen Fehlern gekennzeichnet."*[611]

Nach Backhaus/Erichson/Weiber (2013) kann demgegenüber die Reliabilität definiert werden als

---

610 Vgl. auch im Folgenden Weiber/Mühlhaus (2010), S. 103.

611 Weiber/Mühlhaus (2010), S. 127.

„[...] das Ausmaß, mit dem wiederholte Messungen eines Sachverhaltes mit einem Messinstrument auch die gleichen Ergebnisse liefern."[612]

Auf der Basis beider Definitionen kann festgehalten werden, dass valide Messungen immer auch reliabel sind, während reliable Messungen nicht zwingend valide sein müssen.[613] Somit handelt es sich bei der Reliabilität um eine notwendige, nicht jedoch um eine hinreichende Voraussetzung für Validität.[614] Das Schrifttum differenziert zwischen verschiedenen Arten, die Validität eines Messinstruments zu bestimmen.[615] Die zur Validitätsprüfung am häufigsten eingesetzten Verfahren sollen im Folgenden kurz erläutert werden:

- Inhaltsvalidität: Ausmaß, in dem ein Messmodell beziehungsweise die empirisch erhobenen Items den inhaltlichen Bereich des betreffenden Konstrukts repräsentieren.[616]
- Konvergenzvalidität: Ausmaß, in dem mehrere unterschiedliche Messungen eines theoretischen Konstrukts identische Werte aufweisen.[617]
- Diskriminanzvalidität: Ausmaß, in dem ein signifikanter Unterschied in den Messungen verschiedener theoretischer Konstrukte existiert.[618]
- Nomologische Validität: Ausmaß, in dem kausalen Beziehungen zwischen zwei oder mehreren theoretischen Konstrukten im Rahmen einer übergeordneten beziehungsweise zugrundeliegenden Theorie bestätigt werden können.[619]

Im Kontext der Überprüfung sowohl der Reliabilität als auch der Validität kann auf eine Vielzahl an im wissenschaftlichen Schrifttum Anwendung erfahrenden Gütekriterien zurückgegriffen werden. Im Folgenden sollen die innerhalb dieser Untersuchung verwendeten Gütekriterien erklärt und deren Grenzwerte definiert werden.

---

612 Backhaus/Erichson/Weiber (2013), S. 140.

613 Vgl. Weiber/Mühlhaus (2010), S. 127.

614 Vgl. Peter (1979), S. 6; Schwab (2004), S. 32; Kline (2013), S. 33.

615 Vgl. zum Beispiel Bagozzi/Phillips (1982), S. 468 ff.; Anderson/Gerbing (1988), S. 411 ff.; Bagozzi/Yi (1988), S. 74 ff.; Weiber/Mühlhaus (2010), S. 128 ff.

616 Vgl. zum Beispiel Haynes/Richard/Kubany (1995), S. 238; McGartland Rubio et al. (2003), S. 94 f.; Weiber/Mühlhaus (2010), S. 132 ff.

617 Vgl. zum Beispiel Bagozzi/Yi/Phillips (1991), S. 425; Hulland (1999), S. 199; Weiber/Mühlhaus (2010), S. 132 ff.

618 Vgl. zum Beispiel Bagozzi/Phillips (1982), S. 469; Hulland (1999), S. 199; Weiber/Mühlhaus (2010), S. 134 ff.

619 Vgl. zum Beispiel Peter (1981), S. 135; Weiber/Mühlhaus (2010), S. 131 f.

4.2.2. Gütekriterien zur Beurteilung reflektiver Messmodelle

Innerhalb der Strukturgleichungsanalyse wird die Güte des Strukturmodells beziehungsweise dessen Parameterschätzungen vor allem durch die Güte der verschiedenen Messmodelle determiniert.[620] So konstatieren Weiber/Mühlhaus (2010):

> *„Der Güteprüfung der Messmodelle ist [...] eine herausragende Bedeutung beizumessen."*[621]

Generell kann zwischen Gütekriterien der ersten Generation und Gütekriterien der zweiten Generation unterschieden werden.[622] Während die Gütekriterien der ersten Generation auf der Methodik der exploratorischen Faktorenanalyse beruhen, basieren die Gütekriterien der zweiten Generation auf der konfirmatorischen Faktorenanalyse.[623] Gemeinhin gelten die Verfahren der zweiten Generation als deutlich leistungsfähiger, da Forschern neben einer Prüfung der Validität auch die Berücksichtigung von Messfehlern sowie die Durchführung statistischer Tests ermöglicht werden.[624]

Bezüglich des Ablaufs eines sinnvollen Tests der Reliabilität und Validität reflektiver Messmodelle merken Weiber/Mühlhaus (2010) an, dass in einem ersten Schritt unter Verwendung der Gütekriterien der ersten Generation die Messmodelle auf Verlässlichkeit geprüft werden und in einem zweiten Schritt innerhalb der konfirmatorischen Faktorenanalyse mit Hilfe der Gütekriterien der zweiten Generation eine Überprüfung der Validität der Konstrukte erfolgen sollte.[625] Abbildung 28 stellt die Gütekriterien der ersten und zweiten Generation, die im Rahmen dieser Untersuchung zur Beurteilung der reflektiven Messmodelle zum Einsatz kommen sollen, im Überblick dar.

---

[620] Vgl. Weiber/Mühlhaus (2010), S. 103.

[621] Weiber/Mühlhaus (2010), S. 103.

[622] Vgl. zum Beispiel Fornell (1982), S. 1 ff.; Homburg/Giering (1998), S. 118 f.; Weiber/Mühlhaus (2010), S. 104 f.

[623] Vgl. Homburg/Giering (1998), S. 118 f. Der interessierte Leser sei an dieser Stelle außerdem auf die Arbeiten von Cronbach (1947), S. 1 ff.; Cronbach (1951), S. 297 ff.; Cronbach/Meehl (1955), S. 281 ff.; Campbell/Fiske (1959); S. 81 ff. und Campbell (1960), S. 546 ff. verwiesen.

[624] Vgl. Homburg/Giering (1998), S. 119; Weiber/Mühlhaus (2010), S. 105.

[625] Vgl. Weiber/Mühlhaus (2010), S. 105.

Abbildung 28: *Gütekriterien der ersten und zweiten Generation zur Beurteilung reflektiver Messmodelle*[626]

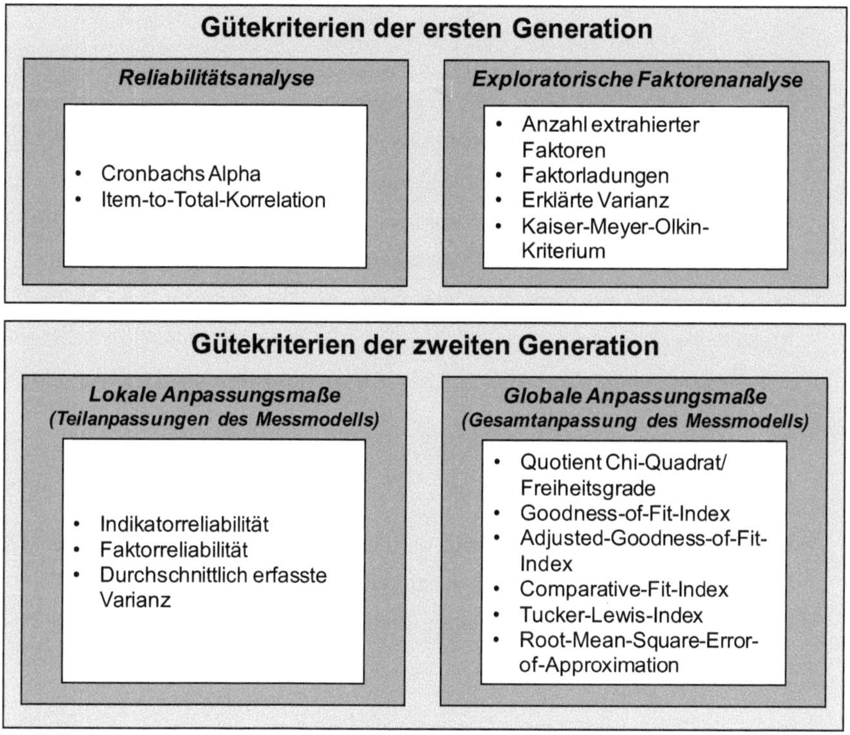

Gütekriterien der ersten Generation

Reliabilitätsanalyse

- Cronbachs Alpha
- Item-to-Total-Korrelation

Exploratorische Faktorenanalyse

- Anzahl extrahierter Faktoren
- Faktorladungen
- Erklärte Varianz
- Kaiser-Meyer-Olkin-Kriterium

Gütekriterien der zweiten Generation

Lokale Anpassungsmaße (Teilanpassungen des Messmodells)

- Indikatorreliabilität
- Faktorreliabilität
- Durchschnittlich erfasste Varianz

Globale Anpassungsmaße (Gesamtanpassung des Messmodells)

- Quotient Chi-Quadrat/ Freiheitsgrade
- Goodness-of-Fit-Index
- Adjusted-Goodness-of-Fit-Index
- Comparative-Fit-Index
- Tucker-Lewis-Index
- Root-Mean-Square-Error-of-Approximation

Im Anschluss an den Überblick über die Gütekriterien der ersten und zweiten Generation sollen diese einer genaueren Betrachtung unterzogen werden.

- **Cronbachs Alpha:**

  Beim Cronbachs Alpha handelt es sich um das mit Abstand wichtigste und damit im Schrifttum am häufigsten zum Einsatz kommende Gütemaß, um die interne Konsistenz der Items beziehungsweise Indikatoren eines latenten Kon-

626 In Anlehnung an Weiber/Mühlhaus (2010), S. 104. Vgl. außerdem Homburg/Giering (1998), S. 118 ff.

strukts und somit die Qualität eines Messinstruments zu beurteilen.[627] Das Cronbachs Alpha kann durch folgende Formel berechnet werden:

$$\alpha = \frac{n}{n-1}\left(1 - \frac{\sum \sigma_i^2}{\sigma_x^2}\right),$$

mit n = die Anzahl der Items eines Konstrukts, σ_i^2 = die Varianz des Items i und σ_x^2 = die Gesamtvarianz des Konstrukts.[628] Das Cronbachs Alpha kann Werte zwischen null und eins annehmen. Je näher der Wert für Cronbachs Alpha an eins liegt, desto höher ist die interne Konsistenz und die Reliabilität des Messinstruments.[629] Nach Bagozzi/Yi (2012) erfüllen Werte größer gleich 0,7 für latente Konstrukte mit mindestens vier Items die Ansprüche an das Cronbachs Alpha.[630] Da dieser Schwellenwert allgemeinhin anerkannt ist, soll der Mindestanforderung von 0,7 für das Cronbachs Alpha in dieser Untersuchung gefolgt werden.

- **Item-to-Total-Korrelation:**

Die Item-to-Total-Korrelation zeigt den Wert respektive den Beitrag, den ein einzelnes Item zur Messung des gesamten latenten Konstrukts leistet.[631] Die Item-to-Total-Korrelation kann unter Verwendung der folgenden Formel berechnet werden:

$$ITK\,(x_i, x_s) = \frac{cov\,(x_i, x_s)}{\sigma_{xi}\,\sigma_{xs}},$$

mit x_s = die Summe, die aus den Werten aller Items gebildet wird, $cov\,(x_i, x_s)$ = die Kovarianz zwischen Item x_i und und der Summe der Items x_s, σ_{xi} = die Standardabweichung des Items x_i und σ_{xs} = die Standardabweichung der Skala beziehungsweise der Summe der Items x_s.[632] Analog zum Cronbachs Alpha liegt der Wertebereich der Item-to-Total-Korrelation zwischen null und eins.

627 Vgl. Cronbach (1951), S. 297 ff.; Churchill (1979), S. 68; Weiber/Mühlhaus (2010), S. 110.

628 Vgl. Peter (1979), S. 8.

629 Vgl. Weiber/Mühlhaus (2010), S. 110.

630 Vgl. Bagozzi/Yi (2012), S. 14. Das Schrifttum impliziert darüber hinaus, dass Werte nahe 1 für das Cronbachs Alpha als Indiz für (sprachlich und/oder inhaltlich) deckungsgleiche Items gelten können. Siehe hierzu Weiber/Mühlhaus (2010), S. 110.

631 Vgl. zum Beispiel Homburg/Giering (1998), S. 111 ff.; Weiber/Mühlhaus (2010), S. 112.

632 Vgl. Nunnally (1967), S. 262; Weiber/Mühlhaus (2010), S. 112.

Generell implizieren hohe Werte der Item-to-Total-Korrelation eine hohe Reliabilität des entsprechenden Items.[633] Das Schrifttum spricht Items mit Werten größer gleich 0,5 eine gute beziehungsweise akzeptable Reliabilität zu.[634] Vor diesem Hintergrund soll dieser Schwellenwert auch für diese Untersuchung gelten.

- **Exploratorische Faktorenanalyse:**

Mit Hilfe der exploratorischen Faktorenanalyse kann eine Gruppe von Items, ohne über eine Indikatorenzuordnung bereits vorab Hypothesen formuliert zu haben, unter Verwendung der empirisch erhobenen Daten auf ihre Faktorenstruktur hin untersucht werden.[635] Somit können mit Hilfe der exploratorischen Faktorenanalyse Informationen bezüglich der Konvergenz- und der Diskriminanzvalidität generiert werden.[636] Ein adäquates Gütemaß zur Feststellung der Eignung der Korrelationsmatrix stellt in diesem Kontext das Kaiser-Meyer-Olkin-Kriterium (KMO-Kriterium) dar.[637] Auch dieses kann prinzipiell Werte zwischen null und eins annehmen, wobei ein Kaiser-Meyer-Olkin Kriterium größer gleich 0,8 als erstrebenswert gilt.[638] Dieser Wert soll auch innerhalb dieser Untersuchung als untere Grenze definiert werden.

Darüber hinaus genügt ein theoretisches Konstrukt den Ansprüchen an die Konvergenzvalidität, wenn die Items eines latenten Konstrukts ausschließlich diesen Faktor abbilden und jeweils eine Faktorladung von mindestens 0,4 aufweisen.[639] Schließlich sollten die Items mindestens 50% der Varianz des latenten Konstrukts erklären.

Nach der ersten Beurteilung der Validität und der Reliabilität der Messmodelle anhand der Gütekriterien der ersten Generation sollen in einem zweiten Schritt zu einer

[633] Wenn das Cronbachs Alpha eines latenten Konstrukts einen niedrigen Wert beziehungsweise eine Wert kleiner 0,7 aufweist, kann dieser Wert durch eine sukzessive Elimination der Items mit den jeweils geringsten Item-to-Total-Korrelationen erhöht werden. Siehe hierzu Churchill (1979), S. 68.

[634] Vgl. Bearden/Netemeyer/Teel (1989), S. 475; Weiber/Mühlhaus (2010), S. 112.

[635] Vgl. Schilke (2007), S. 149 f.; Weiber/Mühlhaus (2010), S. 106 ff.

[636] Vgl. Churchill (1979), S. 69 f.

[637] Vgl. Weiber/Mühlhaus (2010), S. 107.

[638] Vgl. Kaiser (1970), S. 405.

[639] Vgl. auch im Folgenden Homburg/Giering (1998), S. 119 ff.

spezifischeren Analyse die Gütekriterien der zweiten Generation zum Einsatz gelangen. In diesem Kontext unterscheidet man zwischen lokalen und globalen Anpassungsmaßen. Während lokale Anpassungsmaße auf die Überprüfung einzelner Modellausschnitte fokussieren, kann anhand der globalen Anpassungsmaße das Gesamtmodell beurteilt werden.[640]

Im Folgenden sollen die innerhalb dieser Untersuchung Anwendung erfahrenden lokalen Anpassungsmaße, die Indikatorreliabilität, die Faktorreliabilität sowie die durchschnittlich erfasste Varianz vorgestellt werden, bevor anschließend die globalen Anpassungsmaße erläutert werden.

- **Indikatorreliabilität:**

  Die Indikatorreliabilität, im englischsprachigen Schrifttum auch unter dem Term Squarred Multiple Correlations bekannt, ist definiert als die Höhe der Varianz eines Items, die durch das latente Konstrukt erklärt wird.[641] Die Berechnung der Indikatorreliabilität eines Items erfolgt über die Quadrierung der jeweiligen standardisierten Faktorladung beziehungsweise unter Verwendung der folgenden Formel:

$$Rel\,(x_i) = \frac{\lambda_{ij}^2\,\phi_{jj}}{\lambda_{ij}^2\,\phi_{jj} + \square_{ii}},$$

  mit λ_{ij} = die Faktorladung, ϕ_{jj} = die (geschätzte) Varianz der latenten Variable und $\square_{ii}$ = die (geschätzte) Varianz der Fehlervariable beziehungsweise Störgröße.[642] Die Indikatorreliabilität sollte üblicherweise einen Schwellenwert von größer gleich 0,4 aufweisen.[643] Dieser untere Grenzwert von 0,4 soll auch für diese Untersuchung gelten.

640 Vgl. Homburg/Baumgartner (1995), S. 165.

641 Vgl. Weiber/Mühlhaus (2010), S. 122.

642 Vgl. Bagozzi/Yi (1988), S. 80; Weiber/Mühlhaus (2010), S. 122; Backhaus/Erichson/Weiber (2013), S. 91.

643 Vgl. Weiber/Mühlhaus (2010), S. 122; Backhaus/Erichson/Weiber (2013), S. 91.

- **Faktorreliabilität:**

Bei der Faktorreliabilität, auch Composite Reliability genannt, handelt es sich, allerdings auf Konstruktebene, um das entsprechende Äquivalent zur Indikatorreliabilität.[644] Die Faktorreliabilität gibt an, inwieweit ein latentes Konstrukt durch die Gesamtheit seiner Items repräsentiert wird und gibt somit Aufschluß über die interne Konsistenz.[645] Die Faktorreliabilität kann unter Verwendung der folgenden Formel berechnet werden:

$$Rel\left(\xi_j\right) = \frac{\left(\sum \lambda_{ij}\right)^2 \phi_{jj}}{\left(\sum \lambda_{ij}\right)^2 + \sum \boxed{?}_{ii}},$$

mit λ_{ij} = die (geschätzte) Faktorladung, ϕ_{jj} = die geschätzte Varianz der latenten Variable und $\boxed{?}_{ii}$ = die (geschätzte) Varianz der Fehlervariable beziehungsweise Störgröße.[646] Für das Vorliegen einer ausreichenden Konvergenzvalidität fordert das Schrifttum bei einem denkbaren Wertebereich zwischen null und eins einen Schwellenwert von größer gleich 0,6.[647] Dieser Forderung soll auch im Rahmen dieser Untersuchung gefolgt werden.

- **Durchschnittlich erfasste Varianz:**

Bei der durchschnittlich erfassten Varianz (DEV) handelt es sich um ein zusätzliches Gütemaß, das im Kontext der Beurteilung, in wieweit ein latentes Konstrukt durch die Gesamtheit seiner jeweiligen Items gemessen wird, Anwendung erfährt.[648] Die DEV kann über den Durchschnitt der einem latenten Konstrukt zugeordneten Items beziehungsweise der Indikatorreliabilitäten bestimmt werden und anhand folgender Formel berechnet werden:[649]

$$DEV\left(\xi_j\right) = \frac{\left(\sum \lambda_{ij}^2\right)\phi_{jj}}{\left(\sum \lambda_{ij}^2\right) + \sum \boxed{?}_{ii}},$$

[644] Vgl. Bagozzi/Yi (1988), S. 80; Weiber/Mühlhaus (2010), S. 122.

[645] Vgl. Novick/Lewis (1967), S. 1 ff.; Bagozzi/Yi (1988), S. 80.

[646] Vgl. Bagozzi/Yi (1988), S. 80; Weiber/Mühlhaus (2010), S. 123; Backhaus/Erichson/Weiber (2013), S. 144.

[647] Vgl. Bagozzi/Yi (1988), S. 82; Weiber/Mühlhaus (2010), S. 122.

[648] Vgl. Schilke (2007), S. 152; Weiber/Mühlhaus (2010), S. 123.

[649] Vgl. Fornell/Larcker (1981), S. 45 f.

mit λ_{ij} = die (geschätzte) Faktorladung, ϕ_{jj} = die geschätzte Varianz der latenten Variable und $\square_{ii}$ = die (geschätzte) Varianz der Fehlervariable beziehungsweise Störgröße.[650] Wiederum ausgehend von einem möglichen Wertebereich zwischen null und eins befindet das Schrifttum Werte größer gleich 0,5 als akzeptabel beziehungsweise gut.[651]

Nach der Vorstellung der im Rahmen dieser Untersuchung zum Einsatz gelangenden lokalen Anpassungsmaße sollen im Folgenden die globalen Anpassungsmaße, der Quotient Chi-Quadrat/Freiheitsgrade, der Goodness-of-Fit-Index, der Adjusted-Goodness-of-Fit-Index, der Comparative-Fit-Index, der Tucker-Lewis-Index sowie der Root-Mean-Square Error-of-Approximation näher betrachtet werden.

- **Quotient Chi-Quadrat/Freiheitsgrade (X^2/df):**

  Bei dem Chi-Quadrat-Wert (X^2) handelt es sich um ein inferenzstatistisches Gütemaß, das den globalen Fit des Strukturgleichungsmodells beurteilt. Der X^2-Wert kann anhand der Differenz zwischen empirischer und theoretisch modellierter Kovarianzmatrix berechnet werden und bestimmt sich folglich aus den Abweichungen zwischen empirisch beobachteten und vorab erwarteten Häufigkeiten.[652] Das Schrifttum sieht den X^2-Wert allerdings kritisch, da dessen Voraussetzungen (Normalverteilung aller beobachteten Variablen, die durchgeführte Schätzung muss auf einer Stichproben-Kovarianz-Matrix basieren und darüber hinaus eine ausreichend große Stichprobe vorliegen) in der wissenschaftlichen Praxis nur selten erfüllt sind.[653] Deshalb soll im Rahmen dieser Untersuchung der sogenannte normierte X^2-Wert Anwendung erfahren. Dieser resultiert aus dem Quotienten des X^2-Werts und der Anzahl der Freiheitsgrade (df).[654] Das Schrifttum verlangt für den normierten X^2-Wert einen Schwellenwert kleiner als drei beziehungsweise fünf.[655] Innerhalb dieser Untersuchung

---

650 Vgl. Fornell/Larcker (1981), S. 46; Weiber/Mühlhaus (2010), S. 123; Backhaus/Erichson/Weiber (2013), S. 144.

651 Vgl. Fornell/Larcker (1981), S. 46; Weiber/Mühlhaus (2010), S. 123.

652 Vgl. Weiber/Mühlhaus (2010), S. 160; Backhaus/Erichson/Weiber (2013), S. 404.

653 Vgl. Bentler/Bonett (1980), S. 591; Boomsma (1982), S. 149 ff.; Bearden/Sharma/Teel (1982), S. 425 ff.; Jöreskog/Sörbom (1982), S. 407 f.; Backhaus/Erichson/Weiber (2013), S. 92.

654 Vgl. Jöreskog/Sörbom (1982), S. 407 f.

655 Vgl. Carmines/McIver (1983), S. 64.

soll für dieses Gütemaß ein Schwellenwert kleiner fünf (zufriedenstellende Anpassung des Modells) gelten.

- **Goodness-of-Fit-Index:**

Der Goodness-of-Fit-Index (GFI) ist, anders als der Chi-Quadrat-Test, unabhängig von der Größe der Stichprobe.[656] Mit Hilfe des GFI kann, unter Berücksichtigung des Modells, der relative Anteil an Varianzen sowie Kovarianzen bestimmt werden. Allerdings werden durch das Gütemaß die Anzahl der Freiheitsgrade nicht berücksichtigt, so dass im Rahmen dieser Untersuchung der korrigierte GFI Anwendung erfahren soll.[657] Der korrigierte GFI kann anhand folgender Formel berechnet werden:

$$GFI^{\wedge} = \frac{\mathrm{p}}{\mathrm{p} + 2\mathrm{F}} \; ; \; F = \frac{\mathrm{c} - \mathrm{df}}{\mathrm{n} - 1},$$

mit p = die Anzahl der freien Parameter, c = das Chi-Quadrat, df = die Anzahl der Freiheitsgrade und n = der Stichprobenumfang.[658] Das Schrifttum fordert für die Existenz einer guten Modellanpassung bei einem möglichen Wertebereich zwischen null und eins einen Schwellenwert von mindestens 0,9 beziehungsweise 0,85 bei neuen Modellen beziehungsweise Modellen mit hoher Komplexität.[659] Für diese Untersuchung soll der strengere Grenzwert größer gleich 0,9 gelten.

- **Adjusted-Goodness-of-Fit-Index:**

Bei dem Adjusted-Goodness-of-Fit-Index (AGFI) handelt es sich um ein weiteres Gütemaß, das die Varianz des Modells erklärt.[660] Der AGFI trägt der Komplexität eines Modells Rechnung, indem er sowohl die Zahl der Modellparameter als auch die Zahl der Freiheitsgrade berücksichtigt. Da der AGFI analog zum GFI zu Verzerrungen neigt, soll im Rahmen dieser Untersuchung der kor-

---

656 Vgl. auch im Folgenden Weiber/Mühlhaus (2010), S. 166 f.
657 Vgl. Anderson/Gerbing (1984), S. 171 f.
658 Vgl. Steiger (1990), S. 178.
659 Vgl. Bollen (1989), S. 274; Homburg/Baumgartner (1995), S. 172; Weiber/Mühlhaus (2010), S. 167.
660 Vgl. auch im Folgenden Weiber/Mühlhaus (2010), S. 167.

rigierte AGFI zum Einsatz kommen.[661] Dieser lässt sich unter Verwendung der folgenden Formel bestimmen:

$$AGFI^\wedge = 1 - \frac{\mathrm{k}\,(\mathrm{k}+1)}{2\mathrm{df}}(1 - \mathrm{GFI}^\wedge)\,,$$

mit k = die Anzahl der Items beziehungsweise Indikatoren im Modell und df = die Anzahl der Freiheitsgrade.[662] Bei einem Wertebereich von null bis eins werden im Schrifttum Schwellenwerte größer gleich 0,8 gefordert.[663] Dieser Schwellenwert soll auch für diese Untersuchung gelten.

- **Comparative-Fit-Index:**

Der Comparative-Fit-Index (CFI) stellt dem Minimum der Diskrepanzfunktion des postulierten Modells das Minimum eines Basismodells gegenüber und berücksichtigt explizit die Anzahl der Freiheitsgrade beziehungsweise Verteilungsverzerrungen.[664] Der CFI kann anhand folgender Formel berechnet werden:

$$CFI = 1 - \frac{\max\,(\mathrm{C} - \mathrm{df};0)}{\max\,(\mathrm{C_b} - \mathrm{df_b};0)}\,,$$

mit C = der Minimalwert der Diskrepanzfunktion des formulierten Modells (C) beziehungsweise dem des Basismodells (C_b) und df = die Freiheitsgrade des formulierten Modells beziehungsweise die des Basismodells (df_b).[665] Der im Schrifttum geforderte Mindestwert von 0,9 (bei einem potentiellen Wertebereich zwischen null und eins) soll auch für diese Untersuchung gelten.[666]

661 Vgl. Giere (2007), S. 141; Pistoia (2014), S. 172 f.
662 Vgl. Giere (2007), S. 141; Pistoia (2014), S. 173.
663 Vgl. Cole (1987), S. 586; Segars/Grover (1993), S. 522; Sharma (1996), S. 159.
664 Vgl. Bentler (1990), S. 239 ff.; Weiber/Mühlhaus (2010), S. 171.
665 Vgl. Weiber/Mühlhaus (2010), S. 170.
666 Vgl. Weiber/Mühlhaus (2010), S. 170.

- **Tucker-Lewis-Index:**

Der Tucker-Lewis-Index (TLI) vergleicht die Modellanpassung eines postulierten Modells mit der eines restriktiveren Modells, das über deutlich weniger Schätzer verfügt.[667] Der TLI kann anhand folgender Formel ermittelt werden:

$$TLI = \frac{\frac{X_b^2}{df_b} - \frac{X^2}{df}}{\frac{X_b^2}{df_b} - 1},$$

mit X^2 = das Chi-Quadrat des formulierten Modells, X_b^2 = das Chi-Quadrat des Basismodells, df = die Freiheitsgrade des formulierten Modells und df_b = die Freiheitsgrade des Basismodells.[668] Bei einem Wertebereich wiederum zwischen null und eins liegt der im Schrifttum geforderte Schwellenwert bei größer gleich 0,9 und soll auch für diese Untersuchung gelten.[669]

- **Root-Mean-Square-Error-of-Approximation:**

Der Root-Mean-Square-Error-of-Approximation (RMSEA) analysiert die Approximation der Realität durch das theoretisch postulierte Modell.[670] Er berechnet sich anhand folgender Formel:

$$RMSEA = \sqrt{\max\left(\frac{X^2 - df}{df\,(N - g)}; 0\right)},$$

mit X^2 = das Chi-Quadrat des formulierten Modells, df = die Anzahl der Freiheitsgrade, N = der Umfang der Stichprobe und g = die Anzahl der Gruppen (Normalfall: g = 1).[671] Bei einem Wertebereich von null bis eins wird analog des relevanten Schrifttums die Forderung nach einem Schwellenwert kleiner gleich 0,1 für diese Untersuchung übernommen.[672]

---

[667] Vgl. Tucker/Lewis (1973), S. 1 ff.; Bentler/Bonett (1980), S. 599.
[668] Vgl. Bollen (1989), S. 273; Weiber/Mühlhaus (2010), S. 170.
[669] Vgl. Bentler/Bonett (1980), S. 600; Hu/Bentler (1999), S. 29; Weiber/Mühlhaus (2010), S. 170.
[670] Vgl. Browne/Cudeck (1993), S. 136 ff.; Backhaus/Erichson/Weiber (2013), S. 93.
[671] Vgl. Backhaus/Erichson/Weiber (2013), S. 93.
[672] Vgl. Browne/Cudeck (1993), S. 136 ff.; Backhaus/Erichson/Weiber (2013), S. 147.

Die vorgestellten Gütekriterien der ersten und zweiten Generation bilden eine Auswahl des insgesamt zur Verfügung stehenden Katalogs an Gütemaßen und sollen innerhalb dieser Untersuchung Anwendung erfahren. Das methodische Schrifttum setzt bei der Auswahl der Gütemaße verschiedene Schwerpunkte und empfiehlt deshalb unterschiedliche Kombinationen.[673] Nach Weiber/Mühlhaus (2010) ist es prinzipiell

> *„[…] empfehlenswert, eine „Mischung" von Kriterien aus den […] unterschiedlichen Kategorien vorzunehmen […]."*[674]

In Bezug auf die einzelnen Gütemaße ist festzuhalten, dass es sich bei deren Schwellenwerten um keine allgemeinverbindlichen Normen handelt, da einige der vorgestellten Gütekriterien beispielsweise auf die Komplexität eines theoretisch postulierten Modells oder den Umfang der Stichprobe reagieren.[675] Vor diesem Hintergrund soll ein geringfügiges Über- beziehungsweise Unterschreiten einzelner Gütemaße nicht zu einer Ablehnung des Untersuchungsmodells führen.

Vielmehr soll der insgesamte Eindruck bezüglich der Kombination aller Gütekriterien über die Annahme oder die Ablehnung des Modells entscheiden.[676] Tabelle 14 gibt einen Überblick über die innerhalb dieser Untersuchung zum Einsatz kommenden Gütekriterien und stellt deren Bezugsebene sowie die vom Schrifttum geforderten Mindestwerte dar.

4.2.3. Untersuchung und Beurteilung von Konstrukten höherer Ordnung

Nach den Gütekriterien der ersten und zweiten Generation für reflektive Messmodelle offeriert das Schrifttum weitere Tests beziehungsweise Gütemaße, um Konstrukte höherer Ordnung zu überprüfen.[677] In diesem Kontext steht insbesondere der Beweis der Diskriminanzvalidität mehrdimensionaler Konstrukte im Fokus. Häufige Anwendung im Schrifttum erfahren hierbei sowohl die exploratorische Faktorenanalyse als auch das sogenannte Fornell/Larcker-Kriterium.

---

673 Vgl. Hu/Bentler (1999), S. 1 ff.; Sharma et al. (2005), S. 935 ff.; Homburg/Klarmann (2006), S. 739 f.; Weiber/Mühlhaus (2010), S. 176.

674 Weiber/Mühlhaus (2010), S. 176.

675 Vgl. Bentler/Bonett (1980), S. 591; Weiber/Mühlhaus (2010), S. 176.

676 Vgl. Bagozzi (1981), S. 375 ff.; Weiber/Mühlhaus (2010), S. 176.

677 Vgl. auch im Folgenden Mory (2014), S. 266 f.; Pistoia (2014), S. 176 ff.

Tabelle 14: Überblick über die Gütekriterien für reflektive Messmodelle

<table>
<tr><th colspan="2">Gütekriterium</th><th>Bezugsebene</th><th>Mindestwert</th><th>Art</th></tr>
<tr><td colspan="2">Cronbachs Alpha</td><td>Faktor</td><td>≥ 0,7</td><td rowspan="8">Gütekriterien der 1. Generation</td></tr>
<tr><td colspan="2">Item-to-Total-Korrelation</td><td>Item/Indikator</td><td>≥ 0,5</td></tr>
<tr><td rowspan="4">Exploratorische Faktorenanalyse</td><td>Anzahl extrahierter Faktoren</td><td>Faktor</td><td>= 1</td></tr>
<tr><td>Faktorladungen</td><td>Faktor</td><td>≥ 0,4</td></tr>
<tr><td>Erklärte Varianz</td><td>Faktor</td><td>≥ 50%</td></tr>
<tr><td>Kaiser-Meyer-Olkin-Kriterium (KMO)</td><td>Faktor</td><td>≥ 0,8</td></tr>
<tr><td colspan="4">Lokale Anpassungsmaße</td><td rowspan="12">Gütekriterien der 2. Generation</td></tr>
<tr><td colspan="2">Indikatorreliabilität</td><td>Item/Indikator</td><td>≥ 0,4</td></tr>
<tr><td colspan="2">Faktorreliabilität</td><td>Faktor</td><td>≥ 0,6</td></tr>
<tr><td colspan="2">Durchschnittlich erfasste Varianz (DEV)</td><td>Faktor</td><td>≥ 0,5</td></tr>
<tr><td colspan="4">Globale Anpassungsmaße</td></tr>
<tr><td colspan="2">Quotient Chi-Quadrat/Freiheitsgrade (X^2/df)</td><td>Gesamtmodell</td><td>≤ 3</td></tr>
<tr><td colspan="2">Goodness-of-Fit-Index (GFI)</td><td>Gesamtmodell</td><td>≥ 0,9</td></tr>
<tr><td colspan="2">Adjusted-Goodness-of-Fit-Index (AGFI)</td><td>Gesamtmodell</td><td>≥ 0,8</td></tr>
<tr><td colspan="2">Comparative-Fit-Index (CFI)</td><td>Gesamtmodell</td><td>≥ 0,9</td></tr>
<tr><td colspan="2">Tucker-Lewis-Index (TLI)</td><td>Gesamtmodell</td><td>≥ 0,9</td></tr>
<tr><td colspan="2">Root-Mean-Square-Error-of-Approximation (RMSEA)</td><td>Gesamtmodell</td><td>≤ 0,1</td></tr>
</table>

- **Exploratorische Faktorenanalyse:**

Die exploratorische Faktorenanalyse kann, analog zum einfaktoriellen Fall, auch bei mehrdimensionalen Konstrukten zum Einsatz kommen.[678] In der Praxis wird hierfür eine exploratorische Faktorenanalyse über alle Faktoren respektive Dimensionen, deren Zuordnung zu einem mehrdimensionalen Konstrukt höherer Ordnung theoretisch postuliert wurde, durchgeführt. Der Nachweis

[678] Vgl. Homburg/Giering (1998), S. 129; Weiber/Mühlhaus (2010), S. 117 f.

der Diskriminanzvalidität gilt dann als geführt, wenn alle Items beziehungsweise Indikatoren hoch auf ihre theoretisch übergeordneten Konstrukte und niedrig auf alle anderen Dimensionen des Konstrukts höherer Ordnung laden. Als Extraktionsmethode soll für diese Untersuchung die Hauptachsenanalyse mit einer schiefwinkligen Oblimin-Rotation gewählt werden.[679]

- **Fornell/Larcker-Kriterium:**

  Bei dem Fornell/Larcker-Kriterium handelt es sich um das zweite Kriterium im Rahmen der Prüfung der Diskriminanzvalidität, das innerhalb des Schrifttums fest etabliert, dabei aber deutlich strenger ist.[680] Das Fornell/Larcker-Kriterium berechnet sich durch einen Vergleich der durchschnittlich erfassten Varianz (DEV) eines Faktors mit jeder quadrierten Korrelation dieses Faktors mit weiteren Faktoren desselben Konstrukts. Dabei sollte die DEV jeweils einen höheren Wert aufweisen.[681]

4.2.4. Gütekriterien zur Beurteilung des Strukturmodells

Nach der Vorstellung der Gütekriterien zur Beurteilung reflektiver Messmodelle in Kapitel 4.2.2 sowie von Konstrukten höherer Ordnung in Kapitel 4.2.3 sollen im Folgenden die Gütekriterien zur Beurteilung des Gesamtmodells im Fokus stehen, um die aufgestellten Hypothesen bezüglich der Wirkungsbeziehungen der einzelnen Konstrukte zu analysieren.[682] Allerdings stehen hierfür bei weitem nicht so viele Gütekriterien wie auf Messmodellebene zur Verfügung.[683] Eine wichtige Voraussetzung für die Beurteilung des Strukturgleichungsmodells ist die Existenz einer adäquaten Validität. Diese kann anhand der Gütekriterien der ersten und zweiten Generation beurteilt werden.[684]

Darüber hinaus existieren mit dem quadrierten multiplen Korrelationskoeffizienten beziehungsweise dem Bestimmtheitsmaß R^2 und der Güte der Pfadbeziehungen zwei weitere Prüfkriterien zur Beurteilung des Strukturmodells. Das Bestimmtheitsmaß R^2

679 Vgl. zu den Vorteilen der Hauptachsenanalyse mit einer schiefwinkligen Oblimin-Rotation Weiber/Mühlhaus (2010), S. 107 f.; Pistoia (2014), S. 177.

680 Vgl. Weiber/Mühlhaus (2010), S. 135; Backhaus/Erichson/Weiber (2013), S. 144 f.

681 Vgl. Fornell/Larcker (1981), S. 46; Backhaus/Erichson/Weiber (2013), S. 144.

682 Vgl. Bagozzi (1981), S. 376; Anderson/Gerbing (1982), S. 453 ff.

683 Vgl. Pistoia (2014), S. 179.

684 Vgl. Schilke (2007), S. 162; Mory (2014), S. 268.

gibt Aufschluss über den Anteil der erklärten Varianz eines endogenen Konstrukts.[685] Bei einem potentiellen Wertebereich zwischen null und eins wird im Schrifttum bei der Beurteilung der Werte prinzipiell der Einschätzung von Chin (1998b) gefolgt. Dieser bezeichnet Werte größer 0,19 als schwach, Werte größer 0,33 als „moderat" und Werte größer als 0,66 als substanziell.[686] Als unterer Schwellenwert soll für diese Untersuchung ein R^2-Wert von 0,19 Anwendung erfahren.

In Bezug auf die Güte der Pfadbeziehungen kann eine Hypothese dann nicht abgelehnt werden, wenn das statistische Signifikanzniveau bei mindestens 10% liegt, die postulierte Richtung des Vorzeichens erfüllt ist sowie eine gewisse Höhe des Parameterschätzers (mindestens 0,1 beziehungsweise 0,2) gegeben sind.[687] Auch dieser Sichtweise des Schrifttums soll für diese Untersuchung gefolgt werden.

4.3. Zusammenfassung der Vorgehensweise

Nach der Darstellung der Gütemaße und Prüfkriterien sowohl für reflektive Messmodelle und mehrdimensionale Konstrukte als auch für die Gesamtmodellebene soll im Folgenden der Prozess beziehungsweise der Ablauf der Prüfung der einzelnen Konstrukte als auch des Strukturmodells erläutert werden. Dabei folgt diese Arbeit einer bereits im Schrifttum etablierten und mehrfach erfolgreich praktizierten Vorgehensweise.[688]

Der erste Schritt der Analyse besteht aus der Untersuchung der Skalenreliabilität der Messmodelle erster Ordnung. Unter Einsatz des Statistikprogramms SPSS werden das Cronbachs Alpha für die Items eines Konstrukts sowie die jeweilige Item-to-Total-Korrelationen berechnet.[689] Sollte das Cronbachs Alpha kleiner 0,7 und/oder die Item-to-Total-Korrelation eines Items kleiner 0,5 sein, wird iterativ das Item mit der niedrigsten Item-to-Total-Korrelation eliminiert, bis die Mindestwerte beider Gütemaße erreicht werden.[690] In einem zweiten Schritt werden die verbliebenen Items

685 Vgl. Weiber/Mühlhaus (2010), S. 257.
686 Vgl. Chin (1998b), S. 323; Weiber/Mühlhaus (2010), S. 181.
687 Vgl. Chin (1998a), S. XIII; Schilke (2007), S. 162; Weiber/Mühlhaus (2010), S. 181.
688 Vgl. zum Beispiel Churchill (1979), S. 68 ff.; Gerbing/Anderson (1988), S. 186 ff.; Giere/Wirtz/ Schilke (2006), S. 686 ff.; Weiber/Mühlhaus (2010), S. 138 ff.; Backhaus/Erichson/Weiber (2013), S. 127 ff. Vgl. darüber hinaus die Dissertationen von Bronnenmayer (2014), Mory (2014) und Pistoia (2014).
689 Vgl. Churchill (1979), S. 68.
690 Vgl. Churchill (1979), S. 68; Homburg/Giering (1998), S. 128.

mit einer exploratorischen Faktorenanalyse auf Skalenvalidität untersucht. Während dieses Untersuchungsschritts sollten die definierten Schwellenwerte für die Anzahl extrahierter Faktoren (gleich eins), die Faktorladungen (größer gleich 0,4), die erklärte Varianz (größer gleich 50%) und das Kaiser-Meyer-Olkin-Kriterium (größer gleich 0,8) angestrebt werden. Im Fall einer Nichterfüllung eines oder mehrerer der genannten Gütekriterien müssen wiederum iterativ Items mit der jeweils geringsten Faktorladung eliminiert werden.[691]

An die erfolgreiche Validierung der Messmodelle unter Verwendung der Gütekriterien der ersten Generation schließt eine konfirmatorische Faktorenanalyse erster Ordnung für jedes Messmodell an.[692] Als Gütekriterien gelangen in diesem Kontext die in Tabelle 14 zusammengefassten lokalen (Indikator- und Faktorreliabilität sowie die DEV) und globalen (X^2/df, GFI, AGFI, CFI, TLI und RMSEA) Gütekriterien zum Einsatz. Werden alle lokalen und globalen Gütemaße erfüllt, gilt dies als Bestätigung des Messmodells. Sollte mehr als ein Gütekriterium deutlich verletzt sein, bedarf es einer Anpassung des Messmodells durch eine Elimination von Items.[693] Ein wichtiges Entscheidungskriterium bei der Auswahl zu eliminierender Items spielen die sogenannten Modification Indices, die das Softwarepaket AMOS ausgibt.[694] Wurde eine Elimination von Items vorgenommen, bedarf es eines erneuten Durchlaufs des gesamten bisherigen Auswertungsprozesses. Dabei ist zu beachten, dass nach Beendigung der konfirmatorischen Faktorenanalyse jedes Messmodell ein Minimum von vier Items aufzuweisen hat, um einen adäquaten Test der Unidimensionalität durchführen sowie die Güte der Messmodelle bestimmen zu können.[695]

Analog zur Untersuchung der Messmodelle erster Ordnung erfolgt im Anschluss die Analyse der Konstrukte höherer Ordnung in Bezug auf deren Diskriminanz- und Konvergenzvalidität.[696] Hierfür wird wiederum eine exploratorische Faktorenanalyse über alle Items der dem Konstrukt höherer Ordnung zugeordneten Faktoren praktiziert. Laden die Items auf die ihnen theoretisch zugehörigen Faktoren höher als auf

691 Vgl. Homburg/Giering (1998), S. 128 f.

692 Vgl. Schilke (2007), S. 159.

693 Vgl. Homburg/Giering (1998), S. 130.

694 Vgl. Byrne (2010), S. 86 ff.; Weiber/Mühlhaus (2010), S. 191 f.

695 Vgl. Anderson/Gerbing (1984), S. 171; Anderson/Gerbing (1988), S. 414 f.; Schilke/Wirtz (2008), S. 159; Weiber/Mühlhaus (2010), S. 93 ff.; Pistoia (2014), S. 182 f.

696 Vgl. Homburg/Giering (1998), S. 129.

die anderen Faktoren, kann vorerst von Diskriminanzvalidität ausgegangen werden.[697] Falls nicht, müssen die nicht eindeutig zugeordneten Items eliminiert werden.

Der nächste Schritt besteht aus einer konfirmatorischen Faktorenanalyse erster Ordnung, auf deren Basis die Diskriminanzvalidität der Faktoren durch das Fornell/Larcker-Kriterium bestimmt wird.[698] Das Fornell/Larcker-Kriterium sollte erfüllt sein, um die Dimensionalität des aus der Theorie hergeleiteten Konstrukts zu gewährleisten.[699]

Schließlich soll eine konfirmatorische Faktorenanalyse zweiter Ordnung realisiert werden. Diese dient der Prüfung, ob die Faktoren erster Ordnung, die identifiziert wurden, Bestandteil des zugehörigen übergeordneten Konstrukts sind.[700] Sollte keine Identifizierung eines oder mehrerer Konstrukte höherer Ordnung erfolgen, kann dies in einer mangelhaften Konzeptionalisierung des Untersuchungsmodells begründet sein. In diesem Fall kann eine Modifikation des Untersuchungsmodells durch die Theorie vorgenommen werden, wobei alle bisher durchgeführten Bestandteile der Analyse erneut durchlaufen werden müssen. Abbildung 29 fasst die Vorgehensweise bei der Analyse von Messmodellen zusammen.

[697] Vgl. Weiber/Mühlhaus (2010), S. 139.
[698] Vgl. Giere/Wirtz/Schilke (2006), S. 685 ff.
[699] Vgl. Mory (2014), S. 275.
[700] Vgl. Bronnenmayer (2014), S. 182.

Abbildung 29: *Vorgehensweise bei der Analyse von Messmodellen*[701]

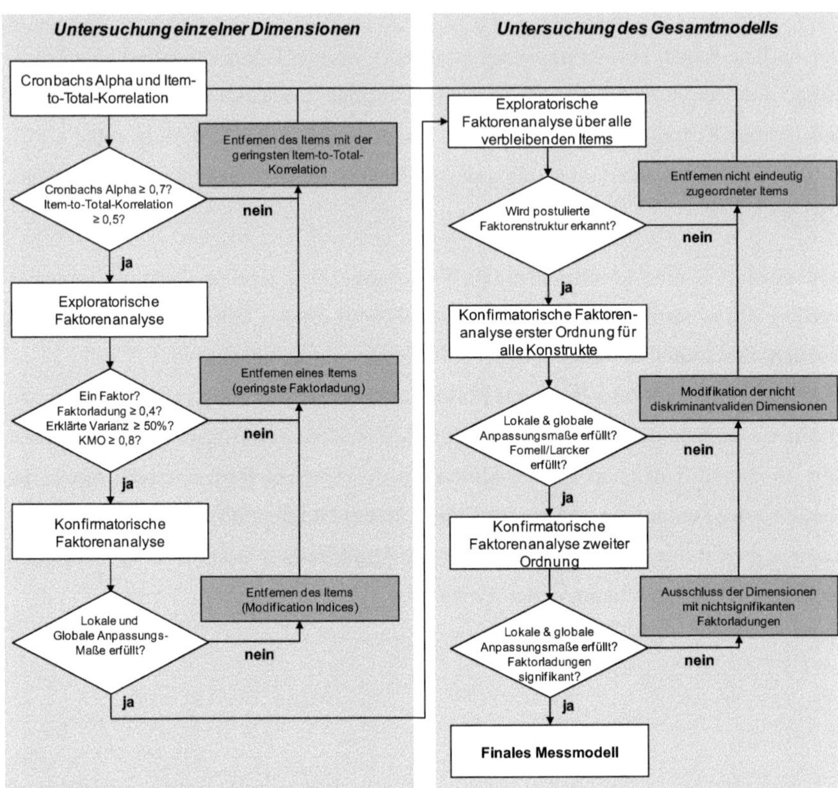

Im Anschluss an den Erhalt der finalen Messmodelle kann die Analyse des Gesamtmodells beziehungsweise des Strukturgleichungsmodells anhand der in Kapitel 4.2.4 dargestellten Gütekriterien durchgeführt werden.

701 In Anlehnung an Giere/Wirtz/Schilke (2006), S. 686.

5. Ergebnisse der empirischen Untersuchung

Nach der Darstellung der Methodik und der Vorgehensweise der empirischen Untersuchung in Kapitel 4 sollen im Folgenden die Ergebnisse der empirischen Untersuchung aufbereitet werden. In einem ersten Schritt sollen die Rahmenbedingungen und die Vorgehensweise innerhalb der Datenerhebung erläutert werden, bevor auf die konkrete Operationalisierung der theoretisch postulierten Konstrukte abgestellt wird. Das Kapitel schließt mit einer Analyse der postulierten Wirkungsbeziehungen. Abbildung 30 ordnet Kapitel 5 in den Gesamtkontext dieser Untersuchung ein.

Abbildung 30: *Einordnung von Kapitel 5 in den Gesamtkontext der Untersuchung*

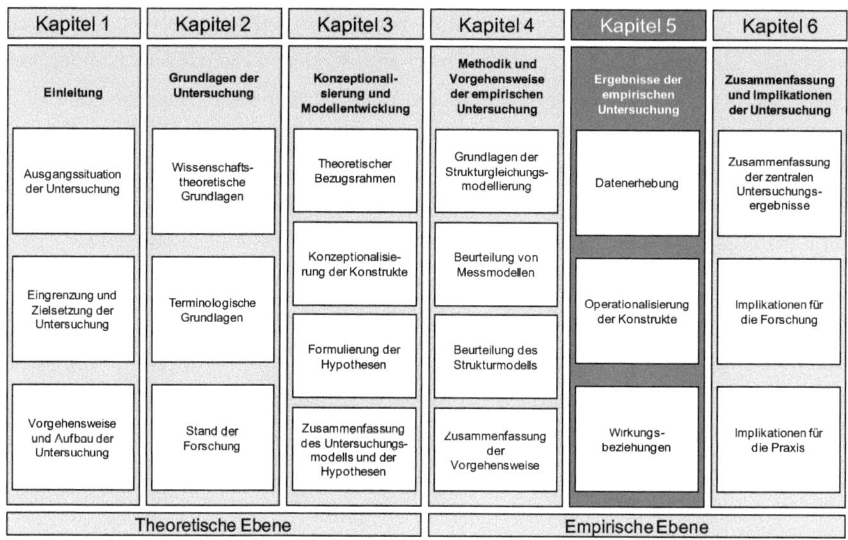

5.1. Datenerhebung

Innerhalb des Kapitels 5.1 sollen insbesondere die Grundlagen und Methodik der Datenerhebung im Rahmen dieser Untersuchung skizziert werden (Kapitel 5.1.1). Darüber hinaus soll auch eine Darstellung der Entwicklung des finalen Erhebungsinstruments vorgenommen werden (Kapitel 5.1.2). Schließlich wird das Verfahren der Haupterhebung (Kapitel 5.1.3) dargestellt sowie die Charakteristika der vorliegenden Datenbasis (Kapitel 5.1.4) erläutert.

5.1.1. Grundlagen und Methodik der Datenerhebung

Prinzipiell lassen sich drei verschiedene Arten der Gewinnung von Daten unterscheiden.[702] So können Daten entweder zur Beantwortung einer spezifischen Fragestellung erhoben werden (sogenannte Primärdaten), auf bereits existierendes, da vorher in einem anderen Kontext erhobenes, Datenmaterial (sogenannte Sekundärdaten) zurückgegriffen werden oder eine Mischform aus beiden Möglichkeiten angewendet werden.

Da für den spezifischen Fall dieser Untersuchung keine Sekundärdaten zur Verfügung stehen, muss eine Primärerhebung zur Beantwortung der verschiedenen Fragestellungen dieser Untersuchung realisiert werden. Sowohl die rationalen als auch emotionalen Erfolgsfaktoren, die die Zufriedenheit der industriellen Kunden determinieren und auf deren Markenloyalität wirken, können am besten durch die Adressaten des Markenmanagements von Unternehmen, den (potenziellen) Kunden beziehungsweise Nachfragern, aufgrund deren Wahrnehmungen beurteilt werden.

Deshalb soll für diese Untersuchung auf die individuellen Wahrnehmungen beziehungsweise Einschätzungen von Einkäufern respektive Mitgliedern von Buying Centern aus einem industriellen Umfeld zurückgegriffen werden: Die empirische Erhebung richtet sich an entsprechende Mitarbeiter von deutschen Maschinen- und Anlagenbauern. Als Instrument der Erhebung fällt die Wahl aus forschungspragmatischen Gründen auf einen standardisierten Fragebogen, der schriftlich von entsprechenden Probanden beantwortet wird. Bei diesem handelt es sich um ein innerhalb der betriebswirtschaftlichen Marktforschung anerkanntes Verfahren zur Gewinnung von Primärdaten.[703]

Die konkrete Ausgestaltung des schriftlichen Fragebogens erfolgte unter Verwendung eines Online-Fragebogens, der per E-Mail beziehungsweise als Link an eine entsprechende Person innerhalb des Unternehmens adressiert wurde. Man spricht in

702 Vgl. auch im Folgenden Kotler et al. (2011), S. 375.

703 Vgl. Berekoven/Eckert/Ellenrieder (2009), S. 110; Raab/Unger/Unger (2009), S. 112 f.

diesem Kontext auch vom sogenannten Key Informant-Ansatz. Bei Key Informants handelt es sich allgemein um Probanden, die aufgrund ihrer Stellung beziehungsweise Position innerhalb einer Organisation und daraus abgeleitet ihrer Kompetenz zur Beantwortung des Fragebogens geeignet erscheinen, da sie über Sachverhalte der Organisation Kenntnisse besitzen und spezifische Auskünfte geben können. Demgegenüber stehen die sogenannten Respondents, die lediglich Selbstauskünfte geben können.[704]

Der Key Informant-Ansatz wird in der Wissenschaft oftmals aus der Erkenntnis, dass Informationen bezüglich spezifischer Forschungsfragen auf Organisations- und/oder Gruppenebene nur auf diese Weise zu gewinnen sind, angewandt. Darüber hinaus wird der Ansatz oftmals aus Effizienzaspekten gewählt.[705] So können durch eine Fokussierung auf nur wenige kompetente Schlüsselinformanten beispielsweise sowohl Kosten als auch Zeit gespart werden.[706]

Der Ansatz impliziert allerdings diverse Fehlerquellen, die möglicherweise bei der Befragung von Schlüsselinformanten auftreten können. So wird häufig die Validität der durch Schlüsselinformanten generierten Daten angezweifelt, da auf ausgewählte Probanden fokussiert wird.[707] In diesem Kontext spielen vor allem der (Key) Informant Bias und der Common Method Bias eine wichtige Rolle.

Ein Key Informant Bias liegt dann vor, wenn die befragten Experten einer Organisation im Kontext einer empirischen Erhebung keine verzerrungsfreien Antworten liefern, wohingegen der Common Method Bias Verzerrungen aufgrund der Erhebung bei der gleichen Datenquelle unter Einsatz desselben Instruments impliziert.[708]

Allgemein lassen sich vier verschiedene Gründe als potenzieller Ursprung eines Common Method Bias anführen.[709] So können Schlüsselinformanten kein adäquates Fachwissen besitzen oder persönliche Neigungen der Umfrageteilnehmer, Bemü-

---

704 Vgl. Hurrle/Kieser (2005), S. 584 f.; Klarmann (2008), S. 125.

705 Vgl. Kumar/Stern/Anderson (1993), S. 1634; Hurrle/Kieser (2005), S. 585.

706 Vgl. Mitchell (1994), S. 139 ff.

707 Vgl. auch im Folgenden Homburg/Schilke/Reimann (2009), S. 174.

708 Vgl. Hurrle/Kieser (2005), S. 587 ff.; Klarmann (2008), S. 156; Pelz (2008), S. 175.

709 Vgl. auch im Folgenden Podsakoff et al. (2003), S. 879 ff.; Hurrle/Kieser (2005), S. 584 ff.; Klarmann (2008), S. 157 f.

hungen um Konsistenz während der Beantwortung der Fragen sowie soziale Erwünschtheit Ergebnisse verfälschen.

Das methodische Schrifttum bietet Forschern eine Reihe an Instrumenten beziehungsweise Möglichkeiten, den Ursachen eines Common Method Bias zu begegnen. Zur Vermeidung verfälschter Antworten durch soziale Erwünschtheit wurde der Fragebogen klar als wissenschaftliche Studie ausgegeben sowie den Probanden die Anonymität der bereitgestellten Daten zugesichert. Darüber hinaus wurde der Fragebogen auf ein Mindestmaß an Fragen reduziert.[710]

Zur Untersuchung der Reliabilität des Datensatzes sowie des Common Method Bias kann ein Datensatz außerdem anhand des Guttman Split-Half-Koeffizienten bewertet werden. Dieser korreliert die eine Hälfte des Datensatzes mit der anderen.[711] Der Schwellenwert für dieses Gütemaß liegt bei mindestens 0,6.[712] Die gleiche Intention verfolgt Harmans Ein-Faktor-Test, der über alle Items eine exploratorische Faktorenanalyse praktiziert. Bei einer erfolgten Extraktion mehrerer Faktoren kann die Existenz eines Common Method Bias ausgeschlossen werden.[713]

Darüber hinaus versucht die Wissenschaft, potenzielle, durch die Existenz eines Common Method Bias und eines Key Informant Bias verursachte, Verzerrungen durch eine sogenannte Konvergenzvalidierung beziehungsweise Triangulation zu verhindern.[714] Unter dem Term Triangulation wird die Kombination beziehungsweise Verwendung mehrerer Quellen verstanden, mit denen ein Forschungsobjekt beleuchtet wird.[715]

So können im Rahmen einer Triangulation neben der empirischen Erhebung als Primärdatenquelle mehrere Sekundärdatenquellen zum Einsatz gelangen, um die Genauigkeit der bei den Key Informants erhobenen Daten zu gewährleisten. Potenzielle Sekundärdatenquellen sind beispielsweise bereits archivierte Daten oder Geschäftsberichte, die Befragung desselben Schlüsselinformanten zu einem bestimmten Zeitpunkt nach der Primärerhebung und die Erhebung von Daten bei einem weiteren In-

---

710 Vgl. Lindell/Whitney (2001), S. 117 f.
711 Vgl. Bachman (2004), S. 162.
712 Vgl. Homburg/Schilke/Reimann (2009), S. 188.
713 Vgl. Podsakoff/Organ (1986), S. 536; Podsakoff et al. (2003), S. 889.
714 Vgl. Jick (1979), S. 602 ff.; Podsakoff et al. (2003), S. 879 ff.; Lyon/Lumpkin/Dess (2000), S. 1066 ff.
715 Vgl. Homburg et al. (2012), S. 594.

formanten außerhalb der Organisation.[716] Eine weitere Möglichkeit zur Durchführung der Triangulation ist die empirische Erhebung bei Probanden derselben Organisation des innerhalb der Primärerhebung befragten Schlüsselprobanden.[717]

Letzterer Fall soll innerhalb dieser Untersuchung Anwendung erfahren: So wurde bei den Key Informants, also den Einkäufern beziehungsweise Mitarbeitern des Einkaufs deutscher Maschinen- und Anlagenbauer, am Ende des Fragebogens deren Bereitschaft abgefragt, einen Link mit einem verkürzten Fragebogen an entsprechende Kollegen, die ebenfalls an dem Einkauf des spezifischen Investitionsgutes, auf das sich der Proband im Rahmen der Primärerhebung bezogen hat, beteiligt waren, weiterzuleiten.

Sofern die Probanden diese Bereitschaft signalisiert haben, wurde ihnen eine E-Mail mit der Bitte um Weiterleitung an die entsprechende Person zugesendet. Der Link zu dem verkürzten Fragebogen wurde individualisiert, sodass ein zweifelsfreier Abgleich des Fragebogens des Probanden der Primärerhebung mit den Antworten des jeweiligen Triangulationsteilnehmers ermöglicht wurde.[718]

Forschern stehen innerhalb der Analyse beziehungsweise des Abgleichs der Daten sowohl der Primärerhebung (Schlüsselinformant) als auch der Sekundärquelle (Teilnehmer der Triangulation) verschiedene Methoden zur Verfügung.[719] Allerdings hat sich bis heute kein einheitlicher Ansatz, der von der breiten Masse an Forschern akzeptiert und angewendet wird, herausgebildet.[720] Häufigste Anwendung haben allerdings bisher vor allem die Intra-Klassen-Korrelationen ICC 1 und ICC 2 sowie die bivariate Korrelation erfahren und sollen deshalb auch im Rahmen dieser Untersuchung zum Einsatz kommen.[721]

---

716 Vgl. Podsakoff/Organ (1986), S. 531 ff.; Anderson/Narus (1990), S. 46 f.; Kumar/Stern/Anderson (1993), S. 1633 ff.

717 Vgl. van Bruggen/Lilien/Kacker (2002), S. 469 ff.

718 Vgl. van Bruggen/Lilien/Kacker (2002), S. 469 ff.; Klarmann (2008), S. 145; Homburg/Schilke/ Reimann (2009), S. 173 ff.

719 Vgl. Bronnenmayer (2014), S. 191.

720 Vgl. Jong/Ruyter/Lemmink (2004), S. 21 ff.; Li/Poppo/Zhou (2008), S. 389 f.; Homburg/Schilke/ Reimann (2009), S. 174.

721 Vgl. Homburg/Klarmann (2009), S. 162 ff.; Homburg/Schilke/Reimann (2009), S. 182.

Sowohl der ICC 1 als auch der ICC 2 liefern Informationen bezüglich der Konsistenz der Antworten multipler Informanten. Der ICC 1 informiert über die Zuverlässigkeit einzelner Probanden. Er berechnet den Anteil der Varianz, der auf der Zugehörigkeit zur jeweiligen Untersuchungseinheit basiert.[722] Der potenzielle Wertebereich liegt zwischen minus eins und eins, wobei ein höherer Wert eine höhere Zuverlässigkeit der Probanden impliziert.

Der ICC 2 basiert auf Mittelwerten und informiert darüber, wie reliabel der Mittelwert der Daten der Probanden die Messung der jeweiligen Variablen vornimmt.[723] Auch für den ICC 2 gilt, dass ein höherer Wert eine stärkere Reliabilität der Probanden nahelegt. Bliese (1998) schlägt für den ICC 1 akzeptable Werte größer gleich 0,1 und für den ICC 2 Werte größer gleich 0,7 vor.[724] Diese strengen Grenzwerte sollen auch für diese Untersuchung gelten.

Die bivariate Korrelation korreliert die Daten des Schlüsselinformanten mit den Daten des Triangulationsteilnehmers über die Berechnung eines Korrelationskoeffizienten.[725] Dabei gilt: Je höher der Wert des Korrelationskoeffizienten ausfällt, desto reliabler sind die erhobenen Daten. Ein Korrelationskoeffizient von 0,5 impliziert einen mittleren positiven Zusammenhang, während ein Korrelationskoeffizient von eins einen totalen positiven Zusammenhang darstellt.[726] Entsprechend sollte der Korrelationskoeffizient im Rahmen der Berechnung der bivariaten Korrelation innerhalb dieser Untersuchung größer gleich 0,5 sein.

Zusätzlich zu den verschiedenen Vorkehrungen zur Verhinderung sowohl des Common Method Bias als auch des Key Informant Bias enthielt der Fragebogen diverse Filterfragen, um Probanden auszuschließen, die über keinerlei Erfahrungen im Einkauf von Investitionsgütern verfügen. Ein ausführlicher Pretest des Fragebogens inklusive einer anschließenden Adaption des Fragebogens an abgeleitete Design-

---

[722] Vgl. auch im Folgenden Homburg/Klarmann (2009), S. 161.

[723] Vgl. auch im Folgenden Homburg/Klarmann (2009), S. 161.

[724] Vgl. Bliese (1998), S. 355 ff.

[725] Vgl. auch im Folgenden Podsakoff/Organ (1986), S. 531 ff.; Podsakoff et al. (2003), S. 879 ff.; Bronnenmayer (2014), S. 192.

[726] Vgl. Martens (2003), S. 184.

empfehlungen aus Überlegungen und Assoziationen der Tester rundeten die Vorbereitungen vor der Haupterhebung ab.[727]

5.1.2. Entwicklung der Erhebungsinstrumente

Die Entwicklung der Erhebungsinstrumente erfolgte iterativ in mehreren Schritten: In einem ersten Schritt wurden explorative Expertengespräche durchgeführt. Anschließend wurde das relevante Schrifttum nach bereits existierenden beziehungsweise etablierten Skalen durchsucht. Darauf aufbauend wurden diverse teilstrukturierte Expertengespräche mit Praktikern, denen im Bereich des B2B-Brandings Expertenwissen zugeschrieben werden kann, durchgeführt.

Der vierte Schritt im Rahmen der Entwicklung des Erhebungsinstruments bestand aus der Konzeption der ersten Fassung des Fragebogens. Dieser wurde anschließend zuerst einem Think-Aloud-Test und daraufhin einem Anderson-Gerbing-Test unterzogen. Schließlich wurde als letzter Schritt vor der Finalisierung des Erhebungsinstruments ein Pretest durchgeführt.[728]

Als Ausgangspunkt der Entwicklung des finalen Fragebogens wurden in einem ersten Schritt insgesamt vier explorative Expertengespräche geführt.[729] Ziel dieser Interviews war es, die identifizierte Forschungslücke sowie die praktische Relevanz des Forschungsthemas zu bestätigen und gegebenenfalls Adaptionen beziehungsweise Modifikationen des Untersuchungsmodells sowie der Forschungsfragen abzuleiten.

Die Ergebnisse dieser Gespräche deuteten auf eine adäquate Vorgehensweise bei der Entwicklung des Untersuchungsmodells hin. Die herausgearbeitete Forschungslücke wurde sowohl von Forschungs- als auch Praxisseite bestätigt. Schließlich konnten wertvolle Hinweise bezüglich der Messung der Konstrukte generiert werden, die in einer Verfeinerung des Untersuchungsmodells beziehungsweise einer Anpassung des Wordings der Konstrukte mündeten.

---

727 Vgl. Hurrle/Kieser (2005), S. 593.

728 Vgl. zu dieser Vorgehensweise auch Gerbing/Anderson (1988), S. 186 ff.; Bagozzi (1994), S. 1 ff.; Homburg/Giering (1998), S. 111 ff.; Rossiter (2002), S. 305 ff.; Hurrle/Kieser (2005), S. 584 ff.; DeVellis (2011), S. 1 ff.

729 Teilnehmer dieser Expertengespräche waren ein Wissenschaftler sowie drei Praktiker aus dem Branding/Markenmanagement.

Nach der Durchführung der explorativen Expertengespräche wurde innerhalb des Screenings des Schrifttums eine Vielzahl an Datenbanken bezüglich potenzieller, bereits existierender Itembatterien praktiziert.[730] In diesem Kontext wurden Arbeiten aus dem Branding-Schrifttum, die einen thematischen Bezug zu dieser Untersuchung aufwiesen, auf die Existenz von etablierten Skalen sowohl zu den exogenen als auch den endogenen Konstrukten des finalen Untersuchungsmodells gescreent und anschließend eine Longlist des resultierenden Outputs erstellt. Schließlich mussten innerhalb dieses Schritts eine Übersetzung der Skalen in die deutsche Sprache sowie eine Adaption der Skalen auf das spezifische Setting dieser Untersuchung vorgenommen werden.

In einem dritten Schritt wurden die aus dem Screening des Schrifttums hervorgegangenen Skalen im Rahmen von teilstrukturierten Experteninterviews mit Praktikern diskutiert.[731] Das Ziel der teilstrukturierten Interviews lag in der Erörterung der allgemeinen Verständlichkeit der Skalen beziehungsweise der Verfeinerung der Itembasis sowie der abschließenden Diskussion des Untersuchungsmodells und seiner Konstrukte. Auf der Basis des Outputs der teilstrukturierten Expertengespräche wurde ein erster Fragebogen konzipiert, der sich aus insgesamt neun Konstrukten sowie einem allgemeinen Teil zusammensetzte.[732]

Dieser Fragebogen wurde anschließend einem sogenannten Think-Aloud-Test unterzogen, um die bisherige Operationalisierung einer Bewertung unterziehen zu können. Bei der Think-Aloud-Methode handelt es sich um das wirkungsvollste Verfahren zur Identifikation potenzieller Verständlichkeits- beziehungsweise Interpretationsschwierigkeiten von Schlüsselinformanten.[733]

---

730 Das Screening der Datenbanken wurde unter Verwendung der Meta-Datenbanken EBSCO (Academic Search Complete, Business Source Complete und EconLit with Full Text) und ScienceDirect vorgenommen. Darüber hinaus wurde im Rahmen der Identifikation potenzieller Itembatterien die Skalenhandbücher von Bearden/Netemeyer/Haws (2011) und Bruner (2013) verwendet. Schließlich wurde das Screening auf thematisch verwandte Dissertationen ausgeweitet.

731 Vgl. Anderson/Gerbing (1991), S. 732 ff. Teilnehmer dieser Expertengespräche waren sieben Praktiker aus dem Branding/Markenmanagement, die über die Business Plattform XING identifiziert und kontaktiert wurden.

732 Vgl. zu dieser Vorgehensweise auch Kirchhoff (2010), S. 1 ff. Sofern keine etablierte Skalenbasis vorhanden war und Skalenbatterien neu entwickelt werden mussten, wurde der Vorgehensweise von Churchill (1979), S. 64 ff. und Rossiter (2002), S. 305 ff. gefolgt.

733 Vgl. auch im Folgenden zur Think-Aloud-Methode Hurrle/Kieser (2005), S. 593 ff.

Innerhalb des Think-Aloud-Tests eines Fragebogens werden die Teilnehmer gebeten, ihre Gedanken und Assoziationen bei der Beantwortung der Fragen mitzuteilen. Im Anschluss werden die identifizierten Verständnisprobleme im Rahmen eines halbstrukturierten Interviews aufgearbeitet. Anhand des Outputs des iterativ durchgeführten Think-Aloud-Tests wurden die Items solange modifiziert, bis sie als allgemeinverständlich und klar eingestuft werden konnten.[734]

Anschließend wurde der vorläufige Fragebogen einem zweiten Test unterzogen. Der Item-Sorting-Test, der auf Anderson/Gerbing (1991) zurückgeht, testet die Items bezüglich ihrer Eignung im Kontext einer konfirmatorischen Faktorenanalyse.[735] Der Item-Sorting-Test folgt dabei folgender Anordnung: Die Teilnehmer erhalten eine Matrix, die sich aus den Konstrukten inklusive einer kurzen Erläuterung (erste Dimension) und den Items (zweite Dimension), die in einer zufälligen Anordnung aufgereiht werden, konstituiert.

Nun sollen die Teilnehmer durch ein Ankreuzen die verschiedenen Items jeweils demjenigen Konstrukt zuordnen, das ihrer Meinung nach den besten Fit impliziert. Für die Auswertung der substantiellen Validität bieten Anderson/Gerbing (1991) Forschern zwei Kennzahlen:[736] Der Proportion of Substantive Agreement (p_{sa}) zeigt den Anteil der Testteilnehmer, die ein Item richtigerweise dem vorgesehen Konstrukt zuordnen. Der p_{sa} sollte größer 0,5 sein. Der Substantive Validity Coefficient (C_{SV}) zeigt die Verbindung eines Items mit einem Konstrukt im Vergleich zu der Verbindung des Items mit allen anderen Konstrukten. Je höher der Wert innerhalb eines potenziellen Wertebereichs zwischen minus eins und eins, desto höher ist die substantielle Validität.

Die Auswertung des Item-Sorting-Tests ergab nur geringfügigen Modifikationsbedarf. So wurde insgesamt ein Item gestrichen und elf Items umformuliert. Der finale Fragebogen umfasste schlussendlich 58 Items, die sich auf neun Konstrukte ver-

---

[734] Teilnehmer des Think-Aloud-Tests waren sechs Praktiker aus dem Branding/Markenmanagement, die über die Business Plattform XING identifiziert und kontaktiert wurden. Vgl. Pistoia (2014), S. 191.

[735] Teilnehmer des Item-Sorting-Tests waren insgesamt fünfzehn Wissenschaftler, die über Hintergrundwissen in Bezug auf die Gestaltung von Fragebögen verfügten, sowie Praktiker aus dem Branding/Markenmanagement, die über die Business Plattform XING identifiziert und kontaktiert wurden.Vgl. auch im Folgenden Anderson/Gerbing (1991), S. 732 ff.

[736] Vgl. auch im Folgenden Anderson/Gerbing (1991), S. 734 f.

teilten. Ergänzt wurde der Fragebogen durch insgesamt sechs allgemeine Fragen zur Person des Probanden.

Der finale Schritt vor der Hauptuntersuchung bildete ein Pretest, um den Think-Aloud- und Item-Sorting-validierten Fragebogen in Bezug auf Reliabilität und Validität der Items zu untersuchen.[737] Im Rahmen der Auswertung des Pretests gelangten die in Kapitel 4.2.2 vorgestellten Gütekriterien der ersten Generation zum Einsatz: Cronbachs Alpha, Item-to-Total-Korrelation und die exploratorische Faktorenanalyse. Das Ergebnis des Pretests implizierte eine zufriedenstellende Güte des Erhebungsinstruments und damit die Eignung des Fragebogens für die Haupterhebung. Abbildung 31 stellt den Prozess der Entwicklung des Erhebungsinstruments im Überblick dar.

5.1.3. Verfahren der Haupterhebung

Innerhalb der Ausführungen zu den Grundlagen und der Methodik der Datenerhebung (Kapitel 5.1.1) wurden Einkäufer beziehungsweise Mitglieder der Buying Center deutscher Maschinen- und Anlagenbauunternehmen als für den spezifischen Kontext dieser Untersuchung als geeignete Probanden identifiziert. Auf der Basis deren individuellen Wahrnehmungen und Einschätzungen soll demnach die Beantwortung der beiden Forschungsfragen, die dieser Arbeit zugrunde liegen, erfolgen.[738]

---

737 Teilnehmer des Pretests waren insgesamt 31 Praktiker aus dem Branding/Markenmanagement, die über die Business Plattform XING identifiziert und kontaktiert wurden.

738 Vgl. Kapitel 1.2.2.

Abbildung 31: *Ablauf der Entwicklung des Erhebungsinstruments*

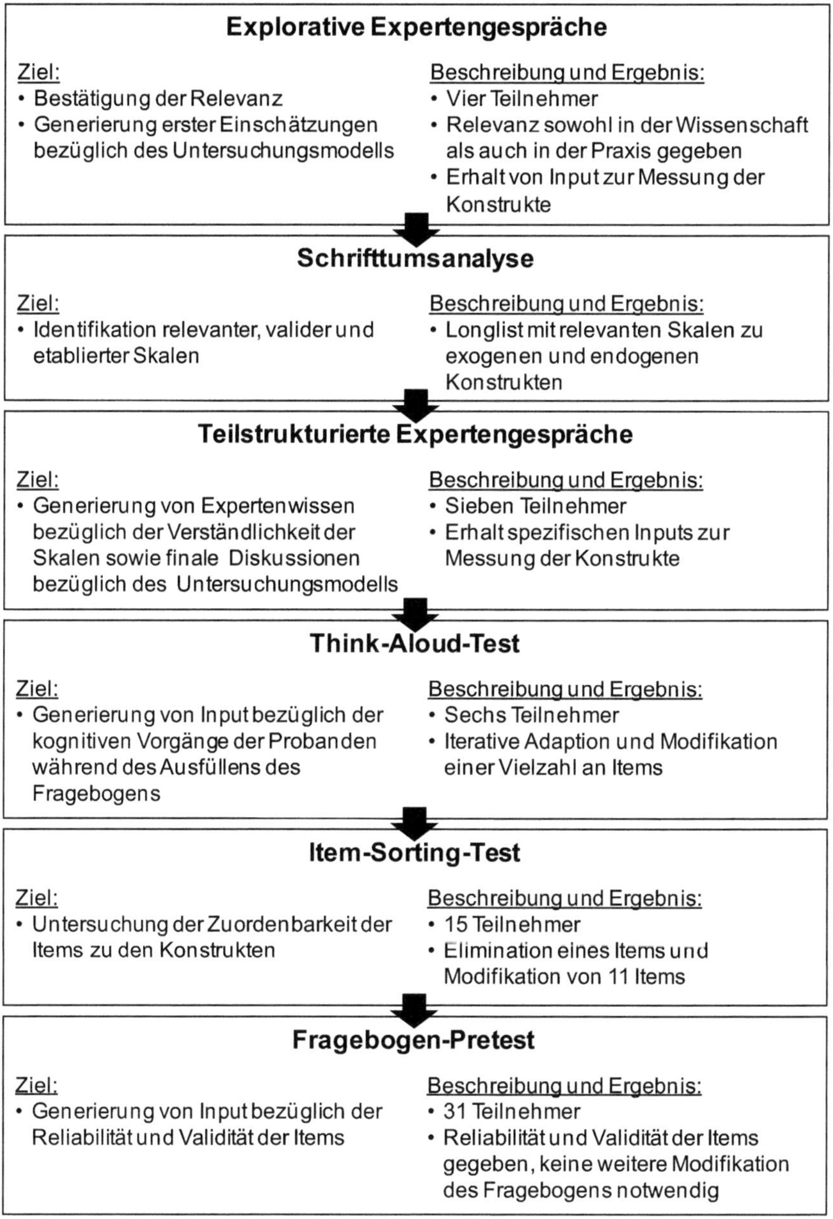

Explorative Expertengespräche

Ziel:
- Bestätigung der Relevanz
- Generierung erster Einschätzungen bezüglich des Untersuchungsmodells

Beschreibung und Ergebnis:
- Vier Teilnehmer
- Relevanz sowohl in der Wissenschaft als auch in der Praxis gegeben
- Erhalt von Input zur Messung der Konstrukte

↓

Schrifttumsanalyse

Ziel:
- Identifikation relevanter, valider und etablierter Skalen

Beschreibung und Ergebnis:
- Longlist mit relevanten Skalen zu exogenen und endogenen Konstrukten

↓

Teilstrukturierte Expertengespräche

Ziel:
- Generierung von Expertenwissen bezüglich der Verständlichkeit der Skalen sowie finale Diskussionen bezüglich des Untersuchungsmodells

Beschreibung und Ergebnis:
- Sieben Teilnehmer
- Erhalt spezifischen Inputs zur Messung der Konstrukte

↓

Think-Aloud-Test

Ziel:
- Generierung von Input bezüglich der kognitiven Vorgänge der Probanden während des Ausfüllens des Fragebogens

Beschreibung und Ergebnis:
- Sechs Teilnehmer
- Iterative Adaption und Modifikation einer Vielzahl an Items

↓

Item-Sorting-Test

Ziel:
- Untersuchung der Zuordenbarkeit der Items zu den Konstrukten

Beschreibung und Ergebnis:
- 15 Teilnehmer
- Elimination eines Items und Modifikation von 11 Items

↓

Fragebogen-Pretest

Ziel:
- Generierung von Input bezüglich der Reliabilität und Validität der Items

Beschreibung und Ergebnis:
- 31 Teilnehmer
- Reliabilität und Validität der Items gegeben, keine weitere Modifikation des Fragebogens notwendig

Innerhalb der schriftlichen Befragung der Einkäufer deutscher Maschinen- und Anlagenbauer wurde der Verband Deutscher Maschinen- und Anlagenbauer (VDMA) als optimale Basis zur Generierung der Grundgesamtheit für diese Untersuchung identifiziert, da über einen Online-Link auf dessen Mitglieder-Datenbank zurückgegriffen werden konnte.[739] Der VDMA ist ein Interessenverband mit circa 3.100 Mitgliedern (September 2014), die sich überwiegend aus mittelständischen Unternehmen der Investitionsgüterindustrie zusammensetzen. Somit handelt es sich bei dem VDMA um einen der aufgrund der hohen Mitgliederzahl einflussreichsten Industrieverbände Europas.[740]

Die Grundgesamtheit für diese Untersuchung umfasste damit insgesamt 3.099 Datensätze (Basis zur Berechnung der Rücklaufquote I). Diese große Anzahl musste während der Haupterhebung nach unten korrigiert werden, da sich herausstellte, dass neben Maschinen- und Anlagenbauunternehmen auch Unternehmen aus anderen Branchen, zum Beispiel der Softwarebranche, Mitglied im VDMA sind. So konnten durch eine Filterfrage bezüglich der Branchenzugehörigkeit insgesamt 43 Datensätze als für den Kontext dieser Untersuchung nicht relevant klassifiziert werden. Ein weiterer Grund für die Reduktion der 3.099 Datensätze auf finale 2.522 Datensätze (Basis zur Berechnung der Rücklaufquote II) lag an der Nichterreichbarkeit diverser Unternehmen. Ein Grund hierfür kann beispielsweise in einer etwaigen Geschäftsaufgabe liegen.

Da die auf der Homepage des VDMA hinterlegten Kontaktdaten der Mitglieder zu einem großen Teil aus der allgemeinen Kontakt-E-Mail-Adresse bestand, wurde innerhalb einer ersten Kontaktaufnahme der Link zur Online-Umfrage mit der Bitte um Weiterleitung an den Leiter/die Leiterin der Fachabteilung Einkauf beziehungsweise an einen Mitarbeiter/eine Mitarbeiterin gesendet. Alternativ wurde um die Kontaktdaten der entsprechenden Person gebeten, die dann eine personalisierte E-Mail mit dem Zugang zur Umfrage erhielten. Als Anreiz zur Teilnahme an der Umfrage wurden den Probanden neben der Zusicherung der Anonymität optional die Teilnahme an der Verlosung von diversen Sachpreisen sowie der Bezug eines exklusiven Management Summary, jeweils durch Angabe der E-Mail-Adresse, angeboten.

---

[739] Vgl. auch im Folgenden Verband Deutscher Maschinen- und Anlagenbauer e.V. (2014).

[740] Vgl. Verband Deutscher Maschinen- und Anlagenbauer e.V. (2015).

Zur Steigerung der Anzahl der Rückläufer wurden insgesamt drei Reminder in einer Frequenz von zehn Tagen verschickt, die die Bedeutung der Teilnahme für den Verlauf dieser Untersuchung herausstellten und nochmals auf die Möglichkeit zur Teilnahme an dem Gewinnspiel abstellten.[741]

Der Erhebungszeitraum erstreckte sich von Mitte November 2013 bis Mitte Februar 2014. Innerhalb dieser Zeit konnten insgesamt 258 vollständig ausgefüllte Rückläufer von Unternehmen des Maschinen- und Anlagenbaus generiert werden. Dies entspricht einer Rücklaufquote I von 8,33% (258/3.099) beziehungsweise einer Rücklaufquote II von 10,23% (258/2.522). Diese Quoten sind im direkten Vergleich zu ähnlichen Studien als durchschnittlich zu bewerten[742] Die generierten 258 Fragebögen bildeten weiterhin die Basis der folgenden Analyse.

5.1.4. Charakteristika der Datenbasis

Der schriftliche Fragebogen, den die Probanden online ausgefüllt haben, bestand neben den einzelnen Items je Konstrukt auch aus einem allgemeinen Teil. Dieser zielte darauf ab, spezifische persönliche Daten bezüglich der Teilnehmer sowie soziodemografische Daten bezüglich der Unternehmen, die an der Umfrage teilnahmen, zu generieren. Die Ergebnisse werden in Kapitel 5.1.4.1 dargestellt und die Repräsentativität des Samples für die Grundgesamtheit geprüft. Daran anschließend soll in Kapitel 5.1.4.2 die Reliabilität und Validität der Daten beurteilt werden, bevor in Kapitel 5.1.4.3 die Verteilung der Datenbasis betrachtet wird.

5.1.4.1. Merkmale der Probanden

Der allgemeine Teil des Fragebogens konstituierte sich aus Fragen, die auf die individuelle Person des Probanden abzielten. So wurde unter anderem nach der Position der Probanden innerhalb ihrer Unternehmen sowie der Größe des Buying Centers, also der Anzahl der Personen, die an der Entscheidung über den Kauf des Investitionsgutes, auf den sich die Probanden bei der Beantwortung der Fragen beziehen sollten, beteiligt waren, gefragt. Darüber hinaus wurde auf die Dauer der Kenntnis des spezifischen Investitionsgüterherstellers, auf den sich die Probanden bei der Beantwortung der Fragen beziehen sollten, abgestellt. Schließlich rundete die Frage

---

741 Vgl. Kanuk/Berenson (1975), S. 441.

742 Vgl. zum Beispiel Kerner (2009), S. 256; Defren (2009), S. 216; Bronnenmayer (2014), S. 196 f.

nach der Sicherheit der Probanden bei der Beantwortung der Fragen diesen Bereich des allgemeinen Teils ab.

Außerdem wurden die Teilnehmer der Befragung gebeten, Angaben zu der Anzahl der im eigenen Unternehmen beschäftigten Mitarbeiter sowie der Branchenzugehörigkeit des Unternehmens zu machen. Die Angaben zu der Anzahl der im eigenen Unternehmen Beschäftigten wurden anschließend dazu verwendet, die Repräsentativität des Samples zu bewerten. Da es sich bei dem empirischen Teil dieser Arbeit um keine Vollerhebung, also die Befragung aller Mitglieder der Grundgesamtheit, sondern um eine Teilerhebung handelt, bedarf es der Erfüllung der Repräsentativität als wichtige Grundanforderung, um gehaltvolle Aussagen auch über die Grundgesamtheit treffen zu können.[743] Vor diesem Hintergrund definiert Nuissl (2010) die Repräsentativität wie folgt:

> *„Repräsentativität heisst, dass ein ermittelter Wert stellvertretend für die Grundgesamtheit gilt."*[744]

Prinzipiell sollte bei einer repräsentativen Stichprobe die Gesamtheit aller Merkmale sowie deren Kombinationen in der gleichen Intensität wie in der Grundgesamtheit auftreten beziehungsweise das Sample in all seinen Charakteristika der denen der Grundgesamtheit entsprechen.[745] Da allerdings die vollumfängliche Identifikation aller Charakteristika beziehungsweise Merkmale einer Grundgesamtheit nicht möglich ist, könnte ein Nachweis der Repräsentativität unter Geltung dieser Definition nicht durchgeführt werden.[746]

Deshalb wird in der Forschungspraxis häufig auf diejenigen spezifischen Merkmale der Grundgesamtheit fokussiert, von denen die genaue Verteilung in der Grundgesamtheit dem Forscher bekannt ist. Unterscheidet sich weiterhin die Stichprobe bezüglich ihrer Merkmale nicht signifikant von denen der Grundgesamtheit, kann von der Repräsentativität der Stichprobe gesprochen werden.[747] Innerhalb des Schrifttums lässt sich eine starke Verbreitung des Chi-Square-Homogenitätstests zur Über-

[743] Vgl. Stiefl (2010), S. 6.
[744] Nuissl (2010), S. 107.
[745] Vgl. Theobald (2014), S. 286.
[746] Vgl. Nitzsche (2014), S. 238.
[747] Vgl. zum Beispiel Giere (2007), S. 173 f.; Schilke (2007), S. 174 f.; Nitzsche (2014), S. 238.

prüfung der Konformität zwischen Grundgesamtheit und Stichprobe feststellen.[748] Im Kontext dieser Untersuchung soll, im Anschluss an die Aufbereitung der Daten der persönlichen Merkmale der Probanden, der Chi-Square-Homogenitätstest auf der Basis der Frage nach der Anzahl der im Unternehmen beschäftigten Mitarbeiter durchgeführt und eine Beurteilung der Repräsentativität des Samples vorgenommen werden.

Bezüglich der Position innerhalb ihres Unternehmens hatten 65,50% der Teilnehmer eine leitende Position innerhalb der Abteilung Einkauf inne, während 34,50% der Probanden als Mitarbeiter im Einkauf beschäftigt waren. Es kann festgehalten werden, dass somit knapp zwei Drittel der Antworten von Mitarbeitern mit Führungsverantwortung ausgefüllt worden sind. Abbildung 32 stellt diese Verteilung grafisch dar.

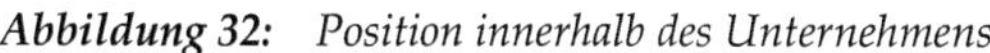

Abbildung 32: *Position innerhalb des Unternehmens*

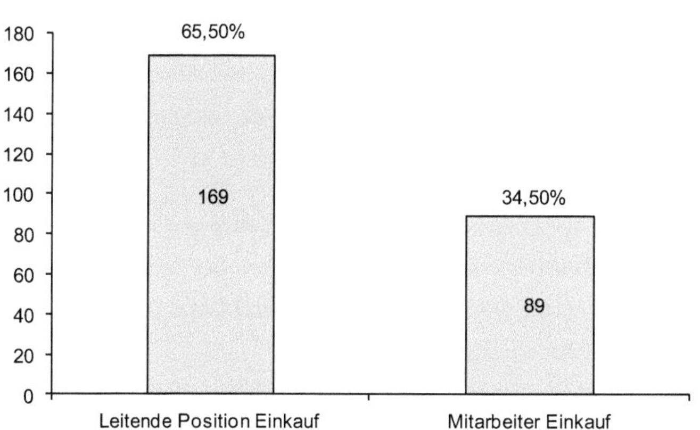

Eine weitere Frage des allgemeinen Teils des Fragebogens zielte auf die Größe des jeweiligen Buying Centers ab, um herauszufinden, wie viele Personen faktisch an einer Einkaufsentscheidung bezüglich eines Investitionsgutes beteiligt sind.

748 Vgl. Körber (2006), S. 156; Giere (2007), S. 173 f.; Schilke (2007), S. 174 f.; Nitzsche (2014), S. 238; Pistoia (2014), S. 197.

Abbildung 33: Größe des Buying Centers

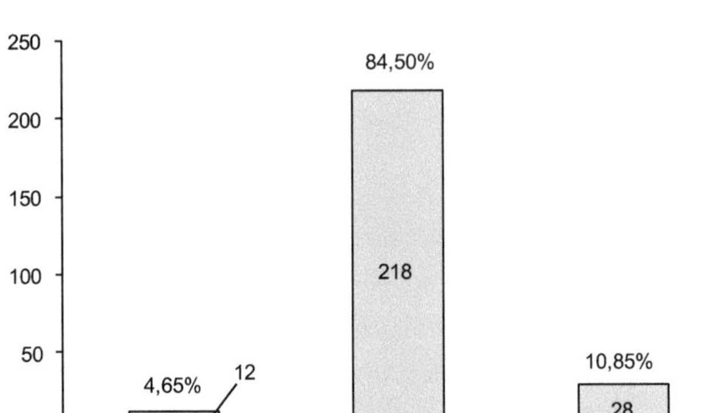

Wie Abbildung 33 illustriert, bezifferten 218 der insgesamt 258 und damit 84,50% der Probanden die Größe des Buying Centers, das für den konkreten Einkauf des spezifischen Investitionsgutes verantwortlich zeichnete, auf zwei bis vier Personen. Nur in 4,65% der Fälle trafen die Probanden die Einkaufsentscheidung alleine, während bei immerhin noch 10,85% der Fälle das Buying Center aus mindestens fünf Personen bestand.

Der allgemeine Teil des Fragebogens befasste sich auch mit dem Kenntnisstand der Teilnehmer bezüglich des Investitionsgüterherstellers, bei dem das spezifische Investitionsgut erworben wurde, beziehungsweise dessen Marke. Abbildung 34 gibt einen Überblick über die Auswertung dieser Frage.

Nur ein sehr kleiner Teil der Teilnehmer (3,88%) kannte die Marke des spezifischen Investitionsgüterherstellers vor der Kaufentscheidung weniger als ein Jahr. Während 37,59% der Probanden die Marke zwischen ein und fünf Jahren bekannt war, bezifferten 58,53% der Einkäufer ihr Bewusstsein bezüglich der spezifischen Marke auf über fünf Jahre.

Schließlich sollte in einer letzten Frage bezüglich der persönlichen Eigenschaften der Probanden die Selbsteinschätzung der Teilnehmer bezüglich ihrer Beantwortungskompetenz abgefragt werden. Abbildung 35 illustriert die Ergebnisse.

Abbildung 34: *Kenntnisdauer der Investitionsgütermarke*

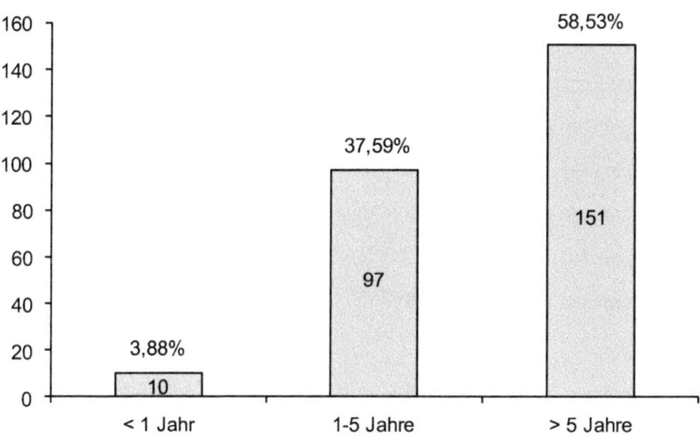

Abbildung 35: *Sicherheit bei der Beantwortung der Fragen*

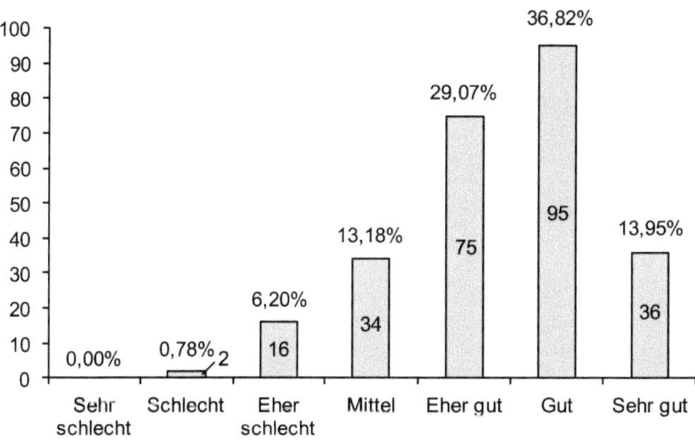

Die große Mehrheit der Probanden konnte die gestellten Fragen eher gut (29,07%) beziehungsweise gut (36,82%) beantworten. Sogar 13,95% schätzten ihre Sicherheit bei der Beantwortung der Items als sehr gut ein. Während nur 6,20% die Fragen eher schlecht und 0,78% die Fragen schlecht beantworten konnten, bewertete kein Proband seine Beantwortungskompetenz als sehr schlecht. Im Ergebnis ist deshalb von einer eher guten bis sehr guten Beantwortungskompetenz der Teilnehmer der Befragung auszugehen.

Schließlich wurden die Teilnehmer der Untersuchung gebeten, die Branchenzugehörigkeit ihres Unternehmens anzugeben. Die Probanden konnten dabei zwischen Maschinenbau, Anlagenbau und Sonstige wählen. Da in das endgültige Sample nur Fragebögen von Probanden, die entweder aus dem Maschinen- oder Anlagenbau stammten, eingingen, entfällt die dritte Option Sonstige für die grafische Darstellung dieser Frage in Abbildung 36. 69,77% der Teilnehmer ordneten ihr Unternehmen dem Maschinenbau zu, während 30,23% der Probanden aus dem Anlagenbau stammten.

Eine weitere Frage des allgemeinen Teils zielte auf die Größe der Unternehmen der jeweiligen Probanden ab. Nahezu gleich viele Teilnehmer kamen aus Unternehmen mit weniger als 100 Mitarbeitern (23,26%) und Unternehmen mit 100 bis 249 Mitarbeitern (24,03%). Die dominierende Unternehmensgröße bestand aus 259 bis 499 Mitarbeitern. 28,29% der Einkäufer gaben an, einem Unternehmen dieser Größe anzugehören. Während 17,83% der Befragten aus Unternehmen mit 500-4.999 Mitarbeitern stammten, waren nur 6,59% der Teilnehmer in Unternehmen mit mehr als 5.000 Mitarbeitern beschäftigt. Diese Verteilung wird in Abbildung 37 dargestellt.

Abbildung 36: *Branchenzugehörigkeit des Unternehmens*

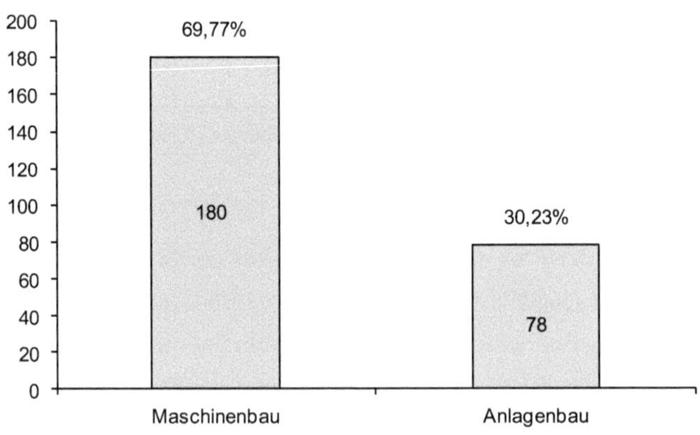

Abbildung 37: *Größe des Unternehmens*

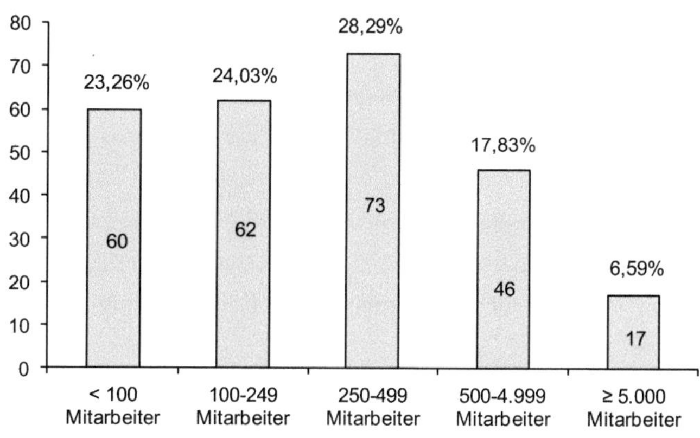

Im Rahmen der Überprüfung der Repräsentativität für dieses Merkmal wurde ein Chi-Quadrat-Homogenitätstest durchgeführt. In diesem Zusammenhang konnte auf interne Statistiken des VDMAs zurückgegriffen werden, die eine Klassifikation der Unternehmensgrößen ihrer Mitglieder nach der Anzahl der jeweils Beschäftigten beinhalten.[749] Bei neun Freiheitsgraden konnte ein Chi-Quadrat von 12,000 berechnet werden. Dieser Wert liegt deutlich unter dem 95%-Quantil von 16,92.[750] Auf der Basis dieses Ergebnisses kann festgehalten werden, dass statistisch kein signifikanter Unterschied zwischen der Stichprobe (258 Maschinen- und Anlagenbauer) und der Grundgesamtheit dieser Untersuchung existiert.[751] Vor diesem Hintergrund kann von der Repräsentativität der Stichprobe ausgegangen werden.

Insgesamt kann somit bezüglich der allgemeinen Merkmale der Probanden zusammengefasst werden, dass die Teilnehmer größtenteils eine leitende Position innerhalb der Einkaufsabteilung ihres Unternehmens innehatten, ihr Buying Center im Rahmen der Kaufentscheidung des Investitionsgutes aus zwei bis vier Personen bestand, die Marke des Investitionsgüterherstellers mindestens fünf Jahre bekannt war, das

[749] Die Statistik wurde speziell für diese Dissertation vom Mitgliederbüro des VDMAs bereitgestellt und basierte auf den Daten aller Mitglieder. Die Daten stammen aus dem Monat September 2014 und sind nicht öffentlich zugänglich.

[750] Vgl. Papula (2009), S. 512.

[751] Vgl. Kapitel 5.1.3.

Unternehmen zwischen 100 und 499 Mitarbeitern beschäftigte und der Maschinenbaubranche zugeordnet werden konnte sowie die Fragen eher gut bis sehr gut beantwortet werden konnten.

5.1.4.2. Reliabilität und Validität der Daten

Im Rahmen der Überprüfung der Reliabilität sowie der Existenz eines Common Method Bias des vorliegenden Datensatzes wurde unter anderem die Berechnung der Guttmann Split-Half-Reliabilität durchgeführt.[752] Dieser Koeffizient betrug für diese Untersuchung 0,870 und übertraf damit den Schwellenwert von 0,6 deutlich. Somit konnte ein erster Hinweis auf die Abstinenz eines Common Method Bias generiert werden.

Zur weiteren Überprüfung der Reliabilität des Datensatzes sowie der Existenz des Common Method Bias wurde der Ein-Faktor-Test durch eine exploratorische Faktorenanalyse über alle Items des finalen Untersuchungsmodells durchgeführt.[753] In diesem Kontext kam die Varimax-Rotation zum Einsatz. Die durchgeführte Analyse extrahierte 41 Faktoren. Neun dieser Faktoren weisen einen Eigenwert größer eins auf und der erste Faktor erklärt von nur knapp über 36%. Dies deutet darauf hin, dass kein Common Method Bias vorliegt. Die Ergebnisse des Ein-Faktor-Tests werden in Tabelle 15 im Überblick dargestellt.

Neben den bisher durchgeführten Tests zur Beurteilung der Reliabilität und Validität der Daten kann zur Überprüfung sowohl des Common Method Bias als auch des Key Informant Bias das Verfahren der Triangulation herangezogen werden.[754] So sollen in diesem Kontext die in Kapitel 5.1.1 vorgestellten Verfahren der bivariaten Korrelation sowie die Intraklassenkorrelationskoeffizienten ICC 1 sowie ICC 2 zum Einsatz kommen.

Zu diesem Zweck wurde die Antworten des Key Informants eines Unternehmens, der sich zur Weiterleitung eines verkürzten Fragebogens an einen zweiten Key Informant desselben Unternehmens bereit erklärt hatte, dessen Antworten gegenübergestellt. Dieses Paar bildete eine sogenannte Triangulationsgruppe. Die Ergebnisse

---

752 Vgl. auch Kapitel 5.1.1.
753 Vgl. auch Kapitel 5.1.1
754 Vgl. auch, insbesondere zur spezifischen Vorgehensweise, Kapitel 5.1.1.

zeigen, dass für 29 der insgesamt 31 Triangulationsgruppen die bivariate Korrelation deutlich über dem Schwellenwert von 0,5 liegt und somit von einer hohen Signifikanz (1%- oder 5%-Niveau) gesprochen werden kann.[755]

Tabelle 15: *Die Ergebnisse des Ein-Faktor-Tests*

Extrahierte Komponenten	Erklärte Varianz	Erklärte Varianz (kumuliert)
1	36,457%	36,457%
2	7,313%	43,771%
3	5,555%	49,326%
4	5,415%	54,741%
5	4,091%	58,832%
6	3,544%	62,376%
7	3,118%	65,493%
8	2,987%	68,480%
9	2,700%	71,180%
10	2,158%	73,338%

Die Werte für die Intraklassenkoeffizienten ICC 1 und ICC 2 stimmen mit den positiven Werten für die bivariate Korrelation überein: Alle Triangulationsgruppen weisen für den ICC 1 Werte größer 0,1 auf, während für den ICC 2 25 und damit über 80% der Triangulationsgruppen den strengen Schwellenwert von mindestens 0,7 übertreffen. Auf der Grundlage dieser Ergebnisse, die zusammenfassend noch einmal in Tabelle 16 dargestellt werden, kann die Existenz eines Common Method Bias und eines Key Informant Bias nahezu ausgeschlossen werden und von einer sehr guten (Konvergenz-)Validität und Reliabilität des Datensatzes ausgegangen werden.

[755] Vgl. auch Kapitel 5.1.1.

Tabelle 16: Die Ergebnisse der Triangulation

Analyseobjekt	Bivariate Korrelation	ICC 1	ICC 2
Triangulationsgruppe 1	0,747*	0,710	0,831
Triangulationsgruppe 2	0,896*	0,388	0,559
Triangulationsgruppe 3	0,779*	0,747	0,855
Triangulationsgruppe 4	0,684^{5}	0,691	0,818
Triangulationsgruppe 5	0,669^{5}	0,262	0,416
Triangulationsgruppe 6	0,973*	0,902	0,948
Triangulationsgruppe 7	0,619^{5}	0,365	0,535
Triangulationsgruppe 8	0,840*	0,848	0,918
Triangulationsgruppe 9	0,793*	0,806	0,892
Triangulationsgruppe 10	0,772*	0,781	0,877
Triangulationsgruppe 11	0,955*	0,932	0,965
Triangulationsgruppe 12	0,776*	0,770	0,870
Triangulationsgruppe 13	0,624^{5}	0,574	0,730
Triangulationsgruppe 14	0,243$^{n.s.}$	0,254	0,405
Triangulationsgruppe 15	0,691^{5}	0,626	0,770
Triangulationsgruppe 16	0,901*	0,817	0,899
Triangulationsgruppe 17	0,629^{5}	0,620	0,766
Triangulationsgruppe 18	0,845*	0,767	0,868
Triangulationsgruppe 19	0,736*	0,620	0,766
Triangulationsgruppe 20	0,688^{5}	0,688	0,815
Triangulationsgruppe 21	0,704^{5}	0,701	0,825
Triangulationsgruppe 21	0,677^{5}	0,672	0,804
Triangulationsgruppe 22	0,820*	0,692	0,818
Triangulationsgruppe 23	0,386$^{n.s.}$	0,175	0,298
Triangulationsgruppe 24	0,652^{5}	0,623	0,767
Triangulationsgruppe 25	0,677^{5}	0,653	0,790
Triangulationsgruppe 26	0,677^{5}	0,608	0,756
Triangulationsgruppe 27	0,722^{5}	0,630	0,773
Triangulationsgruppe 28	0,632^{5}	0,613	0,760
Triangulationsgruppe 29	0,671^{5}	0,600	0,750
Triangulationsgruppe 30	0,768*	0,713	0,833
Triangulationsgruppe 31	0,696^{5}	0,344	0,512
Signifikanzen: * = signifikant auf 1%-Niveau, 5 = signifikant auf 5%-Niveau, n.s. = nicht signifikant			

5.1.4.3. Verteilung der Daten

Die im Rahmen dieser Untersuchung zum Einsatz kommende Kovarianzstrukturanalyse wird stark von der Verteilung der Ausgangsdaten beeinflusst.[756] Der GLS-Schätzer und der ML-Schätzer können nur dann angewendet werden, wenn die erhobenen Daten eine Multinormalverteilung aufweisen.[757] Bei nicht gegebener Multinormalverteilung besteht die Gefahr, dass falsche inhaltliche Schlüsse gezogen werden können. Weiber/Mühlhaus (2010) empfehlen zur Überprüfung der Multinormalverteilung die Analyse jedes einzelnen Items.

Diese kann unter anderem durch die Prüfung der Werte für Schiefe (Skewness) und Wölbung (Kurtosis) vorgenommen werden:

> *„Eine exakt normalverteilte Variable liegt vor, wenn Schiefe und Wölbung einer manifesten Variablen einen Wert von Null aufweisen."*[758]

Allerdings besteht im Schrifttum keine Einigkeit darüber, ab welchen Werten eine Verletzung der Annahme der Multinormalverteilung zu konstatieren ist. Das konservative Schrifttum fordert einen betragsmäßigen Wert von kleiner gleich eins zur Bestätigung der Multinormalverteilung, während andere Autoren ab betragsmäßigen Werten von größer zwei für die Schiefe und betragsmäßigen Werten von größer sieben von einer Verletzung der Multinormalverteilung sprechen.[759]

Eine Überprüfung der Werte für den dieser Untersuchung zugrundeliegenden Datensatz ergab maximale Werte von |-2,017| für die Schiefe und |6,908| für die Wölbung. Somit ist insgesamt, wenn überhaupt, nur von einer moderaten Verletzung der Multinormalverteilung auszugehen, die keinesfalls zu Verzerrungen beziehungsweise inhaltlich falschen Ergebnissen führen wird. Dies bestätigt auch der ergänzend durchgeführte Kolgomorov-Smirnov-Test.[760]

---

756 Vgl. Pistoia (2014), S. 208.

757 Vgl. auch im Folgenden Weiber/Mühlhaus (2010), S. 146 ff.

758 Weiber/Mühlhaus (2010), S. 146.

759 Vgl. zum Beispiel Curran/West/Finch (1996), S. 20; Temme/Hildebrandt (2009), S. 166; Weiber/Mühlhaus (2010), S. 146.

760 Vgl. zur Durchführung des Kolgomorov-Smirnov-Tests auch Evans/Drew/Leemis (2008), S. 1396 ff.

5.2. Operationalisierung der Konstrukte

Dieses Kapitel ist unterteilt in fünf Unterkapitel, die sich wiederum in diverse Teilkapitel aufgliedern. So wird in Kapitel 5.2.1 die Operationalisierung der Rationalen Markenqualität vorgenommen, die aus den drei rationalen Erfolgsdimensionen Produktuqalität (Kapitel 5.2.1.1), Servicequalität (Kapitel 5.2.1.2) und Distributionsqualität (Kapitel 5.2.1.3) besteht. Das Teilkapitel schließt mit einer Untersuchung des Second-Order-Konstrukts (Kapitel 5.2.1.4).

Die Operationalisierung der Emotionalen Markenassoziationen ist Bestandteil von Kapitel 5.2.2. Das Second-Order-Konstrukt konstituiert sich aus dem Konsistenten Werbestil (Kapitel 5.2.2.1), dem Markenimage (Kapitel 5.2.2.2), dem Image des Herkunftslands (Kapitel 5.2.2.3) sowie der Persönlichkeit des Verkaufsvertreters (Kapitel 5.2.2.4). Letzter Bestandteil ist wiederum die Untersuchung des Second-Order-Konstrukts (Kapitel 5.2.2.5).

Kapitel 5.2.3 beinhaltet die Operationalisierung der abhängigen Konstrukte, also der Kundenzufriedenheit (Kapitel 5.2.3.1) und der Markenloyalität (Kapitel 5.2.3.2). Schließlich wird in Kapitel 5.2.4 noch eine Untersuchung der endogenen, abhängigen Konstrukte auf Diskriminanzvalidität vorgenommen. Das letzte Kapitel 5.2.5 besteht aus einer Zusammenfassung der Messmodelle der unabhängigen und abhängigen Konstrukte. Im Folgenden sollen nun die Entwicklungen der individuellen Messskalen für jedes einzelne latente Konstrukt dieser Untersuchung aufgezeigt werden.[761] Anschließend soll eine Beurteilung der reflektiven Messmodelle anhand der Gütekriterien der ersten und zweiten Generation vorgenommen werden.[762]

5.2.1. Operationalisierung der Rationalen Markenqualität

Das Second-Order-Konstrukt Rationale Markenqualität setzt sich aus den exogenen, unabhängigen Dimensionen Produktqualität, Servicequalität und Distributionsqualität zusammen. Im Folgenden sollen deren Messmodelle dargestellt werden. Im Anschluss erfolgt eine Untersuchung auf Second-Order-Ebene.

---

[761] Vgl. auch Kapitel 5.1.2.

[762] Vgl. auch Kapitel 4.2.2

5.2.1.1. Operationalisierung der Produktqualität

Die Dimension der Produktqualität beschreibt die Wahrnehmung einzelner Teilfunktionen beziehungsweise des Gesamtprodukts durch industrielle Käufer vor dem Hintergrund ihrer Erwartungen. Beispiele für einzelne Bestandteile der wahrgenommenen Produktqualität sind neben anderen die Leistung(-sfähigkeit), die Funktionsfähigkeit und die Lebensdauer des Produkts sowie dessen Fertigungsqualität und Verarbeitung.[763]

Da innerhalb des Schrifttums keine adäquate, vollständig übernehmbare Skala zur Messung dieses Konstrukts zur Verfügung stand, wurden mehrere Teilskalen zu einem auf den spezifischen Kontext dieser Untersuchung passenden Messinstrument, bestehend aus insgesamt sieben Indikatoren beziehungsweise Items, integriert.[764] Bei den Teilskalen handelt es sich um die Messinstrumente von van Riel/Mortanges/Streukens (2005), Baumgarth/Binckebanck (2011), Chen/Su/Lin (2011), Alex (2012) und Chen/Su (2012).[765] Nach Durchführung der exploratorischen Faktorenanalyse auf Messmodellebene und Bestimmung der lokalen Anpassungsmaße wurden im Zuge der Verbesserung dieser Gütekriterien insgesamt drei Items eliminiert.

Das Cronbachs Alpha der vier verbliebenen Items beträgt 0,827. Darüber hinaus weisen diese Item-to-Total-Korrelationen auf, die deutlich über dem geforderten Mindestwert von größer gleich 0,5 liegen. Innerhalb der exploratorischen Faktorenanalyse wurde ein Faktor mit einer erklärten Varianz von 54,554% extrahiert. Der strenge Grenzwert von 0,8 für das Kaiser-Meyer-Olkin-Kriterium wird mit einem Wert von 0,799 um ein Tausendstel verfehlt. Die exploratorischen Faktorladungen weisen Werte zwischen 0,690 und 0,785 auf und liegen somit weit über dem Schwellenwert von größer gleich 0,4.

Innerhalb der lokalen Anpassungsmaße werden die Grenzwerte für die Indikatorreliabilität (größer gleich 0,4) und die Faktorreliabilität (größer gleich 0,6) in keinem Fall unterschritten, außerdem beträgt die DEV 0,721. Die globalen Anpassungsmaße

---

[763] Vgl. Kapitel 3.4.1.1.

[764] Vgl. zum Entwicklungsprozess des Fragebogens Kapitel 5.1.2.

[765] Vgl. van Riel/Mortanges/Streukens (2005), S. 844; Baumgarth/Binckebanck (2011), S. 497; Chen/Su/Lin (2011), S. 1237; Alex (2012), S. 42 f.; Chen/Su (2012), S. 63.

(X^2/df, GFI, AGFI, CFI, TLI und RMSEA) werden allesamt erfüllt. Vor dem Hintergrund des insgesamt positiven Eindrucks wird das Messmodell Produktqualität nicht abgelehnt. Tabelle 17 stellt die Ergebnisse für dieses Messmodell im Überblick dar.

Tabelle 17: *Reliabilitäts- und Validitätskriterien der ersten und zweiten Generation des Messmodells der Dimension Produktqualität*

Produktqualität

Items	Faktorladung (exploratorisch)	Item-to-Total-Korrelation
1.3) Die Produkte des Investitionsgüterherstellers sind absolut zuverlässig.	0,765	0,674
1.5) Die Produkte des Investitionsgüterherstellers weisen eine lange Haltbarkeit auf.	0,690	0,618
1.6) Die Produkte des Investitionsgüterherstellers sind so gestaltet, dass sie unsere Anforderungen komplett erfüllen.	0,710	0,631
1.7) Die Produkte des Investitionsgüterherstellers sind jederzeit funktionstüchtig.	0,785	0,688

Deskriptive Beurteilungskennzahl	***Ergebnisse der exploratorischen Faktorenanalyse***			
Cronbachs Alpha (≥ 0,7)	**Extraktions-methode**	**Extrahierte Faktoren**	**Erklärte Varianz (≥ 50%)**	**KMO-Kriterium (≥ 0,8)**
0,827	Hauptachsen-Faktorenanalyse	1	54,554%	0,799

Lokale Anpassungsmaße

Items	Indikator-reliabilität	Faktorladung (konfirmatorisch)
1.3) Die Produkte des Investitionsgüterherstellers sind absolut zuverlässig.	0,584	0,764***
1.5) Die Produkte des Investitionsgüterherstellers weisen eine lange Haltbarkeit auf.	0,473	0,688***
1.6) Die Produkte des Investitionsgüterherstellers sind so gestaltet, dass sie unsere Anforderungen komplett erfüllen.	0,506	0,711***
1.7) Die Produkte des Investitionsgüterherstellers sind jederzeit funktionstüchtig.	0,620	0,787***

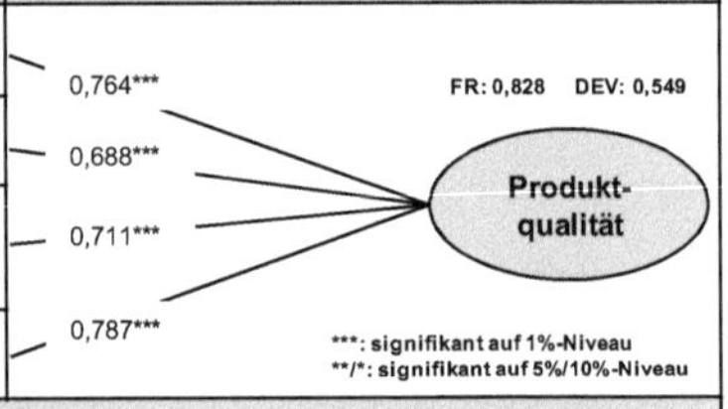

Produktqualität — FR: 0,828 DEV: 0,549

***: signifikant auf 1%-Niveau
**/*: signifikant auf 5%/10%-Niveau

Globale Anpassungsmaße

X^2	df	X^2/df	GFI	AGFI	CFI	TLI	RMSEA
4,663	2	2,332	0,997	0,987	0,993	0,978	0,072

5.2.1.2. Operationalisierung der Servicequalität

Die Dimension Servicequalität des mehrdimensionalen Konstrukts Rationale Markenqualität beschreibt die Wahrnehmung der industriellen Käufer bezüglich der

Serviceleistung, indem ein Abgleich mit den zuvor definierten Erwartungen stattfindet. Als Beispiele für die Serviceleistung können Wartungs- und Reparaturleistungen bei Beschädigungen der Maschinen oder die Installation und Inbetriebnahme einer Maschine sowie Mitarbeiterschulungen darstellen.[766]

Als Basis zur Operationalisierung der Dimension Servicequalität konnten im Rahmen der explorativen Schrifttumsanalyse die Arbeiten von van Riel/Mortanges/Streukens (2005), Davis-Sramek et al. (2009), Chen/Su/Lin (2011), He/Li (2011a) und Chen/Su (2012) herangezogen werden.[767] Deren Skalen wurden auf den spezifischen Kontext dieser Untersuchung angepasst, so dass ein Messinstrument mit insgesamt sieben Indikatoren abgeleitet werden konnte. Im Zuge der Verbesserung der Gütemaße innerhalb der exploratorischen Faktorenanalyse sowie der Bestimmung der lokalen Anpassungsmaße wurde ein Item eliminiert.

Das Cronbachs Alpha weist mit 0,868 einen Wert auf, der deutlich über dem geforderten Schwellenwert liegt. Auch die Ergebnisse der exploratorischen Faktorenanalyse deuten auf eine sehr hohe Validität und Reliabilität der verbliebenen sechs Items hin: Die erklärte Varianz beträgt 54,168%, der Wert für das KMO-Kriterium beträgt 0,878 und alle Items weisen durchgängig hohen Faktorladungen auf. Darüber hinaus weisen Items Item-to-Total-Korrelationen auf, die allesamt deutlich über dem geforderten Mindestwert von größer gleich 0,5 liegen.

Die Ergebnisse der konfirmatorischen Faktorenanalyse bestätigen diesen Eindruck. Sowohl bei den Indikatorreliabilitäten der Items als auch der DEV sowie der Faktorreliabilität werden die jeweils geltenden Schwellenwerte klar übertroffen. Bis auf Ausnahme des Quotienten X^2/df, dessen Schwellenwert mit 3,423 leicht überschritten wird, können die Grenzwerte für die verbleibenden globalen Anpassungsmaße GFI, AGFI, CFI, TLI und RMSEA übertroffen werden. Vor diesem Hintergrund muss das Messmodell Servicequalität nicht abgelehnt werden. Tabelle 18 gibt einen Überblick über die Reliabilitäts- und Validitätskriterien der ersten und zweiten Generation für das Messmodell.

---

766 Vgl. Kapitel 3.4.1.1.

767 Vgl. van Riel/Mortanges/Streukens (2005), S. 844; Davis-Sramek et al. (2009), S. 447; Chen/Su/Lin (2011), S. 1237; He/Li (2011a), S. 681; Chen/Su (2012), S. 63.

Tabelle 18: *Reliabilitäts- und Validitätskriterien der ersten und zweiten Generation des Messmodells der Dimension Servicequalität*

Servicequalität

Items	Faktorladung (exploratorisch)	Item-to-Total-Korrelation
2.1) Der Service des Investitionsgüterherstellers weist eine sehr hohe Qualität auf.	0,664	0,609
2.3) Der technische Support des Investitionsgüterherstellers berücksichtigt immer unsere individuelle Situation.	0,686	0,630
2.4) Der Investitionsgüterhersteller bietet einen exzellenten Gesamtservice.	0,802	0,739
2.5) Der technische Support in Bezug auf das Investitionsgut ist jederzeit von sehr hoher Qualität.	0,780	0,715
2.6) Der Investitionsgüterhersteller bietet im Vergleich zur Konkurrenz einen überlegenen Service auf allen Kanälen.	0,629	0,581
2.7) Der produktbegleitendende Support des Investitionsgüterherstellers ist sehr gut.	0,831	0,768

Deskriptive Beurteilungskennzahl	***Ergebnisse der exploratorischen Faktorenanalyse***			
Cronbachs Alpha (≥ 0,7)	**Extraktions-methode**	**Extrahierte Faktoren**	**Erklärte Varianz (≥ 50%)**	**KMO-Kriterium (≥ 0,8)**
0,868	Hauptachsen-Faktorenanalyse	1	54,168%	0,878

Lokale Anpassungsmaße

Items	Indikator-reliabilität	Faktorladung (konfirmatorisch)
2.1) Der Service des Investitionsgüterherstellers weist eine sehr hohe Qualität auf.	0,445	0,667***
2.3) Der technische Support des Investitionsgüterherstellers berücksichtigt immer unsere individuelle Situation.	0,478	0,692***
2.4) Der Investitionsgüterhersteller bietet einen exzellenten Gesamtservice.	0,627	0,792***
2.5) Der technische Support in Bezug auf das Investitionsgut ist jederzeit von sehr hoher Qualität.	0,610	0,781***
2.6) Der Investitionsgüterhersteller bietet im Vergleich zur Konkurrenz einen überlegenen Service auf allen Kanälen.	0,413	0,825***
2.7) Der produktbegleitendende Support des Investitionsgüterherstellers ist sehr gut.	0,681	0,642***

FR: 0,832 DEV: 0,530

Service-qualität

***: signifikant auf 1%-Niveau
**/*: signifikant auf 5%/10%-Niveau

Globale Anpassungsmaße

χ^2	df	χ^2/df	GFI	AGFI	CFI	TLI	RMSEA
30,113	9	3,346	0,986	0,968	0,970	0,950	0,096

5.2.1.3. Operationalisierung der Distributionsqualität

Die Dimension Distributionsqualität des mehrdimensionalen Konstrukts Rationale Markenqualität beinhaltet die Wahrnehmung der industriellen Käufer bezüglich des

Bestellvorgangs, der Verfügbarkeit und der Lieferung von Produkten im Verhältnis zu ihren Erwartungen.

Im Rahmen der Operationalisierung der Distributionsqualität konnte innerhalb des Schrifttums keine vollständig übernehmbare, auf den spezifischen Kontext dieser Untersuchung passende Item-Batterie identifiziert werden. Vielmehr musste, analog zur Vorgehensweise bei der Operationalisierung der Produktqualität und der Servicequalität, aus mehreren Teilskalen ein Messinstrument gebildet werden. In diesem Kontext wurde insbesondere auf die Arbeiten von van Riel/Mortanges/Streukens (2005) und Chen/Su (2012) zurückgegriffen.[768] Das finale Messmodell setzte sich aus insgesamt sechs Items, von denen zur Verbesserung der Gütemaße im Rahmen der Prüfprozedur ein Item eliminiert wurde, zusammen.

Die verbleibenden fünf Items weisen eine sehr hohe Validität und Reliabilität auf. Das Cronbachs Alpha beträgt 0,850 und innerhalb der exploratorischen Faktorenanalyse liegen die Werte für das KMO Kriterium (0,806), die erklärte Varianz (56,443%) und die Anzahl der extrahierten Faktoren (einer) deutlich über beziehungsweise entsprechen den geforderten Mindestwerten. Darüber hinaus deuten auch die Werte für die Item-to-Total-Korrelation auf eine hohe Skalenreliabilität des Messmodells hin.

Die Ergebnisse der konfirmatorischen Faktorenanalyse folgen dieser Einschätzung. So liegen die DEV bei 0,534 und die Faktorreliabilität bei 0,849. Bei den Indikatorreliabilitäten erreichen die Items 3.2 und 3.5 zwar nicht den Schwellenwert, allerdings liegen dafür die globalen Anpassungsmaße (X^2/df = 2,332; GFI = 0,978; AGFI = 0,935; CFI = 0,986; TLI = 0,971; RMSEA = 0,083) sehr deutlich über den jeweils geforderten Mindestwerten. Vor diesem Hintergrund soll das Messmodell Distributionsqualität nicht verworfen werden, da es die empirisch erhobenen Daten zusammenfassend sehr gut abbildet. Tabelle 19 stellt die Ergebnisse der Reliabilitäts- und Validitätsprüfung für das Messmodell Distributionsqualität im Überblick dar.

---

768 Vgl. van Riel/Mortanges/Streukens (2005), S. 844; Chen/Su (2012), S. 63.

Tabelle 19: *Reliabilitäts- und Validitätskriterien der ersten und zweiten Generation des Messmodells der Dimension Distributionsqualität*

Distributionsqualität		
Items	**Faktorladung (exploratorisch)**	**Item-to-Total-Korrelation**
3.1) Die Distributionsleistung des Investitionsgüterherstellers weist eine sehr hohe Qualität auf.	0,713	0,640
3.2) Produkte des Investitionsgüterherstellers sind immer dann verfügbar, wenn wir sie benötigen	0,637	0,592
3.4) Produkte des Investitionsgüterherstellers werden stets zuverlässig geliefert.	0,752	0,689
3.5) Der Bestellvorgang für Produkte des Investitionsgüterherstellers ist äußerst komfortabel.	0,637	0,586
3.6) Der Investitionsgüterhersteller bietet eine exzellente Distributionsqualität.	0,968	0,846

Deskriptive Beurteilungskennzahl	***Ergebnisse der exploratorischen Faktorenanalyse***			
Cronbachs Alpha (≥ 0,7)	**Extraktions-methode**	**Extrahierte Faktoren**	**Erklärte Varianz (≥ 50%)**	**KMO-Kriterium (≥ 0,8)**
0,850	Hauptachsen-Faktorenanalyse	1	56,443%	0,806

Lokale Anpassungsmaße

Items	**Indikator-reliabilität**	**Faktorladung (konfirmatorisch)**
3.1) Die Distributionsleistung des Investitionsgüterherstellers weist eine sehr hohe Qualität auf.	0,559	0,748***
3.2) Produkte des Investitionsgüterherstellers sind immer dann verfügbar, wenn wir sie benötigen	0,365	0,604***
3.4) Produkte des Investitionsgüterherstellers werden stets zuverlässig geliefert.	0,540	0,735***
3.5) Der Bestellvorgang für Produkte des Investitionsgüterherstellers ist äußerst komfortabel.	0,394	0,628***
3.6) Der Investitionsgüterhersteller bietet eine exzellente Distributionsqualität.	0,955	0,977***

FR: 0,849 DEV: 0,534 — Distributions-qualität

***: signifikant auf 1%-Niveau
**/*: signifikant auf 5%/10%-Niveau

Globale Anpassungsmaße

χ^2	df	χ^2/df	GFI	AGFI	CFI	TLI	RMSEA
13,843	5	2,769	0,993	0,979	0,986	0,971	0,083

5.2.1.4. Untersuchung des Second-Order-Konstrukts Rationale Markenqualität

Im Anschluss an die Überprüfung der einzelnen Dimensionen soll das mehrdimensionale Konstrukt Rationale Markenqualität im Gesamten einer Überprüfung unterzogen werden. In diesem Zusammenhang wurde eine exploratorische Faktorenanalyse (Rotationsmethode: Oblimin mit Kaiser-Normalisierung) zur Überprüfung der Diskriminanzvalidität vorgenommen. Tabelle 20 fasst die Ergebnisse zusammen.

Tabelle 20: Ergebnisse der exploratorischen Faktorenanalyse für das mehrdimensionale Konstrukt Rationale Markenqualität

Item		Exploratorische Faktorladungen		
		Faktor 1	Faktor 2	Faktor 3
Produkt-qualität	1.3	0,388	**0,767**	-0,498
	1.5	0,341	**0,707**	-0,406
	1.6	0,420	**0,694**	-0,499
	1.7	0,383	**0,775**	-0,473
Service-qualität	2.1	0,415	0,477	**-0,665**
	2.3	0,460	0,427	**-0,686**
	2.4	0,554	0,534	**-0,800**
	2.5	0,481	0,490	**-0,781**
	2.6	0,530	0,303	**-0,634**
	2.7	0,621	0,471	**-0,832**
Distributions-qualität	3.1	**0,713**	0,490	-0,633
	3.2	**0,643**	0,289	-0,426
	3.4	**0,742**	0,443	-0,550
	3.5	**0,651**	0,320	-0,435
	3.6	**0,952**	0,467	-0,632
Erklärte Varianz		43,382%	7,321%	5,163%
KMO-Kriterium (≥ 0,8)		0,908	**Kumulierte Varianz der Faktoren**	55,866%
Extraktionsmethode: Hauptachsen-Faktorenanalyse Rotationsmethode: Oblimin mit Kaiser-Normalisierung				

Wie Tabelle 20 illustriert, laden alle Items mit einem Wert größer gleich 0,4 auf ihren dazugehörigen Faktor. Auch das KMO-Kriterium liegt mit einem Wert von 0,908 sehr stark über dem Grenzwert von größer gleich 0,8 und impliziert damit eine hohe Eignung der Korrelationsmatrix. Somit kann als Ergebnis der exploratorischen Faktorenanalyse die dreidimensionale Konzeptionalisierung des mehrdimensionalen Konstrukts Rationale Markenqualität innerhalb dieser Arbeit bestätigt werden.

Im Folgenden soll zur Überprüfung der Faktorenstruktur auch das Verfahren der konfirmatorischen Faktorenanalyse erster Ordnung für das mehrdimensionale Konstrukt Rationale Markenqualität herangezogen werden. Alle Gütekriterien der ersten und zweiten Generation erfüllen ihre jeweiligen Mindestanforderungen. Die Ergebnisse implizieren somit eine sehr gute Anpassung der Modellstruktur. Vor diesem Hintergrund kann die Faktorenanalyse erster Ordnung für das mehrdimensionale Konstrukt Rationale Markenqualität nicht zurückgewiesen werden. Abbildung 38 zeigt die Ergebnisse im Überblick.

Abbildung 38: *Konfirmatorische Faktorenanalyse erster Ordnung des dreidimensionalen Konstrukts Rationale Markenqualität*

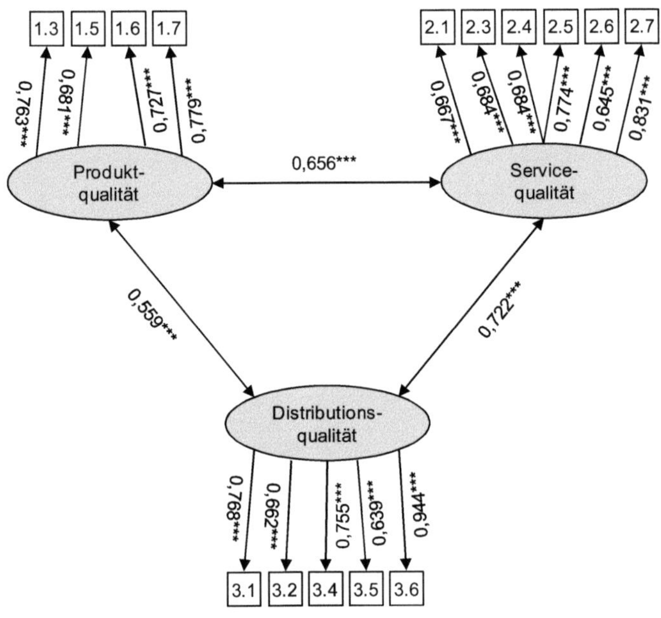

Globale Anpassungsmaße

χ^2 = 181,858	df = 87	χ^2/df = 2,090	GFI = 0,978
AGFI = 0,970	CFI = 0, 952	TLI = 0,942	RMSEA = 0,065

Signifikanzen: * α ≤ 0,10; ** α ≤ 0,05; *** α ≤ 0,01

Als letzter Test im Kontext der Überprüfung der Diskriminanzvalidität der Dimensionen der Rationalen Markenqualität soll im Folgenden das Fornell/Larcker-Kriterium herangezogen werden, das sich durch einen Vergleich der DEV eines Faktors mit jeder quadrierten Korrelation dieses Faktors mit weiteren Faktoren desselben Konstrukts berechnet, wobei die DEV jeweils einen höheren Wert aufweisen sollte.[769] Dies ist für diese Untersuchung der Fall. In Tabelle 21 werden die Ergebnisse des Fornell/Larcker-Kriteriums illustriert.

Tabelle 21: *Ergebnisse des Fornell/Larcker-Kriteriums des dreidimensionalen Konstrukts Rationale Markenqualität*

Dimension der ,Rationalen Markenqualität'	Produkqualität	Servicequalität	Distributions-qualität
Produktqualität	**0,741**		
Servicequalität	0,432	**0,529**	
Distributions-qualität	0,312	0,524	**0,731**
Fornell/Larcker-Kriterium	✓	✓	✓

Im Anschluss an die bisher erfolgten Analysen zur Reliabilität und Validität (exploratorische Faktorenanalyse, konfirmatorische Faktorenanalyse erster Ordnung, Fornell/Larcker-Kriterium) soll durch eine konfirmatorische Faktorenanalyse zweiter Ordnung aufgezeigt werden, dass die Dimensionen Produktqualität, Servicequalität und Distributionsqualität auch tatsächlich dem mehrdimensionalen Konstrukt Rationale Markenqualität zuzuordnen sind. Die Ergebnisse der konfirmatorischen Faktorenanalyse zweiter Ordnung bestätigen die Ergebnisse der konfirmatorischen Faktorenanalyse erster Ordnung, so dass das Modell nicht abgelehnt werden kann. Abbildung 39 fasst die Ergebnisse überblicksartig zusammen.

[769] Vgl. Fornell/Larcker (1981), S. 46; Backhaus/Erichson/Weiber (2013), S. 144. Vgl. zum Fornell/Larcker-Kriterium auch Kapitel 4.2.3.

Abbildung 39: *Konfirmatorische Faktorenanalyse zweiter Ordnung des dreidimensionalen Konstrukts Rationale Markenqualität*

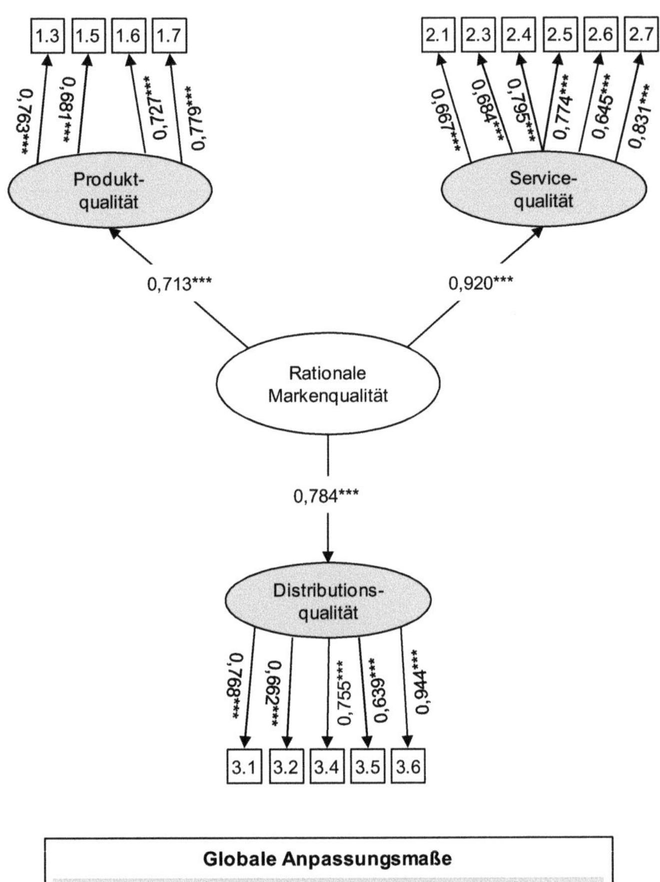

Globale Anpassungsmaße

χ^2 = 181,858	df = 87	χ^2/df = 2,090	GFI = 0,978
AGFI = 0,970	CFI = 0, 952	TLI = 0,942	RMSEA = 0,065

Signifikanzen: * $\alpha \leq 0,10$; ** $\alpha \leq 0,05$; *** $\alpha \leq 0,01$

Die Faktorladungen der Dimensionen des dreidimensionalen Konstrukts Rationale Markenqualität lassen Rückschlüsse über deren relative Bedeutung zu. Mit einer Faktorladung von 0,920 weist die Servicequalität die größte relative Bedeutung auf, gefolgt von der Distributionsqualität mit einer Faktorladung von 0,784. Die geringste relative Bedeutung besitzt die Produktqualität mit einer Faktorladung von 0,713, wobei alle Faktorladungen größer gleich 0,5 eine wichtige Bedeutung des Faktors implizieren.[770]

Im Rahmen der Interpretation der relativen Bedeutung der drei rationalen Erfolgsfaktoren gelangt man zu der Erkenntnis, dass die Qualität des Investitionsguts und damit die originäre Kernleistung aus Sicht der Maschinen- und Anlagenbauer zwar eine hohe Relevanz besitzt, die Qualität des dazugehörigen Services sowie die Qualität der Distribution allerdings höher eingeschätzt wird. Eine potenzielle Erklärung dieses Sachverhalts liegt in der zunehmenden Leistungsangleichung (Kommoditisierung) der Investitionsgüterhersteller begründet.[771] Bei der Produktqualität handelt es sich zwar nach wie vor um einen wichtigen Erfolgsfaktor innerhalb der rationalen Bewertung der Markenqualität, allerdings wird diese heutzutage standardmäßig vorausgesetzt und bietet demnach kein Differenzierungspotenzial gegenüber anderen Anbietern mehr.

Gerade bei Investitionsgütern wie teuren Maschinen, deren Stillstand oftmals in erheblichen finanziellen Verlusten für Maschinen- und Anlagenbauunternehmen resultiert, kann eine hohe Qualität des Services dazu beitragen, die Ausfallzeiten zu verkürzen und monetäre Einbußen zu minimieren.[772] Eine ähnliche Begründung lässt sich auch für die hohe Relevanz der Distributionsqualität finden: Werden beispielsweise für den Produktionsprozess wichtige Maschinen nicht zuverlässig zum gewünschten Zeitpunkt an den gewünschten Ort geliefert, kommt die Produktion zum Stillstand.

Vor dem Hintergrund dieser Ausführungen nehmen industrielle Kunden eine Abgrenzung der verschiedenen Anbieter beziehungsweise ihre Kaufentscheidung nicht mehr ausschließlich auf der Basis der Produktqualität, sondern vielmehr auf der Basis von Komplementärleistungen, also Leistungen, die das Investitionsgut ergänzen, vor. In diesem Kontext spielen die Service- und die Distributionsqualität eine wichtige Rolle, da sich die Anbieter hierin teilweise erheblich voneinander unterscheiden.

---

[770] Vgl. Pistoia (2014), S. 232.

[771] Vgl. auch im Folgenden Mudambi (2002), S. 525 ff.; van Riel/Mortanges/Streukens (2005), S. 841 ff.; Burmann/Bohmann (2009), S. 59 ff.; Persson (2010), S. 1275 ff.

[772] Vgl. auch im Folgenden McDowell Mudambi/Doyle/Wong (1997), S. 439; Beverland/Napoli/ Yakimova (2007), S. 396.

Die Ergebnisse dieser Umfrage stehen somit im Einklang mit Teilen des Schrifttums, die gerade aufgrund der Kommoditisierung den weiteren Einflussfaktoren der Rationalen Markenqualität wie der Service- und der Distributionsqualität eine höhere Bedeutung beimessen als der (beliebig austauschbaren) Produktqualität.[773] Abbildung 40 stellt die relative Bedeutung der drei Dimensionen für das Konstrukt Rationale Markenqualität zusammenfassend dar.

Abbildung 40: *Relative Bedeutung der drei Dimensionen für das Konstrukt Rationale Markenqualität*

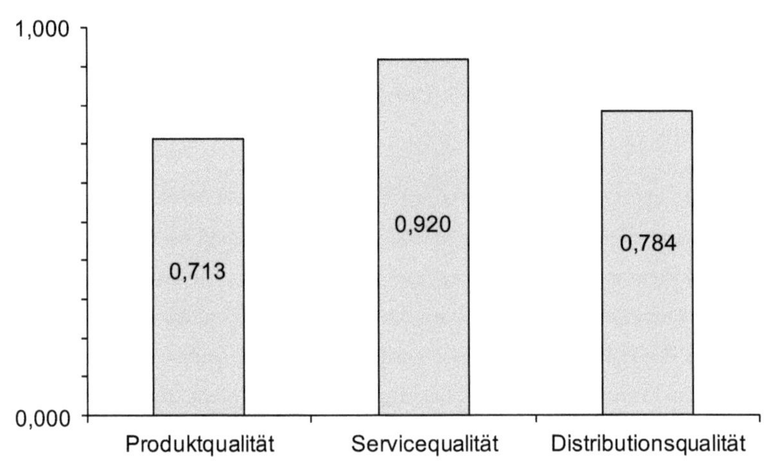

Auf der Basis der vorangegangenen Ausführungen können die Untersuchungshypothesen H_1, H_2, H_3 und H_4 nicht abgelehnt werden:

H_1: Das latente Konstrukt ‚Produktqualität' ist eine Manifestation des mehrdimensionalen Konstrukts ‚Rationale Markenqualität'.

H_2: Das latente Konstrukt ‚Servicequalität' ist eine Manifestation des mehrdimensionalen Konstrukts ‚Rationale Markenqualität'.

[773] Vgl. zum Rückgang der Dominanz des Erfolgsfaktors Produktqualität gegenüber anderen rational beurteilbaren Erfolgsfaktoren zum Beispiel Persson (2010), S. 1275.

H3: Das latente Konstrukt ‚Distributionsqualität' ist eine Manifestation des mehrdimensionalen Konstrukts ‚Rationale Markenqualität'.

H4: Die ‚Rationale Markenqualität' ist ein latentes Konstrukt zweiter Ordnung mit den drei Dimensionen ‚Produktqualität', ‚Servicequalität' und ‚Distributionsqualität'.

5.2.2. Operationalisierung der Emotionalen Markenassoziationen

Das zweite Second-Order-Konstrukt Emotionale Markenassoziationen konstituiert sich aus den exogenen, unabhängigen Dimensionen Konsistenter Werbestil, Markenimage, Image des Herkunftslands und Persönlichkeit des Verkaufsvertreters. Analog zur Vorgehensweise innerhalb der Rationalen Markenqualität sollen in einem ersten Schritt die Operationalisierung der Dimensionen sowie die resultierenden Messmodelle dargestellt werden. Im Anschluss wird eine Untersuchung des Second-Order-Konstrukts vorgenommen.

5.2.2.1. Operationalisierung des Konsistenten Werbestils

Die Dimension Konsistenter Werbestil beschreibt die Geschlossenheit und Stimmigkeit der spezifischen Ausgestaltung einer Werbung beziehungsweise einer Werbebotschaft über einen längeren Zeitraum hinweg.[774] Da der Erfolgsfaktor bisher keinerlei Beachtung im Schrifttum erfahren hat, konnte im Rahmen der Operationalisierung, anders als bei den Dimensionen der Rationalen Markenqualität, auf keine etablierte Item-Batterien zurückgegriffen werden. Vielmehr musste aus inhaltlich verwandten Skalen, die im weiteren Sinne das Kommunikationsinstrument Werbung abbilden, eine Skalenneuentwicklung vorgenommen werden. Potenziell relevante Items konnten innerhalb einer Analyse des Schrifttums bei Villarejo-Ramos/Sánchez-Franco (2005), Jones/Damon Aiken/Boush (2009), Ha (2011) und Alex (2012) identifiziert werden.[775] Auf dieser Basis wurde ein Messinstrument eigenentwickelt, das aus insgesamt sechs Items bestand. Innerhalb des Auswertungsprozesses mussten zwei Indikatoren zur Verbesserung der Gütemaße eliminiert werden.

---

774 Vgl. Kapitel 3.4.1.2.

775 Vgl. Villarejo-Ramos/Sánchez-Franco (2005), S. 436; Jones/Damon Aiken/Boush (2009), S. 253; Ha (2011), S. 45; Alex (2012), S. 33.

Das Cronbachs Alpha beträgt 0,898 und liegt damit deutlich über dem geforderten Schwellenwert größer gleich 0,7. Darüber hinaus deuten auch die Ergebnisse der exploratorischen Faktorenanalyse auf eine sehr hohe Validität und Reliabilität des Messinstruments hin: Die erklärte Varianz liegt bei 68,295%, der Wert für das KMO-Kriterium beträgt 0,827 und alle Items besitzen durchgängig hohe Faktorladungen.

Die Ergebnisse der konfirmatorischen Faktorenanalyse bestätigen die Ergebnisse der exploratorischen Faktorenanalyse. Sowohl bei den Indikatorreliabilitäten der Items (0,489 bis 0,837) als auch der DEV (0,675) sowie der Faktorreliabilität (0,892) werden die Grenzwerte eindeutig übertroffen. Das Gleiche gilt auch für die globalen Anpassungsmaße X^2/df, GFI, AGFI, CFI, TLI und RMSEA. Vor diesem Hintergrund muss das Messmodell der Dimension Konsistenter Werbestil nicht abgelehnt werden. Tabelle 22 illustriert die Ergebnisse der Reliabilitäts- und Validitätsprüfung der ersten und zweiten Generation für das Messmodell.

Tabelle 22: *Reliabilitäts- und Validitätskriterien der ersten und zweiten Generation des Messmodells der Dimension Konsistenter Werbestil*

Konsistenter Werbestil				
Items			**Faktorladung (exploratorisch)**	**Item-to-Total-Korrelation**
4.1) Der Werbestil des Investitionsgüterherstellers weist eine sehr hohe Stabilität auf.			0,698	0,661
4.3) Die Werbung des Investitionsgüterherstellers ist in seinen Inhalten sehr beständig.			0,915	0,836
4.4) Die Werbeinhalte des Investitionsgüterherstellers sind über die Jahre hinweg in sich stimmig.			0,861	0,797
4.5) Die Werbekampagnen des Investitionsgüterherstellers weisen über die Jahre hinweg im Kern dieselben Aussagen auf.			0,816	0,755
Deskriptive Beurteilungskennzahl	***Ergebnisse der exploratorischen Faktorenanalyse***			
Cronbachs Alpha (≥ 0,7)	**Extraktionsmethode**	**Extrahierte Faktoren**	**Erklärte Varianz (≥ 50%)**	**KMO-Kriterium (≥ 0,8)**
0,891	Hauptachsen-Faktorenanalyse	1	68,295%	0,827

Lokale Anpassungsmaße

Items	**Indikatorreliabilität**	**Faktorladung (konfirmatorisch)**
4.1) Der Werbestil des Investitionsgüterherstellers weist eine sehr hohe Stabilität auf.	0,489	0,699***
4.3) Die Werbung des Investitionsgüterherstellers ist in seinen Inhalten sehr beständig.	0,837	0,915***
4.4) Die Werbeinhalte des Investitionsgüterherstellers sind über die Jahre hinweg in sich stimmig.	0,724	0,851***
4.5) Die Werbekampagnen des Investitionsgüterherstellers weisen über die Jahre hinweg im Kern dieselben Aussagen auf.	0,683	0,827***

FR: 0,892 DEV: 0,675

Konsistenter Werbestil

***: signifikant auf 1%-Niveau
**/*: signifikant auf 5%/10%-Niveau

Globale Anpassungsmaße

χ^2	df	χ^2/df	GFI	AGFI	CFI	TLI	RMSEA
3,522	2	1,761	0,999	0,993	0,998	0,993	0,054

5.2.2.2. Operationalisierung des Markenimages

Das Markenimage als zweite Dimension der Emotionalen Markenassoziationen beschreibt eine Menge an spezifischen Assoziationen beziehungsweise Charakteristika, die industrielle Käufer mit einem Produkt verknüpfen und somit die Marke gedanklich gegenüber anderen Marken abgrenzen.[776]

[776] Vgl. Kapitel 3.4.1.2.

Da es sich bei dem Markenimage um einen etablierten Erfolgsfaktor innerhalb des B2B-Branding-Schrifttums handelt, konnte im Rahmen der Operationalisierung auf bereits etablierte Messskalen rekurriert werden. Vor allem die Item-Batterien von Villarejo-Ramos/Sánchez-Franco (2005), Cretu/Brodie (2007), Davis/Golicic/ Marquardt (2008), Brodie/Whittome/Brush (2009) und Juntunen/Juntunen/Juga (2011) spielen innerhalb dieser Untersuchung eine wichtige Rolle.[777] Auf der Basis dieser Teilskalen wurde eine Messskala entwickelt, die nach dem Durchlauf des Prozesses der Fragebogenkonstruktion aus insgesamt sieben Items bestand, von denen eines nach der Prüfprozedur zur Verbesserung der Gütemaße eliminiert wurde.[778]

Insgesamt weisen die Gütekriterien der ersten und zweiten Generation sehr gute Werte für das Messinstrument Markenimage auf. Das Cronbachs Alpha der sechs Items beträgt 0,853, die erklärte Varianz liegt bei 50,557% und das KMO-Kriterium bei 0,858. Darüber hinaus liegen alle Faktorladungen innerhalb der exploratorischen Faktorenanalyse sowie die jeweiligen Item-to-Total-Korrelationen über den geforderten Schwellenwerten und deuten somit auf eine hohe Skalenreliabilität und -validität hin. Auch die lokalen Anpassungsmaße weisen mit Werten zwischen 0,412 und 0,772 für die Indikatorreliabilitäten sowie Werten von 0,861 für die Faktorreliabilität und 0,518 für die DEV auf ein sehr reliables und valides Messinstrument hin.

Bis auf Ausnahme des Quotienten X^2/df , der mit 3,379 leicht über dem strengen Schwellenwert von kleiner gleich drei liegt, erfüllen die globalen Anpassungsmaße GFI (0,986), AGFI (0,968), CFI (0,965), TLI (0,942) und RMSEA (0,096) die Mindestanforderungen deutlich. Auf der Basis der vorangegangenen Ausführungen kann das Messmodell beibehalten werden. Tabelle 23 stellt die Ergebnisse der Reliabilitäts- und Validitätsprüfung der ersten und zweiten Generation des Messmodells der Dimension Markenimage im Überblick dar.

[777] Vgl. Villarejo-Ramos/Sánchez-Franco (2005), S. 436; Cretu/Brodie (2007), S. 235; Davis/Golicic/ Marquardt (2008), S. 226; Brodie/Whittome/Brush (2009), S. 353 f.; Juntunen/Juntunen/Juga (2011), S. 305

[778] Vgl. auch Kapitel 5.1.2 beziehungsweise Abbildung 31.

Tabelle 23: *Reliabilitäts- und Validitätskriterien der ersten und zweiten Generation des Messmodells der Dimension Markenimage*

Markenimage		
Items	**Faktorladung (exploratorisch)**	**Item-to-Total-Korrelation**
5.1) Der Investitionsgüterhersteller hat ein sehr gutes Image.	0,667	0,608
5.2) Im Gegensatz zu anderen Investitionsgüterherstellern ist unser Investitionsgüterhersteller hochangesehen.	0,670	0,610
5.3) Die Marke des Investitionsgüterherstellers hat eine sehr lange Tradition.	0,712	0,646
5.5) Es kommen mir sehr schnell einige Charakteristika zu dem Investitionsgüterhersteller in den Sinn.	0,659	0,608
5.6) Ich kann mir sehr schnell das Symbol oder das Logo des Investitionsgüterherstellers ins Gedächtnis rufen.	0,662	0,608
5.7) Die Marke des Investitionsgüterherstellers hat eine sehr starke Persönlichkeit.	0,872	0,791

Deskriptive Beurteilungskennzahl	***Ergebnisse der exploratorischen Faktorenanalyse***			
Cronbachs Alpha (≥ 0,7)	**Extraktions-methode**	**Extrahierte Faktoren**	**Erklärte Varianz (≥ 50%)**	**KMO-Kriterium (≥ 0,8)**
0,853	Hauptachsen-Faktorenanalyse	1	50,557%	0,857

Lokale Anpassungsmaße		
Items	**Indikator-reliabilität**	**Faktorladung (konfirmatorisch)**
5.1) Der Investitionsgüterhersteller hat ein sehr gutes Image.	0,419	0,648***
5.2) Im Gegensatz zu anderen Investitionsgüterherstellern ist unser Investitionsgüterhersteller hochangesehen.	0,448	0,669***
5.3) Die Marke des Investitionsgüterherstellers hat eine sehr lange Tradition.	0,497	0,705***
5.5) Es kommen mir sehr schnell einige Charakteristika zu dem Investitionsgüterhersteller in den Sinn.	0,412	0,642***
5.6) Ich kann mir sehr schnell das Symbol oder das Logo des Investitionsgüterherstellers ins Gedächtnis rufen.	0,481	0,694***
5.7) Die Marke des Investitionsgüterherstellers hat eine sehr starke Persönlichkeit.	0,772	0,878***

Marken-image — FR: 0,861 DEV: 0,518

***: signifikant auf 1%-Niveau
**/*: signifikant auf 5%/10%-Niveau

Globale Anpassungsmaße							
χ^2	df	χ^2/df	GFI	AGFI	CFI	TLI	RMSEA
30,412	9	3,379	0,986	0,968	0,965	0,942	0,096

5.2.2.3. Operationalisierung des Images des Herkunftslands

Die dritte Dimension der Emotionalen Markenassoziationen, das Image des Herkunftslands, beschreibt die mit einem Land verbundenen Werte und Attribute, die auf die Produkte und Marken, die aus diesem Land stammen, übertragen beziehungsweise gedanklich mit diesen verbunden werden. In einem B2B-spezifischen Kontext können darunter beispielsweise länderspezifische Images respektive Eigenschaften wie Verlässlichkeit oder eine hohe Qualität zusammengefasst werden.[779]

Für die Operationalisierung des Messinstruments zum Image des Herkunftslands konnte auf diverse Item-Batterien zurückgegriffen werden, die bereits im Schrifttum Anwendung erfahren haben. So wurden die Messskalen von Darling/Arnold (1988), Pisharodi/Parameswaran (1992), Martin/Eroglu (1993), Klein/Ettenson/Morris (1998), Pappu/Quester/Cooksey (2007) und Chen/Su/Lin (2011) dazu verwendet, ein Messinstrument mit insgesamt sechs Items abzuleiten.[780] Zur Verbesserung der Gütemaße wurden im Rahmen des Auswertungsprozesses zwei Items eliminiert.

Das Cronbachs Alpha der verbliebenen vier Items beträgt 0,870, die erklärte Varianz liegt bei 64,710% und das KMO-Kriterium bei 0,812. Auch die Item-to-Total-Korrelationen liegen mit Werten zwischen 0,668 und 0,811 deutlich über den geforderten Mindestwerten. Die lokalen Anpassungsmaße (Indikatorreliabilitäten, Faktorreliabilität und DEV) werden erfüllt, genauso wie die globalen Anpassungsmaße X^2/df, GFI, AGFI, CFI, TLI und RMSEA. Somit muss das Messmodell der Dimension Image des Herkunftslands nicht zurückgewiesen werden. Tabelle 24 stellt abschließend die Ergebnisse der Reliabilitäts- und Validitätsprüfung der ersten und zweiten Generation für das Messmodell im Überblick dar.

Unternehmens und beinhaltet unter anderem die Qualifikation, die Einstellung sowie den Kommunikationsstil.[781]

Im Zuge der Operationalisierung dieser Dimension wurden im Rahmen der Analyse des relevanten Schrifttums mehrere Arbeiten identifiziert, auf deren Messskalen zurückgegriffen werden konnte. Allerdings musste aus diesen Skalen ein neues Erhebungsinstrument für den spezifischen Fokus dieser Untersuchung generiert werden. Anwendung erfuhren hierfür die Arbeiten von van Riel/Mortanges/Streukens (2005),

779 Vgl. Kapitel 3.4.1.2.

780 Vgl. Darling/Arnold (1988), S. 63; Pisharodi/Parameswaran (1992), S. 708; Martin/Eroglu (1993), S. 198; Klein/Ettenson/Morris (1998), S. 98 f.; Pappu/Quester/Cooksey (2007), S. 742; Chen/Su/Lin (2011), S. 1237.

781 Vgl. Kapitel 3.4.1.2.

Chi (2007), Baumgarth/Binckebanck (2011) und Chen/Su (2012).[782] Das finale Messinstrument für die Dimension Persönlichkeit des Verkaufsvertreters bestand aus insgesamt sieben Items, wovon allerdings zur Verbesserung der Gütemaße im Rahmen der Auswertungsprozedur drei Items eliminiert werden mussten.

Tabelle 24: *Reliabilitäts- und Validitätskriterien der ersten und zweiten Generation des Messmodells der Dimension Image des Herkunftslands*

Image des Herkunftslands		
Items	**Faktorladung (exploratorisch)**	**Item-to-Total-Korrelation**
6.1) Produkte aus dem Herkunftsland des Investitionsgüterherstellers werden sorgfältig produziert und sind exzellent verarbeitet.	0,807	0,739
6.2) Produkte aus dem Herkunftsland des Investitionsgüterherstellers sind allgemein von besserer Qualität als Produkte aus anderen Ländern.	0,714	0,668
6.5) Produkte aus dem Herkunftsland des Investitionsgüterherstellers sind meist sehr zuverlässig und versprechen die gewünschte Haltbarkeit zu erfüllen.	0,910	0,811
6.6) Produkte aus dem Herkunftsland des Investitionsgüterherstellers sind prinzipiell ihr Geld wert.	0,774	0,709

Deskriptive Beurteilungskennzahl	***Ergebnisse der exploratorischen Faktorenanalyse***			
Cronbachs Alpha (≥ 0,7)	**Extraktionsmethode**	**Extrahierte Faktoren**	**Erklärte Varianz (≥ 50%)**	**KMO-Kriterium (≥ 0,8)**
0,870	Hauptachsen-Faktorenanalyse	1	64,710%	0,812

Lokale Anpassungsmaße		
Items	**Indikatorreliabilität**	**Faktorladung (konfirmatorisch)**
6.1) Produkte aus dem Herkunftsland des Investitionsgüterherstellers werden sorgfältig produziert und sind exzellent verarbeitet.	0,649	0,703***
6.2) Produkte aus dem Herkunftsland des Investitionsgüterherstellers sind allgemein von besserer Qualität als Produkte aus anderen Ländern.	0,494	0,806***
6.5) Produkte aus dem Herkunftsland des Investitionsgüterherstellers sind meist sehr zuverlässig und versprechen die gewünschte Haltbarkeit zu erfüllen.	0,837	0,915***
6.6) Produkte aus dem Herkunftsland des Investitionsgüterherstellers sind prinzipiell ihr Geld wert.	0,607	0,779***

Image des Herkunftslands — FR: 0,870 DEV: 0,627

***: signifikant auf 1%-Niveau
**/*: signifikant auf 5%/10%-Niveau

Globale Anpassungsmaße							
χ^2	**df**	**χ^2/df**	**GFI**	**AGFI**	**CFI**	**TLI**	**RMSEA**
4,394	2	2,197	0,998	0,988	0,996	0,987	0,068

782 Vgl. van Riel/Mortanges/Streukens (2005), S. 844; Chi (2007), S. 122; Baumgarth/Binckebanck (2011), S. 497; Chen/Su (2012), S. 63.

5.2.2.4. Operationalisierung der Persönlichkeit des Verkaufsvertreters

Die Persönlichkeit des Verkaufsvertreters vereint die Wahrnehmung der industriellen Käufer bezüglich der Eigenschaften des Verkaufsvertreters eines Das Cronbachs Alpha der verbliebenen vier Items liegt bei 0,885. Darüber hinaus deuten auch die Ergebnisse der exploratorischen Faktorenanalyse (ein extrahierter Faktor, die erklärte Varianz liegt bei 66,709% und das KMO-Kriterium beträgt 0,834) auf eine sehr gute Anpassung des Messmodells hin. Diesen Eindruck verstärken die Ergebnisse der konfirmatorischen Faktorenanalyse. Die Faktorladungen der vier

Items sind höchst signifikant, außerdem liegen die Indikatorreliabilitäten deutlich über dem geforderten Mindestwert von größer gleich 0,4.[783] Gleiches gilt für die Faktorreliabilität von 0,885 und die DEV mit 0,658. Schließlich deuten auch die globalen Anpassungsmaße (X^2/df = 2,268; GFI = 0,998; AGFI = 0,992; CFI = 0,996; TLI = 0,987 und RMSEA = 0,070) auf eine hohe Reliabilität und Validität des Messmodells hin. Vor diesem Hintergrund muss dieses nicht verworfen werden. Tabelle 25 gibt einen Überblick über die Ergebnisse der Reliabilitäts- und Validitätsprüfung der ersten und zweiten Generation für das Messmodell der Dimension Persönlichkeit des Verkaufsvertreters.

[783] Vgl. auch Kapitel 4.2.2 beziehungsweise Tabelle 14.

Tabelle 25: *Reliabilitäts- und Validitätskriterien der ersten und zweiten Generation des Messmodells der Dimension Persönlichkeit des Verkaufsvertreters*

Persönlichkeit des Verkaufsvertreters		
Items	**Faktorladung (exploratorisch)**	**Item-to-Total-Korrelation**
7.1) Die Verkaufsvertreter des Investitionsgüterherstellers weisen ein sehr großes Produktwissen auf.	0,848	0,777
7.2) Die Verkaufsvertreter des Investitionsgüterherstellers weisen ein sehr großes Marktwissen auf.	0,844	0,773
7.3) Die Verkaufsvertreter des Investitionsgüterherstellers kennen und verstehen ihre Kunden sehr gut.	0,790	0,736
7.6) er Investitionsgüterhersteller hat sehr begabte Mitarbeiter als Verkaufsvertreter.	0,782	0,729

Deskriptive Beurteilungskennzahl	***Ergebnisse der exploratorischen Faktorenanalyse***			
Cronbachs Alpha (≥ 0,7)	**Extraktions-methode**	**Extrahierte Faktoren**	**Erklärte Varianz (≥ 50%)**	**KMO-Kriterium (≥ 0,8)**
0,885	Hauptachsen-Faktorenanalyse	1	66,709%	0,834

Lokale Anpassungsmaße		
Items	**Indikator-reliabilität**	**Faktorladung (konfirmatorisch)**
7.1) Die Verkaufsvertreter des Investitionsgüterherstellers weisen ein sehr großes Produktwissen auf.	0,729	0,854***
7.2) Die Verkaufsvertreter des Investitionsgüterherstellers weisen ein sehr großes Marktwissen auf.	0,723	0,850***
7.3) Die Verkaufsvertreter des Investitionsgüterherstellers kennen und verstehen ihre Kunden sehr gut.	0,614	0,784***
7.6) er Investitionsgüterhersteller hat sehr begabte Mitarbeiter als Verkaufsvertreter.	0,602	0,776***

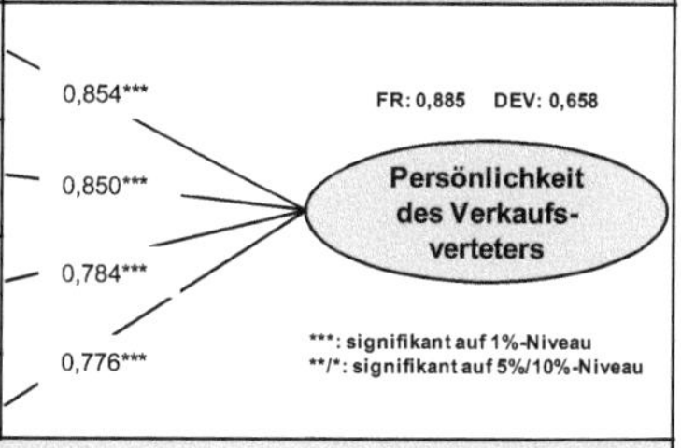

Globale Anpassungsmaße							
χ^2	df	χ^2/df	GFI	AGFI	CFI	TLI	RMSEA
4,536	2	2,268	0,998	0,992	0,996	0,987	0,070

5.2.2.5. Untersuchung des Second-Order-Konstrukts Emotionale Markenassoziationen

Analog zur Vorgehensweise bei der Untersuchung des dreidimensionalen Konstrukts Rationale Markenqualität soll im Folgenden das vierdimensionale Konstrukt Emotionale Markenassoziationen in der Gesamtheit einer Überprüfung bezüglich der Diskriminanzvalidität unterzogen werden. In diesem Kontext wurde eine exploratorische Faktorenanalyse (Rotationsmethode: Oblimin mit Kaiser-Normalisierung) praktiziert, deren Ergebnisse in Tabelle 26 dargestellt werden.

Tabelle 26 zeigt, dass alle Items mit einem Wert größer gleich 0,4 auf ihren jeweiligen Faktor laden. Darüber hinaus übersteigt der Wert für das KMO-Kriterium mit 0,891 deutlich den geforderten Mindestwert von größer gleich 0,8. Dies spricht für eine hohe Eignung der Korrelationsmatrix. Vor diesem Hintergrund kann die vierdimensionale Konzeptionalisierung der Emotionalen Markenassoziationen für diese Untersuchung bestätigt werden.

Als nächster Schritt soll zur Untersuchung der Faktorenstruktur das Verfahren der konfirmatorischen Faktorenanalyse erster Ordnung herangezogen werden. Alle Gütemaße, sowohl die lokalen als auch die globalen Anpassungsmaße, genügen den Anforderungen an ihre Schwellenwerte. Vor diesem Hintergrund kann die konfirmatorische Faktorenanalyse erster Ordnung als bestätigt angesehen werden. Abbildung 41 stellt die Ergebnisse der konfirmatorischen Faktorenanalyse erster Ordnung im Überblick dar.

Tabelle 26: Ergebnisse der exploratorischen Faktorenanalyse für das mehrdimensionale Konstrukt Emotionale Markenassoziationen

Item		Exploratorische Faktorladungen			
		Faktor 1	Faktor 2	Faktor 3	Faktor 4
Konsistenter Werbestil	**4.1**	0,497	**-0,703**	0,316	0,244
	4.3	0,474	**-0,907**	0,224	0,329
	4.4	0,497	**-0,866**	0,302	0,390
	4.5	0,422	**-0,820**	0,167	0,242
Markenimage	**5.1**	**0,664**	-0,418	0,389	0,527
	5.2	**0,668**	-0,305	0,352	0,373
	5.3	**0,706**	-0,355	0,341	0,416
	5.5	**0,647**	-0,369	0,327	0,493
	5.6	**0,672**	-0,433	0,264	0,327
	5.7	**0,882**	-0,542	0,389	0,426
Image des Herkunftslands	**6.1**	0,585	-0,312	0,474	**0,821**
	6.2	0,392	-0,268	0,216	**0,746**
	6.5	0,513	-0,324	0,412	**0,869**
	6.6	0,504	-0,377	0,510	**0,755**
Persönlichkeit des Verkaufs-vertreters	**7.1**	0,357	-0,187	**0,852**	0,372
	7.2	0,473	-0,264	**0,837**	0,375
	7.3	0,391	-0,251	**0,793**	0,388
	7.6	0,338	-0,231	**0,788**	0,264
Erklärte Varianz		39,623%	10,956%	7,281%	4,965%
KMO-Kriterium (≥ 0,8)		0,891	**Kumulierte Varianz der Faktoren**		62,825%
Extraktionsmethode: Hauptachsen-Faktorenanalyse Rotationsmethode: Oblimin mit Kaiser-Normalisierung					

Abbildung 41: *Konfirmatorische Faktorenanalyse erster Ordnung des vierdimensionalen Konstrukts Emotionale Markenassoziationen*

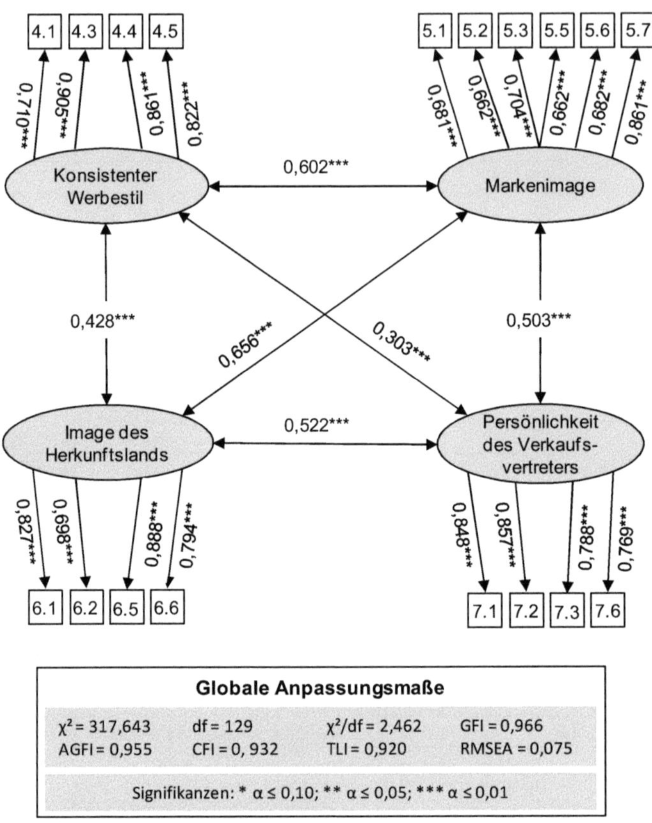

Das dritte Kriterium, das im Wesentlichen bei der Überprüfung der Diskriminazvalidität eine wichtige Rolle spielt, ist das Fornell/Larcker-Kriterium.[784] Die Ergebnisse dieses Tests zeigen, dass das Fornell/Larcker-Kriterium erfüllt ist und die vier Dimensionen der Emotionalen Markenassoziationen diskriminanzvalide sind. Der Output des Fornell/Larcker-Kriteriums wird in Tabelle 27 illustriert.

784 Vgl. zum Fornell/Larcker-Kriterium auch Kapitel 4.2.3 und Kapitel 5.2.1.4.

Tabelle 27: *Ergebnisse des Fornell/Larcker-Kriteriums des vierdimensionalen Konstrukts Emotionale Markenassoziationen*

Dimension der ‚Emotionalen Markenassoziationen'	Konsistenter Werbestil	Markenimage	Image des Herkunftslands	Persönlichkeit des Verkaufsvertreters
Konsistenter Werbestil	**0,675**			
Markenimage	0,362	**0,518**		
Image des Herkunftslands	0,183	0,430	**0,627**	
Persönlichkeit des Verkaufsvertreters	0,092	0,253	0,284	**0,658**
Fornell/Larcker-Kriterium	✓	✓	✓	✓

Der finale Schritt innerhalb des Prozesses der Überprüfung des vierdimensionalen Konstrukts der Emotionalen Markenassoziationen stellt eine konfirmatorische Faktorenanalyse zweiter Ordnung dar. Wie die Ergebnisse in Abbildung 42 zeigen, werden wiederum die Erkenntnisse, die im Rahmen der konfirmatorischen Faktorenanalyse erster Ordnung gewonnen werden konnten, bestätigt. Alle Werte der Gütekriterien der zweiten Generation liegen innerhalb der definierten Schwellenwerte, darüber hinaus sind die Faktorladungen mit Werten zwischen 0,589 und 0,897 höchst signifikant. Dies impliziert eine Zugehörigkeit der vier Dimensionen zum übergeordneten Konstrukt Emotionale Markenassoziationen.

Abbildung 42: *Konfirmatorische Faktorenanalyse zweiter Ordnung des vierdimensionalen Konstrukts Emotionale Markenassoziationen*

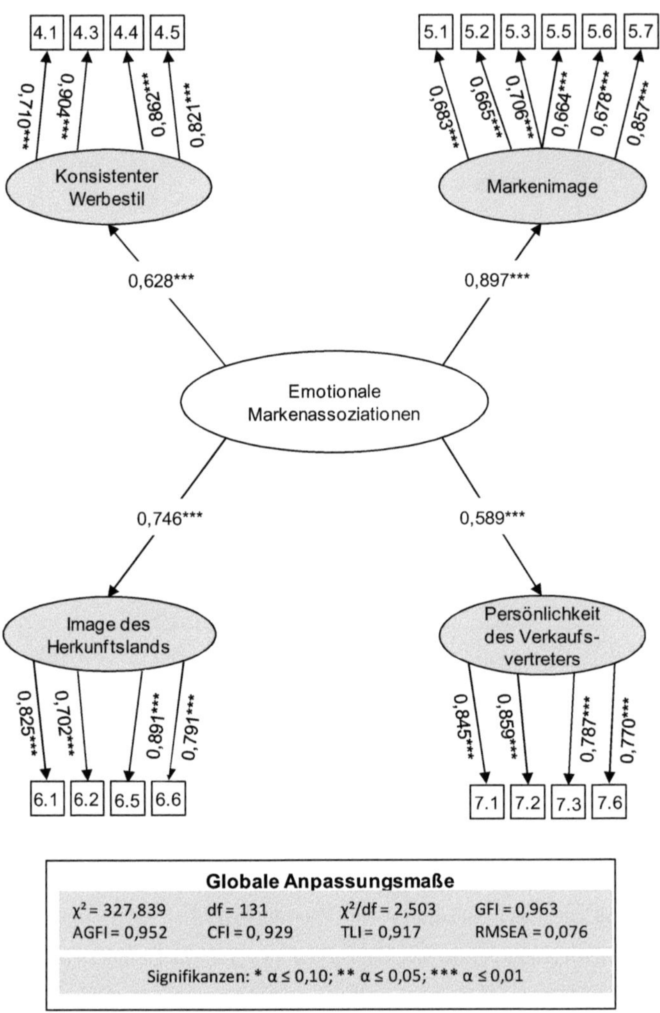

Globale Anpassungsmaße			
χ^2 = 327,839	df = 131	χ^2/df = 2,503	GFI = 0,963
AGFI = 0,952	CFI = 0, 929	TLI = 0,917	RMSEA = 0,076

Signifikanzen: * α ≤ 0,10; ** α ≤ 0,05; *** α ≤ 0,01

Zur Bestimmung der relativen Bedeutung der einzelnen Dimensionen für das übergeordnete vierdimensionale Konstrukt Emotionale Markenassoziationen sollen im Folgenden, analog zur Vorgehensweise bei der Auswertung des dreidimensionalen Konstrukts Rationale Markenqualität, die Faktorladungen betrachtet werden. Auf der Basis dieser Kennzahlen kann konstatiert werden, dass die relativ gesehen wichtigste Dimension für die Emotionalen Markenassoziationen das Markenimage mit einer Faktorladung von 0,897 ist, gefolgt von dem Image des Herkunftslands (0,746), dem Konsistenten Werbestil (0,628) und der Persönlichkeit des Verkaufsvertreters (0,589).

Bei der Interpretation der relativen Bedeutung der vier emotionalen Erfolgsfaktoren lässt sich festhalten, dass die Maschinen- und Anlagenbauer beim Kauf eines Investitionsguts vor allem auf das Image eines Herstellers achten und auch dem Image des Landes, aus dem der Investitionsgüterhersteller stammt, eine hohe Bedeutung beimessen. Das Image sowohl des Unternehmens als auch des Herkunftslandes eines Unternehmens dient somit als emotionaler Anker, der den Einkäufern industrieller Unternehmen eine gewisse Sicherheit im Rahmen ihrer Kaufentscheidungen sowie eine Möglichkeit der Rechtfertigung, sowohl gegenüber Vorgesetzten als auch sich selbst, bietet, falls sich eine Entscheidung im Nachhinein als falsch herausstellt.

Diese Ankerfunktion weisen die beiden Erfolgsfaktoren Konsistenter Werbestil und Persönlichkeit des Verkaufsvertreters nicht auf, obwohl es sich hierbei ebenfalls um weitere hochsignifikante emotionale Erfolgsfaktoren handelt. Beide Faktoren bieten keinerlei Ansatzpunkte zur Rechtfertigung bei etwaigen falschen Kaufentscheidungen, da innerhalb der Rechtfertigung nicht auf allgemein vorherrschende Einschätzungen (wie bei den imagebasierten Erfolgsfaktoren) verwiesen werden kann. Abbildung 43 stellt die relative Bedeutung der vier Dimensionen für das Konstrukt Emotionale Markenassoziationen im Überblick dar.

Vor dem Hintergrund der Ergebnisse der vorangegangenen Tests können die Untersuchungshypothesen H_5, H_6, H_7, H_8 und H_9 nicht abgelehnt werden:

H_5: Das latente Konstrukt ‚Konsistenter Werbestil' ist eine Manifestation des mehrdimensionalen Konstrukts ‚Emotionale Markenassoziationen'.

H_6: Das latente Konstrukt ‚Markenimage' ist eine Manifestation des mehrdimensionalen Konstrukts ‚Emotionale Markenassoziationen'.

H_7: Das latente Konstrukt ‚Image des Herkunftslands' ist eine Manifestation des mehrdimensionalen Konstrukts ‚Emotionale Markenassoziationen'.

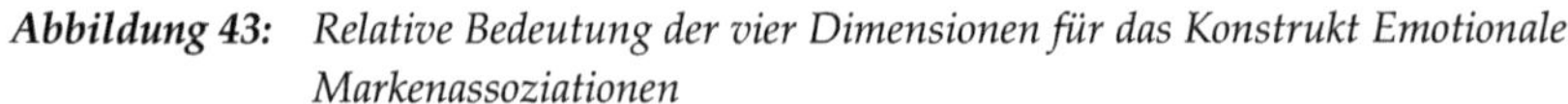

Abbildung 43: *Relative Bedeutung der vier Dimensionen für das Konstrukt Emotionale Markenassoziationen*

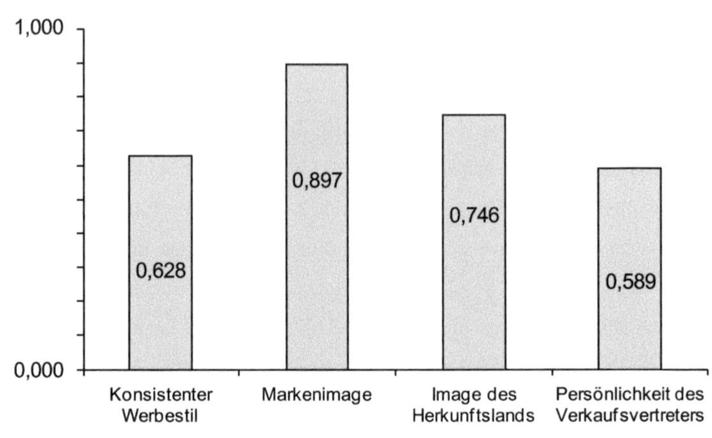

H_8: Das latente Konstrukt ‚Persönlichkeit des Verkaufsvertreters' ist eine Manifestation des mehrdimensionalen Konstrukts ‚Emotionale Markenassoziationen'.

H_9: Die ‚Emotionalen Markenassoziationen' sind ein latentes Konstrukt zweiter Ordnung mit den vier Dimensionen ‚Konsistenter Werbestil', ‚Markenimage', ‚Image des Herkunftslands' und ‚Persönlichkeit des Verkaufsvertreters'.

5.2.3. Operationalisierung der abhängigen Konstrukte

Das folgende Teilkapitel beinhaltet die Messmodelle der abhängigen Konstrukte Kundenzufriedenheit (Kapitel 5.2.3.1) und Markenloyalität (Kapitel 5.2.3.2) und geht explizit auf deren Skalenentwicklung ein. Darüber hinaus werden die Ergebnisse der Gütekriterien der ersten und zweiten Generation beschrieben. Daran anschließend soll eine Untersuchung der beiden Konstrukte auf Diskriminanzvalidität hin erfolgen (Kapitel 5.2.4).

5.2.3.1. Operationalisierung der Kundenzufriedenheit

Das Konstrukt der Kundenzufriedenheit beschreibt die Gesamtbeurteilung einer Marke durch industrielle Käufer. Diese Beurteilung erfolgt unter anderem in Abhängigkeit des Bezugsobjekts (zum Beispiel Produkt oder Service), dem Zeitpunkt (vor, während oder nach dem Konsum) sowie der Art der Reaktion (zum Beispiel als Gefühl oder affektiv).[785]

Für die Operationalisierung der Kundenzufriedenheit konnte auf mehrere Arbeiten zurückgegriffen werden, die das Konstrukt bereits in einem anderen Kontext benutzt haben. Zu diesen Arbeiten zählen insbesondere Cronin/Brady/Hult (2000), Ha (2006), Davis-Sramek et al. (2009), Roper/Davies (2010) und He/Li (2011a).[786] Basierend auf diesen Skalen wurde das auf diese Untersuchung passende Messmodell für das Konstrukt Kundenzufriedenheit entwickelt. Dieses bestand letztlich aus sechs Items, von denen im Rahmen des Auswertungsprozesses zwei Items zur Verbesserung der Gütemaße eliminiert wurden.

Insgesamt deuten die Reliabilitäts- und Validitätsprüfungen auf eine äußerst zufriedenstellende Anpassung des Messmodells hin. Das Cronbachs Alpha der vier Items beträgt 0,953 und damit weit über dem geforderten Mindestwert von größer gleich 0,7. Darüber hinaus werden auch die Schwellenwerte für die erklärte Varianz mit 83,878% sowie das KMO-Kriterium mit 0,862 deutlich erreicht. Schließlich wird genau ein Faktor extrahiert. Ein ähnliches Bild zeigen die lokalen Anpassungsmaße. Die Indikatorreliabilitäten (0,886; 0,924; 0,799; 0,742) erfüllen genauso den Grenzwert (größer gleich 0,4) wie die Faktorreliabilität und die DEV. Darüber hinaus weisen alle Faktorladungen sehr hohe Werte (0,941; 0,961; 0,894; 0,861) und damit höchste Signifikanz auf.

Abgerundet werden die sehr guten Ergebnisse des Prüfprozesses für dieses Messmodell durch die globalen Anpassungsmaße. Sowohl der Quotient X^2/df mit einem Wert von 1,550 als auch der GFI (0,999), der AGFI (0,995), der CFI (0,999), der TLI (0,997) sowie der RMSEA (0,046) übertreffen deutlich die jeweiligen Mindestanforderungen. Vor diesem Hintergrund kann das Messmodell des Konstrukts Kundenzu-

---

[785] Vgl. Kapitel 3.4.2.1.

[786] Vgl. Cronin/Brady/Hult (2000), S. 212 f.; Ha (2006), S. 149; Davis-Sramek et al. (2009), S. 447; Roper/Davies (2010), S. 575; He/Li (2011a), S. 681.

friedenheit nicht abgelehnt werden. Tabelle 28 fasst die Ergebnisse der Reliabilitäts- und Validitätsprüfung der ersten und zweiten Generation für das Messmodell des Konstrukts Kundenzufriedenheit zusammen.

Tabelle 28: *Reliabilitäts- und Validitätskriterien der ersten und zweiten Generation des Messmodells des Konstrukts Kundenzufriedenheit*

Kundenzufriedenheit		
Items	**Faktorladung (exploratorisch)**	**Item-to-Total-Korrelation**
8.1) Insgesamt bin ich mit diesem Investitionsgüterhersteller sehr zufrieden.	0,937	0,906
8.2) Insgesamt bin ich sehr zufrieden mit meiner Entscheidung, bei diesem Investitionsgüterhersteller gekauft zu haben.	0,958	0,922
8.3) Ich denke, dass ich richtig gehandelt habe, als ich ein Produkt des Investitionsgüterherstellers erworben habe.	0,899	0,874
8.6) Die Entscheidung, das Investitionsgut bei diesem Investitionsgüterhersteller zu erwerben, war sehr sinnvoll.	0,866	0,846

Deskriptive Beurteilungskennzahl	***Ergebnisse der exploratorischen Faktorenanalyse***			
Cronbachs Alpha (≥ 0,7)	**Extraktionsmethode**	**Extrahierte Faktoren**	**Erklärte Varianz (≥ 50%)**	**KMO-Kriterium (≥ 0,8)**
0,953	Hauptachsen-Faktorenanalyse	1	83,878%	0,862

Lokale Anpassungsmaße		
Items	**Indikatorreliabilität**	**Faktorladung (konfirmatorisch)**
8.1) Insgesamt bin ich mit diesem Investitionsgüterhersteller sehr zufrieden.	0,886	0,941***
8.2) Insgesamt bin ich sehr zufrieden mit meiner Entscheidung, bei diesem Investitionsgüterhersteller gekauft zu haben.	0,924	0,961***
8.3) Ich denke, dass ich richtig gehandelt habe, als ich ein Produkt des Investitionsgüterherstellers erworben habe.	0,799	0,894***
8.6) Die Entscheidung, das Investitionsgut bei diesem Investitionsgüterhersteller zu erwerben, war sehr sinnvoll.	0,742	0,861***

FR: 0,954 DEV: 0,838 — Kunden-zufriedenheit

***: signifikant auf 1%-Niveau
**/*: signifikant auf 5%/10%-Niveau

Globale Anpassungsmaße							
χ^2	df	χ^2/df	GFI	AGFI	CFI	TLI	RMSEA
3,101	2	1,550	0,999	0,995	0,999	0,997	0,046

5.2.3.2. Operationalisierung der Markenloyalität

Das zweite endogene, abhängige Konstrukt der Markenloyalität beschreibt die Tendenz industrieller Käufer, sich einer spezifischen Marke gegenüber treu beziehungsweise loyal zu verhalten und diese im Rahmen von Kaufentscheidungsprozessen anderen Marken gegenüber vorzuziehen.[787] Ebenso wie bei der Kundenzufriedenheit mussten diverse Item-Batterien für die Markenloyalität auf den spezifischen Kontext dieser Untersuchung adaptiert werden. In diesem Zusammenhang wurden insbesondere die Arbeiten von van Riel/Mortanges/Streukens (2005), Davis-Sramek et al. (2009), Baumgarth/Binckebanck (2011), Chen/Su/Lin (2011), Juntunen/Juntunen/Juga (2011) und Alex (2012) herangezogen. [788] Auf der Basis der Teilskalen wurde schließlich eine Messskala entwickelt, die aus insgesamt sechs Items bestand. Zur Verbesserung der Gütemaße wurde im Zuge des Auswertungsprozesses insgesamt zwei Items eliminiert, so dass sich das finale Messmodell aus vier Items zusammensetzte.

Das Cronbachs Alpha dieser vier Items beträgt 0,826, die erklärte Varianz liegt bei 54,854% und die Anzahl der extrahierten Faktoren beträgt eins. Der Wert für das KMO-Kriterium liegt bei 0,792 und unterschreitet damit nur knapp den geforderten Schwellenwert von 0,8. Dies soll jedoch vor dem Hintergrund der anderen, äußerst positiven Gütemaße der exploratorischen Faktorenanalyse, insbesondere den exploratorischen Faktorladungen (0,794; 0,714; 0,762; 0,688), kein Problem darstellen.

Auch die Gütekriterien der zweiten Generation deuten auf eine hohe Reliabilität und Validität des Messmodells hin. Die Faktorreliabilität mit einem Wert von 0,830 und die DEV mit einem Wert von 0,553 liegen deutlich über ihren jeweiligen Schwellenwerten. Ähnlich verhält es sich mit den Indikatorreliabilitäten, die mit Werten zwischen 0,462 und 0,641 die Grenzwerte deutlich übertreffen. Schließlich bestätigen auch die globalen Anpassungsmaße (GFI = 0,995; AGFI = 0,977; CFI = 0,987; TLI = 0,961; RMSEA = 0,096) den positiven Gesamteindruck des Messmodells. Einzig der Quotient X^2/df mit einem Wert von 3,365 liegt knapp über dem Schwellenwert. Dies kann jedoch aufgrund der übrigen Werte der globalen Anpassungsmaße vernachlässigt werden. Vor dem Hintergrund der insgesamt guten Werte für die Reliabilitäts- und Validitätskriterien kann das Messmodell des Konstrukts Markenloyalität nicht verworfen werden. Tabelle 29 stellt die Ergebnisse überblicksartig dar.

---

[787] Vgl. Kapitel 3.4.2.2.

[788] Vgl. van Riel/Mortanges/Streukens (2005), S. 844; Davis-Sramek et al. (2009), S. 447; Baumgarth/Binckebanck (2011), S. 497; Chen/Su/Lin (2011), S. 1237; Juntunen/Juntunen/Juga (2011), S. 305; Alex (2012), S. 33.

Tabelle 29: *Reliabilitäts- und Validitätskriterien der ersten und zweiten Generation des Messmodells des Konstrukts Markenloyalität*

Markenloyalität		
Items	**Faktorladung (exploratorisch)**	**Item-to-Total-Korrelation**
9.1) Ich habe vor, dem Investitionsgüterhersteller so lange wie möglich loyal gegenüber zu sein.	0,794	0,693
9.3) Ich hoffe, die Geschäftsbeziehung mit dem Investitionsgüterhersteller für eine lange Zeit fortführen zu können.	0,714	0,636
9.4) Ich betrachte mich selbst als stets loyal gegenüber dem Investitionsgüterhersteller	0,762	0,674
9.6) Unsere Geschäftsbeziehung zu diesem Investitionsgüterhersteller ist von sehr hoher Treue geprägt.	0,688	0,616

Deskriptive Beurteilungskennzahl	***Ergebnisse der exploratorischen Faktorenanalyse***			
Cronbachs Alpha (≥ 0,7)	**Extraktions-methode**	**Extrahierte Faktoren**	**Erklärte Varianz (≥ 50%)**	**KMO-Kriterium (≥ 0,8)**
0,826	Hauptachsen-Faktorenanalyse	1	54,854%	0,792

Lokale Anpassungsmaße		
Items	**Indikator-reliabilität**	**Faktorladung (konfirmatorisch)**
9.1) Ich habe vor, dem Investitionsgüterhersteller so lange wie möglich loyal gegenüber zu sein.	0,641	0,801***
9.3) Ich hoffe, die Geschäftsbeziehung mit dem Investitionsgüterhersteller für eine lange Zeit fortführen zu können.	0,503	0,709***
9.4) Ich betrachte mich selbst als stets loyal gegenüber dem Investitionsgüterhersteller	0,588	0,767***
9.6) Unsere Geschäftsbeziehung zu diesem Investitionsgüterhersteller ist von sehr hoher Treue geprägt.	0,462	0,680***

FR: 0,830 DEV: 0,553 — Marken-loyalität

***: signifikant auf 1%-Niveau
**/*: signifikant auf 5%/10%-Niveau

Globale Anpassungsmaße							
χ^2	**df**	**χ^2/df**	**GFI**	**AGFI**	**CFI**	**TLI**	**RMSEA**
6,731	2	3,365	0,995	0,977	0,987	0,961	0,096

5.2.4. Untersuchung der abhängigen Konstrukte auf Diskriminanzvalidität

Analog zur Vorgehensweise im Rahmen der Überprüfung mehrdimensionaler Konstrukte sollen die abhängigen Konstrukte im Folgenden mithilfe einer exploratorischen Faktorenanalyse, einer konfirmatorischen Faktorenanalyse erster Ordnung sowie anhand des Fornell/Larcker-Kriteriums auf Diskriminanzvalidität überprüft werden.[789] Tabelle 30 illustriert die Ergebnisse der exploratorischen Faktorenanalyse für die abhängigen Konstrukte Kundenzufriedenheit und Markenloyalität.

Tabelle 30: *Ergebnisse der exploratorischen Faktorenanalyse für die abhängigen Konstrukte*

Item		Exploratorische Faktorladungen	
		Faktor 1	Faktor 2
Kunden-zufriedenheit	8.1	0,422	**0,789**
	8.2	0,563	**0,715**
	8.3	0,302	**0,783**
	8.6	0,379	**0,678**
Marken-loyalität	9.1	**0,934**	0,490
	9.3	**0,958**	0,476
	9.4	**0,900**	0,427
	9.6	**0,870**	0,491
Erklärte Varianz		55,586%	14,862%
KMO-Kriterium (≥ 0,8)	0,884	Kumulierte Varianz der Faktoren	70,448%
Extraktionsmethode: Hauptachsen-Faktorenanalyse Rotationsmethode: Oblimin mit Kaiser-Normalisierung			

Die insgesamt acht Items der beiden Konstrukte Kundenzufriedenheit und Markenloyalität weisen ein KMO-Kriterium von 0,884 auf und übertreffen damit klar den unteren Grenzwert. Dies impliziert eine gute Eignung der Korrelationsmatrix. Zusätzlich laden die acht Items auf ihr jeweiliges zugehöriges Konstrukt mit einem Wert von größer gleich 0,4. Vor diesem Hintergrund soll die postulierte Faktorenstruktur als bestätigt angesehen werden und ein erster Hinweis auf das Vorliegen der gewünschten Diskriminanzvalidität vorliegen.

Ein zweiter Test zur Überprüfung der Diskriminanzvalidität der beiden Konstrukte wurde unter Verwendung einer konfirmatorischen Faktorenanalyse erster Ordnung vorgenommen. Abbildung 44 stellt deren Output grafisch dar.

[789] Vgl. auch Kapitel 5.2.1.4 und Kapitel 5.2.2.5.

Abbildung 44: *Konfirmatorische Faktorenanalyse erster Ordnung der abhängigen Konstrukte*

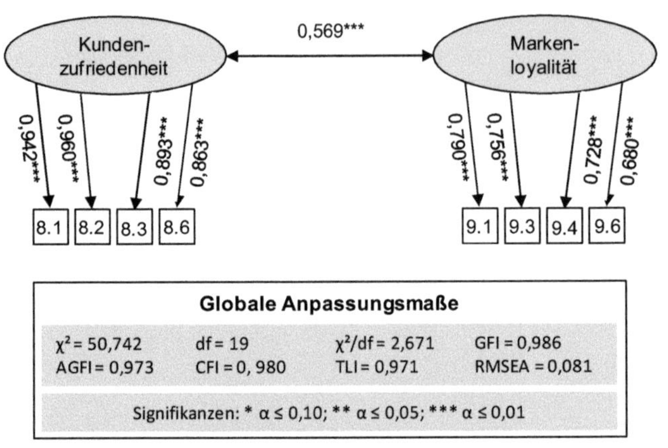

Sowohl die lokalen als auch die globalen Anpassungsmaße im Rahmen der Gütekriterien der zweiten Generation liegen deutlich innerhalb der geforderten Grenzwerte. Aufgrund dieses Ergebnisses kann eine sehr gute Anpassung des Modells im Rahmen der postulierten Faktorenstruktur angenommen werden. Deshalb soll die Modellstruktur mit der Kundenzufriedenheit und der Markenloyalität als zwei distinkte, abhängige Konstrukte nicht verworfen werden.

Als letzter Test zur Bestätigung der Diskriminanzvalidität der beiden Konstrukte soll das Fornell/Larcker-Kriterium Anwendung erfahren.[790] Dessen Ergebnis, dargestellt in Tabelle 31, zeigt, dass die quadrierte Korrelation der Kundenzufriedenheit und der Markenloyalität die DEV nicht übersteigt. Aufgrund der Erfüllung des Fornell/Larcker-Kriteriums kann somit die Diskriminanzvalidität beider Konstrukte als bewiesen angesehen werden.

5.2.5. Zusammenfassung der Messmodelle der unabhängigen und abhängigen Konstrukte

Auf der Basis der vorangegangenen Ausführungen (Kapitel 5.2.1 bis Kapitel 5.2.1.4) kann bestätigt werden, dass alle Messmodelle identifiziert werden und den Anforde-

[790] Vgl. zum Fornell/Larcker-Kriterium auch Kapitel 4.2.3, Kapitel 5.2.1.4 und Kapitel 5.2.2.5.

rungen des Schrifttums bezüglich den Gütekriterien der ersten und zweiten Generation bis auf einige wenige einzelne Gütemaße, die vor dem Hintergrund des Gesamteindrucks zu vernachlässigen sind, genügen. Tabelle 32 fasst die Ergebnisse des Prüfprozesses überblicksartig zusammen.

Tabelle 31: *Ergebnisse des Fornell/Larcker-Kriteriums der abhängigen Konstrukte*

Abhängiges Konstrukt	Kunden-zufriedenheit	Markenloyalität
Kunden-zufriedenheit	**0,838**	
Markenloyalität	0,322	**0,553**
Fornell/Larcker-Kriterium	✓	✓

5.3. Einfluss der Second-Order-Konstrukte auf die abhängigen Konstrukte

Im Anschluss an die Operationalisierung der Rationalen Markenqualität und der Emotionalen Markenassoziationen sowie der endogenen Konstrukte Kundenzufriedenheit und Markenloyalität soll im Folgenden die Beziehung der Konstrukte untereinander im Fokus der Betrachtung stehen. Hierfür werden die Messmodelle innerhalb eines Strukturmodells durch kausale Beziehungen zwischen exogenen, unabhängigen und endogenen, abhängigen Konstrukten modelliert. Abbildung 45 bildet das finale Strukturgleichungsmodell dieser Untersuchung ab und illustriert die dazugehörigen globalen Anpassungsmaße.

Rationalen Markenqualität besitzt die Servicequalität mit 0,864 die größte Faktorladung, gefolgt von der Distributionsqualität (0,793) und der Produktqualität (0,773). Innerhalb der Emotionalen Markenassoziationen lädt das Image des Herkunftslands am höchsten auf das Konstrukt höherer Ordnung. Den zweitgrößten Einfluss besitzt das Markenimage (0,785), gefolgt von der Persönlichkeit des Verkaufsvertreters (0,702) und dem Konsistenten Werbestil (0,5679).

Tabelle 32: *Zusammenfassung der Messmodelle der abhängigen und unabhängigen Konstrukte im Hinblick auf die Gütekriterien der ersten und zweiten Generation*

	Messmodell	Kriterien der ersten Generation	Lokale Anpassungsmaße *(Kriterien der zweiten Generation)*	Globale Anpassungsmaße *(Kriterien der zweiten Generation)*
Dimensionen der Rationalen Markenqualität	Produktqualität	✓ (KMO-Kriterium minimal unterschritten)	✓	✓
	Servicequalität	✓	✓	✓ (X^2/df minimal überschritten)
	Distributions-qualität	✓	✓ Indikatorreliabilitäten minimal unterschritten)	✓
Dimensionen der Emotionalen Markenassoziationen	Konsistenter Werbestil	✓	✓	✓
	Markenimage	✓	✓	✓ (X^2/df minimal überschritten)
	Image des Herkunftslands	✓	✓	✓
	Persönlichkeit des Verkaufs-vertreters	✓	✓	✓
Abhängige Konstrukte	Kunden-zufriedenheit	✓	✓	✓
	Markenloyalität	✓ (KMO-Kriterium minimal unterschritten)	✓	✓ (X^2/df mnimal überschritten)

Abbildung 45: *Strukturgleichungsmodell zum Einfluss der Rationalen Markenqualität und der Emotionalen Markenassoziationen auf die Kundenzufriedenheit und die Markenloyalität*

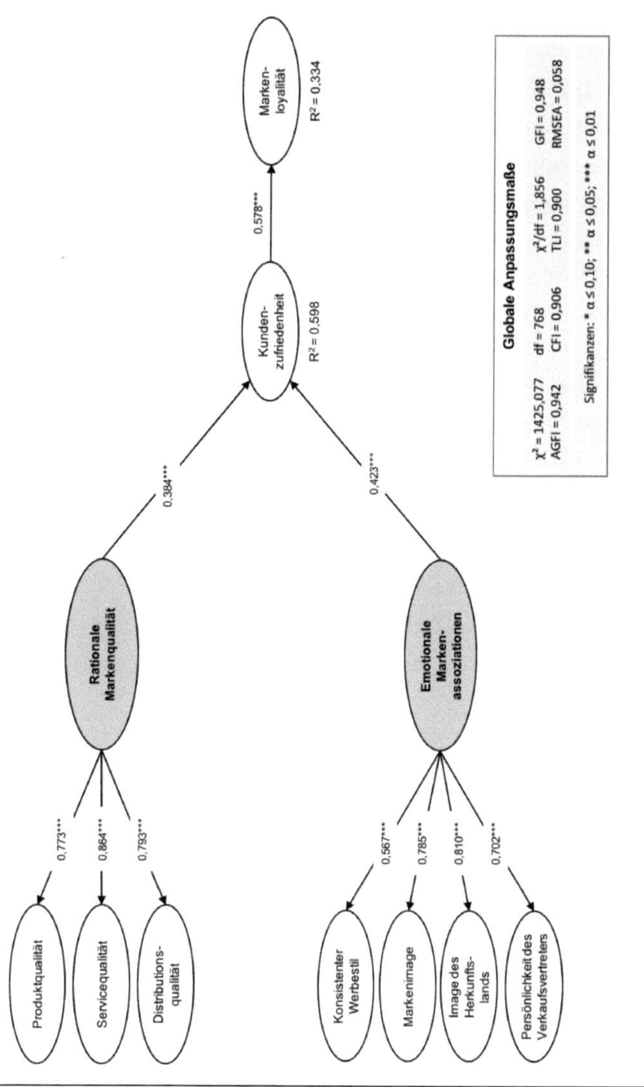

Wie Abbildung 45 zeigt, laden alle sieben Erfolgsfaktoren des B2B-Brandings hochsignifikant positiv auf ihr jeweiliges Konstrukt höherer Ordnung. Innerhalb der

Darüber hinaus besitzen sowohl das dreidimensionale Konstrukt der Rationalen Markenqualität (0,384) als auch das vierdimensionale Konstrukt der Emotionalen Markenassoziationen (0,423) einen positiven signifikanten Einfluss auf die Kundenzufriedenheit. Diese weist wiederum einen positiven signifikanten Einfluss (0,578) auf die Markenloyalität auf. Nachdem innerhalb der Kapitel 5.2.1.4 und 5.2.2.5 bereits die relative Bedeutung der einzelnen Dimensionen für die übergeordnete Konstrukte Rationale Markenqualität beziehungsweise Emotionale Markenassoziationen erörtert wurde, soll im Folgenden das Verhältnis des Einflusses der rationalen und emotionalen Dimensionen auf die Kundenzufriedenheit beleuchtet werden.

Der höhere Einfluss der emotionalen Erfolgsfaktoren im Verhältnis zu den rationalen Erfolgsfaktoren kann auf zwei verschiedene Arten interpretiert werden.[791] Zum einen kann dies implizieren, dass industrielle Kunden zugunsten der emotionalen Komponenten Teile ihrer Rationalität, zu der sie eigentlich fähig wären, aufgeben. Viel wahrscheinlicher aber ist, dass im Einklang mit den Ausführungen zur zunehmenden Kommoditisierung (Kapitel 5.2.1.4) die auf der Basis rationaler Kriterien existierenden Möglichkeiten zur Unterscheidung von Anbietern immer geringer werden und emotionale Aspekte beziehungsweise Erfolgsfaktoren verstärkt in den Mittelpunkt rücken. Diese Sichtweise nimmt auch ein Großteil des relevanten Schrifttums ein, das die herausragende Bedeutung der Emotionalität im Kontext industrieller Kaufentscheidungen vor dem Hintergrund der zunehmenden Leistungsangleichung der Anbieter betont.[792]

Bezüglich der weiteren Beurteilung des Gesamtmodells stellt das ausgewiesene Bestimmtheitsmaß R^2 einen Indikator für den Erklärungsgehalt eines Strukturgleichungsmodells dar.[793] Im vorliegenden Fall werden 59,8% der Varianz der Kundenzufriedenheit durch die beiden Konstrukte höherer Ordnung, Rationale Markenqualität und Emotionale Markenassoziationen erklärt. 33,4% der Varianz der Markenloyalität werden wiederum durch die Kundenzufriedenheit erklärt. Beide Werte liegen weit über dem für das R^2 geltenden Mindestwert von 0,19 beziehungsweise 19%.[794]

---

791 Vgl. auch im Folgenden Čater/Čater (2009), S. 1163.

792 Vgl. zum Beispiel Lynch/Chernatony (2007), S. 124 ff.; Jensen/Klastrup (2008), S. 124 ff.; Leek/Christodoulides (2012), S. 111 f.

793 Vgl. Pistoia (2014), S. 272.

794 Vgl. Kapitel 4.2.4.

Äußerst positiv, insbesondere vor dem Hintergrund der hohen Modellkomplexität mit 1425,077 Freiheitsgraden, sind auch die Ergebnisse der Gütekriterien der zweiten Generation zu beurteilen.[795] Alle Gütemaße (X^2/df = 1,856; GFI = 0,948; AGFI = 0,942; CFI = 0,906; TLI = 0,900; RMSEA = 0,058) erreichen die jeweiligen Schwellenwerte beziehungsweise übertreffen diese. Somit kann konstatiert werden, dass das spezifizierte Strukturgleichungsmodell nicht abgelehnt werden muss. Vor diesem Hintergrund können die Untersuchungshypothesen H_{10}, H_{11} und H_{12} nicht abgelehnt werden.

H_{10}: Je höher die ‚Rationale Markenqualität' ausgeprägt ist, desto höher ist die ‚Kundenzufriedenheit'.

H_{11}: Je höher die ‚Emotionalen Markenassoziationen' ausgeprägt sind, desto höher ist die ‚Kundenzufriedenheit'.

H_{12}: Je höher die ‚Kundenzufriedenheit' ausgeprägt ist, desto höher ist die ‚Markenloyalität'.

5.4. Zusammenfassung der Operationalisierung der Untersuchung

Im Rahmen einer abschließenden Zusammenfassung sollen in nachfolgender Tabelle 33 alle Items des finalen Fragebogens inklusive der im Zuge der Reliabilitäts- und Validitätsprüfung eliminierten Items dargestellt werden. Diejenigen Items, die Bestandteil der finalen Messmodelle sind, wurden grau unterlegt. Darüber hinaus werden die für die jeweiligen Konstrukte verwendeten Quellen angegeben.

[795] Vgl. Klarmann (2008), S. 193 f.

Tabelle 33: Zusammenfassung der Operationalisierung inklusive Quellenangaben

Items		Quellen
Produktqualität		
1.1	Die Produkte des Investitionsgüterherstellers besitzen eine sehr hohe Qualität.	In Anlehnung an van Riel/Mortanges/ Streukens (2005); Baumgarth/ Binckebanck (2011); Chen/Su/Lin (2011); Alex (2012); Chen/Su (2012).
1.2	Die Vorlaufzeit der Produkte des Investitionsgüterherstellers ist jederzeit exzellent.	
1.3	Die Produkte des Investitionsgüterherstellers sind absolut zuverlässig.	
1.4	Die Produkte des Investitionsgüterherstellers sind äußerst innovativ.	
1.5	Die Produkte des Investitionsgüterherstellers weisen eine lange Haltbarkeit auf.	
1.6	Die Produkte des Investitionsgüterherstellers sind so gestaltet, dass sie unsere Anforderungen komplett erfüllen.	
1.7	Die Produkte des Investitionsgüterherstellers sind jederzeit funktionstüchtig.	
Servicequalität		
2.1	Der Service des Investitionsgüterherstellers weist eine sehr hohe Qualität auf.	In Anlehnung an van Riel/Mortanges/ Streukens (2005); Davis-Sramek et al. (2009); Chen/Su/Lin (2011); He/Li (2011); Chen/Su (2012).
2.2	Der Investitionsgüterhersteller versucht immer, für alle auftretenden Probleme eine Lösung zu finden.	
2.3	Der technische Support des Investitionsgüterherstellers berücksichtigt immer unsere individuelle Situation.	
2.4	Der Investitionsgüterhersteller bietet einen exzellenten Gesamtservice.	
2.5	Der technische Support in Bezug auf das Investitionsgut ist jederzeit von sehr hoher Qualität.	
2.6	Der Investitionsgüterhersteller bietet im Vergleich zur Konkurrenz einen überlegenen Service auf allen Kanälen.	
2.7	Der produktbegleitendende Support des Investitionsgüterherstellers ist sehr gut.	
Distributionsqualität		
3.1	Die Distributionsleistung des Investitionsgüterherstellers weist eine sehr hohe Qualität auf.	In Anlehnung an van Riel/Mortanges/ Streukens (2005); Chen/Su (2012).
3.2	Produkte des Investitionsgüterherstellers sind immer dann verfügbar, wenn wir sie benötigen.	
3.3	Produkte des Investitionsgüterherstellers sind immer dort verfügbar, wo wir sie benötigen.	
3.4	Produkte des Investitionsgüterherstellers werden stets zuverlässig geliefert.	
3.5	Der Bestellvorgang für Produkte des Investitionsgüterherstellers ist äußerst komfortabel.	
3.6	Der Investitionsgüterhersteller bietet eine exzellente Distributionsqualität.	

	Konsistenter Werbestil	
4.1	Der Werbestil des Investitionsgüterherstellers weist eine sehr hohe Stabilität auf.	Eigenentwicklung der Skala
4.2	Die Werbekampagnen des Investitionsgüterherstellers weisen inhaltlich seit Jahren nur minimale Änderungen auf.	
4.3	Die Werbung des Investitionsgüterherstellers ist in seinen Inhalten sehr beständig.	
4.4	Die Werbeinhalte des Investitionsgüterherstellers sind über die Jahre hinweg in sich stimmig.	
4.5	Die Werbekampagnen des Investitionsgüterherstellers weisen über die Jahre hinweg im Kern dieselben Aussagen auf.	
4.6	Der Werbestil des Investitionsgüterherstellers hat sich über die letzten Jahre hinweg, wenn überhaupt, nur geringfügig geändert.	
	Markenimage	
5.1	Der Investitionsgüterhersteller hat ein sehr gutes Image.	In Anlehnung an Villarejo-Ramos/Sánchez-Franco (2005); Cretu/Brodie (2007); Davis/Golicic/ Marquardt (2008); Brodie/Whittome/Brush (2009); Juntunen/Juntunen/ Juga (2009).
5.2	Im Gegensatz zu anderen Investitionsgüterherstellern ist unser Investitionsgüterhersteller hochangesehen.	
5.3	Die Marke des Investitionsgüterherstellers hat eine sehr lange Tradition.	
5.4	Der Investitionsgüterhersteller hat das Image, sich sehr stark um die Interessen seiner Geschäftspartner zu kümmern.	
5.5	Es kommen mir sehr schnell einige Charakteristika zu dem Investitionsgüterhersteller in den Sinn.	
5.6	Ich kann mir sehr schnell das Symbol oder das Logo des Investitionsgüterherstellers ins Gedächtnis rufen.	
5.7	Die Marke des Investitionsgüterherstellers hat eine sehr starke Persönlichkeit.	
	Image des Herkunftslands	
6.1	Produkte aus dem Herkunftsland des Investitionsgüterherstellers werden sorgfältig produziert und sind exzellent verarbeitet.	In Anlehnung an Darling/Arnold (1988); Pisharodi/Parameswaran (1992); Martin/Eroglu (1993); Klein/Ettenson/Morris (1998); Pappu/Quester/Cooksey (2007); Chen/Su/Lin (2011).
6.2	Produkte aus dem Herkunftsland des Investitionsgüterherstellers sind allgemein von besserer Qualität als Produkte aus anderen Ländern.	
6.3	Produkte aus dem Herkunftsland des Investitionsgüterherstellers weisen ein sehr hohes Maß an technologischem Fortschritt auf.	
6.4	Produkte aus dem Herkunftsland des Investitionsgüterherstellers weisen meist eine sehr geschickte Verwendung von Farben und Design auf.	
6.5	Produkte aus dem Herkunftsland des Investitionsgüterherstellers sind meist sehr zuverlässig und versprechen die gewünschte Haltbarkeit zu erfüllen.	
6.6	Produkte aus dem Herkunftsland des Investitionsgüterherstellers sind prinzipiell ihr Geld wert.	

	Persönlichkeit des Verkaufsvertreters	
7.1	Die Verkaufsvertreter des Investitionsgüterherstellers weisen ein sehr großes Produktwissen auf.	In Anlehnung an van Riel/Mortanges/ Streukens (2005); Chi (2007); Baumgarth/ Binckebanck (2011); Chen/Su (2012).
7.2	Die Verkaufsvertreter des Investitionsgüterherstellers weisen ein sehr großes Marktwissen auf.	
7.3	Die Verkaufsvertreter des Investitionsgüterherstellers kennen und verstehen ihre Kunden sehr gut.	
7.4	Die Verkaufsvertreter des berücksichtigen die individuellen Bedürfnisse ihrer Kunden.	
7.5	Die Verkaufsvertreter des Investitionsgüterherstellers sind in Geschäftsabläufen sehr gut geschult.	
7.6	Der Investitionsgüterhersteller hat sehr begabte Mitarbeiter als Verkaufsvertreter.	
7.7	Die Verkaufsvertreter des Investitionsgüterherstellers helfen ihren Kunden, wo sie können.	
	Kundenzufriedenheit	
8.1	Insgesamt bin ich mit diesem Investitionsgüterhersteller sehr zufrieden.	In Anlehnung an Cronin/Brady/Hult (2000); Ha (2006); Davis-Sramek et al. (2009); Roper/Davies (2010); He/Li (2011).
8.2	Insgesamt bin ich sehr zufrieden mit meiner Entscheidung, bei diesem Investitionsgüterhersteller zu kaufen.	
8.3	Ich denke, dass ich richtig gehandelt habe, als ich ein Produkt des Investitionsgüterherstellers erworben habe.	
8.4	Mein Unternehmen ist sehr zufrieden, wenn unsere Kunden uns mit dem Investitionsgüterhersteller in Verbindung bringen.	
8.5	Ich bin sehr zufrieden mit dem Investitionsgüterhersteller, da er sich stark von anderen Anbietern abhebt.	
8.6	Die Entscheidung, das Investitionsgut bei diesem Investitionsgüterhersteller zu erwerben, war sehr sinnvoll.	
	Markenloyalität	
9.1	Ich habe vor, dem Investitionsgüterhersteller so lange wie möglich loyal gegenüber zu sein.	In Anlehnung an van Riel/Mortanges/ Streukens (2005); Davis-Sramek et al. (2009); Baumgarth/Binckebanck (2011); Chen/Su/Lin (2011); Juntunen/Juntunen/Juga (2011); Alex (2012).
9.2	Ich beabsichtige, in der Zukunft wieder Geschäfte mit dem Investitionsgüterhersteller zu machen.	
9.3	Ich hoffe, die Geschäftsbeziehung mit dem Investitionsgüterhersteller für eine lange Zeit fortführen zu können.	
9.4	Ich betrachte mich selbst als stets loyal gegenüber dem Investitionsgüterhersteller.	
9.5	Ich werde keine anderen Marken wählen, wenn das Produkt des Investitionsgüterherstellers lieferbar ist.	
9.6	Unsere Geschäftsbeziehung zu diesem Investitionsgüterhersteller ist von sehr hoher Treue geprägt.	

6. Zusammenfassung und Implikationen der Untersuchung

Das finale Kapitel 6 fasst die zentralen Ergebnisse dieser Untersuchung zusammen und leitet daraus Implikationen sowohl für die Forschung als auch für die Praxis ab. So werden in Kapitel 6.1 die in Kapitel 5 beschriebenen Ergebnisse der empirischen Erhebung zusammenfassend aufbereitet und die Konsequenzen für das in Kapitel 3.5 aufgestellte Hypothesensystem abgeleitet, bevor in Kapitel 6.2 Rückschlüsse dieser Untersuchung für weitere Forschungsaktivitäten gezogen werden. Schließlich werden in Kapitel 6.3 Implikationen für die betriebswirtschaftliche Praxis und die öffentliche Verwaltung gegeben. Abbildung 46 ordnet Kapitel 6 in den Gesamtkontext dieser Untersuchung ein.

Abbildung 46: *Einordnung von Kapitel 6 in den Gesamtkontext dieser Untersuchung*

Kapitel 1	Kapitel 2	Kapitel 3	Kapitel 4	Kapitel 5	Kapitel 6
Einleitung	**Grundlagen der Untersuchung**	**Konzeptionalisierung und Modellentwicklung**	**Methodik und Vorgehensweise der empirischen Untersuchung**	**Ergebnisse der empirischen Untersuchung**	**Zusammenfassung und Implikationen der Untersuchung**
Ausgangssituation der Untersuchung	Wissenschaftstheoretische Grundlagen	Theoretischer Bezugsrahmen	Grundlagen der Strukturgleichungsmodellierung	Datenerhebung	Zusammenfassung der zentralen Untersuchungsergebnisse
Eingrenzung und Zielsetzung der Untersuchung	Terminologische Grundlagen	Konzeptionalisierung der Konstrukte	Beurteilung von Messmodellen	Operationalisierung der Konstrukte	Implikationen für die Forschung
		Formulierung der Hypothesen	Beurteilung des Strukturmodells		
Vorgehensweise und Aufbau der Untersuchung	Stand der Forschung	Zusammenfassung des Untersuchungsmodells und der Hypothesen	Zusammenfassung der Vorgehensweise	Wirkungsbeziehungen	Implikationen für die Praxis
Theoretische Ebene			Empirische Ebene		

6.1. Zusammenfassung der zentralen Untersuchungsergebnisse

Der Ausgangspunkt dieser Arbeit lag in der Erkenntnis, dass vor dem Hintergrund der zunehmenden Globalisierung und der damit einhergehenden Kommoditisierung von Produkten und Dienstleistungen das Branding eine zunehmend prominentere Rolle innerhalb des Managements von Unternehmen einnimmt, um langfristig Wettbewerbsvorteile erzielen zu können.[796] Während lange Zeit beinahe ausschließlich das Markenmanagement im Konsumgüterbereich Gegenstand von Forschungsanstrengungen war, wird die Thematik seit einigen Jahren vermehrt auch im B2B-Schrifttum behandelt.[797]

Allerdings ergab eine umfangreiche systematische Analyse des relevanten Schrifttums Forschungsbedarf im Bereich der Integration sowohl rationaler Entscheidungsaspekte seitens der industriellen Kunden als auch emotionalen Faktoren im Rahmen industrieller Kaufentscheidungsprozesse innerhalb eines komplexen Untersuchungsmodells. Hier setzt diese Untersuchung an und versucht, ein umfassendes allgemeines Verständnis von Faktoren, die in diesem Kontext Relevanz besitzen, zu generieren.

Als adäquate Grundlage zur Konzeptionalisierung der Erfolgsfaktoren und zur Ableitung der abhängigen Konstrukte wurde der nachfragerorientierte Ansatz des grundlegenden Brand Equity Frameworks (Consumer-Based Brand Equity) identifiziert.[798] Die Festlegung auf eine monotheoretische Konzeptionalisierung unter Verwendung des Consumer-Based Brand Equity Frameworks bildet den Hauptbestandteil des heuristischen Bezugsrahmens, der darüber hinaus um die Erkenntnisse der strukturierten Analyse des Schrifttums sowie den Output diverser exploratorischer Expertengespräche ergänzt wurde.[799]

Auf der Grundlage des heuristischen Bezugsrahmens wurden zum einen die verschiedenen Dimensionen der Rationalen Markenqualität und zum anderen die Dimensionen der Emotionalen Markenassoziationen theoretisch konzeptionalisiert und

796 Vgl. Kapitel 1.1.

797 Vgl. Kapitel 2.3.

798 Vgl. Kapitel 3.1.4.

799 Vgl. Kapitel 3.3.2.

operationalisiert.[800] Anschließend wurde deren Wirkung auf abhängige Konstrukte postuliert.[801]

Die Konzeptionalisierung der Rationalen Markenqualität erfolgte als latentes Konstrukt zweiter Ordnung, das sich aus den Dimensionen Produktqualität, Servicequalität und Distributionsqualität zusammensetzt.[802] Bei den Emotionalen Markenassoziationen handelt es sich ebenfalls um ein latentes Konstrukt zweiter Ordnung. Es vereint die Dimensionen Konsistenter Werbestil, Markenimage, Image des Herkunftslands und Persönlichkeit des Verkaufsvertreters.[803] Im Kontext der Konzeptionalisierung der abhängigen Konstrukte impliziert das Consumer-Based Brand Equity Framework eine positive kausale Beziehung der beiden Konstrukte höherer Ordnung und der Kundenzufriedenheit.[804] Diese wirkt sich wiederum positiv auf die Markenloyalität der Nachfrager aus.[805]

Zur empirischen Überprüfung der aufgestellten Untersuchungshypothesen kam das Verfahren der kovarianzbasierten Strukturgleichungsmodellierung zum Einsatz.[806] Zur Gestaltung des Fragebogens wurden durch eine Schrifttumsanalyse bereits etablierte Skalen zu den Dimensionen der dreidimensionalen Rationalen Markenqualität und der vierdimensionalen Emotionalen Markenassoziationen sowie den beiden abhängigen Erfolgskonstrukten identifiziert und auf den spezifischen Kontext adaptiert. Eine der sieben Dimensionen, die Dimension Konsistenter Werbestil, bedurfte gänzlich einer Neuentwicklung des Messinstruments.[807]

Bevor der finale Fragebogen für die Haupterhebung feststand, musste dieser iterativ mehrere, fest in der Wissenschaft etablierte Tests durchlaufen. So wurden neben teilstrukturierten Interviews mit Experten ein Think-Aloud-Test sowie ein Item-Sorting-Test praktiziert, um die Verständlichkeit der Skalen zu erhöhen. Schließlich wurde

[800] Vgl. Kapitel 3.4.1.1. und Kapitel 3.4.1.2.
[801] Vgl. Kapitel 3.4.2.
[802] Vgl. Kapitel 3.4.1.1.
[803] Vgl. Kapitel 3.4.1.2.
[804] Vgl. Kapitel 3.4.2.1.
[805] Vgl. Kapitel 3.4.2.2.
[806] Vgl. Kapitel 4.
[807] Vgl. Kapitel 5.2.1, Kapitel 5.2.2 und Kapitel 5.2.3.

vor der Haupterhebung ein finaler Pretest durchgeführt, um eine möglichst hohe Reliabilität und Validität der Items beziehungsweise Messskalen vorherzusagen.[808]

Zur empirischen Überprüfung des Einflusses der Dimensionen der Rationalen Markenqualität und der Emotionalen Markenassoziationen auf die Kundenzufriedenheit und die Markenloyalität wurden Einkäufer von Maschinen- und Anlagebauunternehmen gebeten, online an der fragebogenbasierten Erhebung teilzunehmen. Insgesamt konnten 258 verwertbare Rückläufer generiert werden, die Bestandteil des umfangreichen Auswertungsprozesses waren.

Zum Ausschluss des sogenannten Common Method Bias und des Key Informant Bias wurden verschiedene Tests durchgeführt.[809] Insbesondere die guten Ergebnisse der Triangulation implizieren eine hohe Güte der erhobenen Daten. Das zur Anwendung gelangende umfassende Prüfschema sowohl auf Messmodellebene als auch auf der Ebene der Konstrukte höherer Ordnung konnte die Konzeptionalisierung der einzelnen Dimensionen der dreidimensionalen Rationalen Markenqualität und der vierdimensionalen Emotionalen Markenassoziationen sowie deren Einfluss auf die Kundenzufriedenheit und die Markenloyalität bestätigen.

So konnte die reliable und valide Messung der Dimensionen Produktqualität, Servicequalität und Distributionsqualität (Rationale Markenqualität) und der Dimensionen Konsistenter Werbestil, Markenimage, Image des Herkunftslands und Persönlichkeit des Verkaufsvertreters (Emotionale Markenassoziationen) bestätigt werden.[810] Gleiches gilt für die beiden abhängigen Konstrukte.[811]

Schließlich wurden in einem finalen Schritt der Prüfprozedur unter Einsatz eines Strukturmodells hochsignifikante positive Pfadkoeffizienten für die kausalen Beziehungen zwischen den beiden Konstrukten höherer Ordnung und der Kundenzufriedenheit sowie der Kundenzufriedenheit und der Markenloyalität nachgewiesen.[812] Die hohe Güte des Strukturgleichungsmodells wird darüber hinaus durch die Exis-

---

808 Vgl. Kapitel 5.1.2 beziehungsweise Abbildung 31.
809 Vgl. Kapitel 5.1.4.2.
810 Vgl. Kapitel 5.2.1 und Kapitel 5.2.2.
811 Vgl. Kapitel 5.2.3.
812 Vgl. Kapitel 5.3.

tenz hervorragender globaler Anpassungsmaße verdeutlicht.[813] Tabelle 34 illustriert die Ergebnisse der empirischen Überprüfung des Hypothesensystems.

Tabelle 34: *Ergebnisse der empirischen Überprüfung des Hypothesensystems*

Nr.	Hypothese	Ergebnis
H_1	Das latente Konstrukt ‚Produktqualität' ist eine Manifestation des mehrdimensionalen Konstrukts ‚Rationale Markenqualität'.	akzeptiert
H_2	Das latente Konstrukt ‚Servicequalität' ist eine Manifestation des mehrdimensionalen Konstrukts ‚Rationale Markenqualität'.	akzeptiert
H_3	Das latente Konstrukt ‚Distributionsqualität' ist eine Manifestation des mehrdimensionalen Konstrukts ‚Rationale Markenqualität'.	akzeptiert
H_4	Die ‚Rationale Markenqualität' kann als ein latentes Konstrukt zweiter Ordnung mit den drei Dimensionen ‚Produktqualität', ‚Servicequalität' und ‚Distributionsqualität' konzeptionalisiert werden.	akzeptiert
H_5	Das latente Konstrukt ‚Konsistenter Werbestil' ist eine Manifestation des mehrdimensionalen Konstrukts ‚Emotionale Markenassoziationen'.	akzeptiert
H_6	Das latente Konstrukt ‚Markenimage' ist eine Manifestation des mehrdimensionalen Konstrukts ‚Emotionale Markenassoziationen'.	akzeptiert
H_7	Das latente Konstrukt ‚Image des Herkunftslands' ist eine Manifestation des mehrdimensionalen Konstrukts ‚Emotionale Markenassoziationen'.	akzeptiert
H_8	Das latente Konstrukt ‚Persönlichkeit des Verkaufsvertreters' ist eine Manifestation des mehrdimensionalen Konstrukts ‚Emotionale Markenassoziationen'.	akzeptiert
H_9	Die ‚Emotionalen Markenassoziationen' können als ein latentes Konstrukt zweiter Ordnung mit den vier Dimensionen ‚Konsistenter Werbestil', ‚Markenimage', ‚Image des Herkunftslands' und ‚Persönlichkeit des Verkaufsvertreters' konzeptionalisiert werden.	akzeptiert
H_{10}	Je höher die ‚Rationale Markenqualität' ausgeprägt ist, desto höher ist die ‚Kundenzufriedenheit'.	akzeptiert
H_{11}	Je höher die ‚Emotionalen Markenassoziationen' ausgeprägt sind, desto höher ist die ‚Kundenzufriedenheit'.	akzeptiert
H_{12}	Je höher die ‚Kundenzufriedenheit' ausgeprägt ist, desto höher ist die ‚Markenloyalität'.	akzeptiert

[813] Vgl. Abbildung 45.

6.2. Implikationen für die Forschung

Diese Arbeit widmet sich ausführlich dem Einfluss rationaler und emotionaler Erfolgsfaktoren auf die Kundenzufriedenheit und die Markenloyalität, wobei die beiden abhängigen Konstrukte für den Branding-Erfolg eines Unternehmens in einem industriellen Umfeld stehen. Die Konzeptionalisierung der rationalen Erfolgsfaktoren als Dimensionen der Rationalen Markenqualität und der emotionalen Erfolgsfaktoren als Dimensionen der Emotionalen Markenassoziationen erlaubte es, ein Untersuchungsmodell aufzuspannen, das in seiner Komplexität und Vielschichtigkeit bisher noch nicht Bestandteil des relevanten B2B-Branding-Schrifttums gewesen ist. Die vorgenommene theoretische Konzeptionalisierung, das postulierte Hypothesensystem sowie die anschließende Operationalisierung wurden durch eine sehr hohe Reliabilität und Validität der Ergebnisse der empirischen Erhebung bestätigt.[814]

Die Ergebnisse der Untersuchung liefern der Branding-Forschung, insbesondere im B2B-Bereich, einige wertvolle Implikationen. Bisher fokussierte das Schrifttum, bis auf wenige Ausnahmen, auf die Untersuchung einzelner weniger Erfolgsfaktoren, die zudem noch eher schwammig und ohne die im Rahmen dieser Arbeit vorgenommene Unterscheidung der einzelnen Dimensionen des Consumer-Based Brand Equity Frameworks konzeptionalisiert wurden. So besteht das empirisch-quantitative Schrifttum primär aus Arbeiten von Autoren wie zum Beispiel van Riel/Mortanges/Streukens (2005), Cretu/Brodie (2007) und Jensen/Klastrup (2008), die allesamt sowohl rationale als auch emotionale Erfolgsfaktoren des B2B-Brandings in ihr jeweiliges Untersuchungsmodell integrieren.[815]

Allerdings wird bis auf Ausnahme des Beitrags von Jensen/Klastrup (2008) keine explizite Unterscheidung zwischen den rationalen und emotionalen Erfolgsfaktoren vorgenommen. Vielmehr werden diese unreflektiert auf einer Ebene konzeptionalisiert, wobei oftmals darüber hinaus gar auf eine theoretische Fundierung auf der Basis der Dimensionen des Consumer-Based Brand Equity Frameworks, insbesondere der Perceived Quality- und der Brand Associations-Dimension, verzichtet wird. Weitere Belege hierfür finden sich beispielsweise auch bei Roberts/Merrilees (2007),

814 Vgl. Kapitel 5 beziehungsweise Kapitel 6.1.

815 Vgl. auch im Folgenden van Riel/Mortanges/Streukens (2005), S. 841 ff.; Cretu/Brodie (2007), S. 230 ff.; Jensen/Klastrup (2008), S. 122 ff. Vgl. auch Kapitel 2.3.1.

Taylor/Hunter/Lindberg (2007), Davis-Sramek et al. (2009), Glynn (2010), Chen/Su/Lin (2011) und Chen/Su (2012).[816]

Vor dem Hintergrund dieser Ausführungen liefert die Zuordnung der rationalen Erfolgsfaktoren zur Dimension Perceived Quality und der emotionalen Erfolgsfaktoren zur Dimension Brand Associations einen bedeutenden Beitrag zum weiterführenden Verständnis des Consumer-Based Brand Equity Frameworks.[817]

Die Untersuchung hat darüber hinaus gezeigt, dass beide Konstrukte höherer Ordnung, Rationale Markenqualität und Emotionale Markenassoziationen, einen signifikanten Einfluss auf den Branding-Erfolg eines Unternehmens in einem industriellen Umfeld aufweisen, wobei der Einfluss der emotionalen Erfolgsfaktoren relativ betrachtet einen etwas höheren Beitrag leistet. Vor dem Hintergrund der aufgrund der fortschreitenden Globalisierung auftretenden Kommoditisierung von Produkten und Dienstleistungen ergeben sich für Unternehmen immer weniger Möglichkeiten, sich auf der Basis des Leistungsangebots dauerhaft Wettbewerbsvorteile zu verschaffen.[818] Deshalb spielen die emotionalen Unterscheidungsmöglichkeiten zunehmend eine wichtigere Rolle im Rahmen industrieller Kaufentscheidungsprozesse, da sie für die Unternehmen Differenzierungspotenzial gegenüber der Konkurrenz implizieren. So führen Brandt/Johnson (1997) aus:

> *„The greatest opportunities for enduring brand success happen when you are able to orchestrate the range of experiences around your brand in a way that puts your brand in a more personal and emotional space. This happens only when the promise of a brand rises above the merely functional and tangible attributes or characteristics and incorporates some relevant feeling and emotion. Competitors can match functions and features but they just can't easily match the promise and delivery of a personal, emotional and special experience."*[819]

[816] Vgl. Roberts/Merrilees (2007), S. 410 ff.; Taylor/Hunter/Lindberg (2007), S. 241 ff.; Davis-Sramek et al. (2009), S. 440 ff.; Glynn (2010), S. 1226 ff.; Chen/Su/Lin (2011), S. 1234 ff.; Chen/Su (2012), S. 57 ff.

[817] Vgl. Kapitel 2.3 sowie Kapitel 3.1.4.3 und Kapitel 3.1.4.4.

[818] Vgl. van Riel/Mortanges/Streukens (2005), S. 841.

[819] Brandt/Johnson (1997), zitiert nach Lynch/Chernatony (2004), S. 409.

Obwohl die Konzeptionalisierung des finalen Untersuchungsmodells theoretisch fundiert und die Auswertung der Empirie unter Verwendung äußerst anspruchsvoller statistischer Methoden erfolgte, bleiben einige Restriktionen anzumerken, denen diese Arbeit unterworfen ist. Diese implizieren allerdings Anknüpfungspunkte für weitere Forschungsbemühungen.

So könnte gegebenenfalls das im Rahmen der Konzeptionalisierung zum Einsatz gekommene Consumer-Based Brand Equity Framework, das den Hauptbestandteil des heuristischen Bezugsrahmens darstellte, mit anderen Theorien im Rahmen eines multitheoretischen Bezugsrahmens kombiniert werden. Dies würde, eine Vereinbarkeit der Theorien vorausgesetzt, gegebenenfalls das Verständnis der rationalen und emotionalen Erfolgsfaktoren des B2B-Branding erweitern.

Eine weitere Restriktion liegt in der Wahl des Untersuchungsgegenstands begründet.[820] So bezog sich das Untersuchungsmodell beziehungsweise der daraus resultierende Fragebogen auf das Markenmanagement deutscher Investitionsgüterhersteller. Ein möglicher Anknüpfungspunkt in diesem Kontext wäre die Adaption des Untersuchungsmodells auf den Service- beziehungsweise Dienstleistungsbereich in einem industriellen Umfeld. Da es sich bei dieser Arbeit darüber hinaus um eine einmalige, innerhalb eines kurzen Zeitrahmens durchgeführte Erhebung handelt, wäre eine Längsschnittstudie, die auf dieser Untersuchung basiert, dazu geeignet, allgemeingültigere Aussagen und Erkenntnisse zu generieren.

Vor dem Hintergrund der Elimination einer mittleren Anzahl an Items im Rahmen der Prüfprozedur und trotz des Nachweises einer sehr hohen Validität und Reliabilität der Ergebnisse wäre eine Replikationsstudie dazu geeignet, potenziell aufgetretene Zufallsergebnisse auszuschließen und die Validität und die Reliabilität zu verifizieren.[821] Eine Replikation der Studie könnte auch in anderen Ländern durchgeführt werden, um kulturelle und technische Unterschiede zu Deutschland zu erfassen und eine weitere Verallgemeinerung der Untersuchungsergebnisse vornehmen zu können.[822]

---

820 Vgl. Kapitel 1.2.1.

821 Vgl. Kapitel 5.

822 Vgl. Pistoia (2014), S. 285.

Schließlich könnte das gewählte Untersuchungsmodell dieser Arbeit ergänzt beziehungsweise erweitert werden. Aufgrund der hohen Komplexität der beiden mehrdimensionalen Konstrukte Rationale Markenqualität und Emotionale Markenassoziationen und des daraus resultierenden Fragebogens wurde darauf verzichtet, Determinanten der Dimensionen der beiden Konstrukte höherer Ordnung in das Modell zu integrieren.

Weitere potenzielle Erweiterungsmöglichkeiten des Untersuchungsmodells könnten zusätzliche rationale und emotionale Erfolgsfaktoren darstellen, die als Dimensionen der Konstrukte höherer Ordnung Rationale Markenqualität und Emotionale Markenassoziationen in das Modell integriert werden könnten. Auch die Integration von situativen Faktoren (sogenannten Moderatoren) wäre denkbar. Schließlich könnte das Modell eventuell um weitere abhängige Erfolgskonstrukte, die bereits Bestandteil des relevanten B2B-Branding-Schrifttums sind, ergänzt werden. In diesem Kontext wären beispielsweise Konstrukte wie die Kaufintention oder das Kundenvertrauen beziehungsweise das Markenvertrauen der Kunden denkbar. Abbildung 47 stellt die potenziellen Ansatzpunkte für die Erweiterung des Untersuchungsmodells grafisch dar.

Abbildung 47: Ansatzpunkte zur Erweiterung des Untersuchungsmodells

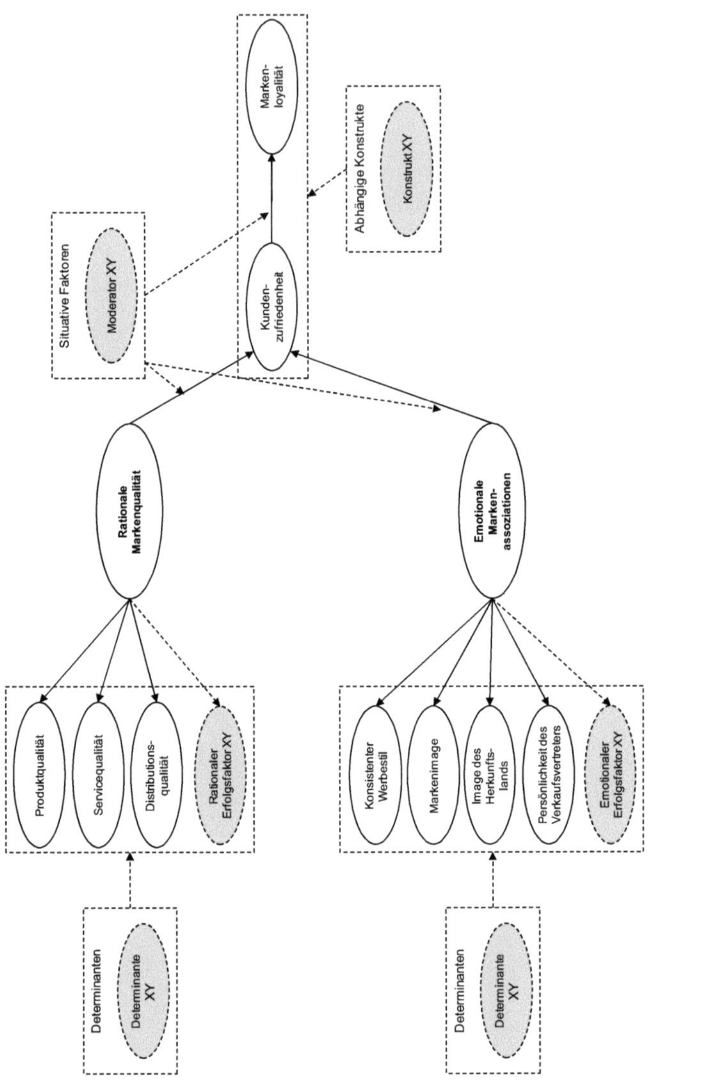

6.3. Implikationen für die Praxis

Diese Untersuchung befasst sich mit dem Einfluss rationaler und emotionaler Erfolgsfaktoren auf den Branding-Erfolg in einem industriellen Umfeld. Es wird somit eine Thematik adressiert, die in den vergangenen Jahren zunehmend an Bedeutung gewonnen hat, innerhalb des relevanten Schrifttums bisher jedoch nicht hinreichend adressiert wurde. An dieser Stelle setzt die Arbeit an und leistet somit einen wichtigen Beitrag für das Verständnis des Einflusses rationaler und emotionaler Faktoren auf den B2B-Branding-Erfolg.

Das zum Einsatz gekommene Forschungsdesign (konfirmatorisch-deskriptiv und konfirmatorisch-explikativ) zielt generell nicht auf die Ableitung von Empfehlungen für die Unternehmenspraxis ab, allerdings können im Rahmen einer adäquaten Interpretation der Ergebnisse der Empirie trotzdem gewisse Erkenntnisse gewonnen werden, die praktische Relevanz besitzen.

Obwohl in den letzten Jahren zunehmend der Einfluss emotionaler Erfolgsfaktoren im B2B-Branding thematisiert wurde, wird dieser Aspekt des Markenmanagements in der Praxis oftmals vernachlässigt. Aufgrund der mit der Globalisierung einhergehenden Angleichung vieler industrieller Unternehmen bezüglich ihres Leistungsangebots (Kommoditisierung) rücken emotionale Erfolgsfaktoren verstärkt als potenzielle Möglichkeit der Abgrenzung gegenüber relevanten Konkurrenten in den Fokus der Unternehmen. Diese sehen sich somit der zentralen Fragestellung ausgesetzt, aus welchen Komponenten sich die Zufriedenheit ihrer Kunden speist und damit einhergehend Loyalität beziehungsweise Kundentreue generiert werden könnte.

Diese wichtige Erkenntnis für das Markenmanagement industrieller Unternehmen ist das zentrale Ziel dieser Arbeit. Mittels eines umfangreichen Untersuchungsmodells konnte empirisch nachgewiesen werden, dass die Kundenzufriedenheit und die Markenloyalität von zwei Konstrukten höherer Ordnung determiniert werden. Sowohl die Rationale Markenqualität als auch die Emotionalen Markenassoziationen besitzen einen hohen signifikanten Einfluss auf die Kundenzufriedenheit, die wiederum in einer positiven kausalen Beziehung zur Markenloyalität steht.

Es kann konstatiert werden, dass die Emotionalen Markenassoziationen eine etwas höhere relative Bedeutung im Vergleich zu der Rationalen Markenqualität aufweisen. Dies kann unter anderem damit begründet werden, dass durch die Globalisierung sowie der immer weiter fortschreitenden Verbreitung des Internets Unternehmen heute in einem weltweiten Konkurrenzkampf stehen und sich im Zuge dessen die angebotenen Produkte sowie die dazugehörigen Service- und Distributionsleistungen innerhalb kurzer Zeit angleichen. Dies impliziert eine gewisse Austauschbarkeit der Unternehmen in der Wahrnehmung der industriellen Käufer. Deshalb suchen industrielle Kunden nach anderen Ankern beziehungsweise Differenzierungsmöglichkeiten von Marken und Unternehmen im Rahmen von Kaufentscheidungen. Diese finden sich häufig in den sogenannten weichen Faktoren, die also nicht im originären Leistungskern der Unternehmen begründet liegen.

Beide Konstrukte höherer Ordnung, Rationale Markenqualität und Emotionale Markenassoziationen, setzten sich aus diversen Dimensionen zusammen. So konnten für die Rationale Markenqualität die Dimensionen Produktqualität, Servicequalität und Distributionsqualität empirisch nachgewiesen werden. Innerhalb der Emotionalen Markenassoziationen sind die vier Dimensionen Konsistenter Werbestil, Markenimage, Image des Herkunftslands und Persönlichkeit des Verkaufsvertreters von Bedeutung.

Während das Image des Herkunftslands nur schwer von einem einzelnen Unternehmen beeinflusst werden kann, handelt es sich bei den anderen drei unabhängigen Faktoren der Emotionalen Markenassoziationen sowie bei allen drei unabhängigen Faktoren der Rationalen Markenqualität um Aspekte, die einer kurz- beziehungsweise mittelfristigen Beeinflussbarkeit seitens der industriellen Unternehmen unterliegen. Somit implizieren die Untersuchungsergebnisse konkrete Hinweise, wie die Kundenzufriedenheit und die Markenloyalität in einem industriellen Umfeld (positiv) zu beeinflussen sind.

Nicht nur für die Industrie, sondern auch für die öffentliche Verwaltung lassen sich auf der Basis der Ergebnisse dieser Untersuchung diverse Implikationen ableiten. Innerhalb der öffentlichen Verwaltung handelt es sich bei den Bürgern beziehungsweise Kunden häufig um Zwangsabnehmer der angebotenen Leistungen.[823] Somit entziehen sich Preise und Qualität der Leistungen einer direkten Beeinflussbarkeit seitens der Nachfrager, da diese nicht die Möglichkeit besitzen, andere Anbieter in Anspruch zu nehmen respektive die Leistungen zu substituieren. Nichtsdestotrotz handelt es sich bei der Kundenzufriedenheit beziehungsweise der Zufriedenheit der Bürger mit den Leistungen der öffentlichen Verwaltung um einen relevanten Grad-

823 Vgl. auch im Folgenden Tauberger (2008), S. 200.

messer, um interne Korrektur- und Verbesserungsmaßnahmen vornehmen zu können.

Somit können auch im Kontext der öffentlichen Verwaltung die im Rahmen dieser Untersuchung identifizierten Erfolgsfaktoren (teilweise) Relevanz besitzen. Zwar weist das angebotene Leistungsspektrum keine klassischen Produkte beziehungsweise Investitionsgüter wie Maschinen auf, doch unterliegen auch Leistungen der Träger der öffentlichen Verwaltung wie beispielsweise dem TÜV oder der DEKRA einer rationalen Beurteilung der jeweiligen Qualität. Potenzielle Leistungen, die in diesem Zusammenhang einer rationalen Beurteilung unterliegen können, sind beispielsweise die Hauptuntersuchung von Kraftfahrzeugen oder die Prüfung beziehungsweise Zertifizierung der Sicherheit technischer Anlagen.

Neben der rational bewertbaren Qualität der Leistungen der öffentlichen Verwaltung beziehungsweise deren Trägern können auch emotional zu beurteilende Aspekte eine Relevanz besitzen. So sehen sich Körperschaften des öffentlichen Rechts wie zum Beispiel Universitäten oder auch beliehene Unternehmen des privaten Rechts wie der TÜV unter anderem auf dem Arbeitsmarkt der Konkurrenz mit privatwirtschaftlichen Unternehmen ausgesetzt.

Emotional beurteilbare Faktoren wie das Image oder die Persönlichkeit seiner Repräsentanten können dazu beitragen, potenziellen Mitarbeitern eines öffentlich-rechtlichen Unternehmens ein positives Bild im Rahmen der Employer Branding-Aktivitäten zu vermitteln. Somit unterliegt die öffentliche Verwaltung zumindest bis zu einem bestimmten Grad einer vergleichbaren Beurteilung in Bezug auf rationale und emotionale Aspekte wie Unternehmen in einem industriellen Umfeld. Behrens/Zempel/Gourmelon (2012) merken diesbezüglich an:

> *„Um auf Augenhöhe mit dem Wettbewerb […] agieren zu können, ist es sinnvoll, […] die öffentliche Verwaltung, unter den bewertenden Gesichtspunkten einer Marke zu betrachten."*[824]

Die Untersuchung hat, neben der relativen Bedeutung der einzelnen Dimensionen der Rationalen Markenqualität und der Emotionalen Markenassoziationen, ergeben,

---

[824] Behrens/Zempel/Gourmelon (2012), S. 68.

dass es sich bei dem Management von Marken in einem industriellen Umfeld um eine vielschichtige Aufgabe handelt, die eine ganzheitliche Betrachtung beziehungsweise Vorgehensweise erfordert. Dies gilt auch für die öffentliche Verwaltung.

Literaturverzeichnis

Aaker, D.A. (1991), Managing Brand Equity - Capitalizing On The Value Of A Brand, New York 1991.

Aaker, D.A. (1992), The Value of Brand Equity, in: Journal of Business Strategy, 13. Jg., Nr. 4, 1992, S. 27–32.

Aaker, D.A. (2012), Win the Brand Relevance Battle and then Build Competitor Barriers, in: California Management Review, 54. Jg., Nr. 2, 2012, S. 43–57.

Aaker, D.A./Jacobsen, R. (1994), The Financial Information Content of Perceived Quality, in: Journal of Marketing Research, 31. Jg., Nr. 2, 1994, S. 191–201.

Adjouri, N. (2014), Alles was Sie über Marken wissen müssen. Leitfaden für das erfolgreiche Management von Marken, 2. Auflage, Wiesbaden 2014.

Ailawadi, K.L./Lehmann, D.R./Neslin, S.A. (2003), Revenue Premium as an Outcome Measure of Brand Equity, in: Journal of Marketing, 67. Jg., Nr. 4, 2003, S. 1–17.

Albers-Miller, N.D./Stafford, M.R. (1999), An international analysis of emotional and rational appelas in services vs goods advertising, in: Journal of Consumer Marketing, 16. Jg., Nr. 1, 1999, S. 42–57.

Alex, N.J. (2012), An Enquiry into Selected Marketing Mix Elements and Their Impact on Brand Equity, in: The IUP Journal of Brand Management, 9. Jg., Nr. 2, 2012, S. 29–43.

Alvarez, P./Galera, C. (2001), Industrial marketing applications of quantum measurement techniques, in: Industrial Marketing Management, 30. Jg., Nr. 1, 2001, S. 13–22.

American Marketing Association (2015), Dictionary, https://www.ama.org/resources/pages/dictionary.aspx?dLetter=B, Abruf: 29.06.2015.

Andersen, P.H. (2005), Relationship marketing and brand involvement of professionals through web-enhanced brand communities: the case of Coloplast, in: Industrial Marketing Management, 34. Jg., Nr. 1, 2005, S. 285–297.

Anderson, E.W./Fornell, C./Lehmann, D.R. (1994), Customer Satisfaction, Market Share, and Profitability: Findings from Sweden, in: Journal of Marketing, 58. Jg., Nr. 3, 1994, S. 53–66.

Anderson, E.W./Sullivan, M.W. (1993), The antecedents and consequences of customer satisfaction for firms, in: Marketing Science, 12. Jg., Nr. 2, 1993, S. 125–143.

Anderson, J.C./Gerbing, D.W. (1982), Some Methods for Respecifying Measurement Models to Obtain Unidimensional Construct Measurement, in: Journal of Marketing Research, 19. Jg., Nr. 4, 1982, S. 453–460.

Anderson, J.C./Gerbing, D.W. (1984), The effect of sampling error on convergence, improper solutions, and goodness-of-fit indices for maximum likelihood confirmatory factor analysis, in: Psychometrika, 49. Jg., Nr. 2, 1984, S. 155–173.

Anderson, J.C./Gerbing, D.W. (1988), Structural Equation Modeling in Practice: A Review and Recommended Two-Step Approach, in: Psychological Bulletin, 103. Jg., Nr. 3, 1988, S. 411–423.

Anderson, J.C./Gerbing, D.W. (1991), Predicting the Performance of Measures in a Confirmatory Factor Analysis With a Pretest Assessment of Their Substantive Validities, in: Journal of Applied Psychology, 76. Jg., Nr. 5, 1991, S. 732–740.

Anderson, J.C./Narus, J.A. (1990), A Model of Distributor Firm and Manufacturer Firm Working Partnerships, in: Journal of Marketing, 54. Jg., Nr. 1, 1990, S. 42–58.

Andreassen, T.W./Lindestad, B. (1998), Customer loyalty and complex services: The impact of corporate image on quality, customer satisfaction and loyalty for customers with varying degrees of service expertise, in: International Journal of Service Industry Management, 9. Jg., Nr. 1, 1998, S. 7–23.

Antón, C./Camarero, C./Carrero, M. (2007), The mediating effect of satisfaction on consumers' switching intention, in: Psychology & Marketing, 24. Jg., Nr. 6, 2007, S. 511–538.

Bachman, L.F. (2004), Statistical Analyses for Language Assessment, Cambridge 2004.

Backhaus, K./Erichson, B./Weiber, R. (2013), Fortgeschrittene Multivariate Analysemethoden. Eine anwendungsorientierte Einführung, 2. Auflage, Wiesbaden 2013.

Backhaus, K./Sabel, T. (2004), Markenrelevanz auf Industriegütermärkten, in: Backhaus, K./Voeth, M. (Hrsg.): Handbuch Industriegütermarketing. Strategien - Instrumente - Anwendungen, Wiesbaden 2004, S. 779–797.

Backhaus, K./Voeth, M. (2004), Besonderheiten des Industriegütermarketing, in: Backhaus, K./Voeth, M. (Hrsg.): Handbuch Industriegütermarketing. Strategien - Instrumente - Anwendungen, Wiesbaden 2004, S. 3–21.

Backhaus, K./Voeth, M. (2010), Industriegütermarketing, 9. Auflage, München 2010.

Bagozzi, R.P. (1981), Evaluating Structural Equation Models with Unobservable Variables and Measurement Error: A Comment, in: Journal of Marketing Research, 18. Jg., Nr. 3, 1981, S. 375–381.

Bagozzi, R.P. (1984), A Prospectus for Theory Construction in Marketing, in: Journal of Marketing, 48. Jg., Nr. 1, 1984, S. 11–29.

Bagozzi, R.P. (1994), Measurement in Marketing Research: Basic Principles of Questionnaire Design, in: Bagozzi, R.P. (Hrsg.): Principles of marketing research, Cambridge, Mass 1994, S. 1–49.

Bagozzi, R.P. (1998), A Prospectus for Theory Construction in Marketing: Revisited and Revised, in: Hildebrandt, L./Homburg, C. (Hrsg.): Die Kausalanalyse- Ein Instrument der empirischen betriebswirtschaftlichen Forschung, Stuttgart 1998, S. 45–81.

Bagozzi, R.P./Phillips, L.W. (1982), Representing and Testing Organizational Theories: A Holistic Construal, in: Administrative Science Quarterly, 27. Jg., Nr. 3, 1982, S. 459–489.

Bagozzi, R.P./Yi, Y. (1988), On the evaluation of structural equation models, in: Journal of the Academy of Marketing Science, 16. Jg., Nr. 1, 1988, S. 74–94.

Bagozzi, R.P./Yi, Y. (2012), Specification, evaluation, and interpretation of structural equation models, in: Journal of the Academy of Marketing Science, 40. Jg., Nr. 1, 2012, S. 8–34.

Bagozzi, R.P./Yi, Y./Phillips, L.W. (1991), Assessing Construct Validity in Organizational Research, in: Administrative Science Quarterly, 36. Jg., Nr. 3, 1991, S. 421–458.

Balabanis, G./Diamantopoulos, A. (2011), Gains and Losses from the Misperception of Brand Origin: The Role of Brand Strength and Country-of-Origin Image, in: Journal of International Marketing, 19. Jg., Nr. 2, 2011, S. 95–116.

Baldinger, A.L./Rubinson, J. (1996), Brand Loyalty: The Link Between Attitude And Behavior, in: Journal of Advertising Research, 36. Jg., Nr. 6, 1996, S. 22–34.

Bandyopadhyay, S./Martell, M. (2007), Does Attitudinal Loyalty Influence Behavioral Loyalty? A Theoretical and Empirical Study, in: Journal of Retailing and Consumer Services, 14. Jg., Nr. 1, 2007, S. 35–44.

Bardmann, M. (2014), Grundlagen der Allgemeinen Betriebswirtschaftslehre, 2. Auflage, Wiesbaden 2014.

Baumgarth, C. (2010), Status Quo und Besonderheiten der B-to-B-Markenführung, in: Baumgarth, C. (Hrsg.): B-to-B-Markenführung- Grundlagen - Konzepte - Best Practice, Wiesbaden 2010, S. 37–62.

Baumgarth, C./Binckebanck, L. (2011), Sales force impact on B-to-B brand equity: conceptual framework and empirical test, in: Journal of Product & Brand Management, 20. Jg., Nr. 6, 2011, S. 487–498.

Bausback, N. (2007), Positionierung von Business-to-Business-Marken. Konzeption und empirische Analyse zur Rolle von Rationalität und Emotionalität, Wiesbaden 2007.

Bearden, W.O./Netemeyer, R.G./Haws, K.L. (2011), Handbook of Marketing Scales-Multi-Item Measures for Marketing and Consumer Behavior Research, 3. Auflage, Thousand Oaks 2011.

Bearden, W.O./Netemeyer, R.G./Teel, J.E. (1989), Measurement of Consumer Susceptibility to Interpersonal Influence, in: Journal of Consumer Research, 15. Jg., Nr. 4, 1989, S. 473–481.

Bearden, W.O./Sharma, S./Teel, J.E. (1982), Sample Size Effects on Chi Square and Ohter Statistics Used in Evaluating Causal Models, in: Journal of Marketing Research, 19. Jg., Nr. 4, 1982, S. 425–430.

Beckermann, A. (2008), Analytische Einführung in die Philosophie des Geistes, 3. Auflage, Berlin 2008.

Behrens, I./Zempel, C./Gourmelon, A. (2012), Personalmarketing im öffentlichen Sektor: Was man vom Angler, Köder und Fisch lernen kann, Heidelberg 2012.

Bendixen, M./Bukasa, K.A./Abratt, R. (2004), Brand equity in the business-to-business market, in: Industrial Marketing Management, 33. Jg., Nr. 5, 2004, S. 371–380.

Beneke, J. et al. (2013), The influence of perceived product quality, relative price and risk on customer value and willingness to buy: a study of private label merchandise, in: Journal of Product & Brand Management, 22. Jg., Nr. 3, 2013, S. 218–228.

Benlian, A. (2006), Content infrastructure management: Results of an empirical study in the print industry, Wiesbaden 2006.

Bennett, R./Härtel, C.E.J./McColl-Kennedy, J.R. (2005), Experience as a moderator of involvement and satisfaction on brand loyalty in a business-to-business setting, in: Industrial Marketing Management, 34. Jg., Nr. 7, 2005, S. 97–107.

Bentler, P.M. (1990), Comparative fit indexes in structural models, in: Psychological Bulletin, 107. Jg., Nr. 2, 1990, S. 238–246.

Bentler, P.M./Bonett, D.G. (1980), Significance tests and goodness of fit in the analysis of covariance structures, in: Psychological Bulletin, 88. Jg., Nr. 3, 1980, S. 588–606.

Berekoven, L./Eckert, W./Ellenrieder, P. (2009), Marktforschung. Methodische Grundlagen und praktische Anwendung, 12. Auflage, Wiesbaden 2009.

Bergler, R. (1963), Psychologie des Marken- und Firmenbildes, Göttingen 1963.

Berry, L.L. (2000), Cultivating service brand equity, in: Journal of the Academy of Marketing Science, 28. Jg., Nr. 1, 2000, S. 128–137.

Beverland, M. (2001), Contextual Influences and the Adoption and Practice of Relationship Selling in a Business-to-business Setting: An Exploratory Study, in: The Journal of Personal Selling and Sales Management, 21. Jg., Nr. 3, 2001, S. 207–215.

Beverland, M./Napoli, J./Yakimova, R. (2007), Branding the business marketing offer: exploring brand attributes in business markets, in: Journal of Business & Industrial Marketing, 22. Jg., Nr. 6, 2007, S. 394–399.

Bhat, S./Reddy, S.K. (1998), Symbolic and functional positioning of brands, in: Journal of Consumer Marketing, 15. Jg., Nr. 1, 1998, S. 32–43.

Bibliographisches Institut GmbH (2014), Emotion, http://www.duden.de/suchen/dudenonline/Emotion, Abruf: 06.11.2014.

Bibliographisches Institut GmbH (2015a), Emotionalität, http://www.duden.de/rechtschreibung/Emotionalitaet, Abruf: 11.04.2015.

Bibliographisches Institut GmbH (2015b), Intuition, http://www.duden.de/rechtschreibung/Intuition, Abruf: 11.05.2015.

Bibliographisches Institut GmbH (2015c), Rationalität, http://www.duden.de/rechtschreibung/Rationalitaet, Abruf: 09.04.2015.

Bibliographisches Institut GmbH (2015d), Stimmung, http://www.duden.de/rechtschreibung/Stimmung, Abruf: 11.05.2015.

Biedenbach, G./Bengtsson, M./Wincent, J. (2011), Brand equity in the professional service context: Analyzing the impact of employee role behavior and customer-employee rapport, in: Industrial Marketing Management, 40. Jg., Nr. 7, 2011, S. 1093–1102.

Biedenbach, G./Marell, A. (2010), The impact of customer experience on brand equity in a business-to-business services setting, in: Journal of Brand Management, 17. Jg., Nr. 6, 2010, S. 446–458.

Bittner, G./Schwarz, E. (2014), Emotion Selling: Messbar mehr verkaufen durch neue Erkenntnisse der Neurokommunikation, Wiesbaden 2014.

Blahut, S.A. et al. (2004), A Confirmatory Test Of A Higher Order Factor Structure: Brand Equity And The TruthSM Campaign, in: Social Marketing Quarterly, 10. Jg., Nr. 1, 2004, S. 3–15.

Blalock, H.M. (1964), Causal Inferences in Nonexperimental Research, Chapel Hill 1964.

Bliese, P.D. (1998), Group size, ICC values, and group-level correlations: a simulation, in: Organizational Research Methods, 1. Jg., Nr. 4, 1998, S. 355–373.

Blombäck, A./Axelsson, B. (2007), The role of corporate brand image in the selection of new subcontractors, in: Journal of Business & Industrial Marketing, 22. Jg., Nr. 6, 2007, S. 418–430.

Bogner, A./Littig, B./Menz, W. (2009), Interviewing experts, Basingstoke, New York 2009.

Bohnen, A. (1975), Individualismus und Gesellschaftstheorie: Eine Betrachtung zu zwei rivalisierenden soziologischen Erkenntnisprogrammen, Tübingen 1975.

Bollen, K./Lennox, R. (1991), Conventional wisdom on measurement: A structural equation perspective, in: Psychological Bulletin, 110. Jg., Nr. 2, 1991, S. 305–314.

Bollen, K.A. (1989), Structural equations with latent variables, New York 1989.

Boomsma, A. (1982), The Robustness of LISREL against Small Sample Sizes in Factor Analysis Models, in: Jöreskog, K./Wold, H. (Hrsg.): Systems under indirect observation: causality, structure, prediction, Amsterdam 1982, S. 149–173.

Bortz, J./Döring, N. (2006), Forschungsmethoden und Evaluation: Für Human- und Sozialwissenschaftler, 4. Auflage, Wiesbaden 2006.

Bosch, C./Schiel, S./Winder, T. (2006), Emotionen im Marketing. Verstehen - Messen - Nutzen, Wiesbaden 2006.

Boulding, W./Lee, E./Staelin, R. (1994), Mastering the Mix: Do Advertising, Promotion, and Sales Force Activities Lead to Differentiation?, in: Journal of Marketing Research, 31. Jg., Nr. 2, 1994, S. 159–172.

Brakus, J.J./Schmitt, B.H./Zarantonello, L. (2009), Brand Experience: What Is It? How Is It Measured? Does It Affect Loyalty?, in: Journal of Marketing, 73. Jg., Nr. 3, 2009, S. 52–68.

Brandt, M./Johnson, G. (1997), PowerBranding: Building Technology Brands for Competitive Advantage, San Francisco 1997.

Brodie, R.J./Whittome, J.R.M./Brush, G.J. (2009), Investigating the service brand: A customer value perspective, in: Journal of Business Research, 62. Jg., Nr. 3, 2009, S. 345–355.

Bronnenmayer, M. (2014), Erfolgsfaktoren von Unternehmensberatungsprojekten- Eine Zweiperspektivenbetrachtung, Lohmar 2014.

Brown, T.J./Dacin, P.A. (1997), The Company and the Product: Corporate Associations and Consumer Product Responses, in: Journal of Marketing, 61. Jg., Nr. 1, 1997, S. 68–84.

Browne, M.W./Cudeck, R. (1993), Alternative Ways of Assessing Model Fit, in: Bollen, K.A./Long, J.S. (Hrsg.): Testing structural equation models, Newbury Park 1993, S. 136–162.

Bruner, G.C. (2013), Marketing Scales Handbook: Top 20, Fort Worth 2013.

Buil, I./Chernatony, L. de/**Martinez, E. (2008)**, A cross-national validation of the consumer-based brand equity scale, in: Journal of Product & Brand Management, 17. Jg., Nr. 6, 2008, S. 384–392.

Bundesministerium der Justiz und für Verbraucherschutz (2015), Gesetz über den Schutz von Marken und sonstigen Kennzeichen (Markengesetz - MarkenG). § 3 Als Marke schutzfähige Zeichen, http://www.gesetze-im-internet.de/markeng/__3.html, Abruf: 29.06.2015.

Burmann, C./Blinda, L. (2006), Markenführungskompetenzen - Handlungspotenziale einer identitätsbasierten Markenführung, in: Burmann, C. (Hrsg.): LiM-Arbeitspapiere, Bremen 2006, S. 1–31.

Burmann, C./Bohmann, T. (2009), Nachhaltige Differenzierung von Commodities - Besonderheiten und Ansatzpunkte im Rahmen der identitätsbasierten Markenführung, in: Burmann, C. (Hrsg.): LiM-Arbeitspapiere, Bremen 2009, S. 1–104.

Burmann, C./Jost-Benz, M./Riley, N. (2009), Towards an identity-based brand equity model, in: Journal of Business Research, 62. Jg., Nr. 3, 2009, S. 390–397.

Burmann, C./Meffert, H./Koers, M. (2005), Stellenwert und Gegenstand des Markenmanagements, in: Meffert, H./Burmann, C./Koers, M. (Hrsg.): Markenmanagement - Identitätsorientierte Markenführung und praktische Umsetzung - mit Best Practice-Fallstudien, 2. Auflage, Wiesbaden 2005, S. 3–15.

Byrne, B.M. (2010), Structural equation modeling with AMOS- Basic concepts, applications, and programming, 2. Auflage, New York 2010.

Campbell, D.T. (1960), Recommendations for APA Test Standards Regarding Construct, Trait, or Discriminant Validity, in: American Psychologist, 15. Jg., Nr. 8, 1960, S. 546–553.

Campbell, D.T./Fiske, D.W. (1959), Convergent and discriminant validation by the multitrait-multimethod matrix, in: Psychological Bulletin, 56. Jg., Nr. 2, 1959, S. 81–105.

Carmines, E.G./McIver, J.P. (1983), An Introduction to the Analysis of Models with Unobserved Variables, in: Political Methodology, 9. Jg., Nr. 1, 1983, S. 51–102.

Carnap, R. (1958), Beobachtungssprache und theoretische Sprache, in: Dialectica, 12. Jg., Nr. 3-4, 1958, S. 236–248.

Carnap, R. (1960), Theoretische Begriffe der Wissenschaft - Eine logische und methodologische Untersuchung, in: Zeitschrift für philosophische Forschung, 14. Jg., Nr. 2, 1960, S. 571–598.

Carnap, R. (1966), Philosophical foundations of physics: an introduction to the philosophy of science, New York 1966.

Carpenter, G.S./Nakamoto, K. (1989), Consumer Preference Formation and Pioneering Advantage, in: Journal of Marketing, 26. Jg., Nr. 3, 1989, S. 285–298.

Čater, B./Čater, T. (2009), Emotional and rational motivations for customer loyalty in business-to-business professional services, in: The Service Industries Journal, 29. Jg., Nr. 8, 2009, S. 1151–1169.

Chang, H.-C. (2006), Integrating the Role of Sales Agent into the Branding Model in the Insurance Industry, in: The Journal of American Academy of Business, Cambridge, 8. Jg., Nr. 2, 2006, S. 278–285.

Chang, H.H./Liu, Y.M. (2009), The impact of brand equity on brand preference and purchase intentions in the service industries, in: The Service Industries Journal, 29. Jg., Nr. 12, 2009, S. 1687–1706.

Chaudhuri, A. (1999), Does Brand Loyalty Mediate Brand Equity Outcomes?, in: Journal of Marketing Theory & Practice, 7. Jg., Nr. 2, 1999, S. 136–146.

Chaudhuri, A. (2002), How Brand Reputation Affects the Advertising-Brand Equity Link, in: Journal of Advertising Research, 42. Jg., Nr. 3, 2002, S. 33–43.

Chaudhuri, A./Holbrook, M.B. (2001), The Chain Effects from Brand Trust and Brand Affect to Brand Performance: The Role of Brand Loyalty, in: Journal of Marketing, 65. Jg., Nr. 2, 2001, S. 81–93.

Chen, C.-F./Tseng, W.-S. (2010), Exploring Customer-based Airline Brand Equity: Evidence from Taiwan, in: Transportation Journal, 49. Jg., Nr. 1, 2010, S. 24–34.

Chen, Y.-M./Su, Y.-F. (2012), Do country-of-manufacture and country-of-design matter to industrial brand equity?, in: Journal of Business & Industrial Marketing, 27. Jg., Nr. 1, 2012, S. 57–68.

Chen, Y.-M./Su, Y.-F./Lin, F.-J. (2011), Country-of-origin effects and antecedents of industrial brand equity, in: Journal of Business Research, 64. Jg., Nr. 11, 2011, S. 1234–1238.

Chi, D.-J. (2007), The Development of a Model of Sales Agent's Role in Service Industries, in: International Journal of Management, 24. Jg., Nr. 1, 2007, S. 117–129.

Chieng, F.Y.L./Goi, C.L. (2011), Customer-Based Brand Equity: A Literature Review, in: Journal of Arts Science & Commerce, 11. Jg., Nr. 1, 2011, S. 33–42.

Chin, W.W. (1998a), Commentary: Issues and Opinion on Structural Equation Modeling, in: MIS Quarterly, 22. Jg., Nr. 1, 1998, S. 7.

Chin, W.W. (1998b), The Partial Least Squares Approach for Structural Equation Modeling, in: Marcoulides, G.A. (Hrsg.): Modern methods for business research, Mahwah, N.J 1998, S. 295–336.

Chin, W.W./Newsted, P.R. (1999), Structural equation modeling analysis with small samples using partial least squares, in: Hoyle, R.H. (Hrsg.): Statistical strategies for small sample research, Thousand Oaks 1999, S. 307–341.

Chowudhurry, R.A. (2012), Developing the measurement of Consumer based brand equity in service industry: An empirical study on mobile phone industry, in: European Journal of Business and Management, 4. Jg., Nr. 13, 2012, S. 62–67.

Christodoulides, G. et al. (2006), Conceptualising and Measuring the Equity of Online Brands, in: Journal of Marketing Management, 22. Jg., Nr. 7-8, 2006, S. 799–825.

Christodoulides, G./Chernatony, L. de (2010), Consumer-based brand equity conceptualisation and measurement- A literature review, in: International Journal of Market Research, 52. Jg., Nr. 1, 2010, S. 43–66.

Churchill, G.A. (1979), A Paradigm for Developing Better Measures of Marketing Constructs, in: Journal of Marketing Research, 16. Jg., Nr. 1, 1979, S. 64–73.

Clement, M. (2007), Produktmanagement von Mediengütern, in: Albers, S./Herrmann, A. (Hrsg.): Handbuch Produktmanagement: Strategieentwicklung - Produktplanung - Organisation - Kontrolle, 3. Auflage, Wiesbaden 2007, S. 1053–1068.

Cole, D.A. (1987), Utility of confirmatory factor analysis in test validation research, in: Journal of Consulting and Clinical Psychology, 55. Jg., Nr. 4, 1987, S. 584–594.

Coltman, T. et al. (2008), Formative versus reflective measurement models: Two applications of formative measurement, in: Journal of Business Research, 61. Jg., Nr. 12, 2008, S. 1250–1262.

Cornelis, E./Adams, L./Cauberghe, V. (2012), The effectiveness of regulatory (in)congruent ads. The moderating role of an ad's rational versus emotional tone, in: International Journal of Advertising, 31. Jg., Nr. 2, 2012, S. 397–420.

Cretu, A.E./Brodie, R.J. (2007), The influence of brand image and company reputation where manufacturers market to small firms: A customer value perspective, in: Industrial Marketing Management, 36. Jg., Nr. 2, 2007, S. 230–240.

Cronbach, L.J. (1947), Test "reliability": Its meaning and determination, in: Psychometrika, 12. Jg., Nr. 1, 1947, S. 1–16.

Cronbach, L.J. (1951), Coefficient alpha and the internal structure of tests, in: Psychometrika, 16. Jg., Nr. 3, 1951, S. 297–334.

Defren, T. (2009), Desinvestitions-Management- Erfolgsfaktoren in der Verhandlungsphase eines Sell-Offs, Wiesbaden 2009.

DeVellis, R.F. (2011), Scale Development - Theory and Applications, 3. Auflage, Thousand Oaks 2011.

Diamantopoulos, A./Siguaw, J.A. (2006), Formative Versus Reflective Indicators in Organizational Measure Development: A Comparison and Empirical Illustration, in: British Journal of Management, 17. Jg., Nr. 4, 2006, S. 263–282.

Dobni, D./Zinkhan, G.M. (1990), In Search of Brand Image: a Foundation Analysis, in: Advances in Consumer Research, 17. Jg., Nr. 1, 1990, S. 110–119.

Edwards, J.R. (2001), Multidimensional Constructs in Organizational Behavior Research: An Integrative Analytical Framework, in: Organizational Research Methods, 4. Jg., Nr. 4, 2001, S. 144–192.

Edwards, J.R./Bagozzi, R.P. (2000), On the Nature and Direction of Relationships Between Constructs and Measures, in: Psychological Methods, 5. Jg., Nr. 2, 2000, S. 155–174.

Edwards, R./Gut, A.-M./Mavondo, F. (2007), Buyer animosity in business to business markets: Evidence from the French nuclear tests, in: Industrial Marketing Management, 36. Jg., Nr. 4, 2007, S. 483–492.

Egeberg, S.E. (2012), Leben ist was du daraus machst. Mache die Veränderungen die du dir wünschst, Bloomington 2012.

Elster, J. (1987), Subversion der Rationalität, Frankfurt 1987.

Elster, J. (1996), Rationality and the Emotions, in: The Economic Journal, 106. Jg., Nr. 438, 1996, S. 1386–1397.

Elster, J. (1998), Emotions and Economic Theory, in: Journal of Economic Literature, 36. Jg., Nr. 1, 1998, S. 47–74.

Erdem, T./Swait, J. (1998), Brand Equity as a Signaling Phenomenon, in: Journal of Consumer Psychology, 7. Jg., Nr. 2, 1998, S. 131–157.

Erdem, T./Swait, J./Valenzuela, A. (2006), Brands as Signals: A Cross-Country Validation Study, in: Journal of Marketing, 70. Jg., Nr. 1, 2006, S. 34–49.

Esch, F.R. (2010), Wirkung integrierter Kommunikation: Ein verhaltenswissenschaftlicher Ansatz für die Werbung, 5. Auflage, Wiesbaden 2010.

Esch, F.-R. et al. (2006), Are brands forever? How brand knowledge and relationships affect current and future purchases, in: Journal of Product & Brand Management, 15. Jg., Nr. 2, 2006, S. 98–105.

Esch, F.-R. et al. (2012), Brands on the brain: Do consumers use declarative information or experienced emotions to evaluate brands?, in: Journal of Consumer Psychology, 22. Jg., Nr. 1, 2012, S. 75–85.

Esch, F.-R./Langner, T. (2005), Branding als Grundlage zum Markenaufbau, in: Esch, F. (Hrsg.): Moderne Markenführung: Grundlagen - Innovative Ansätze - Praktische Umsetzungen, 4. Auflage 2005, S. 573–586.

Esser, H. (1999), Soziologie: allgemeine Grundlagen, 3. Auflage, Frankfurt 1999.

European Journal of Marketing (2010), Special issue: Branding and Marketing of Technological and Industrial Products, in: European Journal of Marketing, 44. Jg., Nr. 5, 2010, S. 547–692.

Evans, D.L./Drew, J.H./Leemis, L.M. (2008), The Distribution of the Kolmogorov-Smirnov, Cramer-von Mises, and Anderson-Darling Test Statistics for Exponential Populations with Estimated Parameters, in: Communications in Statistics - Simulation and Computation, 37. Jg., Nr. 7, 2008, S. 1396–1421.

Faircloth, J.B./Capella, L.M./Alford, B.L. (2001), The Effect of Brand Attitude And Brand Image On Brand Equity, in: Journal of Marketing Theory and Practice, 9. Jg., Nr. 3, 2001, S. 61–75.

Falkenberg, A.W. (1996), Marketing and wealth of firms, in: Journal of Macromarketing, 16. Jg., Nr. 4, 1996, S. 4–24.

Farquhar, P.H. (1990), Managing Brand Equity, in: Journal of Advertising Research, 30. Jg., Nr. 4, 1990, S. RC7–RC12.

Flora, D.B./Curran, P.J. (2004), An Empirical Evaluation of Alternative Methods of Estimation for Confirmatory Factor Analysis With Ordinal Data, in: Psychological Methods, 9. Jg., Nr. 4, 2004, S. 466–491.

Fobel, P./Beköová, M. (2002), Der homo oeconomicus und seine Rationalität in verschiedenen Kulturtypen, in: Banse, G./Kiepas, A. (Hrsg.): Rationalität heute. Vorstellungen, Wandlungen, Herausforderungen, Münster 2002, S. 81–94.

Fornell, C. (1982), A Second Generation Of Multivariate Analysis. Methods, New York 1982.

Fornell, C. (1985), A Second generation of multivariate analysis: classification of methods and implications for marketing research - Working Paper No. 414, Michigan 1985.

Fornell, C. (1987), A Second Generation of Multivariate Analysis: Classifications of Methods and Implications for Marketing Research, in: Houston, M.J. (Hrsg.): Review of Marketing, Chicago 1987, S. 407–450.

Fornell, C./Bookstein, F.L. (1982), Two Structural Equation Models: LISREL and PLS Applied to Consumer Exit-Voice Theory, in: Journal of Marketing Research, 19. Jg., Nr. 4, 1982, S. 440–452.

Fornell, C./Larcker, D.F. (1981), Evaluating Structural Equation Models with Unobservable Variables and Measurement Error, in: Journal of Marketing Research, 18. Jg., Nr. 1, 1981, S. 39–50.

Freiling, J.R. (2001), Resource-based View und ökonomische Theorie: Grundlagen und Positionierung des Resourcenansatzes, Wiesbaden 2001.

Fritz, W. (1992), Marktorientierte Unternehmensführung und Unternehmenserfolg. Grundlagen und Ergebnisse einer empirischen Untersuchung, Stuttgart 1992.

Fritz, W. (1995), Marketing-Management und Unternehmenserfolg- Grundlagen und Ergebnisse einer empirischen Untersuchung, 2. Auflage, Stuttgart 1995.

Garvin, D.A. (1984), Product Quality: An Important Strategic Weapon, in: Business Horizons, 27. Jg., Nr. 3, 1984, S. 40–43.

Garvin, D.A. (1987), Competing on the Eight Dimensions of Quality, in: Harvard Business Review, 65. Jg., Nr. 6, 1987, S. 101–109.

Gázquez-Abad, J.C./Sánchez-Pérez **(2009)**, Factors Influencing Olive Oil Brand Choice in Spain: An Empirical Analysis Using Scanner Data, in: Agribusiness, 25. Jg., Nr. 1, 2009, S. 36–55.

Geißler, C. (2009), Kompetenzbasiertes Markenmanagement in Verlagsunternehmen: Ein explorativer Ansatz, Wiesbaden 2009.

Gerbing, D.W./Anderson, J.C. (1988), An Updated Paradigm for Scale Development Incorporating Unidimensionality and Its Assessment, in: Journal of Marketing Research, 25. Jg., Nr. 2, 1988, S. 186–192.

Giere, J. (2007), Marketingflexibilität- Eine empirische Analyse ihrer Konzeptionalisierung, Operationalisierung und Erfolgswirkung, Wiesbaden 2007.

Giere, J./Wirtz, B.W./Schilke, O. (2006), Mehrdimensionale Konstrukte- Konzeptionelle Grundlagen und Möglichkeiten ihrer Analyse mithilfe von Strukturgleichungsmodellen, in: Die Betriebswirtschaft (DBW), 66. Jg., Nr. 6, 2006, S. 678–695.

Giese, J.L./Cote, J.A. (2002), Defining Consumer Satisfaction, in: Academy of Marketing Science Review, 2000. Jg., Nr. 1, 2002, S. 1–24.

Gilliland, D./Johnston, W. (1997), Toward a Model of Business-to-Business Marketing Communication Effects, in: Industrial Marketing Management, 26. Jg., Nr. 1, 1997, S. 15–29.

Glynn, M.S. (2010), The moderating effect of brand strength in manufacturer-reseller relationships, in: Industrial Marketing Management, 39. Jg., Nr. 8, 2010, S. 1226–1233.

Glynn, M.S./Woodside, A.G. (2009), Business-to-business Brand Management: Theory, Research and Executive Case Study Exercises, Bingley 2009.

Golicic, S.L./Fugate, B.S./Davis, D.F. (2012), Examining Market Information and Brand Equity Through Resource-Advantage Theory: A Carrier Perspective, in: Journal of Business Logistics, 33. Jg., Nr. 1, 2012, S. 20–33.

Gordon, G.L./Calantone, R.J./Di Benedetto, C.A. (1993), Brand Equity in the Business-to-Business sector: An exploratory study, in: Journal of Product & Brand Management, 2. Jg., Nr. 3, 1993, S. 4–16.

Greven, G. (2011), Hochschulen als Marken. Ein Beitrag zur Hochschulwahl auf verhaltenstheoretischer Grundlage, Wiesbaden 2011.

Großklaus, R.H.G. (2015), Positionierung und USP. Wie Sie eine Alleinstellung für Ihre Produkte finden und umsetzen, 2. Auflage, Wiesbaden 2015.

Ha, H.-Y. (2006), An integrative model of consumer satisfaction in the context of e-services, in: International Journal of Consumer Studies, 30. Jg., Nr. 2, 2006, S. 137–149.

Ha, H.-Y. (2011), Brand Equity Model and Marketing Stimuli, in: Seoul Journal of Business, 17. Jg., Nr. 2, 2011, S. 31–60.

Hair, J.F. et al. (2010), Multivariate data analysis- A global perspective, 7. Auflage, Upper Saddle River, N.J 2010.

Hatch, M.J./Schultz, M. (2008), Taking Brand Initiative. How Companies Can Align Strategy, Culture, and Identity Through Corporate Branding, San Francisco 2008.

Hattie, J. (1985), Methodology Review: Assessing Unidimensionality of Tests and Items, in: Applied Psychological Measurement, 9. Jg., Nr. 2, 1985, S. 139–164.

Haynes, S.N./Richard, D.C.S./Kubany, E.S. (1995), Content Validity in Psychological Assessment: A Functional Approach to Concepts and Methods, in: Psychological Assessment, 7. Jg., Nr. 3, 1995, S. 238–247.

He, H./Li, Y. (2011a), CSR and Service Brand: The Mediating Effect of Brand Identification and Moderating Effect of Service Quality, in: Journal of Business Ethics, 100. Jg., Nr. 4, 2011, S. 673–688.

He, H./Li, Y. (2011b), Key service drivers for high-tech service brand equity: The mediating role of overall service quality and perceived value, in: Journal of Marketing Management, 27. Jg., Nr. 1-2, 2011, S. 77–99.

Hellier, P.K. et al. (2003), Customer repurchase intention. A general structural equation model, in: European Journal of Marketing, 37. Jg., Nr. 11-12, 2003, S. 1762–1800.

Hempel, C.G./Oppenheim, P. (1948), Studies in the Logic of Explanation, in: Philosophy of Science, 15. Jg., Nr. 2, 1948, S. 135–175.

Herrmann, A. et al. (2007), Building Brand Equity via Product Quality, in: Total Quality Man. & Business Excellence, 18. Jg., Nr. 5, 2007, S. 531–544.

Herrmann, A./Huber, F./Kressmann, F. (2006), Varianz- und kovarianzbasierte Strukturgleichungsmodelle: ein Leitfaden zu deren Spezifikation, Schätzung und Beurteilung, in: Schmalenbachs Zeitschrift für betriebswirtschaftliche Forschung (zfbf), 58. Jg., Nr. 1, 2006, S. 34–66.

Hiller, G. (2015), Information und Kosmos. Ein Handwerk der Rationalität, 4. Auflage, Norderstedt 2015.

Hofbauer, G. et al. (2009), Marketing von Innovationen. Strategien und Mechanismen zur Durchsetzung von Innovationen, Stuttgart 2009.

Holbrook, M.B./Batra, R. (1987), Assessing the Role of Emotions as Mediators of Consumer Responses to Advertising, in: Journal of Consumer Research, 14. Jg., Nr. 3, 1987, S. 404–420.

Holbrook, M.B./Hirschman, E.C. (1982), The Experiential Aspects of Consumption: Consumer Fantasies, Feelings, and Fun, in: The Journal of Consumer Research, 9. Jg., Nr. 2, 1982, S. 132–140.

Holehonnur, A. et al. (2009), Examining the customer equity framework from a consumer perspective, in: Journal of Brand Management, 17. Jg., Nr. 3, 2009, S. 165–180.

Hollis, N. (2010), Emotion in Advertising: Pervasive, Yet Misunderstood, http://www.millwardbrown.com/docs/default-source/insight-documents/points-of-view/MillwardBrown_POV_EmotionInAdvertising.pdf, Abruf: 05.01.2015.

Homburg, C. (1998), Kundennähe von Industriegüterunternehmen- Konzeption - Erfolgsauswirkungen - Determinanten, 2. Auflage, Wiesbaden 1998.

Homburg, C. et al. (2012), What Drives Key Informant Accuracy?- Journal of Marketing Research, in: Journal of Marketing Research, 49. Jg., Nr. 4, 2012, S. 594–608.

Homburg, C./Baumgartner, H. (1995), Beurteilung von Kausalmodellen: Bestandsaufnahme und Anwendungsempfehlungen, in: Marketing - Zeitschrift für Forschung und Praxis, 17. Jg., Nr. 3, 1995, S. 162–176.

Homburg, C./Giering, A. (1998), Konzeptualisierung und Operationalisierung komplexer Konstrukte- Ein Leitfaden für die Marketingforschung, in: Hildebrandt, L./Homburg, C. (Hrsg.): Die Kausalanalyse- Ein Instrument der empirischen betriebswirtschaftlichen Forschung, Stuttgart 1998, S. 111–146.

Homburg, C./Giering, A. (2001), Personal characteristics as moderators of the relationship between customer satisfaction and loyalty - an empirical analysis, in: Psychology & Marketing, 18. Jg., Nr. 1, 2001, S. 43–66.

Homburg, C./Klarmann, M. (2006), Die Kausalanalyse in der empirischen betriebswirtschaftlichen Forschung – Problemfelder und Anwendungsempfehlungen, in: Die Betriebswirtschaft (DBW), 66. Jg., Nr. 6, 2006, S. 727–748.

Homburg, C./Klarmann, M. (2009), Multi Informant-Designs in der empirischen betriebswirtschaftlichen Forschung, in: Die Betriebswirtschaft (DBW), 69. Jg., Nr. 2, 2009, S. 147–171.

Homburg, C./Schilke, O./Reimann, M. (2009), Triangulation von Umfragedaten in der Marketing- und Managementforschung, in: Die Betriebswirtschaft (DBW), 69. Jg., Nr. 2, 2009, S. 173–193.

Horn, G./Schrottenberg, H. von **(2011)**, Ganzheitliche Finanzplanung. Das neue Wertebewusstsein von Kunden und Beratern, Wiesbaden 2011.

Hsu, K.-T. (2012), The Advertising Effects of Corporate Social Responsibility on Corporate Reputation and Brand Equity: Evidence from the Life Insurance Industry in Taiwan, in: Journal of Business Ethics, 109. Jg., Nr. 2, 2012, S. 189–201.

Hu, L./Bentler, P.M. (1999), Cutoff criteria for fit indexes in covariance structure analysis: Conventional criteria versus new alternatives, in: Structural Equation Modeling: A Multidisciplinary Journal, 6. Jg., Nr. 1, 1999, S. 1–55.

Hulland, J. (1999), Use of partial least squares (PLS) in strategic management research: A review of four recent studies, in: Strategic Management Journal, 20. Jg., Nr. 2, 1999, S. 195–204.

Hung, C.-H. (2008), The Effect of Brand Image on Public Relations Perceptions and Customer Loyalty, in: International Journal of Management, 25. Jg., Nr. 2, 2008, S. 237–246.

Hunt, S.D. (1990), Truth in Marketing Theory and Research, in: Journal of Marketing, 54. Jg., Nr. 3, 1990, S. 1–15.

Hurrle, B./Kieser, A. (2005), Sind Key Informants verlässliche Datenlieferanten, in: Die Betriebswirtschaft (DBW), 62. Jg., Nr. 6, 2005, S. 584–602.

Hutton, J.G. (1997), A study of brand equity in an organizational-buying context, in: Journal of Product & Brand Management, 6. Jg., Nr. 6, 1997, S. 428–439.

Hwang, J./Kandampully, J. (2012), The role of emotional aspects in younger consumer-brand relationships, in: Journal of Product & Brand Management, 21. Jg., Nr. 2, 2012, S. 98–108.

Industrial Marketing Management (2010), Building, Implementing, and Managing Brand Equity in Business Markets, in: Industrial Marketing Management, 39. Jg., Nr. 8, 2010, S. 1219–1402.

Iyer, G./Kuksov, D. (2010), Consumer Feelings and Equilibrium Product Quality, in: Journal of Economics & Management Strategy, 19. Jg., Nr. 1, 2010, S. 137–168.

Jacob, H. (2013), Allgemeine Betriebswirtschaftslehre: Handbuch für Studium und Prüfung, 5. Auflage, Wiesbaden 2013.

Jäggi, S./Portmann, C. (2010), Kommunikation in Marketing und Verkauf: Grundlagen mit zahlreichen Beispielen, Repetitionsfragen mit Antworten und Glossar, 2. Auflage, Zürich 2010.

Jarvis, C.B./MacKenzie, S.B./Podsakoff, P.M. (2003), A Critical Review of Construct Indicators and Measurement Model Misspecification in Marketing and Consumer Research, in: Journal of Consumer Research, 30. Jg., Nr. 2, 2003, S. 199–218.

Jayawardhena, C. et al. (2007), Outcomes of service encounter quality in a business-to-business context, in: Industrial Marketing Management, 36. Jg., Nr. 5, 2007, S. 575–588.

Jensen, M.B./Klastrup, K. (2008), Towards a B2B customer-based brand equity model, in: Journal of Targeting, Measurement and Analysis for Marketing, 16. Jg., Nr. 2, 2008, S. 122–128.

Jick, T.D. (1979), Mixing Qualitative and Quantitative Methods: Triangulation in Action, in: Administrative Science Quarterly, 24. Jg., Nr. 4, 1979, S. 602–611.

Jones, S.A./Damon Aiken, K./Boush, D.M. (2009), Integrating Experience, Advertising, and Electronic Word of Mouth, in: Journal of Internet Commerce, 8. Jg., Nr. 3-4, 2009, S. 246–267.

Jong, A. de/**Ruyter, K.** de/**Lemmink, J. (2004)**, Antecedents and Consequences of the Service Climate in Boundary-Spanning Self-Managing Service Teams, in: Journal of Marketing, 68. Jg., Nr. 2, 2004, S. 18–35.

Jöreskog, K.G. (1970), A general method for analysis of covariance structures, in: Biometrika, 57. Jg., Nr. 2, 1970, S. 239–251.

Jöreskog, K.G. (1973), A general method for estimating a linear structural equation system, in: Goldberger, A.S./Duncan, O.D. (Hrsg.): Structural equation models in the social sciences, New York 1973, S. 85–112.

Jöreskog, K.G./Sörbom, D. (1982), Recent Developments in Structural Equation Modeling, in: Journal of Marketing Research, 19. Jg., Nr. 4, 1982, S. 404–416.

Journal of Business & Industrial Marketing (2007), Special Issue: Branding in industrial markets, in: Journal of Business & Industrial Marketing, 22. Jg., Nr. 6, 2007, S. 357–430.

Jung, J./Shen, D. (2011), Brand Equity of Luxury Fashion Brands Among Chinese and U.S. Young Female Consumers, in: Journal of East-West Business, 17. Jg., Nr. 1, 2011, S. 48–69.

Juntunen, M./Juntunen, J./Juga, J. (2011), Corporate brand equity and loyalty in B2B markets: A study among logistics service purchasers, in: Journal of Brand Management, 18. Jg., Nr. 4-5, 2011, S. 300–311.

Kaiser, H.F. (1970), A Second Generation Little Jiffy, in: Psychometrika, 35. Jg., Nr. 4, 1970, S. 401–415.

Kanuk, L./Berenson, C. (1975), Mail Surveys and Response Rates: A Literature Review, in: Journal of Marketing Research, 12. Jg., Nr. 4, 1975, S. 440–453.

Keller, K.L. (1993), Conceptualizing, Measuring, and Managing Customer-Based Brand Equity, in: Journal of Marketing, 57. Jg., Nr. 1, 1993, S. 1–22.

Keller, K.L. (2003), Brand Synthesis: The Multidimensionality of Brand Knowledge, in: Journal of Consumer Research, 29. Jg., Nr. 4, 2003, S. 595–600.

Kenning, P. et al. (2005), Wie eine starke Marke wirkt, in: Harvard Business Manager, Nr. 3, 2005, S. 52–57.

Kerner, J.C. (2009), Erfolgsfaktoren des internationalen Outsourcing-Projektmanagements - Konzeptionalisierung, Operationalisierung, Messung, Hamburg 2009.

Kim, C.K./Chung, J.Y. (1997), Brand Popularity, Country Image and Market Share: An Empirical Study, in: Journal of International Business Studies, 28. Jg., Nr. 2, 1997, S. 361–386.

Kim, J. et al. (1999), Examining the Role of Brand Equity in Business Markets: A Model, Research Propositions, and Managerial Implications, in: Journal of Business-to-Business Marketing, 5. Jg., Nr. 3, 1999, S. 65–89.

Kirchhoff, S. (2010), Der Fragebogen. Datenbasis, Konstruktion und Auswertung, 5. Auflage, Wiesbaden 2010.

Kirsch, W. (1977), Einführung in die Theorie der Entscheidungsprozesse, 2. Auflage, Wiesbaden 1977.

Klarmann, M. (2008), Methodische Problemfelder der Erfolgsfaktorenforschung- Bestandsaufnahme und empirische Analysen, 1. Auflage, Wiesbaden 2008.

Klein, J.G./Ettenson, R./Morris, M.D. (1998), The Animosity Model of Foreign Product Purchase: An Empirical Test in the People's Republic of China, in: Journal of Marketing, 62. Jg., Nr. 1, 1998, S. 89–100.

Kline, P. (2013), Handbook of Psychological Testing, 2. Auflage, Milton Park 2013.

Kline, R.B. (2011), Principles and practice of structural equation modeling, 3. Auflage, New York 2011.

Körber, B. (2006), Buchungsfristigkeit bei Pauschalreisen. Einflussfaktoren und Steuerung, Wiesbaden 2006.

Kornmeier, M. (2007), Wissenschaftstheorie und wissenschaftliches Arbeiten - Eine Einführung für Wirtschaftswissenschaftler, Heidelberg 2007.

Kotler, P. et al. (2011), Grundlagen des Marketing, 5. Auflage, München 2011.

Kotler, P./Armstrong, G. (1999), Principles of Marketing, 8. Auflage, Upper Saddle River, NJ 1999.

Kotler, P./Pfoertsch, W. (2006), B2B Brand Management, Berlin, Heidelberg, New York 2006.

Kriz, J./Lück, H./Heidbrink, H. (1987), Wissenschafts- und Erkenntnistheorie: Eine Einführung für Psychologen und Humanwissenschaftler, Wiesbaden 1987.

Kroeber-Riel, W./Gröppel-Klein, A. (2013), Konsumentenverhalten 2013.

Krol, B. (2010), Standortfaktoren und Standorterfolg im Electronic Retailing: Konzeptualisierung, Operationalisierung und Erfolgswirkungen von virtuellen Standorten elektronischer Einzelhandelsunternehmen, Wiesbaden 2010.

Kubicek, H. (1977), Heuristische Bezugsrahmen und heuristisch angelegte Forschungsdesigns als Elemente einer Konstruktionsstrategie empirischer Forschung, in: Köhler, R. (Hrsg.): Empirische und handlungstheoretische Forschungskonzeptionen in der Betriebswirtschaftslehre, Stuttgart 1977, S. 3–36.

Kuhn, K.-A.L./Alpert, F./Pope, N.K.L. (2008), An application of Keller's brand equity model in a B2B context, in: Qualitative Market Research: An International Journal, 11. Jg., Nr. 1, 2008, S. 40–58.

Kumar, N./Stern, L.W./Anderson, J.C. (1993), Conducting Interorganizational Research Using Key Informants, in: The Academy of Management Journal, 36. Jg., Nr. 6, 1993, S. 1633–1651.

Kuß, A. (2013), Marketing-Theorie: Eine Einführung, Wiesbaden 2013.

Lammers, C.-H. (2011), Emotionsbezogene Psychotherapie. Grundlagen, Strategien und Techniken, 2. Auflage, Stuttgart 2011.

Law, K.S./Wong, C.-S. (1999), Multidimensional Constructs in Structural Equation Analysis: An Illustration Using the Job Perception and Job Satisfaction Constructs, in: Journal of Management, 25. Jg., Nr. 2, 1999, S. 143–160.

Law, K.S./Wong, C.-S./Mobley, W.H. (1998), Toward a Taxonomy of Multidimensional Constructs, in: The Academy of Management Review, 23. Jg., Nr. 4, 1998, S. 741–755.

Lee, H.-M./Chen, T./Guy, B.S. (2014), How the Country-of-Origin Image and Brand Name Redeployment Strategies Affect Acquirers' Brand Equity after a Merger and Acquisition, in: Journal of Global Marketing, 27. Jg., Nr. 3, 2014, S. 191–206.

Leek, S./Christodoulides, G. (2011), A literature review and future agenda for B2B branding: Challenges of branding in a B2B context, in: Industrial Marketing Management, 40. Jg., Nr. 6, 2011, S. 830–837.

Leek, S./Christodoulides, G. (2012), A framework of brand value in B2B markets: The contributing role of functional and emotional components, in: Industrial Marketing Management, 41. Jg., Nr. 1, 2012, S. 106–114.

Leischnig, A./Enke, M. (2011), Brand stability as a signaling phenomenon - An empirical investigation in industrial markets, in: Industrial Marketing Management, 40. Jg., Nr. 7, 2011, S. 1116–1122.

LeMar, B. (2014), Generations- und Führungswechsel im Familienunternehmen. Mit Gefühl und Kalkül den Wandel gestalten, 2. Auflage, Berlin 2014.

Leuthesser, L. (1988), Defining, Measuring, and Managing Brand Equity, in: Marketing Science Institute, Nr. Working Paper, 1988, S. 88–104.

Li, J./Poppo, L./Zhou, K.Z. (2008), Do Managerial Ties In China Always Produce Values? Competition, Uncertainty, And Domestic Vs. Foreign Firms, in: Strategic Management Journal, 29. Jg., Nr. 4, 2008, S. 383–400.

Lindell, M.K./Whitney, D.J. (2001), Accounting for common method variance in cross-sectional research designs, in: Journal of Applied Psychology, 86. Jg., Nr. 1, 2001, S. 114–121.

Lindenberg, S. (1990), Homo Socio-oeconomicus: The Emergence of a General Model of Man in the Social Sciences, in: Journal of Institutional and Theoretical Economics, 146. Jg., Nr. 4, 1990, S. 727–748.

Low, G.S./Lamb, C.W. (2000), The measurement and brand dimensionality of brand associations, in: Journal of Product & Brand Management, 9. Jg., Nr. 6, 2000, S. 350–368.

Lütje, S. (2009), Kundenbeziehungsfähigkeit - Konzeptionalisierung und Erfolgswirkung, Wiesbaden 2009.

Lynch, J./Chernatony, L. de (2004), The power of emotion: Brand communication in business-to-business markets, in: Journal of Brand Management, 11. Jg., Nr. 5, 2004, S. 403–419.

Lynch, J./Chernatony, L. de (2007), Winning Hearst and Minds: Business-to-Business Branding and the Role of the Salesperson, in: Journal of Marketing Management, 23. Jg., Nr. 1-2, 2007, S. 123–135.

Lyon, D.W./Lumpkin, G.T./Dess, G.G. (2000), Enhancing Entrepreneurial Orientation Research: Operationalizing and Measuring a Key Strategic Decision Making Process, in: Journal of Management, 26. Jg., Nr. 5, 2000, S. 1055–1085.

MacKenzie, S.B./Podsakoff, P.M./Jarvis, C.B. (2005), The Problem of Measurement Model Misspecification in Behavioral and Organizational Research and Some Recommended Solutions, in: Journal of Applied Psychology, 90. Jg., Nr. 4, 2005, S. 710–730.

Malär, L. et al. (2011), Emotional Brand Attachment and Brand Personality: The Relative Importance of the Actual and the Ideal Self, in: Journal of Marketing, 75. Jg., Nr. 4, 2011, S. 35–52.

Maloney, P. (2007), Absatzmittlergerichtetes, identitätsbasiertes Markenmanagement, Wiesbaden 2007.

Marin, E.R./Pizzinatto, N.K./Giuliani, A.C. (2014), Rational and Emotional Communication in Advertising in Women's Magazines in Brazil, in: Brazilian Business Review, 11. Jg., Nr. 6, 2014, S. 22–49.

Martens, J. (2003), Statistische Datenanalyse mit SPSS für Windows, 2. Auflage, München 2003.

Martin, I.M./Eroglu, S. (1993), Measuring a Multi-Dimensional Construct: Country Image, in: Journal of Business Research, 28. Jg., Nr. 3, 1993, S. 191–210.

Masciadri, P./Zupancic, D. (2013), Marken- und Kommunikationsmanagement im B-to-B-Geschäft. Clever positionieren, erfolgreich kommunizieren, 2. Auflage, Wiesbaden 2013.

Mayer, H./van Hilten, E. (2007), Einführung in die Physiotherapieforschung, Wien 2007.

McDowell Mudambi, S./Doyle, P./Wong, V. (1997), An Exploration of Branding in Industrial Markets, in: Industrial Marketing Management, 26. Jg., Nr. 5, 1997, S. 433–446.

McGartland Rubio, D. et al. (2003), Objectifying content validity: Conducting a content validity study in social work research, in: Social Work Research, 27. Jg., Nr. 2, 2003, S. 94–104.

McKinsey & Company (2003), Better branding, http://www.mckinsey.com/insights/marketing_sales/better_branding, Abruf: 10.11.2014.

McQuiston, D.H. (2004), Successful branding of a commodity product: The case of RAEX LASER steel, in: Industrial Marketing Management, 33. Jg., Nr. 4, 2004, S. 345–354.

Meffert, H./Burmann, C./Kirchgeorg, M. (2012), Marketing. Grundlagen marktorientierter Unternehmensführung. Konzepte - Instrumente - Praxisbeispiele, 11. Auflage, Wiesbaden 2012.

Mellens, M./Dekimpe, M.G./Steenkamp, J.B.E.M. (1996), A review of brand loyalty measures in marketing, in: Tijdschrift voor Economie en Management, 41. Jg., Nr. 4, 1996, S. 507–533.

Mertens, C. (2009), Herausforderungen für Familienunternehmen im Zeitverlauf. Eine empirische Analyse am Beispiel von Nachfolge und Internationalisierung, Lohmar 2009.

Meuser, M. (2010), Geschlecht und Männlichkeit. Soziologische Theorie und kulturelle Deutungsmuster, 3. Auflage, Wiesbaden 2010.

Meuser, M./Nagel, U. (2009), Das Experteninterview - konzeptionelle Grundlagen und methodische Anlage, in: Pickel, S./Pickel, G.L.H.-J./Jahn, D. (Hrsg.): Methoden der vergleichenden Politik- und Sozialwissenschaft- Neue Entwicklungen und Anwendungen, 1. Auflage, Wiesbaden 2009, S. 465–479.

Mitchell, V.-W. (1994), Using industrial key informants: Some guidelines, in: Journal of the Market Research Society, 36. Jg., Nr. 2, 1994, S. 139–144.

Mittal, V./Kamakura, W.A. (2001), Satisfaction, Repurchase Intent, and Repurchase Behavior: Investigating the Moderating Effect of Customer Characteristics, in: Journal of Marketing Research, 38. Jg., Nr. 131-142, 2001.

Morgan, F./Deeter-Schmelz, D./Moberg, C.R. (2007), Branding implications of partner firm-focal firm relationships in business-to-business service networks, in: Journal of Business & Industrial Marketing, 22. Jg., Nr. 6, 2007, S. 372–382.

Morgan, R.P. (2000), A consumer-orientated framework of brand equity and loyalty, in: International Journal of Market Research, 42. Jg., Nr. 1, 2000, S. 65–78.

Morris, M./Berthon, P./Pitt, L. (1999), Assessing the Structure of Industrial Buying Centers with Multivariate Tools, in: Industrial Marketing Management, 28. Jg., Nr. 3, 1999, S. 263–276.

Mory, L. (2014), Soziale Verantwortung nach innen- Dimensionen, Wirkungsbeziehungen und Erfolgsgrößen einer internen CSR, Wiesbaden 2014.

Mudambi, S. (2002), Branding importance in business-to-business markets - Three buyer clusters, in: Industrial Marketing Management, 31. Jg., Nr. 6, 2002, S. 525–533.

Nagtegaal, H. (2013), Grundlagen des Marketing: Ein Handbuch für Marketingfachleute mit zahlreichen Aufgaben und Fallstudien, Wiesbaden 2013.

Naveed, F./Babur, M.N. (2011), The Real Battle Starts Now; Moving beyond Brand management, in: Interdisciplinary Journal of Contemporary Research in Business, 2. Jg., Nr. 12, 2011, S. 629–634.

Nitzsche, P. (2014), Inbound Open Innovation - Eine empirische Analyse ihrer Erfolgswirkung auf Basis des Dynamic Capabilities View, Lohmar 2014.

Novick, M.R./Lewis, C. (1967), Coefficient Alpha And The Reliablity Of Composite Measurements, in: Psychometrika, 32. Jg., Nr. 1, 1967, S. 1–13.

Nuissl, E. (2010), Empirisch forschen in der Weiterbildung 2010.

Nunnally, J.C. (1967), Psychometric theory, New York 1967.

Oliver, R.L. (1997), Satisfaction, New York 1997.

Omidi, A.J. et al. (2013), A model for brand equity determination using structural equations modeling, in: European Online Journal of Natural and Social Science, 2. Jg., Nr. 3, 2013, S. 1181–1189.

Ones, D.S./Viswesvaran, C. (1996), Bandwith-fidelity dilemma in personality measurement for personnal selection, in: Journal of Organizational Behavior, 17. Jg., Nr. 6, 1996, S. 609–626.

Pappu, R./Quester, P.G./Cooksey, R.W. (2006), Consumer-based brand equity and country-of-origin relationships. Some empirical evidence, in: European Journal of Marketing, 40. Jg., Nr. 5-6, 2006, S. 696–717.

Pappu, R./Quester, P.G./Cooksey, R.W. (2007), Country image and consumer-based brand equity: relationships and implications for international marketing, in: Journal of International Business Studies, 38. Jg., Nr. 5, 2007, S. 726–745.

Papula, L. (2009), Mathematische Formelsammlung: für Ingenieure und Naturwissenschaftler, 10. Auflage, Wiesbaden 2009.

Parasuraman, A./Zeithaml, V.A./Berry, L.L. (1985), A Conceptual Model of Service Quality and Its Implications for Future Research, in: Journal of Marketing, 49. Jg., Nr. 4, 1985, S. 41–50.

Park, C. et al. (2010a), Brand Attachment and Brand Attitude Strength: Conceptual and Empirical Differentiation of Two Critical Brand Equity Drivers, in: Journal of Marketing, 74. Jg., Nr. 6, 2010, S. 1–17.

Park, C.S./Srinivasan, V. (1994), A Survey-Based Method for Measuring and Understanding Brand Equity and Its Extendibility, in: Journal of Marketing Research, 31. Jg., Nr. 2, 1994, S. 271–288.

Park, C.W. et al. (2010b), Brand Attachment and Brand Attitude Strength: Conceptual and Empirical Differentiation of Two Critical Brand Equity Drivers, in: Journal of Marketing, 74. Jg., Nr. 6, 2010, S. 1–17.

Pelz, R. (2008), Anzeigenmarketing im Verlag. Eine empirische Analyse der Marketingressourcen und Marketingkompetenzen im Anzeigenmarketing von Zeitschriftenverlagen, Wiesbaden 2008.

Persson, N. (2010), An exploratory investigation of the elements of B2B brand image and its relationship to price premium, in: Industrial Marketing Management, 39. Jg., Nr. 8, 2010, S. 1269–1277.

Peter, J.P. (1979), Reliability: A review of psychometric basics and recent marketing practices, in: Journal of Marketing Research, 16. Jg., Nr. 1, 1979, S. 6–17.

Peter, J.P. (1981), Construct Validity: A Review of Basic Issues and Marketing Practices, in: Journal of Marketing Research, 18. Jg., Nr. 2, 1981, S. 133–145.

Petermann, G. (2013), Marktstellung und Marktverhalten des Verbrauchers, Wiesbaden 2013.

Peterson, R.A./Hoyer, W.D./Wilson, W.R. (1986), Reflections on the Role of Affect in Consumer Behavior, in: Peterson, R.A./Hoyer, W.D./Wilson, W.R. (Hrsg.): The Role of Affect in Consumer Behavior, Lexington, Mass 1986, S. 141–159.

Pförtsch, W./Müller, I. (2006), Die Marke in der Marke: Bedeutung und Macht des Ingredient Branding, Berlin 2006.

Pike, S. et al. (2010), Consumer-based brand equity for Australia as a long-haul tourism destination in an emerging market, in: International Marketing Review, 27. Jg., Nr. 4, 2010, S. 434–449.

Pina, J.M./Iversen, N.M./Martinez, E. (2010), Feedback effects of brand extensions on the brand image of global brands: a comparison between Spain and Norway, in: Journal of Marketing Management, 26. Jg., Nr. 9-10, 2010, S. 943–966.

Pisharodi, R.M./Parameswaran, R. (1992), Confirmatory Factor Analysis of a Country-Of-Origin Scale: Initial Results, in: Advances in Consumer Research, 19. Jg., Nr. 1, 1992, S. 706–714.

Pistoia, A. (2014), Qualität der elektronischen Wertpapieranlageberatung, Lohmar 2014.

Podsakoff, P.M. et al. (2003), Common method biases in behavioral research: A critical review of the literature and recommended remedies, in: Journal of Applied Psychology, 88. Jg., Nr. 5, 2003, S. 879–903.

Podsakoff, P.M./Organ, D.W. (1986), Self-Reports in Organizational Research: Problems and Prospects, in: Journal of Management, 12. Jg., Nr. 4, 1986, S. 531–544.

Popper, K.R. (1973), Objektive Erkenntnis- Ein evolutionärer Entwurf, Hamburg 1973.

Raab, G./Unger, A./Unger, F. (2009), Methoden der Marketing-Forschung. Grundlagen und Praxisbeispiele, 2. Auflage, Wiesbaden 2009.

Radnitzky, G./Andersson, G. (1980), Gibt es objektive Kriterien für den Fortschritt der Wissenschaft? Induktivismus, Falsifikationismus, Relativismus, in: Radnitzky, G./Andersson, G. (Hrsg.): Fortschritt und Rationalität der Wissenschaft, Tübingen 1980, S. 3–24.

Rauyruen, P./Miller, K.E./Groth, M. (2009), B2B services: linking service loyalty and brand equity, in: Journal of Services Marketing, 23. Jg., Nr. 3, 2009, S. 175–186.

Reid, D.A./Plank, R.E. (2000), Business Marketing Comes of Age: A Comprehensive Review of the Literature, in: Journal of Business-to-Business Marketing, 7. Jg., Nr. 2-3, 2000, S. 9–186.

Reierson, C.C. (1967), Attitude Changes Toward Foreign Products, in: Journal of Marketing Research, 4. Jg., Nr. 4, 1967, S. 385–387.

Richter, M. (2007), Markenbedeutung und -management im Industriegüterbereich. Einflussfaktoren, Gestaltung, Erfolgsauswirkungen, Wiesbaden 2007.

Roberts, J./Merrilees, B. (2007), Multiple roles of brands in business-to-business services, in: Journal of Business & Industrial Marketing, 22. Jg., Nr. 6, 2007, S. 410–417.

Romaniuk, J./Nenycz-Thiel, M. (2013), Behavioral brand loyalty and consumer brand associations, in: Journal of Business Research, 66. Jg., Nr. 1, 2013, S. 67–72.

Roozen, I. (2013), The impact of emotional appeal and the media context on the effectiveness of commercials for not-for-profit and for-profit brands, in: Journal of Marketing Communications, 19. Jg., Nr. 3, 2013, S. 198–214.

Roper, S./Davies, G. (2010), Business to business branding: external and internal satisfiers and the role of training quality, in: European Journal of Marketing, 44. Jg., Nr. 5, 2010, S. 567–590.

Rosenbröijer, C.-J. (2001), Industrial brand management: a distributor's perspective in the UK fine-paper industry, in: Journal of Product & Brand Management, 10. Jg., Nr. 1, 2001, S. 7–25.

Rossiter, J./Bellman, S. (2012), Emotional Branding Pays Off. How Brands Meet Share of Requirements through Bonding, Companionship, and Love, in: Journal of Advertising Research, 52. Jg., Nr. 3, 2012, S. 291–296.

Rossiter, J.R. (2002), The C-OAR-SE procedure for scale development in marketing, in: International Journal of Research in Marketing, 19. Jg., Nr. 4, 2002, S. 305–335.

Rößl, D. (1990), Die Entwicklung eines Bezugsrahmen und seine Stellung im Forschungsprozess, in: Journal für Betriebswirtschaft, 40. Jg., Nr. 1, 1990, S. 99–110.

Roth, M./Saiz, O. (2014), Emotion gestalten: Methodik und Strategie für Designer, Basel 2014.

Roznowski, M./Hanisch, K.A. (1990), Building Systematic Heterogeneity into Work Attitudes and Behavior Measures, in: Journal of Vocational Behavior, 36. Jg., Nr. 3, 1990, S. 361–375.

RTS Rieger Team/forum! Marktforschung (2011), BtoB insight - Die Entscheider-Studie von RTS Rieger Team und forum! Marktforschung, Stuttgart 2011.

Rubin, H.J./Rubin, I.S. (2012), Qualitative Interviewing - The Art of Hearing Data, 3. Auflage, Thousand Oaks, CA 2012.

Runia, P. et al. (2011), Marketing - Eine prozess- und praxisorientierte Einführung, 3. Auflage, München 2011.

Russell, E. (2010), Grundlagen des Marketings 2010.

Saeed, M.S. (2011), Key issues In B2B marketing and a need to develop appropriate theories and models, in: Interdisciplinary Journal of Contemporary Research in Business, 3. Jg., Nr. 3, 2011, S. 815–825.

Scharfetter, C. (2010), Allgemeine Psychopathologie: Eine Einführung, Stuttgart 2010.

Schilke, O. (2007), Allianzfähigkeit, Wiesbaden 2007.

Schilke, O./Wirtz, B.W. (2008), Allianzfähigkeit – Eine Analyse zur Operationalisierung und Erfolgswirkung im Kontext von F&E-Allianzen, in: Zeitschrift für betriebswirtschaftliche Forschung, 60. Jg., Nr. 10, 2008, S. 479–516.

Schlicht, T. (2008), Selbstgefühl. Damasios Stufentheorie von Bewusstsein und Emotion, in: Düsing, E./Klein, H.-D. (Hrsg.): Geist und Psyche: klassische Modelle von Platon bis Freud und Damasio, Würzburg 2008, S. 337–369.

Schmidt-Atzert, L. (1996), Lehrbuch der Emotionspsychologie, Stuttgart 1996.

Schmidt-Atzert, L. (2009), Kategoriale und dimensionale Modelle, in: Brandstätter, V./Otto, J.H. (Hrsg.): Handbuch der Allgemeinen Psychologie, Göttingen 2009, S. 571–576.

Schneider, D. (2002), Einführung in das Technologie-Marketing, München 2002.

Scholderer, J./Balderjahn, I. (2006), Was unterscheidet harte und weiche Strukturgleichungsmodelle nun wirklich? Ein Klärungsversuch zur LISREL-PLS Frage, in: Marketing - Zeitschrift für Forschung und Praxis, 28. Jg., Nr. 1, 2006, S. 57–70.

Scholly, V. (2013), Kundenloyalität im Automobilhandel: Determinanten in Verkauf und Kundendienst, Wiesbaden 2013.

Schooler, R.D. (1965), Product Bias in the Central American Common Market, in: Journal of Marketing Research, 2. Jg., Nr. 4, 1965, S. 394–397.

Schreiber, K. (1965), Kaufverhalten der Verbraucher, Wiesbaden 1965.

Schwab, D.P. (2004), Research Methods for Organizational Studies, 2. Auflage, Hove 2004.

Schwaiger, M. (2004), Components And Parameters Of Corporate Reputation - An Empirical Study, in: Schmalenbach Business Review, 56. Jg., Nr. 1, 2004, S. 47–71.

Segars, A.H./Grover, V. (1993), Re-examining perceived ease of use and usefulness: a confirmatory factor analysis, in: MIS Quarterly, 17. Jg., Nr. 4, 1993, S. 517–525.

Seyffert, R. (1966), Werbelehre. Theorie und Praxis der Werbung, Stuttgart 1966.

Sharma, S. (1996), Applied multivariate techniques, New York 1996.

Sharma, S. et al. (2005), A simulation study to investigate the use of cutoff values for assessing model fit in covariance structure models, in: Journal of Business Research, 58. Jg., Nr. 7, 2005, S. 935–943.

Sheinin, D.A./Biehal, G.J. (1999), Corporate Advertising Pass-through onto the Brand: Some Experimental Evidence, in: Marketing Letters, 10. Jg., Nr. 1, 1999, S. 63–73.

Simon, C.J./Sullivan, M.W. (1993), The Measurement and Determinats of Brand Equity: A Financial Approach, in: Marketing Science, 12. Jg., Nr. 1, 1993, S. 28–52.

Specht, G. (2004), Distributionsmanagement bei Industriegütern, in: Backhaus, K./Voeth, M. (Hrsg.): Handbuch Industriegütermarketing. Strategien - Instrumente - Anwendungen, Wiesbaden 2004, S. 825–862.

Spiggle, S./Nguyen, H.T./Caravella, M. (2012), More Than Fit: Brand Extension Authenticity, in: Journal of Marketing Research, 49. Jg., Nr. 6, 2012, S. 967–983.

Springer Gabler Verlag (2014a), Gabler Wirtschaftslexikon, Stichwort: Produktqualität, http://wirtschaftslexikon.gabler.de/Definition/ qualitaet.html?referenceKeywordName=Produktqualit%C3%A4t, Abruf: 02.06.2014.

Springer Gabler Verlag (2014b), Gabler Wirtschaftslexikon, Stichwort: Testimonial, http://wirtschaftslexikon.gabler.de/Archiv/81531/testimonial-v6.html, Abruf: 20.05.2014.

Spry, A./Pappu, R./Cornwell, T.B. (2011), Celebrity endorsement, brand credibility and brand equity, in: European Journal of Marketing, 45. Jg., Nr. 6, 2011, S. 882–909.

Staehle, W./Conrad, P./Sydow, J. (2014), Management: Eine verhaltenswissenschaftliche Perspektive, 8. Auflage, München 2014.

Steenkamp, J.E.M./Baumgartner, H. (2000), On the use of structural equation models for marketing models, in: International Journal of Research in Marketing, 17. Jg., Nr. 2-3, 2000, S. 195–202.

Steiger, J.H. (1990), Structural Model Evaluation and Modification: An Interval Estimation Approach, in: Multivariate Behavioral Research, 25. Jg., Nr. 2, 1990, S. 173–180.

Stiefl, J. (2010), Wirtschaftsstatistik, 2. Auflage 2010.

Subramanian, A. (1996), Organizational Innovativeness: Exploring the Relationship Between Organizational Determinants of Innovation, Types of Innovations, and Measures of Organizational Performance, in: Omega, International Journal of Management Science, 24. Jg., Nr. 6, 1996, S. 631–647.

Tai, J./Chew, W. (2011), B2B: 10 Rules to Transform Your Business Into A Brand, Singapur 2011.

Tauberger, A. (2008), Controlling für die öffentliche Verwaltung, München 2008.

Taylor, S.A./Hunter, G.L./Lindberg, D.L. (2007), Understanding (customer-based) brand equity in financial services, in: Journal of Services Marketing, 21. Jg., Nr. 4, 2007, S. 241–252.

Teck Ming, T. et al. (2012), Consumer-based Brand Equity in the Service Shop, in: International Journal of Marketing Studies, 4. Jg., Nr. 4, 2012, S. 60–77.

Temme, D./Hildebrandt, L. (2009), Gruppenvergleich bei hypothetischen Konstrukten - Die Prüfung der Übereinstimmung von Messmodellen mit der Strukturgleichungsmethodik, in: Zeitschrift für betriebswirtschaftliche Forschung, 61. Jg., Nr. 2, 2009, S. 138–185.

Theobald, A. (2014), Handbuch Online-Marktforschung: Ein Leitfaden für die Praxis, Norderstedt 2014.

Tolba, A.H./Hassan, S.S. (2009), Linking customer-based brand equity with brand market performance: a managerial approach, in: Journal of Product & Brand Management, 18. Jg., Nr. 5, 2009, S. 356–366.

Tong, X./Hawley, J.M. (2009), Measuring customer-based brand equity: empirical evidence from the sportswear market in China, in: Journal of Product & Brand Management, 18. Jg., Nr. 4, 2009, S. 262–271.

Töpfer, A. (2012), Erfolgreich Forschen. Ein Leitfaden für Bachelor-, Master-Studierende und Doktoranden, 3. Auflage, Berlin, Heidelberg 2012.

Trommsdorff, V. (2009), Konsumentenverhalten, Stuttgart 2009.

Tucker, L.R./Lewis, C. (1973), A reliability coefficient for maximum likelihood factor analysis, in: Psychometrika, 38. Jg., Nr. 1, 1973, S. 1–10.

Ullrich, S. (2011), Internetbasierte Internationalisierung- Entscheidungsfindung, Umsetzung und Erfolgsmessung, Wiesbaden 2011.

Universität St. Gallen - Forschungsstelle für Customer Insight (FCI-HSG) (2013), B2B Brand Excellence, http://www.fci.unisg.ch/praxiskooperationen/b2b-brand-excellence/, Abruf: 04.04.2013.

van Bruggen, G.H./Lilien, G.L./Kacker, M. (2002), Informants in Organizational Marketing Research: Why Use Multiple Informants and How to Aggregate Responses, in: Journal of Marketing Research, 39. Jg., Nr. 4, 2002, S. 469–478.

van Riel, A.C.R./Mortanges, C.P. de/**Streukens, S. (2005)**, Marketing antecedents of industrial brand equity: An empirical investigation in specialty chemicals, in: Industrial Marketing Management, 34. Jg., Nr. 8, 2005, S. 841–847.

Vázquez, R./Belén del Rio, A./Iglesias, V. (2002), Consumer-based Brand Equity: Development and Validation of a Measurement Instrument, in: Journal of Marketing Management, 18. Jg., Nr. 1-2, 2002, S. 27–48.

Venkatraman, N./Grant, J.H. (1986), Construct Maesurement in Organizational Strategy research: A Critique and Proposal, in: Academy of Management Review, 11. Jg., Nr. 1, 1986, S. 71–87.

Verband Deutscher Maschinen- und Anlagenbauer e.V. (2014), Unser Leitbild, http://www.vdma.org/article/-/articleview/434544, Abruf: 01.09.2014.

Verband Deutscher Maschinen- und Anlagenbauer e.V. **(2015)**, Wer wir sind, http://www.vdma.org/ueber-uns, Abruf: 14.07.2015.

Verlegh, P.W.J./Steenkamp, J.-B.E.M. (1999), A review and meta-analysis of country-of-origin research, in: Journal of Economic Psychology, 20. Jg., Nr. 5, 1999, S. 521–546.

Villarejo-Ramos, A.F./Sánchez-Franco, M.J. (2005), The impact of marketing communication and price promotion on brand equity, in: Journal of Brand Management, 12. Jg., Nr. 6, 2005, S. 431–444.

Vollmer, G. (1999), Kritischer Rationalismus und Evolutionäre Erkenntnistheorie, in: Pies, I./Leschke, M. (Hrsg.): Karl Poppers kritischer Rationalismus, Tübingen 1999, S. 115–134.

Walley, K. et al. (2007), The importance of brand in the industrial purchase decision: a case study of the UK tractor market, in: Journal of Business & Industrial Marketing, 22. Jg., Nr. 6, 2007, S. 383–393.

Wang, H.-M.D. (2010), Corporate social performance andf financial-based brand equity, in: The Journal of Product and Brand Management, 19. Jg., Nr. 5, 2010, S. 335–345.

Wang, W.-H./Tang, S.-H. (2009), Empirical Study of Brand Attributes Via Higher-Order Confirmatory Factor Analysis, in: ACME/FBD Conference, Oklahoma City, 2009, S. 198–217.

Washburn, J.H./Plank, R.E. (2002), Measuring Brand Equity: An Evaluation of a Consumer-Based Brand Equity Scale, in: Journal of Marketing Theory and Practice, 10. Jg., Nr. 1, 2002, S. 46–62.

Webster, F.E./Keller, K.L. (2004), A roadmap for branding in industrial markets, in: Journal of Brand Management, 11. Jg., Nr. 5, 2004, S. 388–402.

Wecker, R. (2006), Internetbasiertes Supply Chain Management. Konzeption, Operationalisierung und Erfolgswirkung, Gabler 2006.

Weiber, R./Mühlhaus, D. (2010), Strukturgleichungsmodellierung- Eine anwendungsorientierte Einführung in die Kausalanalyse mit Hilfe von AMOS, SmartPLS und SPSS, 1. Auflage, Berlin 2010.

Weske, S. (2011), Europapolitik im Widerspruch: Die Kluft zwischen Regierenden und Regierten, Wiesbaden 2011.

Westlund, A.H./Källström, M./Parmler, J. (2008), SEM-based customer satisfaction measurement: On multicollinearity and robust PLS estimation, in: Total Quality Management, 19. Jg., Nr. 7-8, 2008, S. 855–869.

Wiedmann, K.-P. et al. (2011), Drivers and outcomes of brand heritage: Consumers' perception of heritage brands in the automotive industry, in: Journal of Marketing Theory & Practice, 19. Jg., Nr. 2, 2011, S. 205–220.

Williams, M.R. (1998), The influence of a salespersons' customer orientation on buyer-seller relationship development, in: Journal of Business & Industrial Marketing, 13. Jg., Nr. 3, 1998, S. 271–287.

Winters, L.C. (1991), Brand equity measures: some recent advances, in: Marketing Research, 3. Jg., Nr. 4, 1991, S. 70–73.

Wirtz, B.W. (2012), Direktmarketing-Management. Grundlagen - Instrumente - Prozesse, 3. Auflage, Wiesbaden 2012.

Wirtz, B.W./Klein-Bölting, U. (2007), Vernachlässigte Funktion, in: Absatzwirtschaft, 49. Jg., Nr. 3, 2007, S. 46–49.

Witter, H. (2013), Grundriß der gerichtlichen Psychologie und Psychiatrie, Berlin 2013.

Wood, O. (2012), How Emotional Tugs Trump Rational Pushes: The Time Has Come to Abandon a 100-Year-Old Advertising Model, in: Journal of Advertising Research, 52. Jg., Nr. 1, 2012, S. 31–39.

Yoo, B./Donthu, N. (2001), Developing and validating a multidimensional consumer-based brand equity scale, in: Journal of Business Research, 52. Jg., Nr. 1, 2001, S. 1–14.

Zeithaml, V.A. (1988), Consumer Perceptions of Price, Quality, and Value: A Means-End Model and Synthesis of Evidence, in: Journal of Marketing, 52. Jg., Nr. 3, 1988, S. 2–22.

Zeithaml, V.A./Berry, L.L./Parasuraman, A. (1996), The Behavioral Consequences of Service Quality, in: Journal of Marketing, 60. Jg., Nr. 2, 1996, S. 31–46.

Zhang, H. et al. (2014), Be rational or be emotional: advertising appeals, service types and consumer responses, in: European Journal of Marketing, 48. Jg., Nr. 11/12, 2014, S. 2105–2126.

Cronbach, L.J./Meehl, P.E. (1955), Construct validity in psychological tests, in: Psychological Bulletin, 52. Jg., Nr. 4, 1955, S. 281–302.

Cronin, J.J./Brady, M.K./Hult, G.T.M. (2000), Assessing the Effects of Quality, Value, and Customer Satisfaction on Consumer Behavioral Intentions in Service Environments, in: Journal of Retailing, 76. Jg., Nr. 2, 2000, S. 193–218.

cuecon GmbH (2013), Was ist die B2B-Marke wert?- Studie zum Status Quo der Markenführung bei 300 Entscheidern im B2B (Januar - März 2013), Köln 2013.

Curran, P.J./West, S.G./Finch, J.F. (1996), The Robustness of Test Statistics to Nonnormality and Specification Error in Confirmatory Factor Analysis, in: Psychological Methods, 1. Jg., Nr. 1, 1996, S. 16–29.

Currás-Pérez, R./Bigné-Alcaniz, E./Alvarado-Herrera, A. (2009), The Role of Self-Definitional Principles in Consumer Identification with a Socially Responsibe Company, in: Journal of Business Ethics, 89. Jg., Nr. 4, 2009, S. 547–564.

Da Silva, R.V./Alwi, S.F.S. (2006), Cognitive, affective attributes and conative, behavioural responses in retail corporate branding, in: Journal of Product & Brand Management, 15. Jg., Nr. 5, 2006, S. 293–305.

Darling, J.R./Arnold, D.R. (1988), The Competitive Position Abroad of Products and Marketing Practices of the United States, Japan and Selected European Countries, in: The Journal of Consumer Marketing, 5. Jg., Nr. 4, 1988, S. 61–68.

Davis, D.F./Golicic, S.L./Marquardt, A.J. (2008), Branding a B2B service: Does a brand differentiate a logistics service provider?, in: Industrial Marketing Management, 37. Jg., Nr. 2, 2008, S. 218–227.

Davis-Sramek, B. et al. (2009), Creating commitment and loyalty behavior among retailers: what are the roles of service quality and satisfaction?, in: Journal of the Academy of Marketing Science, 37. Jg., Nr. 4, 2009, S. 440–454.

Day, G.S. (1969), A Two-Dimensional Concept of Brand Loyalty, in: Journal of Advertising Research, 9. Jg., Nr. 3, 1969, S. 29–35.